普通高等教育"十三五"规划教材

食品安全学

纵 伟 主编

张 露 王茂增 副主编

化学工业出版社

·北京·

本书以食品安全的危害因素、评估方法、法规与管理体系三个方面为重点，分为三篇进行系统详尽介绍。主要包括食品原料固有危害、生物性污染危害、环境污染危害、化学物质危害、包装材料和容器对食品安全性的影响、加工食品的安全性、转基因食品的安全性、食品安全性评价、转基因食品的安全评价及检测方法、食品包装材料化学污染物检测方法、国内外法律法规、标准体系和控制体系共 13 章内容。

本书可作为高等院校食品科学与工程、食品质量与安全、包装工程、生物工程、生物技术等相关专业的教学用书，也可为在上述领域从事生产、科研和管理工作的科技人员提供参考。

图书在版编目（CIP）数据

食品安全学/纵伟主编. —北京：化学工业出版社，2016.5（2022.11重印）

普通高等教育"十三五"规划教材
ISBN 978-7-122-26642-2

Ⅰ.①食…　Ⅱ.①纵…　Ⅲ.①食品安全-高等学校-教材　Ⅳ.①TS201.6

中国版本图书馆 CIP 数据核字（2016）第 062689 号

责任编辑：魏　巍　赵玉清　　　　　文字编辑：周　倜
责任校对：王素芹　　　　　　　　　装帧设计：关　飞

出版发行：化学工业出版社（北京市东城区青年湖南街 13 号　邮政编码 100011）
印　　装：大厂聚鑫印刷有限责任公司
787mm×1092mm　1/16　印张 19¾　字数 505 千字　2022 年 11 月北京第 1 版第 7 次印刷

购书咨询：010-64518888）　　　　　售后服务：010-64518899
网　　址：http://www.cip.com.cn
凡购买本书，如有缺损质量问题，本社销售中心负责调换。

定　　价：49.80 元　　　　　　　　　　　　　　　　版权所有　违者必究

前　言

　　近年来，食品安全作为国家治理和社会发展的重大问题，其战略地位和重要意义不断被重申和提升。食品安全学已成为各本科、大专院校食品相关专业的核心专业课程。本教材以食品安全的危害因素、评估方法、法规与管理体系三个方面为重点，分为三篇进行系统详尽介绍。内容结合近年来食品安全学发展动态，引入新的知识点，例如在环境污染危害中，增加了放射性污染危害的论述，补充了有机有害物危害的内容，并系统介绍了包装材料污染物的检测方法，综合了国内外在食品安全评估、管理与法规体系方面的最新建设。本教材内容丰富、层次分明，有助于学生从风险来源、辨识、评估、管理逐步深入，全面了解食品安全学的知识体系。

　　全书共分十三章。郑州轻工业学院纵伟编写绪论；郑州轻工业学院张露编写第一、第二、第十三章；淮海工学院张敬敏编写第三、第六章；河北工程大学刘利强、王茂增编写第四、第十、第十一章；郑州轻工业学院董宇编写第五、第十二章；郑州轻工业学院高辉编写第七、第八、第九章。本书由郑州轻工业学院纵伟教授担任主编，郑州轻工业学院张露副教授、河北工程大学王茂增教授担任副主编。编写内容中有部分素材来自情报系统和网络资源，在此均对原作者致以深深的谢意。

　　限于我们的知识面和水平，书中不妥和疏漏在所难免，恳请使用单位师生和有关同行提出批评指正，以便进一步完善。

编者

2016 年 1 月

目 录

第三篇　食品安全法规与管理体系　/258

绪 论

随着世界工业化的高速发展，环境污染和食品污染问题日益加剧，食品安全事件频发已成为全世界的一大突出问题。国内外食品安全形势严峻，食品安全问题不仅向所有从业者和相关监督管理职能部门提出了迫切的要求，更事关全人类的福祉。

食品安全问题的产生与其自身属性及外部环境的变化密不可分，并且受到政府监管能力的影响。保障食品安全，必须从理论上充分认识到影响食品安全的多方面因素。要认识到食品安全事件频发的深层原因，建立保障食品安全的科学评价指标体系、组织机构、制度法规与管理体系，从而使中国的食品安全管理步入科学化、法制化的轨道。

一、食品安全的基本概念

食品安全包括食物量的安全（food security）和食物质的安全（food safety）两个方面，目前在已基本解决食物量的安全的前提下，食品安全更多情况下是后一个含义的突出，即食物质的安全。食品安全既包括生产安全，也包括经营安全；既包括结果安全，也包括过程安全；既包括现实安全，也包括未来安全。

1997年，世界卫生组织（WHO）在其发表的《加强国家级食品安全性计划指南》中把食品安全解释为"对食品按其原定用途进行制作和食用时不会使消费者身体受到伤害的一种担保"，将食品卫生界定为"为确保食品安全性和适用性在食物链的所有阶段必须采取的一切条件和措施"。根据世界卫生组织的定义，食品安全问题是"食物中有毒、有害物质对人体健康影响的公共卫生问题"。食品安全要求食品不存在对人体健康造成急性或慢性损害的危险，是一个绝对的概念。2015年10月1日新修订的《中华人民共和国食品安全法》开始实施，其第一百二十九条规定，"食品安全"是指食品无毒、无害，符合应当有的营养要求，对人体健康不造成任何急性、亚急性或者慢性危害。

在食品安全概念的理解上，国际社会已经基本形成共识：即食品的种植（食物）、养殖、加工、包装、贮藏、运输、销售、消费等活动符合国家强制标准和要求，不存在可能损害或威胁人体健康的有毒有害物质致消费者病亡或者危及消费者及其后代的隐患。广义的食品安全则被引申到以下几个方面。

首先，食品安全是个综合概念。作为种概念，食品安全包括食品卫生、食品质量、食品营养等相关方面的内容和食品（食物）种植、养殖、加工、包装、贮藏、运输、销售、消费等环节。而作为属概念的食品卫生、食品质量、食品营养等（通常被理解为部门概念或者行业概念）均无法涵盖上述全部内容和全部环节，并且在内涵和外延上存在许多交叉。

其次，与卫生学、营养学、质量学等学科概念不同，食品安全是个社会治理概念。不同国家以及不同时期，食品安全所面临的突出问题和治理要求均有所不同。

第三，食品安全是个政治概念。无论是发达国家，还是发展中国家，食品安全都是企业和政府对社会最基本的责任和必须做出的承诺。食品安全与生存权紧密相连，具有唯一性和强制性，通常属于政府保障或者政府强制的范畴。而食品质量等往往与发展权有关，具有层次性和选择性，通常属于商业选择或者政府倡导的范畴。近年来，国际社会逐步以食品安全的概念替代食品卫生、食品质量的概念，更加凸显了食品安全的政治责任。

第四，食品安全是个法律概念。进入 20 世纪 80 年代以来，一些国家以及有关国际组织从社会系统工程建设的角度出发，逐步以食品安全的综合立法替代卫生、质量、营养等要素立法。1990 年英国颁布了《食品安全法》，2000 年欧盟发表了具有指导意义的《食品安全白皮书》，2003 年日本制定了《食品安全基本法》。以我国为代表的部分发展中国家也制定了《食品安全法》。综合型的《食品安全法》逐步替代要素型的《食品卫生法》、《食品质量法》、《食品营养法》等，反映了时代发展的要求。

第五，食品安全是个经济学概念。在经济学上，"食品安全"指的是有足够的收入购买安全的食品。

二、食品安全的发展历史和现状

食品作为支撑人类生存最为基础的物品，其安全问题却从未像现在这样备受关注。随着食物和食品生产的机械化程度提高、规模化程度加大以及化学品和新技术的广泛使用，新的食品安全问题却不断涌现。食品安全问题已经成为全球关注的重大问题之一。据美国疾病预防和控制中心公布的数据显示，每年大约有 4800 万名美国人（每 6 个美国人中就有 1 人）罹患食源性疾病，约有 12.8 万人住院，约有 3000 人因此死亡。在发展中国家，食品安全问题更为普遍，也更为严峻。每一起重大食品安全事故（事件）的发生，都在一定程度上客观反映了当时的食品安全状况和社会经济状况，并往往导致相应制度的重大变革。

回顾美国食品安全发展进程，总的趋势是从故意而为的制售假劣行为逐渐过渡到过失污染或者环境污染的意外事故。19 世纪末 20 世纪初，美国为促进经济快速发展，积极鼓励商业自由，导致了大量的假冒伪劣和欺诈行为，以药品和食品领域为甚。直至第二次世界大战之后，随着美国国际地位和经济实力大幅提升，国民素质提高，监管加强，恶意制售有害食品的行径逐渐收敛，意外污染成为食品安全事故的主要因素。

纵观日本食品安全发展进程，20 世纪 60 年代，随着工业技术和化工技术的发展，发生了故意使用有毒有害物质的恶性事件。20 世纪 70 年代则连续发生多起环境污染导致的食品安全公害事件，主要原因是工业快速发展导致环境污染所衍生的恶果。近二十年，日本发生的食品安全事故则多为意外污染导致，售卖过期食品、以次充好等问题仅偶有发生。

相比日本和美国，欧洲对于食品的相关立法和限制更严格。欧洲近三十年来发生的重大食品安全事件，主要是由动物疾病或者意外污染导致。例如几乎波及整个欧洲的疯牛病、口蹄疫、二噁英污染等重大食品安全事故，均属此类情况。近年来，受经济形势影响，欧洲部分国家也发生了回收过期食品再加工、变质肉冷冻后继续销售、制售假冒名牌奶酪、红酒、橄榄油等问题。

对于发展中国家，提高食品安全保障水平面临着经济、社会、政治、宗教等复杂因素。如印度、印度尼西亚，近些年来屡屡发生重大假酒中毒致多人死亡事件。以印度为例，官方政策导向限制酒的生产销售，并课以重税。由于正品酒价极高，庞大的低收入群体对低廉假劣酒需求旺盛，从而导致重大死伤事故频发。

纵观我国的食品安全发展进程，从新中国成立到 1990 年前后，处于逐步解决粮食匮乏问题的阶段。进入 21 世纪以来，我国已基本上实现了粮食和食品的自给，开始从强调数量供应转向质量安全。当前，我国仍处于农业工业化和食品工业化的快速发展时期，食品滥用着色剂、香精、香料等添加剂，农产品滥用农药、兽药和生长激素的问题十分突出。

食品安全的发展伴随着食品安全法规和管理体系的构建。美国于1997年公布了《总统食品安全计划》，1998年组成了由多个政府部门参加的总统食品安全委员会。2000年欧盟发布了长达52页的食品安全白皮书，并成立了欧盟食品局。我国自2001年提出加强食品质量卫生安全的要求以来，制定实施了《食品卫生法》、《食品安全法》等法律法规，建立了食品安全认证体系。与此同时，各国都加强了从农场到餐桌的食品安全监控工作和对消费者的宣传教育工作，倡导由政府、食品企业、学术界和消费者共同保障食品安全的新型模式。

三、食品安全面临的挑战

如上所述，食品安全问题的产生与其自身属性、外部环境的变化密不可分，并且受到政府监管能力的影响。食品安全面临的挑战主要体现在以下几个方面。

（一）信任品特征属性比重的增加导致安全信息的不对称与不完全

食品安全最大的挑战来自食品自身的属性。根据消费者获取产品信息的方式，Nelson将产品分为三种类型，即搜寻品、经验品和信任品。对于搜寻品，消费者在购买之前即能完全了解产品的信息；对于经验品，消费者只有在购买后才能了解产品的真实信息；而对于信任品，即使在购买甚至消费后，消费者也不清楚产品的信息。就食品来说，部分特征具有搜寻品与经验品的属性，如外表、品味等，消费者在购买时或消费后便能做出合理的评判，但食品的安全状况却在很大程度上归属信任品的属性，即消费者在食用后，甚至很多年后都不清楚某种食品对健康所造成的影响。

食品安全的这一属性特征决定了食品安全信息获取的难度，造成了食品交易过程中的信息不完全。信息的不完全导致了低质量（不安全）产品的过度供给，一方面，在很多情况下，食品供给者与消费者之间存在着信息不对称，如生产方式、加工条件等与食品安全相关的信息生产者相对消费者认知更加充分，或者消费者难以通过较低的成本获得相关信息，在生产低质量食品成本更低的合理假设下，较易引发以利益最大化为目标的食品供应者道德危机的倾向，从而导致食品安全问题的产生；另一方面，除了信息不对称外，更为严重的是，在某些情况下食品安全信息对于生产者和消费者都是不完全的，如农产品农药残留或是食品在生产过程中非故意的污染，往往生产者或是加工者并不比消费者具有更充分的信息，这就更进一步增加了食品安全问题控制的难度。另外，随着食品产业、工艺以及技术的发展，食品深加工率越来越高，加工工艺越来越复杂，经过了一系列的物理及化学变化，单纯以感官辨别食品安全变得越来越不可靠，食品作为信任品的特征比重进一步增加，给食品安全的控制造成越来越大的挑战。

（二）外部环境变化使食品安全问题的发生面临更大的不确定性

20世纪以来，特别是第二次世界大战后，世界经济、政治以及科学技术发生了巨大的变化，对食品形态、食品产业以及农产品种植环境都造成了巨大的影响，也给食品安全带来前所未有的挑战。

首先，生物技术带来食品安全的不确定性。近年来，随着分子技术、基因技术领域的突破，生物技术得到快速发展，这对食品安全造成了巨大的挑战。以转基因技术为例，从1983年转基因烟草问世以来，转基因技术得到了迅速推广和发展。1996—2010年，全球转基因作物的种植面积增加了87倍。到2010年，全球29个国家的1540万农民种植了共1.48

亿公顷的转基因作物。然而，迄今为止的科学进展，并不能否定转基因食品长期风险的存在，各国因此也对转基因食品的规制采取不同的态度。

其次，外源技术对食品安全造成巨大冲击。外源技术即非自然的、环境难以消解的或消解后有污染的技术。例如利用生长素、化肥、农药等大量外源物质的投入催熟农作物，改变了动植物生长规律，污染了食品产业链条，对生态系统和人类均构成严重威胁。外源技术的使用和外源物质的加入是目前食品安全威胁的主要来源，发展中国家尤为严重。再次，自然环境、气候变化对食品安全造成影响。随着工业化进程的加速，全球生态环境遭到严重破坏，土地、水源、大气受到过度污染，直接影响了食品安全。此外，在过去的几十年，气候亦发生了明显的变化，如地表温度的上升等，也给粮食数量安全和食品安全带来了挑战。

最后，全球化产业链的复杂性也增加了食品安全控制的难度。对于发展中国家来说，全球化促进了工业的发展及城市化的进程，也给食品产业卫生及安全的加工能力带来了挑战。然而，发达国家有时也会成为食品安全问题的发源地，给世界食品安全形势造成冲击，如1996年暴发于英国的疯牛病等。

（三）食品安全形势变化与监管能力的不匹配

食品安全监管法规与能力往往由食品安全事件推进。随着外界环境的变化，相应的食品安全规制与监管政策却往往滞后于现实需求。特别是对于发展中国家，应对食品安全的规制能力往往不能与食品安全形势变化相匹配，规制的不力与标准的缺失是造成发展中国家食品安全问题的主要原因之一。食品安全问题的诱因越来越呈现出多样性，虽然各国政府都加大监测与预警的力度，但还是难以控制食品安全问题的发生。因此，随着食品安全影响因素的日益复杂，规制的滞后与监管能力的不足将在一定程度上长期存在。

四、食品安全学的研究目的和研究内容

食品安全学是研究食物对人体健康危害的风险和保障食物无危害风险的科学。是一门专门探讨在食品加工、存贮、销售等过程中确保食品卫生及食用安全，降低疾病隐患，防范食物中毒的一个跨学科领域。食品安全关注的重点是接受食品的消费者的健康问题，而食品质量关注的重点则是食品本身的使用价值和性状。食品安全和食品质量的概念必须严格加以区分，因为这涉及相关政策的制定，以及食品管理体系的内容和构架。

食品安全在管理层面上属于公共安全问题，在科学层面上属于食品科学领域。如同食品科学一样，食品安全学不像数学、化学和物理学等学科界限十分清楚，学科内涵相对集中。食品安全学不仅包括了食品科学的内容，还包括了农学、医学、理学、管理学、法学和传媒学的内容，甚至与分子生物学也有一定的关系。因此，食品安全学的学科基础和学科体系相对较为宽广，学科的综合性也较强。

食品安全学的研究目的是保障人类健康，服务对象是人，因此它与医学领域的毒理学、公共营养与卫生学、药学学科有关。食品安全学的研究对象是食品，它与食品原料学、食品微生物学、食品化学、食品科学等密切相关。食品安全在社会层面上主要是管理问题，政府从事食品安全管理主要依靠法律法规，而食品安全执法又需要标准和检测技术及方法的支持，风险分析过程也需要管理学的理论，因此它又需要法学、管理学的支持。另外，由于公众的参与意识增强以及媒体的广泛参与，基于对食品安全事件增加透明度的原则，传媒学也已成为其重要的学科体系之一。

综上所述，食品安全学的学科体系涉及工学、农学、医学、理学、管理学、法学、传媒

学的内容，属于综合性较强的学科。食品安全学的理论基础由"从农田到餐桌"的整体管理理念、风险分析、透明性原则、法规效益评估四大理论体系构成。食品安全学的技术体系由风险评估技术、检测技术、溯源技术、预警技术、全程控制技术、规范和标准实施技术等技术体系所支撑。

参 考 文 献

[1] Hoffmann S，Harder W. Food Safety and Risk Governance in Globalized Markets [J]. Health Matrix，2010，20 (5)：5-54.

[2] David L，Ortega H，Holly WANG，et al. Modeling heterogeneity in consumer preferences for select food safety attributes in China [J]. Food Policy，2011，36：318-324.

[3] Veeman M. Changing consumer demand for food regulation [J]. Canadian Journal of Agricultural Economics，1999，47 (4)：401-409.

[4] Miraglia M，Marvin H J P，Kleter G A，et al. Climate change and food safety：An emerging issue with special focus on Europe [J]. Food and Chemical Toxicology，2009，47：1009-1021.

[5] Nelson P. Information and consumer behavior [J]. Journal of Political Economy，1970，78：311-329.

[6] Selgrade J K，Bowman C C，Ladics G S. Safety Assessment of Biotechnology Products for Potential Risk of Food Allergy：Implications of New Research [J]. Toxicol Science，2009，110：31-39.

[7] 王常伟，顾海英. 食品安全：挑战、诉求与规制 [J]. 贵州社会科学，2011，280 (4)：148-154.

[8] 魏益民，徐俊，安道昌等. 论食品安全学的理论基础与技术体系 [J]. 农产品加工·学刊，2005，10：43-47.

[9] 朱明春，何植民，蒋宇芝. 食品安全发展的阶段性及我国的应对策略 [J]. 中国行政管理，2013，(2)：21-25.

[10] 谢明勇，陈绍军. 食品安全导论 [M]. 北京：中国农业大学出版社，2009：3-4.

第一篇 食品安全危害因素

第一章 食品原料固有危害

第一节 含天然有毒物质的植物性食物

含天然有毒物质的植物性食物，主要有以下几种类型：将天然含有有毒成分的植物或其加工制品当作食品（如桐油、大麻油等）；在加工过程中未能破坏或除去有毒成分的植物当作食品（如木薯、苦杏仁等）；在一定条件下，产生了大量有毒成分的可食的植物性食品（如发芽马铃薯等）。

植物的天然有害成分大多数是在其体内代谢过程中生成的，也有些植物可以富集某些化学成分而产生毒害作用。但受到外源性污染（如农药、微生物等）的植物不列为本章的讨论对象。有毒植物的种类很多，我国约有 1300 种，分别属于 140 个科。常见的植物性中毒食品及其所包含的有毒物质列于表 1-1。

表 1-1 常见的植物性中毒食品及其所包含的有毒物质

可能导致食物中毒的代表性植物	有毒物质
菜豆、大豆	皂苷、凝集素、胰蛋白酶抑制剂
苦杏仁、苦桃仁、木薯及其幼苗	氰苷
发芽马铃薯	茄碱
黄花菜	秋水仙碱
毒麦种子	毒麦碱、黑麦草碱、毒素灵
蓖麻籽（油）	蓖麻碱、蓖麻毒素
莨菪（曼陀罗）种子	莨菪碱、东莨菪碱
相思豆种子	相思豆蛋白、相思豆碱
桐油	桐酸、异桐酸
大（小）麻子油	四氢大麻酚、大麻二酚、大麻酚
粗制棉籽油	游离型棉酚
毒芹（全株）	毒芹素、毒芹碱、毒芹醇、毒芹醛
商陆（土人参）根	商陆毒素、商陆碱
苍耳（种子、芽）	苍耳苷、毒蛋白、生物碱
莽草	莽草亭
苦楝	苦楝素、苦楝萜酮内酯
甘草	甘草酸、甘草次酸
香蕉、鳄梨	血管活性胺

植物中天然有毒物质是指植物体本身产生的对食用者有毒害作用的成分。植物中天然有毒物质的摄入可不同程度地危害人体健康，降低食品的营养价值和影响风味品质，引起人的食物过敏和对食品的特异性反应，甚至危及生命安全。常见的植物性有毒物质主要有苷类、生物碱、有毒蛋白或复合蛋白、硝酸盐及亚硝酸盐、酶类植物毒素等。

一、苷类

苷类（glycoside）又称配糖体或糖苷。在植物中，糖分子（如葡萄糖、鼠李糖、葡萄糖醛酸等）中的半缩醛羟基和非糖类化合物分子（如醇类、酚类、甾醇类等）中的羟基脱水缩合而成具有环状缩醛结构的化合物，称为苷。苷类大多为带色晶体，易溶于水和乙醇，而且易被酸或酶水解为糖和苷元。由于苷元的化学结构不同，苷的种类也有多种，如皂苷、氰苷、芥子苷、黄酮苷、强心苷等。它们广泛分布于植物的根、茎、叶、花和果实中。其中皂苷和氰苷、芥子苷等常引起人的食物中毒。

（一）皂苷

皂苷（saponins）是类固醇或三萜系化合物的低聚配糖体的总称，广泛存在于自然界，一半以上的植物中含有皂苷，海洋生物如海星等中也含皂苷。它是由皂苷配基通过 3β-羟基（C3—OH）与低聚糖缩合而成的糖苷。组成皂苷的糖，常见的有葡萄糖、鼠李糖、半乳糖、阿拉伯糖、木糖、葡萄糖醛酸和半乳糖醛酸。这些糖或糖醛酸先结合成低聚糖糖链再与皂苷配基结合。根据其化学结构可分为三萜皂苷（由三萜通过碳氧键与糖链相连）和甾体皂苷（甾体通过碳氧键与糖链相连）两大类。三萜皂苷在豆科、五加科、伞形花科、报春花科、葫芦科等植物中比较普遍，药用植物中含三萜皂苷类的有人参、甘草、牛膝、远志、黄芪、续断、旋花、地肤子、沙参、王不留行、酸枣和大枣。甾体皂苷类主要存在于单子叶植物百合科的丝兰属、知母属、菝葜科、薯蓣科、龙食兰科等。双子叶植物也有发现，如豆科、玄参科、茄科等。含甾体皂苷的有天门冬、麦门冬、薯蓣、白英及蒺藜子。

在未煮熟透的菜豆（*Phaseolus vulgaris*）、大豆及其豆乳中含有的皂苷对消化道黏膜有强烈刺激作用，是引发皂苷中毒的主要原因，可产生一系列肠胃刺激症状而引起食物中毒。中毒症状主要是胃肠炎。潜伏期一般为 2～4h，呕吐、腹泻（水样便）、头痛、胸闷、四肢发麻，病程为数小时或 1～2d，恢复快，愈后良好。

（二）氰苷

氰苷（cyanogenic glycosides）是由氰醇衍生物的羟基和 D-葡萄糖缩合形成的糖苷，水解后可产生氢氰酸（HCN）。氰苷广泛存在于豆科、蔷薇科、稻科等约 1000 余种植物中，禾本科（如木薯）、豆科和一些果树的种子（如杏仁、桃仁）、幼枝、花、叶等部位均含有氰苷，其中以苦杏仁、苦桃仁、木薯，以及玉米和高粱的幼苗中含氰苷毒性较大。

在植物氰苷中与食物中毒有关的化合物主要是苦杏仁苷和亚麻苦苷。苦杏仁苷（amygadin glycosides）主要存在于果仁中，在苦杏、苦扁桃、枇杷、李子、苹果、黑樱桃等果仁和叶子中都存在。苦杏仁苷是由龙胆二糖和苦杏仁腈组成的 β-型糖苷。在苦杏仁中苦杏仁苷的含量比甜杏仁高 20～30 倍。而亚麻苦苷（linamarin）主要存在于木薯、亚麻籽及其幼苗，以及玉米、高粱、燕麦、水稻等农作物的幼苗中。亚麻苦苷是木薯中的主要毒性物质，可释放游离的氰化物。此外，蜀黍氰苷（dhurrin，又称 P-羟杏仁腈苷）存在于嫩竹笋中，曾引起几例人类氰化物中毒，其幼苗可引起牛急性中毒。

氰苷产生氰氢酸的反应由两种酶共同作用。氰苷首先在 β-葡萄糖苷酶作用下分解生成氰醇和糖，氰醇很不稳定，自然分解为相应的酮、醛化合物和氰氢酸。羟腈分解酶可加速这一降解反应。氰苷和 β-葡萄糖苷酶处于植物的不同位置，当咀嚼或破碎含氰苷的植物食品时，其细胞结构被破坏，使得 β-葡萄糖苷酶释放出来，和氰苷作用产生氰氢酸，这便是食用新鲜植物引起氰氢酸中毒的原因。氰苷的毒性很强，对人的致死剂量为 18mg/kg 体重。

果仁或木薯的氰苷被人体摄入后，在果仁或木薯自身存在的氰苷酶（如苦杏仁酶）的作用下，以及经胃酸、肠道中微生物的分解作用，产生二分子葡萄糖和苦杏仁腈，后者又分解为苯甲醛和游离的氢氰酸。氢氰酸（HCN）是一种高活性、毒性大、作用快的细胞原浆毒，当它被胃黏膜吸收后，氰离子与细胞色素氧化酶的铁离子结合，使呼吸酶失去活性，氧不能被机体组织细胞利用，导致机体组织缺氧而陷入窒息状态。氢氰酸还可损害呼吸中枢神经系统和血管运动中枢，使之先兴奋后抑制、麻痹，最后导致死亡。氢氰酸对人的最低致死剂量经口测定为每千克体重 $0.5\sim3.5mg$，苦杏仁苷致死剂量约为 1g。

苦杏仁中毒原因是误生食水果核仁，特别是苦杏仁和苦桃仁，儿童吃 6 粒苦杏仁即可中毒，也有自用苦杏仁治疗小儿咳嗽（祛痰止咳）而引起中毒的例子。在某些国家，杏仁蛋白、杏仁蛋白奶糖和杏仁糊已成为食品中苦杏仁苷的主要来源。澳大利亚已将苦杏仁苷在这些食品中的限量由 50mg/kg 降至 5mg/kg。此外，某些地区的居民死于该中毒的原因是食用了高粱糖浆和野生黑樱桃的叶子或其他部位。中毒症状：先有口中苦涩、流涎、头晕、头痛、恶心、呕吐、心悸、脉频及四肢无力等症状，重症者胸闷、呼吸困难，严重者意识不清、昏迷、四肢冰冷，最后因呼吸麻痹或心跳停止而死亡。

木薯中毒原因是生食或食入未煮熟透的木薯或喝煮木薯的汤所致。在一些国家木薯被作为膳食中主要热量的来源，如果食用前未去毒或去毒效果不好，则有中毒的危险。一般食用 $150\sim300g$ 生木薯即能引起严重中毒和死亡。早期症状为胃肠炎，严重者出现呼吸困难、躁动不安、瞳孔散大，甚至昏迷，最后可因抽搐、缺氧、休克或呼吸衰竭而死亡。

氰苷有较好的水溶性，水浸可去除产生氢氰酸的食物的大部分毒性。类似杏仁的核仁类食物及豆类在食用前大都需要较长时间的浸泡和晾晒。将木薯切片，用流水研磨可除去其中大部分的氰苷和氰氢酸。发酵和煮沸同样用于木薯粉的加工，尽管如此，一般的木薯粉中仍含有相当量的氰化物。从理论上讲，加热可灭活糖苷酶，使之不能将氰苷转化为有毒的氰氢酸。但事实上，经高温处理过的木薯粉食物对人和动物仍有不同程度的毒性。虽然用纯的氰苷（如苦杏仁苷）大剂量喂饲豚鼠一般不产生毒性反应，而且氰苷在人的唾液和胃液中很稳定，但食用煮熟的利马豆和木薯仍可造成急性氰化物中毒。这一事实说明，人的胃肠道中存在某种微生物，可分解氰苷并产生氰氢酸。

改变饮食中的某些成分可避免慢性氰化物产毒。氰化物导致的视神经损害通常只见于营养不良人群。如果膳食中有足够多的碘，由氰化物引起的甲状腺肿就不会出现。食物中的含硫化合物可将氰化物转化为硫氰化物，膳食中缺乏硫可导致动物对氰化物去毒能力的下降。而长期食用蛋白质含量低而氰化物含量较高的食物，会加重硫的缺乏症状。因此，食用含氰化葡萄糖苷的食物不仅可直接导致氰化物中毒，还可间接造成特征性蛋白质的营养不良症。

（三）芥子苷

芥子苷（sinalbin，又称硫代葡萄糖苷）主要存在于十字花科植物，如油菜、野油菜、中国甘蓝、芥菜、白芥、黑芥、萝卜等种子中，是一种阻碍机体生长发育和致甲状腺肿的毒素。如果家畜食用处理不当的油菜和甘蓝的菜籽饼，则会发生中毒。

在世界的许多地区，甲状腺肿仍然严重困扰着人们。虽然仅有 4% 的甲状腺肿病例是由于碘缺乏以外的因素引起的，但地方性甲状腺肿的病例往往起因于碘缺乏和某种食物成分的共同作用，以十字花科甘蓝属植物为主要膳食成分就是一个重要的致病因素。甘蓝属植物如油菜、包心菜、菜花、西蓝花和芥菜等是世界范围内广泛食用的蔬菜。甘蓝植物的可食部分（茎、叶）一般不会引起甲状腺肿，但如果大量食用这类蔬菜则可能引起甲状腺肿。在某些碘摄取量较低的偏僻山区，以甘蓝植物为食是其甲状腺肿发病率高的原因之一。

致甲状腺肿物质的前体是黑芥子硫苷（glucosinolates）。黑芥子硫苷有 100 多种，主要分布在甘蓝植物的种子中，含量为 2～5mg/g。该物质对昆虫、动物和人均具有某种毒性，是这类植物阻止动物啃食的防御性物质。小鼠服用超过一定剂量（150～200mg/kg）的黑芥子硫苷可引起其甲状腺肥大、生长迟缓、体重减轻及肝细胞损伤。在甘蓝植物的可食部分，黑芥子硫苷在葡萄糖硫苷酶的作用下可转化为几种产物，如腈类化合物、吲哚-3-甲醇、异硫氰酸酯、二甲基二硫醚和 5-乙烯基噁唑-2-硫酮。据估计，一般人每天通过食用甘蓝蔬菜可摄入约 200mg 的这类化合物。

甘蓝属食品中抑制甲状腺功能的物质可分为两类：致甲状腺肿大素和硫氰酸酯。致甲状腺肿大素主要抑制甲状腺素的合成，而硫氰酸酯和脂类化合物主要抑制甲状腺对碘的吸收。致甲状腺肿大素的活性随物种的不同而有所不同，对人而言，其活性约为抗甲状腺素药物——丙基硫尿嘧啶的 1.33 倍。甲状腺激素的释放及浓度的变化对氧的消耗、心血管功能、胆固醇代谢、神经肌肉运动和大脑功能具有很重要的影响。甲状腺素缺乏会严重影响生长和发育。

硫氰酸盐也是黑芥子硫苷和异硫氰酸酯的裂解产物。该物质可抑制甲状腺对碘的吸收，降低了甲状腺素过氧化物酶（将碘氧化的酶类）的活性，并阻碍需要游离碘的反应。碘缺乏反过来又会增强硫氰酸盐对甲状腺肿大的作用，从而造成甲状腺肿大。人和实验动物食用了这类抑制甲状腺素合成的物质后，甲状腺素的分泌仍可继续进行。当组织中的碘源耗尽时，甲状腺素的分泌会因为缺乏再合成物质而减慢。这时，甲状腺释放激素（TSH）的分泌水平会增高，刺激垂体合成和释放促甲状腺素，造成甲状腺增生。

榨油后的菜籽饼，其营养价值与大豆饼相近。菜籽饼中本身含有无毒的芥子苷，但在潮湿情况下（或遇水后），经种子本身所含有的芥子酶的作用，将芥子苷水解生成芥子油，其主要有毒成分是烯丙基异硫氰酸盐和噁唑烷硫酮。烯丙基异硫氰酸盐易挥发，具有刺鼻的辛辣味和强烈的刺激作用，能使皮肤发红、发热，甚至起水疱。家畜食用有毒的菜籽饼后，可引起甲状腺肿大，导致生物代谢紊乱，阻抑机体生长发育，出现各种中毒症状。如精神萎靡、食欲减退、呼吸先快后慢、心跳慢而弱，并有肠胃炎、粪恶臭、血尿等症状，严重者可导致死亡。

芥子苷中毒的预防措施如下。

① 采用高温（140～150℃）或 70℃加热 1h，以破坏菜籽饼中芥子酶的活性。这是目前常用的方法，但该法会造成干物质流失。而且，处理费用高，易破坏营养成分，产生的废弃物易造成环境污染。

② 采用微生物发酵中和法将已产生的有毒物质除去。这是目前研究较多且比较提倡的方法，通过寻找和培育能够降解芥子苷的菌株（细菌、霉菌或酵母菌），通过发酵破坏菜籽饼中的芥子苷，而不破坏其营养成分。目前，已经用于饲料生产的菌株有根霉属的华根霉菌、毛霉属的总状毛霉、黄曲霉群的米曲霉、白色球拟酵母等。

③ 选育不含或仅含微量芥子苷的油菜品种。由于某些动物肠道中的细菌也具有与芥子

酶相同的活性，所以上述第一种方法并不能解决根本问题，而且以上两种处理方法成本较高，且蛋白质亦有一定损失。目前，有些国家已选育出不含或仅含微量芥子苷的油菜品种。此种油菜的菜籽饼不仅可以直接作为畜禽的精饲料，而且还可作为人类食品的添加剂。

二、生物碱

生物碱（alkaloids）又称植物碱，是一种含氮的有机化合物，具环状结构，难溶于水，与酸可形成盐，有一定的旋光性与吸收光谱，大多有苦味，呈无色结晶状，少数为液体。生物碱主要分布于罂粟科、双子叶植物中的茄科、毛茛科、豆科、夹竹桃科等120多个属的植物中，单子叶植物中除麻黄科等少数科外，大多不含生物碱。真菌中的麦角菌也含有生物碱——麦角生物碱（见第二章第二节）。

生物碱存在于植物体的叶、树皮、花朵、茎、种子和果实中，分布不一，有显著的生物活性，是中草药中重要的有效成分之一。已知的生物碱有2000种以上，由不同的氨基酸或其衍生物合成而来，是次级代谢物之一，对生物机体有毒性或强烈的生理作用。如黄连中的小檗碱（黄连素）、麻黄中的麻黄碱、萝芙木中的利血平、喜树中的喜树碱、长春花中的长春新碱等。一种植物往往同时含几种甚至几十种生物碱，如已发现麻黄中含7种生物碱，抗癌药物长春花中已分离出60多种生物碱。

生物碱具有类似碱的性质，可与酸结合生成盐类，在植物体中多以有机酸（草酸、苹果酸、柠檬酸、琥珀酸等）盐的形式存在。只有少数植物中存在游离的生物碱。存在于食用植物中的主要是龙葵碱（solanine）、秋水仙碱（colchicine）及吡啶烷生物碱。其他常见的有毒的生物碱如烟碱、吗啡碱、罂粟碱、麻黄碱、黄连碱和颠茄碱（阿托品与可卡因）等。生物碱分子中具有含氮的杂环，如吡啶、吲哚、喹啉、嘌呤等。简单的生物碱中含有碳、氢、氮等元素；复杂的生物碱中还含有氧。生物碱大多为无色味苦的结晶形固体，少数为有色或无色液体。游离的生物碱难溶于水，而易溶于乙醇、乙醚、氯仿等有机溶剂中。生物碱的种类不同，对人体的生理作用也有很大差异，所引起的中毒症状亦不相同。由于生物碱具有明显的生理作用，在医药中常有独特的药理活性，如镇痛、镇痉、镇静、镇咳、收缩血管、兴奋中枢、兴奋心肌、散瞳和缩瞳等作用。有时对有毒植物和药用植物之间的界限很难区分，它们只是用量的不同，一般有毒植物多半都是药用植物。

常见的由植物性食品所含生物碱导致的食物中毒，主要是茄碱和秋水仙碱。

（一）茄碱

茄碱（solanine）又名龙葵苷或龙葵素，为发芽马铃薯（*Solanum tuberosum*）的主要致毒成分，是一种弱碱性的苷生物碱。已知马铃薯毒素中有六种生物碱，其中主要为α-茄碱。茄碱易溶于水，与醋酸共热可被水解为无毒的茄啶（次茄碱）。茄碱具有刺激人体黏膜、麻痹神经系统、呼吸系统，溶解红细胞等作用。小鼠腹腔半数致死剂量为42mg/kg。对人口服中毒剂量为2.8mg/kg。当食入0.2～0.4g茄碱时即可发生中毒。一般进食毒素后数十分钟至10h内出现中毒症状。首先患者咽喉部瘙痒和烧灼感，胃部灼痛，并有恶心、腹泻等胃肠炎症状。严重者耳鸣、脱水、发烧、昏迷、瞳孔散大、脉搏细弱、全身抽搐，最终因呼吸中枢麻痹而致死。

由于成熟马铃薯中的α-茄碱含量极微（0.005%～0.01%），一般不会引起中毒。但当食用了未成熟的绿色马铃薯，以及因贮藏不当，使马铃薯发芽后，其幼芽与芽基部位的毒素含量比肉质部分要高几十倍，甚至几百倍，故人食用发芽的马铃薯即可引起中毒。

（二）秋水仙碱

秋水仙碱（colchicine）是不含杂环的生物碱，为黄花菜致毒的主要化学物质。其结构中有稠合的两个 7 碳环，并与苯环再稠合而成，侧链呈现酰胺结构。秋水仙碱为灰黄色针状结晶体，易溶于水，煮沸 10～15min 可充分破坏。秋水仙碱主要存在于鲜黄花菜等植物中。

秋水仙碱本身并无毒性，但当它进入人体并在组织间被氧化后，迅速生成毒性较大的二秋水仙碱，才可引起中毒。成年人如果一次食入 0.1～0.2mg 的秋水仙碱（相当于 50～100g 的鲜黄花菜）即可引起中毒。对人口服的致死剂量为 3～20mg。进食鲜黄花菜后，一般在 4h 内出现中毒症状。轻者口渴、喉干、心慌胸闷、头痛、呕吐、腹痛、腹泻（水样便），重者出现血尿、血便、尿闭与昏迷等。这是由于在机体中秋水仙碱被氧化成二秋水仙碱，对人体胃肠道、泌尿系统具有毒性并产生强烈刺激作用的缘故。

三、有毒蛋白或复合蛋白

蛋白质是生物体内最复杂，也是最重要的物质之一。异体蛋白质注入人体组织可引起过敏反应，内服某些蛋白质也可产生各种毒性。由于蛋白质的分子量大，在水中呈胶体溶液，加热处理可使其凝结。植物中的胰蛋白酶抑制剂、红细胞凝集素、蓖麻毒素、巴豆毒素、刺槐毒素、硒蛋白等均属于有毒蛋白或复合蛋白。

（一）胰蛋白酶抑制剂

胰蛋白酶抑制剂（trypsin inhibitor，TI）泛指具有抑制胰蛋白酶活性作用的一类物质。TI 能够抑制丝氨酸蛋白酶的活性。丝氨酸蛋白酶是一类重要的蛋白水解酶，在体内广泛存在。胰脏分泌的消化酶，如胰蛋白酶、胰凝乳蛋白酶、弹性蛋白酶以及血液中的凝血酶和组织中控制血流的激肽释放酶等都属于丝氨酸蛋白酶家族。

许多植物的种子和荚果中存在动物消化酶的抑制剂，如胰蛋白酶抑制剂（trypsin inhibitor）、胰凝乳蛋白酶抑制剂（chrymotrypsin）和 α-淀粉酶抑制剂（α-amylase inhibitor）。这类物质实质上是植物为繁衍后代，防止动物啃食的防御性物质。豆类和谷类是含有消化酶抑制剂最多的食物，其他如土豆、茄子、洋葱等也含有此类物质。

胰蛋白酶抑制剂分为许多种类，例如，根据来源不同分为从黄豆中提取的大豆胰蛋白酶抑制剂（soybean trypsin inhibitor，SBTI）、从南瓜籽中提取的南瓜胰蛋白酶抑制剂（*Cucurbita maxima* trypsin inhibitor，CMTI）等。存在于未煮熟透的大豆及其豆乳中的胰蛋白酶抑制剂具有抑制胰脏分泌的胰蛋白酶活性的作用，从而影响人体对大豆蛋白质的消化吸收，导致胰脏肿大和抑制食用者（包括人和动物）的生长发育。

目前，已从多种豆类（大豆、菜豆和花生等）及蔬菜种子中纯化出各种胰蛋白酶及胰凝乳蛋白酶的抑制剂。多数豆类种子的蛋白酶抑制剂占其蛋白质总量的 8%～10%，占可溶性蛋白质量的 15%～25%。胰蛋白酶抑制剂根据氨基酸序列同源性分为 Kunitz 及 Bowman-Birk 抑制剂（KTI 与 BBTI）两类。其中，BBTI 也同时是胰凝乳蛋白酶抑制剂。大豆和菜豆的胰蛋白酶抑制剂和胰凝乳蛋白酶抑制剂活性分别为 0.15～4.6U/mg 和 0.4～0.8U/mg。BBTI 蛋白酶抑制剂具有较强的耐热耐酸能力。

胰蛋白酶抑制剂对热稳定性较高。在 80℃ 加热温度下仍残存 80% 以上的活性，延长保温时间，并不能降低其活性。采用 100℃ 处理 20min 或 120℃ 处理 3min 的方法，可使胰蛋白酶抑制剂丧失 90% 的活性。如此热处理失活条件，在大豆食品加工是完全可以达到的。

（二）凝集素

凝集素（lectins），是植物合成的一类对红细胞有凝聚作用的糖蛋白，故又称植物性血细胞凝集素（hemagglutinins）。凝集素广泛存在于800多种植物（主要是豆科植物）的种子和荚果中。其中有许多种是人类重要的食物原料，如大豆、菜豆、刀豆、豌豆、小扁豆、蚕豆和花生等。豆科198属植物的种子，其中55.9%含有凝集素。通常以其被提取的植物命名，如刀豆素A（conconvalina，ConA）、麦胚素（wheat germ agglutinin，WGA）、花生凝集素（peanut agglutinin，PNA）和大豆凝集素（soybean agglutinin，SBA）等，凝集素是它们的总称。

凝集素由结合多个糖分子的蛋白质亚基组成，分子质量为91000～130000Da，为天然的红细胞抗原。大豆中含有4种凝集素，是由两对α链和β链组成的糖蛋白系列物。其特异性糖为N-乙酰-D-半乳糖胺，具有能使人类红细胞凝集的活性。脱脂后的大豆粕粉约含有3%的凝集素。

凝集素比较耐热，80℃数小时不能使之失活，但100℃温度下1h可破坏其活性。因此，扁豆等豆类中毒常见于加热不彻底，如开水漂烫后做凉拌菜、冷面料等，而炖食一般不会发生中毒现象。一般在大豆食品生产中的加热处理方法即可消除凝集素。

凝集素对实验动物有较高的毒性。在小鼠的食物中加入0.5%的黑豆凝集素可引起小鼠生长迟缓，连续两周用0.5%的菜豆凝集素喂饲小鼠可导致其死亡。大豆凝集素的毒性相对较小，但以1%的含量喂饲小鼠也可引起其生长迟缓。大豆凝集素的LD_{50}约为50mg/kg体重。

凝集素可专一性结合碳水化合物。当凝集素结合人肠道上皮细胞的碳水化合物时，可造成消化道对营养成分吸收能力的下降，从而造成动物营养素缺乏和生长迟缓。凝集素还具有凝聚和溶解红细胞的作用。中毒的潜伏期在30min～5h之间，发病初期多数患者感到胃部不适，继而以恶心、呕吐、腹痛为主，部分病人可有头晕、头痛、出汗、畏寒、四肢麻木、胃部灼烧感、腹泻，一般不发热，病程为数小时或1～2d，预后良好。血液检查可有白细胞总数和中性粒细胞增加，但体温正常。儿童对大豆血细胞凝集素较敏感，中毒后可出现呕吐、腹泻、头晕、头痛等症状。潜伏期为几十分钟至十几小时。

（三）蓖麻毒素

蓖麻（*Ricinus communis* L.）属大戟科蓖麻属，是世界十大油料作物之一。我国蓖麻种植面积约700万亩❶，蓖麻籽年产量30万吨，居世界第二位。据统计，全球每年约有100万吨蓖麻籽用于生产蓖麻油，其废弃物重量5%是剧毒蓖麻毒蛋白。蓖麻毒蛋白是蓖麻种子中一种毒蛋白，含量占籽重1%～5%。在1887年，Dixson首次证明蓖麻籽毒性是由一种蛋白质所引起。19世纪后叶，Stillmark详细研究这种毒素蛋白，并建议命名为"Ricin"。蓖麻毒蛋白对所有哺乳动物有核细胞都有毒害作用，是迄今为止天然药中最毒蛋白之一，其小鼠LD_{50}为7～10mg/kg。人误食蓖麻油后1d左右，出现急性胃肠炎症状，呈血性下痢样便，重者黄疸、血红蛋白尿、抽搐、昏迷，甚至死亡。

---

❶ 1亩=666.67m²。

四、亚硝酸盐

叶菜类蔬菜如小白菜、菠菜、韭菜等含有较多的硝酸盐和极少量的亚硝酸盐。一般来说，蔬菜能主动从土壤中富集硝酸盐，其硝酸盐的含量高于粮谷类。蔬菜中的硝酸盐在一定条件下可还原成亚硝酸盐，摄入量过多或蓄积到较高浓度时可导致食物中毒。人体摄入的硝酸盐中80%以上来自所吃的蔬菜，尤以叶菜类蔬菜中含量最高。短时间内摄入大量含亚硝酸盐蔬菜而引起的植物中毒称为肠源性紫绀或肠源性青紫病。

亚硝酸盐是强氧化剂，进入血液后，迅速将血液中低铁血红蛋白氧化成高铁血红蛋白，而使血红蛋白失去运输氧气的功能，导致机体组织缺氧，出现青紫症状而中毒。因中枢神经系统对缺氧最为敏感而首先受到损害，引起呼吸困难、循环衰竭、昏迷等。正常人体内，高铁血红蛋白仅占血红蛋白总量的0.5%～2%；高铁血红蛋白占血红蛋白总量30%以下时，通常不出现症状；高铁血红蛋白达30%～40%时出现轻微症状；超过60%时即有明显缺氧的症状；超过70%时可导致人死亡。亚硝酸盐比硝酸盐的毒性大，摄入0.3～0.5g纯亚硝酸盐即可引起中毒，致死量为3g。

蔬菜中硝酸盐在硝酸盐还原菌（如大肠杆菌、沙门氏菌、产气荚膜杆菌、枯草杆菌等）的作用下还原为亚硝酸盐，通常有以下几种情况：新鲜蔬菜在贮藏过程中开始腐烂，亚硝酸盐含量随着蔬菜腐烂程度加深而增高；腌制的蔬菜，在腌制的2～4d亚硝酸盐含量增高，在20d后又降至较低水平，变质的腌制菜中亚硝酸盐含量更高；烹调后的蔬菜存放过久，在硝酸盐还原菌的作用下，熟菜中的硝酸盐被还原成亚硝酸盐。此外，在一个时期内集中吃大量叶菜类蔬菜，如菠菜、小白菜等，虽未腐烂变质也会引起亚硝酸盐中毒。这种情况多发生在农村地区，呈散发性发生。主要是这些地区的农民以少量米面做成菜粥、菜团等大量食用，大量的硝酸盐进入胃肠道。同时，若病人胃肠道功能低下，肠内硝酸盐还原菌大量繁殖，会在短时间内产生大量的亚硝酸盐，进入血液引起中毒。

五、酚及其衍生物

主要包括简单酚类、鞣质、黄酮、异黄酮、香豆素等多种类型化合物，是植物中最常见的成分。如棉籽及未精制棉籽油中含有棉籽酚、大麻及大麻油中含大麻酚等。

（一）棉酚

棉酚又名棉毒素或棉籽醇，是棉属植物内形成的一种黄色多酚型物质，存在于棉株的各部器官中。我国棉籽饼粕产量很大（约300万吨/年），棉籽饼是丰富的蛋白质来源，此外B族维生素、硫胺素和有机磷也较多。在棉籽饼中棉酚含量为0.15%～1.8%，棉粕中的有毒成分有游离棉酚、棉酚紫和棉绿素3种色素，其毒性以棉绿素最强，游离棉酚次之，但游离棉酚的含量远比另2种色素高，因此棉粕的毒性主要决定于游离棉酚的含量。另外，按棉酚在棉粕中的存在形式也可分为游离棉酚（FG）和结合棉酚（BG）两种。FG分子结构中的活性基对动物有一定毒性，可引起各种动物中毒，限制了棉籽饼在生产中的应用。

游离棉酚是一种细胞原浆毒，具体毒作用机制尚不十分清楚。人食入后，由胃肠道吸收，对胃肠道黏膜有强烈的刺激作用。吸收后随血液分布于全身各个器官。它能损害人体肝、肾、心等脏器及中枢神经，并影响生殖系统的功能。游离棉酚对大白鼠经口LD_{50}为2510mg/kg体重。生棉籽中棉酚含量为0.15%～2.8%，榨油后大部分进入油中，油中棉酚含量可达1.0%～1.3%。当棉籽油中含0.02%游离棉酚时对动物的健康是无害的，0.05%

时对动物有害，而高于 0.15% 时则可引起动物严重中毒。

棉酚对心、肝、肾等实质细胞及神经、血管、生殖机能均有毒性。可导致实质器官的变性坏死，消化机能紊乱，产畸形胎，胎儿失明。棉酚可与许多功能蛋白和酶结合，使它们失活。棉酚与铁离子结合，可干扰血红蛋白的结合，引起缺铁性贫血。棉酚能抑制灭活组织中的多种酶，可导致溶血。棉酚可引起低血钾，出现肢体瘫软等症状。此外，棉酚还可影响生殖功能，可破坏睾丸生精上皮，对附睾等雄性附属生殖器官也有不同程度的影响，造成死精、少精、无精子症。可引起女性出现闭经、子宫萎缩，导致不育症。

（二）大麻酚和大麻树脂

大麻（*Cannalis sativa*），又名火麻、线麻、小麻、胡麻等，为大麻科一年生草本植物。主要为栽培，也有野生。大麻的叶、种子中含有一种棕色树脂，称为大麻树脂。大麻树脂是大麻中的一类有毒成分，可溶于乙醚、石油醚、乙醇、氯仿等有机溶剂中，主要包括四氢大麻酚、大麻二酚、大麻酚。另外，大麻中尚含有胆碱、胡芦巴碱和挥发油等。

四氢大麻酚和大麻二酚具有大麻的生理作用，即镇静、麻醉、引起精神兴奋等作用。其中四氢大麻酚的生理作用比大麻二酚的作用更强。大麻酚则无大麻的生理作用，而且具有毒性，不能产生精神愉快的作用。其毒性作用的增强，可能是四氢大麻酚被氧化而转变为大麻酚所致。大麻油中毒，主要刺激胃肠道和侵犯神经系统。

用大麻油做食用油，炒食大麻子或用大麻子做麻子豆腐，食后均可引起中毒。用盛装镇定大麻油的油桶盛装食用油，致使食用油中混有大麻油，食后亦可引起中毒。另外，亦有采食大麻幼苗而引起中毒者。食后多在 0.5～4h 发病，较长者可达 8～12h 发病。食量越多则症状越重。中毒轻者初感头晕、口渴、咽干、口麻等。先产生兴奋，表现为多言、哭笑无常，并伴有幻觉，而后出现恶心、呕吐，逐渐嗜睡，头重脚轻，走路不稳，四肢麻木，心悸亢进，视物不清，复视，瞳孔略大等。重者昏睡，意识模糊，瞳孔高度散大，甚至产生狂躁等精神失常症状和定向力丧失等。本病病程较短，中毒表现一般都在 48～72h 内先后消失，重者不超过 5d。

六、内酯、萜类

莽草含有一种惊厥毒素——莽草亭，是一种苦味内酯类化合物，可以兴奋延脑、间脑及神经末梢，作用于呼吸及血管运动中枢，大剂量时也能作用于大脑及脊髓。若生吃 5～8 个莽草籽即可导致人中毒。

苦楝全株有毒，以果实毒性最强。所含有毒成分主要是苦楝素、苦楝萜酮内酯等物质。对胃肠道有刺激作用，对心肌、肝、肾有不同程度的毒害作用，可引起中毒性肝病等。食入苦楝果实 6～8 个便可引发中毒。

七、其他植物毒素

（一）血管活性胺

一些植物如香蕉和鳄梨，本身含有天然的生物活性胺，如多巴胺（dopamine）和酪胺（tyramine），这些外源多胺对动物血管系统有明显的影响，故称血管活性胺。表 1-2 列出了一些植物中的生物活性胺的含量。

表 1-2　一些植物中的生物活性胺含量　　　　　　　　单位：$\mu g/g$

食　品	5-羟色胺	酪胺	多巴胺	去甲肾上腺素
香蕉果泥	28	7	8	2
西红柿	12	4	0	0
鳄梨	10	23	4～5	0
马铃薯	0	2	0	0.1～0.2
菠菜	0	1	0	0
柑橘	0	10	0	0.1

多巴胺又称儿茶酚胺，是重要的肾上腺素型神经细胞释放的神经递质。该物质可直接收缩动脉血管，明显提高血压，故又称增压胺。酪胺是哺乳动物的异常代谢产物，它可通过调节神经细胞的多巴胺水平间接提高血压。酪胺可将多巴胺从贮存颗粒中解离出来，使之重新参与血压的升高调节。

一般而言，外源血管活性胺对人的血压没有什么影响。因为它可被人体内的单胺氧化酶和其他酶迅速代谢。单胺氧化酶是一种广泛分布于动物体内的酶，它对作用于血管的活性胺水平起严格的调节作用。但是当单胺氧化酶被抑制时，外源血管活性胺可使人出现严重的高血压反应，包括高血压发作和偏头痛，严重者可导致颅内出血和死亡。这种情况可能出现在服用单胺氧化酶抑制性药物的精神压抑患者身上。此外，啤酒中也含有较多的酪胺，糖尿病、高血压、胃溃疡和肾病患者往往因为饮用啤酒而导致高血压的急性发作。其他含有酪胺的植物性食品也可引起相似的反应。

（二）甘草酸和甘草次酸

甘草是常见的药食两用食品。甘草提取物作为天然的甜味剂广泛用于糖果和罐头食品。甘草的甜味来自于甘草酸（glycyrrhizic acid）和甘草次酸（glycyrrhetinic acid）。前者是一类三萜类皂苷，约占甘草根干重的4%～5%，甜度为蔗糖的50倍。甘草酸水解脱去糖酸链就形成了甘草次酸，甜度为蔗糖的250倍。甘草次酸具有细胞毒性，长时间大量食用甘草糖（100g/d）可导致严重的高血压和心脏肥大，临床症状表现为钠离子潴留和钾离子的排出，严重者可导致极度虚弱和心室纤颤。近年的研究表明，甘草酸和甘草次酸均有一定的防癌和抗癌作用。甘草次酸还具有抗病毒感染的作用，对致癌性的病毒如肝炎病毒和艾滋病毒的感染均有抑制作用。

（三）苍耳

苍耳全株有毒，以果实为最，鲜叶比干叶毒。苍耳为野生植物，农村随处可见，春季雨后苍耳发芽，常成丛生长，外形很像黄豆芽，此时毒性最强。苍耳苷、毒蛋白以及毒苷等为其主要有毒成分。可损害心、肝、肾等内脏实质器官，引起浮肿、出血及坏死，并能使毛细血管扩张，血管渗透性增加，可致全身广泛性出血，消化及神经系统功能障碍等，常因呼吸及循环衰竭而致死。

（四）桐油

桐油的色、味与一般食用植物油相似，曾发生多起粮店将桐油误当食油出售，造成误食而引起急性或亚急性中毒。桐油主要成分是桐酸，为含有三个双键的不饱和脂肪酸，对胃肠道有强烈的刺激作用，引起恶心、呕吐和腹泻，粪便带血，继发性脱水和酸中毒症状。吸收入血后经肾脏排泄，尿中出现蛋白质、管型、红细胞及白细胞等。此外也可损害肝、脾及神经。神经系统症状是口渴、精神倦怠、烦躁、头痛、头晕，偶有瞳孔缩小，对光反应迟钝等。严重者可意识模糊、呼吸困难，或惊厥，进而引起昏迷和休克。

第二节　含天然有毒物质的动物性食物

含天然有毒物质的动物性食物，主要有以下两种类型：将天然含有有毒成分的动物或动物的某一部分当做食品；在一定条件下产生大量有毒成分的动物性食品。在此，重点关注第一种类型。常见的含天然有毒物质的动物性食物有动物肝脏、河豚、蛤贝、有毒蜂蜜等。

一、动物肝脏

在动物肝脏中毒中，最主要的是鱼肝中毒。我国常见的扁头哈拉鲨、灰星鲨、鳕鱼、七鳃鳗鱼等鱼的肝脏中含有大量的维生素。例如，鲨鱼肝脏中含有大量的维生素 A、维生素 D 和脂肪，如果过量食用其鱼肝，可因维生素 A 摄入过多而发生急性中毒。维生素 A 是一种具有脂环的不饱和的单元醇，它分为维生素 A_1 与维生素 A_2 两种。维生素 A_1 主要存在于海水鱼肝脏，其他动物肝脏、血液与眼球的视网膜中，又称视黄醇；而维生素 A_2 只存在于淡水鱼的肝脏中。维生素 A 在无氧条件对热稳定，加热时 120～130℃ 几乎不被破坏，但在有氧时加热易被氧化，也易受紫外线照射而破坏。

食用过量的维生素 A 后 2～3d 可出现恶心、呕吐、腹部不适、厌食等胃肠道疾病。继之出现皮肤症状，皮肤潮红、干燥、瘙痒，并有鳞状脱皮，由口唇周围和鼻开始，逐渐蔓延至四肢和躯干，重者毛发枯干脱落。另有眼结膜充血、剧烈头痛等症状。

鲨鱼肝中的维生素 A 含量为 10IU/g，若成人一次摄入鲨鱼肝 200g 即可引起急性中毒。6 个月至 3 岁大的婴儿服用过多的鱼肝油亦经常发生维生素 A 中毒。此外，在其他的动物肝脏中，尤其是狗、羊、熊、狼、狍子的肝脏中亦含有丰富的维生素 A。如果一次大量食用其肝脏，可因维生素 A 摄入过多而发生急性中毒。

动物的肝脏含有丰富的蛋白质、维生素、微量元素等营养物质，是人们常食的营养食品。医药上将其加工成肝精、肝粉、肝组织液等运用于治疗肝病、贫血、营养不良等症状。然而，肝脏是动物最大的解毒器官，动物体内各种毒素，大都经过肝脏处理、转化、排泄或结合，故肝脏暗藏毒素。此外，进入动物体内的细菌、寄生虫往往在肝脏中生长、繁殖，其中肝吸虫病、包虫病在动物中较为常见。况且动物也有可能患肝炎、肝硬化、肝癌等疾病。由此可见，动物肝脏存在许多不安全因素。

二、河豚

河豚（*Tetrodontidae*）又名鈍，属暖水性海洋底栖鱼类，是无鳞鱼的一种，全球有 200多种，我国有 70 多种，其中东方鈍（*Fugu*）分布较为广泛。它主要生活于海水中，但在清明节前后多由海中逆流至入海口的河中产卵。河豚一般都含有河豚毒素，其含量多少因品种、存在部位、性别、季节及生活水域等因素的不同而各有差异。我国的河豚中毒多由弓斑东方鈍（*Fugu ocellatus*）、铅点东方鈍（*Fugu alboplumbeus*）、豹纹东方鈍和条纹东方鈍（*Fugu xanthopterus*）而引起。雄鱼组织的毒素含量低于雌鱼。河豚的肝、肾、脾、卵巢、卵子、睾丸、鳃、皮肤、血液和眼睛都含有河豚毒素，但在不同器官中的分布不一致，其中以卵巢的毒性最强，肝脏次之。一般新鲜洗净的肌肉不含毒素，但如死后较久，毒素可由内脏渗入肌肉中。有的河豚品种在肌肉中也具弱毒。每年春季2～5月为河豚产卵期，此时含河豚毒素最多，卵巢及肝脏的毒性最强，6～7月产卵后毒性可减弱一半，故春季食用河豚易发生中毒。

河豚毒素（TTX）是一种毒性强烈的、低分子量、高活性的非蛋白质类神经毒素；属生物碱类；呈无色棱柱状结晶体；难溶于水，易溶于食醋；在碱性溶液中易分解；对热稳定，100℃7h、120℃60min、220℃10min的加热才能被破坏；盐腌或日晒、烧煮等方法都不能去毒。但在pH3以下和pH7以上不稳定。用4%的氢氧化钠溶液处理20min或2%的碳酸钠溶液浸泡24h可变成无毒。

河豚毒素主要作用于神经系统，抑制神经细胞对Na^+的通透性，具有高度的专一性作用，在很低浓度下能选择性地抑制Na^+通过神经细胞膜，而阻断神经与肌肉间的传导，使神经末梢和神经中枢发生麻痹。中毒者感觉神经麻痹，其次为各随意肌的运动神经末梢神经麻痹，使机体不能运动。毒素量增大时则迷走神经麻痹，呼吸减少，脉搏迟缓，严重时体温及血压下降，最后发生血管运动神经或横膈肌及呼吸神经中枢麻痹，引起呼吸停止，迅速死亡。毒素不侵犯心脏，呼吸停止后心脏仍能维持相当时间的搏动。毒素还直接作用于胃肠道，引起局部刺激症状，如恶心、呕吐、腹泻和上腹疼痛。由于毒素极易被胃肠道与口腔黏膜吸收，故重患者可于发病后30min内死亡。0.5mg的河豚毒素就可以毒死一个体重70kg的人。对人经口的致死量为$7\mu g/kg$。

河豚中毒的原因有未能识别河豚而误食。也有少数国家，如日本居民因喜食河豚肉的鲜美，且又未将其毒素去干净，食入后中毒死亡。此外在我国一些沿海地区曾因发生食用麦螺而引起河豚毒素中毒。由于河豚产卵时需硬物磨破肚皮，如此，卵子和毒液一起破口而出。而麦螺是一种海洋生物，可吸吞河豚毒液和软体鱼子。因而人们在食用麦螺的同时，亦摄入了河豚毒素。故在河豚产卵繁殖季节不能食用麦螺。

三、含高组胺鱼类

组胺（histamine）是组胺酸的分解产物，当人类食用含有一定数量组胺的某些鱼类时，可能会引起类过敏性食物中毒。食用含高组胺鱼类中毒，国内外均有报道。中毒的发生主要是由于某些鱼类在不新鲜或腐败变质的情况下，产生一定量的组胺及腐败类物质，同时也与个人体质的过敏性有关，所以食用含高组胺的鱼类中毒被认为是一种过敏性食物中毒。中毒因素除组胺外，腐败胺类（三甲胺及其氧化物）等类组胺物质可与组胺起协同作用，使毒性增强。此外，不只是过敏性体质的人容易发生中毒，非过敏性体质的人食用后也同样可以发生中毒。

当鱼体不新鲜或腐败时，污染于鱼体的细菌如组胺无色杆菌，特别是摩氏摩根变形菌所产生的脱羧酶，就使组胺酸脱羧形成组胺。温度在15～37℃，pH值为6.0～6.2的弱酸性，盐分含量3%～5%的条件下，最适于组胺酸分解形成组胺。组胺耐热，即使食用前鱼经烹煮、制罐和其他热处理均不能破坏。组胺所致人体中毒是由于组胺可以刺激心血管系统和神经系统，促使毛细血管扩张充血和支气管收缩而导致的一系列临床症状。一般认为当机体摄入的组胺量超过100mg以上时，即有引起中毒的可能性。组胺中毒特点为发病快、症状轻、恢复快。潜伏期一般为数分钟至数小时，主要表现为面部、胸部及全身潮红、刺痛灼烧感，眼结膜充血，并伴有头痛、头晕、心动加速、胸闷、呼吸急速、血压下降，有时可有荨麻疹、咽喉灼烧感，个别出现哮喘，一般体温正常，多在1～2d恢复健康。预后良好，未见死亡。

由于组胺是氨基酸的分解产物，因此组胺的产生与鱼类所含的组胺酸的多少有直接关系。一般海产鱼类中的青皮红肉鱼，如鲐鱼、沙丁鱼、秋刀鱼、竹荚鱼、金枪鱼肌肉中含血红蛋白比较多，因此组胺酸含量也较高。当受到富含组胺酸脱羧酶的细菌的污染，并在适宜的环境条件下，肌肉中的组胺酸即被脱羧而产生组胺。按照我国食品卫生标准规定，鲐鱼组胺最大允许量为 100mg/kg，其他鱼类为 30mg/kg。

四、蛤贝

贝类是动物界中的海洋软体动物，种类很多，至今已记载的约有十几万种。导致中毒的常见贝类有蛤类、螺类、蚌类、扇贝、牡蛎等。根据各种贝类毒素对人体产生的不同症状的中毒机制，将其分为以下四种：麻痹性贝类毒素（paralytic shellfish poisoning，PSP）、腹泻性贝类毒素（diarrhetic shellfish poisoning，DSP）、神经性贝类毒素（neurotoxic shellfish poisoning，NSP）及失忆性贝类毒素（amnesic shellfish poisoning，ASP）。其中最常见毒素是麻痹性贝类毒素、腹泻性贝类毒素和神经性贝类毒素。

（一）麻痹性贝类毒素（PSP）

早在几百年前人们就已经知道食用某些贝类后可引起急性中毒。麻痹性贝类毒素是海洋贝类毒素中比较常见的一种，中毒严重者可以危及人的生命。因此尽管贝毒种类中还有神经性贝毒、腹泻性贝毒及失忆性贝毒好几种，但麻痹性贝毒被认为是比较普遍以及对人体健康威胁最大的一种贝毒，从而最受重视。

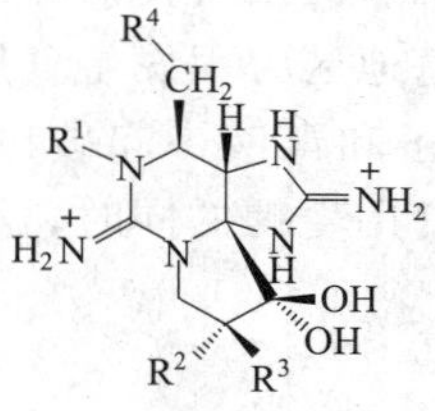

图 1-1　麻痹性贝毒的分子结构式

麻痹性贝毒是一类四氢嘌呤的衍生物（图 1-1）。现在已经发现的毒素有 20 多种，根据 R^4 基团的不同分为（表 1-3）：氨基甲酸酯类毒素（carbamate toxins），包括石房蛤毒素（STX），新石房蛤毒素（neoSTX），膝沟藻毒素 1～4（GTX1～4）；N-磺酰氨甲酰基类毒素（N-sulfocarbamoyl toxins），包括 B1～2，C1～4；脱氨甲酰基类毒素（decarbamoyl toxins），包括 dcSTX，dcneoSTX，dcGTX1～4；脱氧脱氨甲酰基类毒素（deoxydecarbamoyl toxins），包括 doSTX，doGTX2，doGTX3；最近又在一种蟹 Zosimus aeneus 中检出了石房蛤毒素和新石房蛤毒素的 N-羟基衍生物（N-hydroxycarbamoyl derivatives）hySTX 和 hyneoSTX，可能是一类新的麻痹性贝毒毒素。

表 1-3　麻痹性贝毒毒素的种类与名称

R^1	R^2	R^3	R^4				
			$COONH_2$	$COONHS_3^-$	OH	COONHOH	H
H	H	H	STX	GTX5(B1)	dcSTX	hySTX	doSTX
OH	H	H	neoSTX	GTX6(B2)	dcneoSTX	hyneoSTX	—
OH	OSO_3^-	H	GTX1	C3	dcGTX1	—	—
H	OSO_3^-	H	GTX2	C1	dcGTX2	—	doGTX2
H	H	OSO_3^-	GTX3	C2	dcGTX3	—	doGTX3
OH	N	OSO_3^-	GTX4	C4	dcGTX4	—	—

在麻痹性贝类中毒中，蛤类中的石房蛤毒素是造成该类中毒的最主要来源。石房蛤毒素又名甲藻毒素，主要存在于石房蛤（Saxidomus nuttali）、文蛤（Meretrix meretrix）等蛤

类中，以及扁足蟹（*Platypodia granuiosa*）、蝉蟹（*Emerita analoga*）等海蟹中，是一种分子量较小的非蛋白质类神经毒素。该毒素呈白色，可溶于水，易被胃肠道吸收；对热非常稳定，一般烹调中不易完全破坏；80℃加热1h毒性无变化；100℃加热30min毒性减少一半；在蛤类中于121.1℃下的D值为71.4min；如果pH值升高会迅速分解，但对酸稳定。据报道，在pH值3的条件下煮沸3～4h可破坏此毒素。

石房蛤毒素属于麻痹神经毒，为强神经阻断剂，即能阻断神经和肌肉间的神经冲动的传导，其作用机理与河豚毒素相似。其中毒症状是从嘴唇周围发生轻微刺痛和麻木发展到全身麻痹，并由于呼吸障碍而致死。其潜伏期短，仅几分钟至20min，最长不超过4h。症状初期为唇、舌、指间麻木，运动失调，伴有头晕、恶心、胸闷乏力，重症者则昏迷，呼吸困难，最终因呼吸衰竭窒息而死亡。病死率为5%～18%。如果24h免于死亡者，则愈后良好。典型的症状可以帮助判断中毒程度：轻度、中度或者重度。轻度：嘴唇周围有麻木感和刺痛感，逐渐扩展到面部和颈部，手指尖和交织的针刺感觉，可有头痛、晕眩和恶心；中度：说话语无伦次，刺痛的感觉发展到手臂和腿，四肢强直和机体失调，全身衰弱和晕眩，轻度呼吸困难，脉搏加快；重度：肌肉麻痹，明显地呼吸困难，窒息感，在没有呼吸机护理的情况下死亡的可能性很大。人对PSP的敏感性是很不相同的，使人致死的PSP剂量从500～1000μg不等，但有报道达到12400μg才死亡的病例。与河豚毒素相比，在相同程度肌肉麻痹的情况下，通常石房蛤毒素所诱发的低血压程度较轻，而且时间也较短，无论是把石房蛤毒素直接注入脑室还是通过静脉给药，都已观察到石房蛤毒素对血管运动中枢和呼吸中枢二者都有抑制作用。石房蛤毒素毒性很强，对人经口的致死量为0.54～0.90mg。

某些本身可以食用的贝类，在摄入了含有神经毒的膝沟藻科的藻类，毒素即可以结合状态大量富集和积蓄，贝类本身不中毒，但当人们食入此种贝肉后，毒素迅速从贝肉中释放出来，呈现毒素作用。贝类所含有的石房蛤毒素的多少取决于海水中的膝沟藻类的数量。

贝类中毒的发生往往与水域中藻类的大量繁殖、集结所形成的所谓的"赤潮"有关，此时每毫升海水中所含的藻类数量可达2万个，甚至"赤潮"期间在海滨散步的人吸收一点水滴也可以引起中毒。即使不在"赤潮"发生期，贝类也可能含毒，将之转移至清水域需一个月以上才能脱毒。

（二）腹泻性贝类毒素（DSP）

1976年，在日本宫城县发生了食用紫贻贝（*Mystilusedolis*）引起的以腹泻为主要症状的集体食物中毒事件。当时，从该贝的中肠腺内检出了能杀死小白鼠的脂溶性毒素，为了将这种毒素与其他毒素相区别，称为腹泻性贝类毒素。近年来，DSP所引起的食物中毒事件在世界各地不断有报道，DSP在海洋生物毒素中，尤其是在贝类毒素中毒中越来越占据重要的地位。DSP已成为影响贝类养殖业和食品卫生的一个严重问题。

DSP的中毒临床症状以腹泻为主，其综合症状特点是腹泻、恶心、呕吐，有人分析了1976年到1982年间日本确诊的1300例DSP中毒病人，症状的出现率为：腹泻92%、恶心80%、呕吐79%、腹部疼痛53%、寒战10%。从摄入有毒贝类到发病，最短的时间是30min，长的要几小时，但很少有超过12h的。大约70%的病人在4h内出现症状。病程可持续3d，一般很少留下后遗症。

腹泻性贝毒素是一类聚醚类或大环内酯类化合物，它们都是由彼此相连的环醚组成，其化学结构如图1-2。根据这些成分的碳骨架结构，一般将它们分成3组。

① 酸性成分的大田软海绵酸（okadaic acid，OA）及其天然衍生物鳍藻毒素（DTX 1，

DTX 3)。

    ② 中性成分的聚醚内酯——扇贝毒素（pectenotoxins，PTXs）（PTX 1～7）。

    ③ 其他成分的贝毒素——虾夷扇贝毒素（yessotoxins，YTX）及衍生物 4，5-OH YTX。

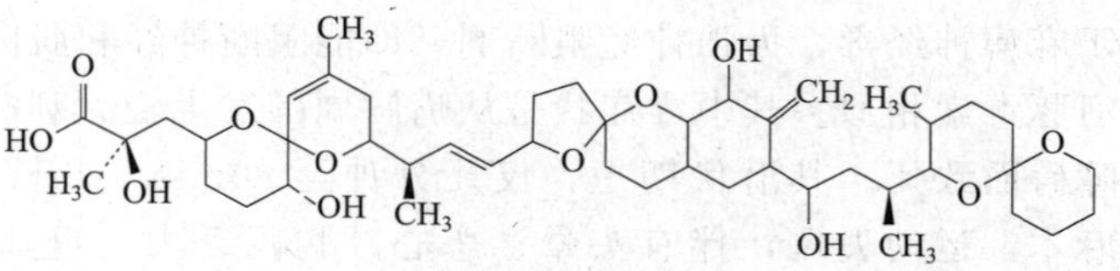

OA的结构式

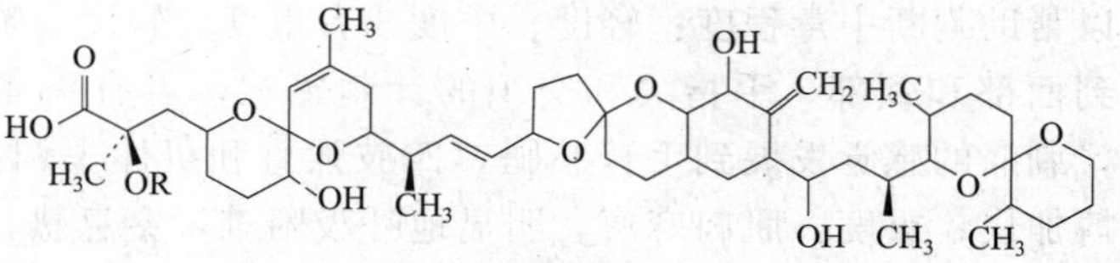

DTX1和DTX3的结构式

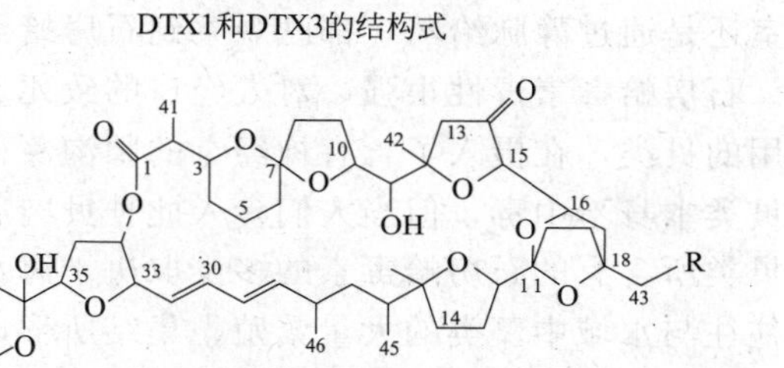

DTX	R
DTX1	H
DTX3	Ac

PTX1：R=CH$_2$OH；C-7，*R*   PTX2：R=CH$_3$；C-7，*R*   PTX3：R=CHO；C-7，*R*

PTX4：R=CH$_2$OH；C-7，*S*   PTX6：R=COOH；C-7，*R*   PTX7：R=COOH；C-7，*S*

PTX-2SA：C-7，*R*   7-*epl*-PTX-2SA：C-7，*S*

PTX的结构式

YTX的结构式

图 1-2　腹泻性贝类毒素的结构式

    造成 DSP 中毒的原因与麻痹性贝类毒素导致的中毒原因具有类似之处。也是因为某些可以食用的贝类，在摄入了某些有毒的藻类后，本身不发生中毒，而当人们食用时，毒素迅速从贝肉中释放出来，从而造成了人类的中毒。DSP中毒已经在世界上几个地区有过报道，包括远东、欧洲和南美洲。在欧洲发生这类中毒的事件较少。然而在日本报道的中毒病例已经超过1300例，倒卵形鳍藻（*Dinophysis fortii*）和渐尖鳍藻（*D. acuminata*）是DSP的产生者。根据智利的流行病学资料，怀疑急尖鳍藻（*D. acura*）也可能与智利的一次DSP中毒事件有关。DSP毒素中的一种成分大田海绵酸，已经证实存在于一种海底涡鞭藻中。鳍藻属的各品种是广泛分布的，在日本，对贝类起毒化作用，产DSP的是倒卵形鳍藻；在欧洲大西洋沿岸的重要种类为渐尖鳍藻；而在中国，倒卵形鳍藻与渐尖鳍藻均有分布。

被DSP毒化的贝类也是与当地的海洋污染有关，与赤潮关系密切，发生赤潮期间，卵形鳍藻与渐尖鳍藻内的DSP含量明显增加。近期发现，即使未发生赤潮，倒卵形鳍藻在海水中仅为200个/L低密度时，贻贝和扇贝的DSP含量也会超过限定值，可以影响人体的健康。在日本，贝类的毒化时间一般在4~8月份，高峰通常在6~7月份，10月份以后毒素含量逐渐消失。故在日本DSP的中毒主要发生在夏季，挪威、瑞典发生在秋季。可被DSP毒化的贝类是双贝壳类，主要是扇贝、贻贝、杂色蛤、文蛤、牡蛎等。扇贝及紫贻贝与其他双生贝壳相比较可长期含毒。

（三）神经性贝类毒素（NSP）

1981年Lin等报道从短裸甲藻中分离得到短裸甲藻毒素（brevitoxin，BTX），后又将该毒素分为BTX-A、BTX-B和BTX-C三种（又名PbTX-1、PbTX-2、PbTX-3），并确定其中主要毒素BTX-B的结构式。目前从短裸甲藻细胞提取液中分离出的神经性贝毒共计13种，其中11种成分结构已经确定，按各成分的碳骨架结构划分为3种类型：由11个稠合醚环组成的梯形结构，包括短裸甲藻毒素-2、短裸甲藻毒素-3、短裸甲藻毒素-5、短裸甲藻毒素-6、短裸甲藻毒素-8、短裸甲藻毒素-9（简写为PbTX-2、PbTX-3、PbTX-5、PbTX-6、PbTX-8、PbTX-9）；10个稠合醚环组成，包括短裸甲藻毒素-1、短裸甲藻毒素-7和短裸甲藻毒素-10（简写为PbTX-1、PbTX-7、PbTX-10）；其他成分，包括GB-4和PB-1。最近，在新西兰的绿壳贻贝中又分离出了一种新的短裸甲藻毒素（叫短裸甲藻毒素B3，BTX-B3），其结构和生物活性与BTX-B极为相似，具有同源的可能性。BTX的结构式如图1-3所示，NSP均不含氮，具有高度脂溶性。神经性贝类毒素的性质可以参考麻痹性贝毒的性质。

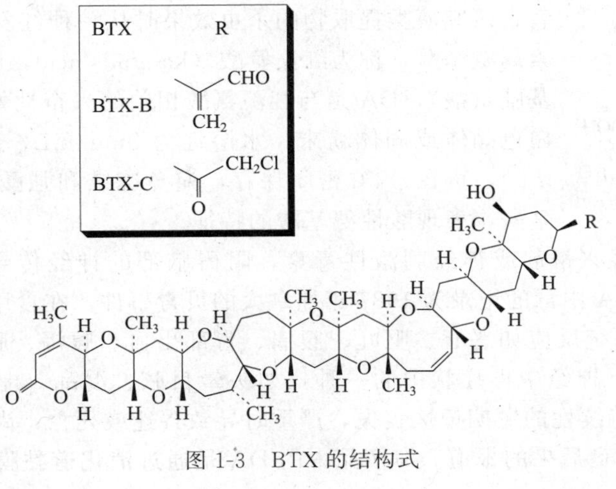

图1-3 BTX的结构式

人类接触短裸甲藻污染后的贝类后 30min～3h 便可引起 NSP 中毒症状，如腹痛、恶心、呕吐、腹泻，并伴随眩晕、肌肉骨骼疼痛、乏力等，这些中毒症状持续时间较短，并且依食用贝类的数量及其毒性有所差异。如果赤潮发生时，海岸有较大的风浪，机械运动造成短裸甲藻细胞外壳破裂，释放其细胞内的毒素进入周围的海水中，风浪则造成毒素气溶胶在短距离内输送。因而，在海岸行走时会发生黏膜刺激、鼻溢、打喷嚏、咳嗽和呼吸失调等现象。短裸甲藻赤潮期间，在该水域游泳或做冲浪等运动的人都可能遭受眼睛和皮肤的刺激，有的还染上红眼病（redness）和疥疮。如果这一毒素传播方式是短期的，则中毒症状很快消退；如果长期暴露在污染区域，则中毒症状会延长至数小时或几天。

神经性贝毒通过两种途径对人类产生危害：一种是人类通过食用受短裸甲藻污染的贝类引起的神经性中毒和消化道症状；另一种是由于人类呼吸或接触了含有短裸甲藻细胞或其代谢产物的海洋气溶胶颗粒所引发的呼吸道中毒和皮肤受刺激现象。

NSP 的发生也是与海洋赤潮的形成有莫大的关联，首次发现短裸甲藻是产生神经性贝毒的主要原因时，人们已经在近 50 年的时间里观察了 42 次赤潮。国外对短裸甲藻赤潮的发生有过较多的记载。历史上最严重的赤潮发生在 1971 年夏秋季节的佛罗里达中西部沿岸水域，当时的短裸甲藻导致沿岸大约 155km² 暗礁区的生物几乎全部灭亡，在水深 13～30m、离海岸 13～51km 的暗礁区，鱼类、海鸡冠、石珊瑚、软体动物、甲壳动物、多毛环节动物、被囊动物、海绵动物、棘皮动物和低息藻类死亡严重。短裸甲藻在细胞裂解、死亡时会释放出一组毒性较大的短裸甲藻毒素，高浓度的短裸神经甲藻毒素很容易造成鱼类的大批死亡。短裸甲藻赤潮发生在大陆架或陆架边缘，但是产生最大毒性效应的水域是近海水域。赤潮的发生与短裸甲藻细胞在海水中的密度、海水的局部循环等因素相关。目前对短裸甲藻赤潮的预报的研究还处于早期阶段，水中铁含量的异常升高，可以作为赤潮发生之前的标志。

(四) 失忆性贝类毒素（ASP）

失忆性贝类毒素，又称遗忘性或健忘性贝毒。引起失忆性贝毒（ASP）的藻类有：多纹拟菱形藻（*Pseudo-nitzschia multiseries*）、假细纹拟菱形藻（*Pseudo-delicatissima*）。可在贝类、鱼类、蟹类体内积聚。这些藻类主要生长在美国、加拿大、新西兰等海域。在日本海域的微藻 *Chondria armata* 也可导致失忆性贝类毒素的发生。

ASP 的主要毒素成分是软骨藻酸（图 1-4）[domoic acid，DA，2-羧基-4-(5-羧基-1-甲基-1,3-己二烯基)-3-吡咯啉乙酸] 及其同分异构体。最早是日本学者在研究藻类提取物的杀虫效果时从一种红藻中提取出来的，该毒素属氨基酸，称为红藻氨酸（kainoids acid，KA，2-羧甲基-异丙烯基脯氨酸），DA 是与红藻氨酸相关的兴奋性氨基酸类物质。DA 为白色晶体或固体粉末，水溶性为 8mg/mL，微溶于甲醇（0.6mg/mL），可在 -4℃ 密闭保存，避免冻结和强酸。它是一种非蛋白氨基酸，表现酸性氨基酸的特征。

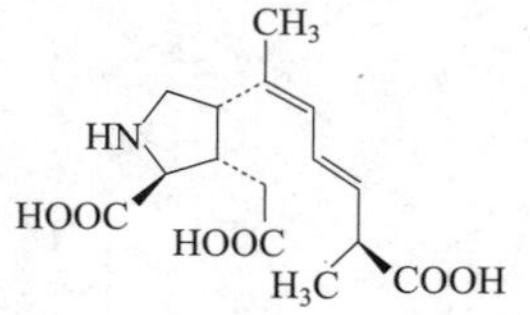

图 1-4　DA 的化学结构式

软骨藻酸为神经兴奋剂或神经刺激性毒素，阻碍脑部的神经传导。半致死量 LD_{50} 为 $10\mu g/kg$。人类因 DA 中毒的记录为 1987 年加拿大的贝毒事件，在食用受 DA 污染的海产品 24h 内观察到消化系统反应如恶心、呕吐、腹痛、胃部出血、腹泻、腹部痉挛等症状；48h 内至少可观察到以下神经中毒症状中的一种，如头晕目眩、混乱、虚弱、嗜睡、困倦、发抖、定向力障碍、持续性的短期记忆丧失，严重时导致昏迷或死亡；尚无反复暴露于低浓度 DA 中可能出现的不良后果的报道。海产品中的 DA 是通过消化道黏膜吸收的，但吸收率极低，小鼠试验中检测出 DA 转移到脑组织中的速率也较低，但最终可以到达中枢神经系统的周围组织。在血液系统中，DA 以亲水性分子的形式存在，并对所有的周围组织都有效。

KA 和 DA 均被认为是在形态上与谷氨酸有一致的结构，并且在脑组织和中枢神经系统中作为谷氨酸的拮抗剂，但 DA 的作用要比 KA 的潜在作用强出许多倍。DA 与谷氨酸受体紧密连接，始终存在于中枢神经系统中。病变组织的研究结果显示对脑部海马区的神经产生损伤。一旦 DA 到达中枢神经系统，可通过局部栓塞破坏血脑屏障。DA 比 KA 的潜在神经兴奋功能强 2～3 倍，比谷氨酸强 100 倍。在贻贝中通常是 DA 与其他神经毒素氨基酸共同起到协同作用。

DA 的毒性作用机理被认为是在线粒体水平上进行的，氧化磷酸化的解偶联作用降低了膜的通透性，引起细胞的膨胀并最终导致细胞的裂解。除神经毒素和胃毒素的作用外，DA 在脑部引起 c-fos 基因（一种失忆基因）的大量表达，在脑部的作用区域主要为脑干和边缘系统，其影响表现为呕吐和记忆丧失。

五、有毒蜂蜜

蜂蜜的质量和香味等都与蜜源有关。一般蜂蜜对人有益无害，但当蜜源植物有毒时蜂蜜也会因而含毒。在我国福建、云南、湖南等均有报道。其有毒蜜源来自含生物碱的有毒植物，常见的为雷公藤属植物、钩藤属植物等。国外亦有报道有毒蜜源植物为山踯躅、附子、木花等。蜂蜜中毒多在食后 1～2d 出现症状，轻症病人仅有口干、口苦、唇舌发麻、头晕及胃肠炎症状。中毒严重者有肝损伤（肝肿大、肝功能异常）、肾损害（尿频或少尿、管型、蛋白尿等）、心率减慢、心律失常等症状，可因循环中枢和呼吸中枢麻痹而死亡。以有毒蜜源酿成之蜂蜜，一般色泽较深，呈棕色糖浆状，有苦味。

六、螺类

螺类已知的有 8 万多种，其中少数种类含有有毒物质，如节棘骨螺（*Murex trircmis*）、蛎敌荔枝螺（*Purpua gradtata*）和红带织纹螺（*Nassarius suecinctua*）等。其有毒部位分别在螺的肝脏或腮下腺、唾液腺、肉和卵内。人类误食或食用过量可以引起中毒。根据引起中毒的症状的不同，毒螺有两种类型：麻痹型和皮炎型。麻痹型的毒螺含有影响神经的毒素，它们或是兴奋颈动脉窦的受体，刺激呼吸和兴奋交感神经带，阻碍神经肌肉的传导作用；或是阻断神经冲动传导，使人发生麻痹型中毒。人食用皮炎型毒螺后，经日光照射，人的面部、颈部、四肢等部位的皮肤出现潮红、浮肿，随即呈红斑和荨麻疹症状。骨螺毒素、荔枝螺毒素（主要有千里酰胆碱和丙烯酰胆碱）、织纹螺毒素均属于非蛋白质类麻痹型神经毒素，易溶于水，耐热耐酸，且不被消化酶分解破坏。

七、海兔

海兔又名海珠，以各种海藻为食，是一种生活在海水中的贝类，但贝壳已退化为一层薄而透明的角质壳。头部有触角两对，短的一对为触觉器官，长的一对为嗅觉器官，爬行时向前和两侧伸展，恰似兔子的两只耳朵，故称为海兔。其种类较多，较常见的种类有蓝斑背盖海兔（*Notarchus leachiicirrosus*）和黑指纹海兔，为我国东南沿海人民所喜食，还可入药。海兔体内毒腺（蛋白腺）能分泌一种略带酸性、气味难闻的乳状液体，其中含有一种芳香异环溴化物的毒素，是御敌的化学武器。此外，在海兔皮肤组织中含有一种挥发油，对神经系统有麻痹作用。故误食其有毒部位，或皮肤有伤口接触海兔时均有可能引起中毒。食用海兔肉中毒者有头晕、呕吐、双目失明等症状，严重者有生命危险。

八、含肉毒鱼毒素鱼类

在加勒比海和大部分太平洋中，一些鲨鱼、梭鱼、鲈鱼、鹦鹉鱼、鲶鱼、八目鱼、龟和鳖，特别是红色的甲鱼等海产鱼可引起肉毒鱼毒素中毒。这些鱼类的肉毒鱼毒素是由浮游生物中的有毒藻类产生，即通过食物链（有毒藻类→小鱼→大鱼）间接摄入并蓄积于鱼体内。此种毒素在鱼体内是以脂溶性化合物的形式存在，主要存在于鱼的肝脏、生殖腺等内脏及肌肉中。目前，此种毒素的作用机理和对人的致死剂量尚不十分清楚。主要中毒症状为：初期感觉口渴、唇舌和手指发麻，并伴有恶心、呕吐、头痛、腹痛、肌肉痛和肌无力等症状，身体虚弱者发展到不能行走，几周后可恢复。但在极少情况下可致死。其死亡原因较复杂，病人大多死于心脏衰竭。藻类毒素将在本书第二章第六节中予以单独讨论。

九、动物甲状腺和肾上腺

动物甲状腺中毒一般皆因牲畜屠宰时未进行摘除甲状腺而使其混在喉颈等部碎肉中被人误食所致。甲状腺的有毒物质为甲状腺素，其毒理作用是使组织细胞的氧化率突然提高，分解代谢加速，产热量增加，并扰乱机体正常的分泌活动，使各系统、器官间的平衡失调。误食甲状腺导致中毒的潜伏期为 1～10d，一般多在食后 12～36h 出现症状，如头晕、头痛、烦躁、乏力、抽搐、震颤、脱皮、脱发、心悸、多汗等，同时发生恶心、呕吐、腹泻和便秘等胃肠道症状。也可导致慢性病复发和孕妇流产等。病程短者仅 3～5d，长者可达数月。有些人较长期遗患头晕、头痛、无力、脉快等症状的疾病。由于甲状腺耐高温，在 600℃ 以上的高温才可以将其破坏，而一般烧煮方法不能使之无害化。

家畜的肾上腺是小椭圆形器官，位于腰部，左右各一，分别跨在肾脏两侧上端，俗称"小腰子"。在屠宰家畜时，由于未摘除肾上腺而被人误食，引起中毒。根据对人体生理功能的影响，肾上腺皮质激素可以分为糖皮质激素和盐皮质激素。人若食用肾上腺皮质激素而导致中毒后，其潜伏期一般较短，食后 15～30min 发病，主要表现为恶心、呕吐、头晕和头痛，心窝部位疼痛，血压急剧升高，四肢和口舌发麻，肌肉震颤；严重患者面色惨白，血压高，心动过速；冠心病者可因此而诱发中风、心绞痛、心肌梗死等，危及生命。

十、鱼胆

鱼胆的胆汁中含胆汁毒素，此毒素不能被热和乙醇所破坏，能严重损伤人体的肝、肾，使肝脏变性、坏死，肾脏肾小管受损、集合管阻塞、肾小球滤过减少，尿液排出受阻，在短时间内即导致肝、肾功能衰竭，也能损伤脑细胞和心肌。据资料报道，服用鱼重 0.5kg 左右的鱼胆 4～5 个就能引起不同程度的中毒；服用鱼重 2.5kg 以上的青鱼胆 1 个，就有中毒致死的危险。鱼胆中毒一般在服用后 5～12h 出现症状。初期恶心、呕吐、腹痛、腹泻，随之出现黄疸、肝肿大、肝功能变化；尿少或无尿，肾功能衰竭。中毒严重者死亡。

第三节　蕈类毒素

大多蘑菇属担子菌纲，但也有属子囊菌纲的，现已知约有 3250 种。毒蘑菇又称毒蕈，我国目前已鉴定的蘑菇有 800 多种，其中有毒蘑菇约 180 多种，但其中可能威胁人类生命的有 20 余种，而含有剧毒者仅 10 种左右。在我国每年均有毒蘑菇引起的重大中毒事件，如

2001 年 9 月 1 日发生在江西永修县的 5000 人中毒，为新中国成立以来最大的毒蕈中毒。

由于生长条件不同，不同地区发现毒蘑菇的种类也不同，且大小形状不一，所含的毒素亦不一样。毒蘑菇的有毒成分十分复杂，一种毒蘑菇可以含有几种毒素，而一种毒素又可以存在于多种毒蘑菇之中，一般将其分为如下四型。

① 胃肠炎型：由误食毒红菇、红网牛肝菌及墨汁鬼伞等毒蕈所引起。潜伏期 0.5～6h。发病时表现为剧烈腹泻、腹痛等。引起此型中毒的毒素尚未明了，但经过适当的对症处理中毒者即可迅速康复，死亡率甚低。

② 神经、精神型：由误食毒蝇伞、豹斑毒伞等毒蕈所引起。其毒素为类似乙酸胆碱的毒蕈碱（muscarine）。潜伏期 1～6h。发病时除肠胃炎的症状外，尚有交感神经兴奋症状，如多汗、流涎、流泪、脉搏缓慢、瞳孔缩小等。少数病情严重者可有谵妄、幻觉、呼吸抑制等表现。个别病例可因此而死亡。由误食角鳞次伞菌及臭黄菇等引起者除肠胃炎症状外，可有头晕、精神错乱、昏睡等症状。即使不治疗，1～2d 亦可康复。死亡率甚低。

由误食牛肝菌引起者，除肠胃炎等症状外，多有幻觉（矮小幻视）、谵妄等症状。部分病例有迫害妄想等类似精神分裂症的表现。经过适当治疗也可康复，死亡率亦低。

③ 溶血型：因误食鹿花蕈等引起，其毒素为鹿花蕈素。潜伏期 6～12h。发病时除肠胃炎症状外，并有溶血表现。可引起贫血、肝脾肿大等体征。此型中毒对中枢神经系统亦常有影响，可有头痛等症状，死亡率不高。

④ 中毒性肝炎型（肝病型）：因误食毒伞、白毒伞、鳞柄毒伞等所引起。其所含毒素包括毒伞毒素及鬼笔毒素两大类，共 11 种。鬼笔毒素作用快，主要作用于肝脏。毒伞毒素作用较迟缓，但毒性较鬼笔毒素大 20 倍，能直接作用于细胞核，有可能抑制 RNA 聚合酶，并能显著减少肝糖原而导致肝细胞迅速坏死。此型中毒病情凶险，如无积极治疗死亡率很高。

毒蘑菇含有的毒素成分尚不完全清楚。毒性较强的毒素有以下几种。

一、肠胃毒素

肠胃毒素指存在于毒蘑菇中的主要引起肠胃炎症状的毒素，主要为一些树脂类、甲酚类化合物，但有关毒素的详细情况还不十分清楚，有待进一步研究。含有肠胃毒素的毒蘑菇很多，引起中毒症状轻重不一。常见的有粉褶菌属中的毒粉褶菌（*R. sinuatus*）、褐盖粉褶菌（*R. rhodopolius*）、土生红褶菇、内缘菌，红菇属中的毒红菇（*R. emetica*）、臭黄菇（*R. foetens*），蜡伞属中的变黑蜡伞（*H. conicus*），白蘑属中的虎斑菇（*T. rigrinum*），韧伞属中的簇生黄韧伞（*N. fasciculare*），毒伞属中的橙红毒伞（*A. bingensis*），乳菇属中的毛头乳菇（*L. torminosus*）、红褐乳菇（*L. rufus*）、白乳菇（*L. piperatus*）、窝柄黄乳菇（*L. scrobiculatus*）、环纹苦乳菇（*L. insulsus*）等，伞菌属、牛肝蕈属、环柄伞属中的某些种类及月光菌（*Pleurtus japonicus*）、毒光盖伞（*Psilocybe venenata*）等。

二、神经、精神毒素

（一）毒蝇碱（muscarine）

毒蝇碱是一种生物碱，分子式为 $C_9H_{20}O_2N^+Cl^-$，含毒蝇碱的毒蘑菇有毒伞属中的毒蝇伞（*A. muscaria*、捕蝇菌、蛤蟆菌、毒蝇菌、蟾斑红毒伞、毒蝇蕈）、豹斑毒伞（*A. pantherina*、假芝麻菌、豹斑鹅膏、大狗蕈、斑毒菌），牛肝菌属的红网牛肝

（*B. luridus*），丝盖伞属的发红锈伞（*I. patauillardii*），杯伞属的白霜杯伞（*C. dealbata*）、毒杯伞（*C. cerussata*）、环带杯伞（*C. rivulosa*）及滑锈伞属的某些种类。这些毒蘑菇在我国南北方许多省均生长。毒蝇碱具有拮抗阿托品的作用，其毒理作用似毛果芸香碱。毒蝇碱经消化道吸收后，作用于平滑肌和腺体细胞上的毒蝇碱受体，引起副交感神经系统兴奋，使血压下降，心率减慢，胃肠平滑肌的蠕动加快，引起呕吐和腹泻，能使汗腺、唾液腺和泪腺及各种黏液、胰腺、胆汁的分泌增多，致瞳孔缩小，还能引起子宫及膀胱收缩，致使气管壁收缩而出现呼吸困难。皮下注射毒蝇碱3～5mg或经口0.5g，可致人死亡。

（二）异噁唑（isoxazole）衍生物

毒蝇伞和豹斑毒伞等中毒时，能引起强烈的中枢神经症状，并非毒蝇碱所致，后来发现其主要毒素为作用于中枢神经系统的异噁唑衍生氨基酸，称为碏子树酸（ibotenic acid，鹅膏氨酸）及其脱羧产物毒蝇母（muscimol）。毒蝇碱与异噁唑衍生物之间有拮抗作用。纯品毒蝇母可引起精神错乱、幻觉和色觉紊乱。

（三）色胺化合物

这些物质与肾上腺素和5-羟色胺的结构有相似之处，具有多巴胺和5-羟色胺的某些活性。5-羟色胺是主要的神经递质，当脑内的5-羟色胺过多可出现幻觉。此类化合物主要包括蟾蜍素和光盖伞素。

1. 蟾蜍素（bufotenine）

为5-羟基-N-二甲基色胺的吲哚衍生物，存在于毒伞属中的柠檬黄伞（*A. citrina*）、褐云斑伞（*A. pophyria*）、毒蝇伞、豹斑毒伞等毒蘑菇中。主要作用是产生极明显的对色幻视。静脉注射8mg，引起轻度头痛、皮肤潮红、出汗、恶心、气急、瞳孔散大、眼球震颤、幻觉和轻度呼吸障碍，数分钟至1h可恢复。

2. 光盖伞素（psilocybin）

分子式为$C_{12}H_{17}O_4N_2P$，学名是邻-磷-酰基-4-羟基-N-二甲基色胺。在花褶伞属的花褶伞（*R. retirugis*）、钟形花褶伞（*P. campanulatus*）中含有光盖伞素。人服用光盖伞素5～15mg，可产生明显的幻觉、听觉和味觉的错觉，还可以出现欣快与焦虑、淡漠与紧张相交替的情绪变化；此外，还可以引起瞳孔散大、心跳过速、血压和体温升高等交感神经兴奋的症状。一般食入裸盖菇属及花褶伞属蕈类1～3g干蘑菇即可引起中毒。

（四）致幻素

裸伞属的橘黄裸伞（*G. spectabilis*）含有不同于蟾蜍素和光盖伞素的致幻物质，食后出现手舞足蹈、狂笑、行动不稳定、幻觉、谵语、意识障碍等，有人称为致幻素（coprihe）。我国黑龙江、福建、广西、云南等地均有橘黄裸伞生长。在牛肝蕈中也含有某些特殊的致幻素，我国云南省曾报告一起牛肝蕈中毒，出现其特有的"小人国幻视症"，部分患者尚有迫害妄想，类似精神分裂症。

三、血液毒素

在某些毒蘑菇中含有能引起溶血作用的毒素。如鹿花蕈（*Gyromitra esculent*）中含有的鹿花蕈素（gyromitrin），系甲基联氨化合物，可水解形成甲基肼。它可使大量红细胞破坏，出现急性溶血如贫血、黄疸、血红蛋白尿、肝脾肿大等，近年来的研究发现还可能有致癌作用，此毒素具有挥发性，对碱不稳定，可溶于热水，烹调时如弃去汤汁可去除大部分毒素。

四、原浆毒素

存在于毒蘑菇中，有剧毒，可使体内大部分器官发生细胞变性，属原浆毒的一类毒素。以体重计，对人致死量约为 0.1mg/kg。含有此毒素的新鲜蘑菇 50g（相当于干蘑菇 5g）即可使成人致死，几乎无例外。原浆毒素主要有毒伞肽（amatoxins，鹅膏毒肽）和毒肽（phallotoxins，鬼笔毒肽）两大类。毒伞属的毒伞、白毒伞、鳞柄白毒伞、纹缘毒伞、片鳞托柄菇，环柄伞属的褐鳞小伞，盔孢伞属的秋生盔孢伞，包脚黑褐伞属的包脚黑褶伞等含有毒伞肽和毒肽。

毒伞肽包括 α-毒伞肽（α-amanitin）、β-毒伞肽（β-amanitin）、γ-毒伞肽（γ-amanitin）、ε-毒伞肽（ε-amanitin）、三羟毒伞肽（amanin）、二羟毒伞肽酰胺（amanullin）、三羟毒伞肽酰胺（amainamide）、二羟毒伞肽羧酸（ananullinicacid）、二羟毒伞肽酰胺（proamanullin）9 种。

毒肽又分为二羟毒肽（phalloidin）、一羟毒肽（phalloin）、三羟毒肽（phallisin）、一羟毒肽原（prophalloin）、羧基一羟毒肽（phallicin）、羧基二羟毒肽（phallacidin）、羟基三羟基肽（phallsacin）7 种。

毒肽和毒伞肽类均属极毒，毒伞肽对小白鼠的致死量以体重计<0.1mg/kg，毒肽对小鼠的致死量以体重计为 2mg/kg。其毒性稳定，耐高温、耐干燥，一般烹调不能破坏其毒性。这两类毒肽的相对分子质量为 1000 左右，只含有几种氨基酸，其中有的氨基酸是一般蛋白质所没有的。毒肽与毒伞肽类能损伤心、肝、肾、脑等实质脏器，尤以肝、肾为主。但两者作用的部位、作用的速度、毒性等均不相同。毒肽类作用于肝细胞的内质网，作用快，大剂量在 1～2h 即可死亡；毒伞肽类作用于肝细胞核，作用慢，即使大剂量时在 15h 内也不会致死，但毒性强，如 α-毒伞肽的毒性比毒肽类的毒性强 10～20 倍。

参 考 文 献

[1] Benjamin D R. Mushrooms: poisons and panaceas, a handbook for Naturalists, Mycologists, and Physicians [M]. New York: W H Freeman and Company, 1995.

[2] Hui Y H, Gorham J R, Murrell K D, et al. Foodborne disease Handbook [M]. New York: Marcel Dekker Inc, 1994.

[3] Rechecigl M J. CRC Handbook of Naturally Occurring Food Toxicants [M]. Boca Raton. Florida: CRC Press, Inc, 1983.

[4] 白新鹏. 食品安全危害及控制措施 [M]. 北京：中国计量出版社，2010.

[5] 刘秀梅，高鹤娟. 食物中有害物质及其防治 [M]. 第 2 版. 北京：化学工业出版社，2004.

[6] 史贤明. 食品安全与卫生学 [M]. 北京：中国农业出版社，2002.

[7] 吴永宁. 现代食品安全学 [M]. 北京：化学工业出版社，2003.

[8] 谢明勇，陈绍军. 食品安全导论 [M]. 北京：中国农业出版社，2009.

[9] 杨洁彬，王晶，王伯琴等. 食品安全性 [M]. 北京：中国轻工业出版社，1999.

[10] 杨维东，彭喜春，刘洁生等. 腹泻性贝毒研究现状 [J]. 海洋科学，2005，(5)：66-72.

[11] 刘秀梅，高鹤娟. 食物中有害物质及其防治 [M]. 第 2 版. 北京：化学工业出版社，2004.

[12] 野口玉雄. 关于贝类毒素最新研究进展 [J]. 食品卫生研究，1992，42 (8)：23-41.

[13] 张黎光，李峻志，祁鹏等. 毒蕈鉴别及毒素检测研究进展 [J]. 中国食用菌，2014，33 (2)：1-3.

第二章 生物性污染危害

微生物、寄生虫及虫卵、昆虫、藻类毒素等都可造成食品的生物性污染。微生物污染主要有细菌与细菌毒素、霉菌与霉菌毒素、病毒等。当摄入含有被生物污染的食品便会引起食物中毒、病毒感染、食源性肠道传染病、食源性寄生虫病、人畜共患病等。根据世界卫生组织的定义"凡是通过摄食而进入人体的病原体，使人体患感染性或中毒性疾病，统称为食源性疾病（foodborne illness）"。生物性污染是导致食源性疾病的重要原因之一。

食品的生物性污染往往导致食源性疾病的大规模暴发，对人类危害巨大。1994 年，美国发生了一起由污染的冰淇淋引起的沙门氏菌病暴发，估计影响 224000 人；1998 年上海市因食用毛蚶致 30 万人感染甲型肝炎病毒；2000 年江苏、安徽等地出血性大肠埃希菌暴发流行，感染人数超过 2 万，导致 177 例死亡。据 WHO 的报告，仅 2005 年就有 180 万人死于以感染性腹泻为主的食源性疾病。2014 年 8 月 9 日日本静冈市发生一起出血性大肠杆菌 O157 集体食物中毒事件，感染原因为食用了路边小摊出售的被污染的冰镇黄瓜，发病者竟多达 400 余人。2013 年，我国国家卫生和计划生育委员会食物中毒事件报告中指出，微生物性食物中毒事件中毒人数最多，占食物中毒事件总中毒人数的 60.4%。消费者普遍认为农药残留、滥用兽药是最大的食品安全隐患，但实际上微生物引起的食源性疾病才是影响食品安全的主要因素，而且发病率还呈上升趋势。

第一节 细菌

常见的由细菌污染导致的食源性疾病见表 2-1。

表 2-1 细菌污染导致的食源性疾病

病 原 体	病 名
沙门氏菌	沙门氏菌属食物中毒
变形杆菌	变形杆菌属食物中毒
致病性大肠杆菌	致病性大肠杆菌属食物中毒
副溶血弧菌	副溶血弧菌食物中毒
肉毒梭状芽孢杆菌	肉毒梭菌毒素中毒
金黄色葡萄球菌	葡萄球菌毒素中毒
蜡样芽孢杆菌	蜡样芽孢杆菌属食物中毒
产气荚膜杆菌	产气荚膜杆菌属食物中毒
结肠类耶尔森氏菌	结肠类耶尔森氏菌食物中毒
链球菌	链球菌食物中毒
空肠弯曲杆菌	空肠弯曲杆菌食物中毒
椰毒单胞菌酵米面亚种	椰毒单胞菌酵米面亚种食物中毒
伤寒杆菌	伤寒

病 原 体	病 名
副伤寒杆菌	副伤寒
霍乱弧菌	霍乱
痢疾杆菌(志贺氏菌)	细菌性痢疾
布氏杆菌	布氏杆菌病
炭疽杆菌	炭疽病
鼻疽假单胞杆菌	鼻疽

一、沙门氏菌

沙门氏菌（Salmonella），属于肠杆菌科，包括近 2300 个血清型。为革兰氏阴性杆菌，1～3μm 长，需氧或兼性厌氧，绝大部分具有周生鞭毛，能运动。可通过某种生化反应来鉴别分类，在生化反应中，一个重要的特征是产生硫化氢。与食品传染有关的细菌对人类和动物都能适应，致病性最强的是猪霍乱沙门氏菌（Salmonella cholerae），其次是鼠伤寒沙门氏菌（Salmonella typhimurium）和肠炎沙门氏菌（Salmonella enteritidis）。典型的菌种是肠炎沙门氏菌。

沙门氏菌属在外界的生活力较强，其生长繁殖的最适温度为 20～30℃，在普通水中虽不易繁殖，但可生存 2～3 周，在粪便中可生存 1～2 个月，在土壤中可过冬。水经氯化物处理 5min 可杀灭其中的沙门氏菌。相对而言，沙门氏菌属不耐热，55℃、1h 或 60℃、15～30min 即可被杀死。此外，由于沙门氏菌属不分解蛋白质，不产生靛基质，污染食物后无感官性状的明显变化，易被忽视而引起食物中毒。

沙门氏菌常寄生在人类和动物肠道中，是发达国家和发展中国家食源性疾病的重要致病菌之一。沙门氏菌可广泛分布于各种畜禽以及鸟类和鼠类的肠腔中，并在动物中广泛传播而感染人群，通过食物传播疾病，这正是世界范围内非伤寒沙门氏菌疾病高发的主要原因。食品的污染源可能来自被传染的啮齿类动物和昆虫。蟑螂和苍蝇通过接触传播沙门氏菌而不是通过传染和排泄物。使用下水道的污物作为肥料也可能导致传染的循环。另一个将沙门氏菌带入食物链的重要来源是动物性食品。可以传播沙门氏菌的食品种类极多，在生食品中主要有猪肉、家禽、蛋和蛋制品、乳及乳制品。许多报道都证实了猪肉、香肠这类食品中含有沙门氏菌。此外，人们注意到从人体分离出的沙门氏菌的血清型相似于从家禽中分离出的沙门氏菌血清型，如鼠伤寒沙门氏菌、汤普森氏沙门氏菌、婴儿沙门氏菌、圣保罗沙门氏菌及海得尔堡沙门氏菌等菌种不断地从家禽中分离出来，并排在加拿大及世界其他地区从人体中分离出的前 10 种主要血清型中。值得注意的是，在烹调或蒸煮食品的过程中人的带菌也是形成交叉污染的重要原因。

由于沙门氏菌来源众多，非常容易进入食物链。人们摄取了经传染的食物，通常导致食后 12～24h 出现恶心、头痛、呕吐、寒战及腹泻等症状。沙门菌病主要通过消化道传播，但也有病原菌形成气溶胶通过呼吸道感染的报道。感染症状主要有肠热症、慢性肠炎和败血症等。病情发展程度因食取的量及被感染的人的敏感程度而不同。

二、致病性大肠杆菌及其肠毒素

大肠埃希菌俗称大肠杆菌（Escherichia coli），是人类和动物肠道正常菌群的主要成员，每克粪便中约含有 10^9 个大肠杆菌。大肠杆菌为革兰氏阴性杆菌，多数菌株周生鞭毛，能发酵乳糖及多种糖类，产酸产气，在自然界生命力强，土壤、水中可存活数月，其繁殖的最小水分活度 A_w 为 0.935～0.960。大肠埃希菌的抗原结构较为复杂，包括菌体 O 抗原、鞭毛 H 抗原及被膜 K 抗原，K 抗原又分为 A、B、L 三类，致病性大肠埃希菌的 K 抗原主要为 B 类。大肠杆菌随粪便排除后广泛分布于自然界，如果在肉类食品中检出大肠杆菌，则表明这些食品直接或间接地被粪便污染，故在卫生学上大肠杆菌常被作为卫生监督的指示菌。

正常情况下，大肠杆菌不致病，分布在小肠的上部，能合成维生素 B 和维生素 K，产生大肠菌素，对机体有利。但是当机体抵抗力下降或大肠杆菌侵入肠外组织或器官时，可作为条件性致病菌而引起肠道外感染，有些血清型可引起肠道感染。引起食物中毒的致病性大肠埃希菌的血清型主要有 O_{157} ：H_7、O_{111} ：B_4、O_{55} ：B_5、O_{26} ：B_6、O_{86} ：B_7、O_{124} ：B_{17} 等。这些致病性大肠杆菌与正常的大肠杆菌在形态上和普通生化反应上都不能区别，一般只能借助血清学方法来鉴别。

影响人类的菌株可以根据其是否产生肠毒素来划分。这两类型称作产肠毒型或肠发病型。产肠毒素型的血清型有时表现为霍乱型，即幼儿腹泻或旅行者的腹泻。肠发病型的大肠杆菌与结肠类有关或像志贺氏菌的大肠杆菌腹泻。其产生的肠毒素又可分为两种：一种是耐热性肠毒素，它可经受 100℃ 加热 30min 而不被完全破坏；另一种是不耐热肠毒素，它在 60℃ 下加热 10min 即被破坏。菌体产生毒素的性能由一种核外染色体——质粒所控制。通过菌株间的质粒传递作用，可使原来不产肠毒素的大肠杆菌获得产肠毒素的能力。

目前已知的致病性大肠埃希菌包括如下 4 型。

1. 肠产毒性大肠埃希菌（enterotaxigenic *E. coli*，ETEC）

是致婴幼儿和旅游者腹泻的病原菌，能从水中和食物中分离到。人类中 ETEC 主要的血清群为：O_6、O_8、B_{15}、O_{25}、O_{27} 等。致病物质是不耐热肠毒素和耐热肠毒素。

2. 肠侵袭性大肠埃希菌（enteroinvasizae *E. coli*，EIEC）

较少见，主要侵犯少儿和成人，所致疾病很像细菌性痢疾，因此它又称志贺样大肠杆菌。不同的是，EIEC 不具有痢疾志贺菌 I 型所具有的志贺毒素。

3. 肠致病性大肠埃希菌（enteropathogenic *E. coli*，EPEC）

是引起流行性婴儿腹泻的病原菌，主要是依靠流行病学资料确认的，最初在暴发性流行的病儿中分离到。EPEC 不产生肠毒素，不具有 K88、CFA I 样与致病性有关的菌毛，但能产生一种与痢疾志贺样大肠杆菌类似的毒素，侵袭点是十二指肠、空肠和回肠上段，所致疾病很像细菌性痢疾，因此容易误诊。

4. 肠出血性大肠埃希菌（enterohemorrhagic *E. coli*，EHEC）

是 1982 年首次在美国发现的引起出血性肠炎的病原菌，主要血清型是 O_{157} ：H_7、O_{26} ：H_{11}。EHEC 不产生耐热或热敏肠毒素，不具有 K88、K99、987P、CFA I、CFA II 等黏附因子，不具有侵入细胞的能力，但可产生志贺样毒素，有极强的致病性，主要感染 5 岁以下儿童。临床特征是出血性结肠炎，剧烈的腹痛和便血，严重者出现溶血性尿毒症。

致病性大肠杆菌食物中毒一般与人体摄入的菌量有关，通常摄食 10^8 个活菌的食品可使人致病。当致病性大肠杆菌进入人体消化道后，产毒型大肠杆菌可在小肠内继续繁殖并产生肠毒素。肠毒素可以被吸附在小肠上皮细胞的细胞膜上，激活上皮细胞内腺苷酸环化酶的活性，产生过量的环式 AMP，从而导致肠液分泌的增加，超过肠管的再吸收能力，出现腹泻，其病理变化与霍乱相似。

致病性大肠杆菌的传染源是人和动物的粪便，传播途径主要是粪-口途径，以食源性传播为主要，水源性和接触性传播也是重要的传播途径。易被该菌污染的食品主要有肉类、水产品、蔬菜及鲜乳等。这些食品经加热烹调，污染的致病性大肠杆菌一般都能被杀死，但熟食在存放过程中仍有可能被再度污染。因此要注意熟食存放环境的卫生，尤其要避免熟食直接或间接地与生食品接触。对于各种凉拌食用的食品要充分洗净，并且最好不要大量食用，以免摄入过量的活菌而引起中毒。如餐饮从业人员个人卫生不当而带该菌，也可污染食品，甚至引起食品中毒。

三、单核细胞增生李斯特氏菌

单核细胞增生李斯特氏菌（*Listeria monocytogenes*）属于李斯特菌属（*Listeria*）。革兰氏阳性、短小的无芽孢的杆菌。单核细胞增生李斯特氏菌耐碱不耐酸，在 pH9.6 中仍能生长。耐盐，在 10% NaCl 溶液中可生长。耐冷不耐热，在 5℃低温和 45℃均可生长，而在 5℃低温条件仍能生长则是李斯特氏菌的特征，故用冰箱冷藏食品不能抑制李斯特氏菌的繁殖，在冷藏食品中易检出。李斯特氏菌的最高生长温度为 45℃，该菌经 58～59℃、10min 可杀死；在 -20℃可存活一年；在 4℃的 20% NaCl 中可存活 8 周。单核细胞增生李斯特氏菌能致病和产生毒素，并可以在血液琼脂上产生 β-溶血素，这种溶血物质称李斯特氏菌溶血素 O。

中毒多发生在夏秋季节，原因主要是食用了未经煮熟、煮透的食品，冰箱内冷藏熟食品、乳制品取出后未经加热直接食用。李斯特氏菌引起食物中毒的临床表现有两种类型：侵袭型和腹泻型。侵袭型的潜伏期在 2～6 周。病人开始常有胃肠炎的症状，最明显的表现是败血症、脑膜炎、脑脊膜炎、发热，有时可引起心内膜炎。对于孕妇可导致流产、死胎或婴儿健康不良等后果，对于幸存的婴儿则以患脑膜炎导致智力缺陷或死亡。少数轻症病人仅有流感样表现。病死率高达 20%～50%。腹泻病人的潜伏期为 8～24h，主要症状为腹泻、腹痛、发热。

李斯特氏菌分布广泛，在土壤、人和动物的粪便、江河水、污水、蔬菜、青贮饲料及多种食品中可分离出该菌，并且它在土壤、污水、粪便、牛乳中存活的时间比沙门氏菌长。虽然该菌也存在于植物和蔬菜中，并可污染食品器具和冰箱等，但报道的病例多是因食用动物源性食品而发病，特别是畜禽的鲜、冻肉及肉制品。容易被污染并引起中毒的食品主要是乳及乳制品、肉制品、水产品和水果、蔬菜等。患者中毒后就医常需采用抗生素治疗。

四、肉毒梭状芽孢杆菌及肉毒毒素

肉毒梭状芽孢杆菌（*Clostridium botulinum*），简称肉毒梭菌，为革兰氏阳性、厌氧杆菌，在 20～25℃可形成椭圆形的芽孢。当 pH 值低于 4.5 或大于 9.0 时，或当环境温度低于 15℃或高于 55℃时，肉毒梭菌芽孢不能繁殖，也不能产生毒素。食盐能抑制肉毒梭菌芽孢的形成和毒素的产生，但不能破坏已形成的毒素。提高食品中的酸度也能抑制肉毒梭菌的生长和毒素的形成。肉毒梭菌的芽孢抵抗力强，需经干热 180℃、5～15min，或高压蒸汽 121℃、30min，或湿热 100℃、5h 方可致死。肉毒梭菌食物中毒是由肉毒梭菌产生的毒素即肉毒毒素引起。肉毒毒素是一种神经毒素，是目前已知的化学毒物和生物毒物中毒性最强的一种，对人的致死量为 10^{-9} mg/kg 体重。

肉毒梭菌中毒的临床表现以运动神经麻痹的症状为主，而胃肠道症状少见。潜伏期数小时至数天，潜伏期越短，病死率越高。临床表现特征为对称性脑神经受损的症状。早期表现为头痛、头晕、乏力、走路不稳，以后逐渐出现视力模糊、眼睑下垂、瞳孔散大等神经麻痹症状；重症患者则首先出现对光反射迟钝，逐渐发展为语言不清、吞咽困难、声音嘶哑等，严重时出现呼吸困难，呼吸衰竭而死亡。病死率为30%～70%，多发生在中毒后的4～8d。国内由于广泛采用多价抗肉毒毒素血清治疗本病，病死率已降至10%以下。病人经治疗可于4～10d后恢复，一般无后遗症。

肉毒梭菌广泛分布于自然界特别是土壤深处、江河湖海的淤泥及人畜粪便中，尤其是带菌土壤可污染各类食品原料，特别易于污染肉和肉制品。常被污染的食品有蔬菜、鱼类、豆类、乳类、肉类等；民间自制发酵豆制品如臭豆腐、豆酱、豆豉等；烧烤、涮等加热不彻底的肉类食品；以及腊肠、火腿、鱼及鱼制品和罐头食品。这些被污染的食品原料在家庭自制发酵和罐头食品的生产过程中，加热的温度或压力不足以杀死肉毒梭菌的芽孢，且为肉毒梭菌芽孢的萌发与产生毒素提供了条件，尤其是食品制成后，有不经加热而食用的习惯，更容易引起中毒的发生。

五、葡萄球菌

葡萄球菌属微球菌科，为革兰氏阳性兼性厌氧菌。生长繁殖的最适pH值为7.4，最适生长温度为30～37℃，可以耐受较低的水分活度（A_w 0.86），因此能在10%～15%氯化钠培养基或高糖浓度的食品中繁殖。葡萄球菌的抵抗能力较强，在干燥的环境中可生存数月。金黄色葡萄球菌（*Staphylococcus auaeus*）是引起食物中毒的常见菌种，对热具较强的抵抗力，70℃需1h方可灭活。50%以上的金黄色葡萄球菌可产生肠毒素，并且一个菌株能产生两种以上的肠毒素，能产生肠毒素的菌株凝固酶试验常呈阳性。多数金黄色葡萄球菌肠毒素能耐100℃、30min处理，并能抵抗胃肠道中蛋白酶的水解作用。因此，若破坏食物中存在的金黄色葡萄球菌肠毒素需在100℃加热食物2h。

金黄色葡萄球菌食物中毒潜伏期短，一般为2～5h，极少超过6h。起病急骤，有恶心、呕吐、中上腹痛和腹泻，以呕吐最为显著。呕吐物可呈胆汁性，或含血及黏液。剧烈吐泻可导致虚脱、肌痉挛及严重失水等现象。体温大多正常或略高。一般在数小时至1～2d内迅速恢复。儿童对肠毒素比成人更为敏感，故其发病率较成人高，病情也较成人重。但病程较短，一般在1～3d痊愈，很少死亡。

葡萄球菌的分布非常广泛，在空气、土壤、水中、粪便、污水及食物中都可存在，主要来源于动物及人的鼻腔、咽喉、皮肤、头发及化脓性病灶，是引起创伤化脓和呼吸道感染的常见致病性球菌。金黄色葡萄球菌污染食品后，在适宜的条件下生长繁殖，产生肠毒素，而引起食用者发生食物中毒。引起中毒的食物种类很多，主要是乳及乳制品、蛋及蛋制品和各类熟肉制品，其次为含乳冷冻食品，有时为淀粉类食品。金黄色葡萄球菌产生的肠毒素非常耐热，煮沸1～1.5h仍保持其毒力，也不受胰蛋白酶影响。一般的烹调方法不能将其完全破坏，食用后易引起食物中毒。

肉和肉制品被金黄色葡萄球菌污染是一种潜在危害，因此，检验肉和肉制品中的金黄色葡萄球菌具有重要的卫生意义。从事畜禽宰割以及厨房加工分切的操作人员，应严格避免伤口感染；凡患有化脓性疾病及上呼吸道炎症餐饮从业人员者，应禁止其从事直接食品加工和供应工作；带奶油的糕点及其他奶制品要低温保藏，冰箱内存放的食品要及时食用。

六、副溶血性弧菌

副溶血性弧菌（*Vibrio parahemolyticus*）是1950年日本大阪因食用沙丁鱼中毒而首次

发现的。该均是一种海洋细菌，海水中可存活 47d 以上，淡水中可生存 2d。革兰氏阴性菌，呈弧状、杆状、丝状等多种形态，无芽孢，主要存在于近岸海水底沉积物和鱼、贝类等海产品中。副溶血性弧菌能否被检出与海水的温度有关，只有温度上升到 19～20℃时，该菌的数量才能达到可被检测出来的水平。副溶血性弧菌引起的食物中毒是我国沿海地区最常见的一种食物中毒。副溶血性弧菌在 30～37℃、pH 7.4～8.2、含盐 3%～4%培养基上和食物中生长良好，无盐条件下不生长，故也称为嗜盐菌。该菌不耐热，56℃加热 5min，或 90℃加热 1min，或 1%食醋处理 5min，均可将其杀灭。

副溶血性弧菌有 13 种耐热的菌体抗原即 O 抗原，可用于血清学鉴定。有 7 种不耐热的包膜抗原即 K 抗原，可用于辅助血清学鉴定。副溶血性弧菌可分成 845 个血清型，该菌的致病力可用神奈川（Kanagawa）试验来区分。副溶血性弧菌能使人或家兔的红细胞发生溶血，使血琼脂培养基上出现 β 溶血带，称为"神奈川试验"阳性。在所有副溶血性弧菌中，多数毒性菌株神奈川试验为阳性（K$^+$），多数非毒性菌株神奈川试验为阴性（K$^-$）。K$^+$菌株能产生一种耐热型直接溶血素，K$^-$菌株能产生一种热敏型溶血素，有些菌株能产生两种溶血素。引起食物中毒的副溶血性弧菌 90%神奈川试验阳性。神奈川试验阳性菌感染能力强，通常在感染人体后 12h 内出现食物中毒症状。

副溶血性弧菌食物中毒潜伏期为 2～40h，多为 14～20h。发病初期为腹部不适，尤其是上腹部疼痛或胃痉挛。恶心、呕吐、腹泻，体温一般为 37.7～39.5℃。发病 5～6h 后，腹痛加剧，以脐部阵发性绞痛为本病特点。粪便多为水样、血水样、黏液或脓血便，里急后重不明显。重症病人可出现脱水及意识障碍、血压下降等，病程 3～4d，恢复期较短，预后良好。近年来国内报道的副溶血性弧菌食物中毒，临床表现不一，可呈典型胃肠炎型、菌痢型、中毒性休克型或少见的慢肠炎型。致病性弧菌食物中毒和细菌性痢疾是有区别的，前者常有上腹部和脐周围剧烈绞痛，少有里急后重；后者腹痛多在下腹和肚脐周围，里急后重明显，有明显脓血便。

副溶血性弧菌主要污染海产食品，其中以墨鱼、带鱼、虾、蟹最为多见，如墨鱼的带菌率达 3%，其次为盐渍食品、熟肉类、禽蛋类。中毒原因主要是烹调时未烧熟、煮透或熟制品熟制后食用前未再彻底加热。浙江省 2003 年共采集 41 份鱼虾标本，检出副溶血性弧菌 24 份，检出率为 58.58%。其中鱼类中副溶血性弧菌的检出率为 42.86%，虾类副溶血性弧菌检出率为 75%。人群带菌是直接的污染途径。沿海地区饮食从业人员、健康人群及渔民副溶血性弧菌带菌率为 11.7%左右，有肠道病史者带菌率可达 31.6%～88.8%。食品工器具等带菌是间接的污染途径。沿海地区炊具的副溶血性弧菌带菌率为 61.9%，如被副溶血性弧菌污染的食物，在较高温度下存放，食用前加热不彻底或生吃，或熟制品受到带菌者、带菌的生食品、带菌容器及工具等的污染，均易引起中毒。

七、蜡样芽孢杆菌

蜡样芽孢杆菌（*Bacillus cereus*）为革兰氏阳性、需氧或兼性厌氧芽孢杆菌，有鞭毛，无荚膜生长 6h 后即可形成芽孢；生长繁殖温度范围为 28～35℃，10℃以下不能繁殖，营养体不耐热，100℃经 20min 可被杀死，pH5 以下对该菌营养体的生长繁殖有明显的抑制作用。

蜡样芽孢杆菌在发芽末期可产生引起人类食物中毒的肠毒素，包括腹泻毒素和呕吐毒素。腹泻毒素系不耐热肠毒素，其分子质量为 55000～60000Da，对胰蛋白酶敏感，45℃加热 30min 或 56℃加热 5min 均可失去活性。几乎所有的蜡样芽孢杆菌可在多种食品中产生不耐热肠毒素。

蜡样芽孢杆菌食物中毒的临床表现因其产生的毒素不同而分为腹泻型和呕吐型两种。呕吐型食物中毒潜伏期短，一般为 1~3h，主要表现为恶心、呕吐，少数表现为腹痛、腹泻及体温升高，此外，亦可见头晕、四肢无力、口干等症状，病程多为 8~10h。腹泻型食物中毒潜伏期较长，一般为 8~12h，以腹痛、腹泻为主要症状，一般不发热，可有轻度恶心，但极少有呕吐，病程 16~36h，愈后良好。

蜡样芽孢杆菌分布广泛，特别是在谷物中侵染较多。中毒季节以夏秋季为多，是食用剩米饭、剩菜、凉拌菜、奶、肉、豆制品等引起食物中毒的主要致病菌。食品中该菌的污染源主要为泥土、尘埃、空气，其次为昆虫、苍蝇、不洁的用具与容器。受该菌污染的食物在通风不良及较高温度条件下存放，其芽孢便可发芽并产生毒素，若食用前不加热或加热不彻底，即可引起食物中毒。在我国引起中毒的食品以米饭、米粉最为常见。

八、空肠弯曲菌

空肠弯曲菌（*Campylobacter*）属螺旋菌科，革兰氏阴性，在细胞的一端或两端着生有单极鞭毛。弯曲菌属包括约 14 个菌种，与人类感染有关的弯曲菌菌种有：胎儿弯曲菌胎儿亚种（*C. fetus*，subsp *fetus*）、空肠弯曲菌（*C. jejuni*）、大肠弯曲菌（*C. coli*）。其中与食物中毒最密切相关的是空肠弯曲菌空肠亚种。空肠弯曲菌是氧化酶和触酶阳性菌，在 25℃、3.5%NaCl 的培养基中不能生长。该菌微好氧，生长需要少量的氧气（3%~6%）；在水中可存活 5 周，在人或动物排出的粪便中可存活 4 周。空肠弯曲菌在所有的肉食动物粪便中的出现比例都很高，其中以家禽粪便含量最高。空肠弯曲菌中有一些菌株可以产生热敏型肠毒素，这些毒素与霍乱弧菌毒素和大肠杆菌肠毒素有一些相同的性质。在一种特定的培养基中，弯曲菌毒素最高的生成量是在 42℃下 24h 产生的。不同菌株的产毒量差别很大。

大部分病例中毒的潜伏期一般为 3~5d，短者 1d，长者 10d。主要引起肠道感染，临床表现为头痛、发热、肌肉酸痛等前驱症状，随后发生腹痛、腹泻、恶心、呕吐等胃肠道症状。腹痛可呈绞痛，腹泻一般为水样便或黏液便，重病人有血便，腹泻数次至 10 余次，腹泻带有腐臭味。发热，38~40℃，特别是当有菌血症时出现发热，也有仅腹泻而无发热者。此外，集体爆发时，各年龄组均可发生，而在散发病例中，小儿较成人多。小儿患者血便达60%~90%，甚至被误诊为肠套叠。少数病例出现败血症、腹膜炎或急性胆囊炎。

空肠弯曲菌在猪、牛、羊、狗、猫、鸡、鸭、火鸡和野禽的肠道中广泛存在，是一种重要的肠道致病菌。食品被空肠弯曲菌污染的重要原因是动物粪便，其次是健康带菌者，此外，处理受空肠弯曲菌污染肉类的工具、容器等未经彻底洗刷消毒，亦可交叉污染熟食品。当进食被空肠弯曲菌污染的食品且食用前又未彻底消毒时易发生空肠弯曲菌食物中毒。

九、志贺氏菌

志贺氏菌属（*Shigella*）即通称的痢疾杆菌，依据其 O 抗原性质分为 4 个血清组：A群，即痢疾志贺氏菌（*S. dysenteriae*）；B 群，也称福氏志贺氏菌群（*S. flexneri*）；C 群，亦称鲍氏志贺氏菌群（*S. boydii*）；D 群，又称宋内志贺氏菌群（*S. sonnei*）。痢疾志贺氏菌群是导致典型细菌性痢疾的病原菌。在敏感人群中很少数的个体就可以致病，虽然这种病菌可以由食物传播，但它们并不像其他 3 种志贺氏菌一样被认为是导致食物中毒的病原菌。志贺氏菌在人体外生活力弱，在 10~37℃水中可生存 20d，于牛乳、水果、蔬菜中也可生存1~2 周，粪便中（15~25℃）可生存 10d。光照下 30min 可被杀死，加热 58~60℃经 10~

30min 即死亡。志贺氏菌耐寒，在冰块中能生存 3 个月。在志贺氏菌中宋内志贺氏菌和福氏志贺氏菌在体外的生存力相对较强，志贺氏菌食物中毒主要由这两种志贺氏菌引起。

潜伏期一般为 10～20h，短者 6h，长者 24h。病人会突然出现剧烈的腹痛、呕吐及频繁的腹泻，并伴有水样便，便中混有血液和黏液，并有里急后重感、恶寒、发热，体温高者可达 40℃ 以上；严重者会出现毒性脑病症状（儿童多见），如惊厥、昏迷，或中毒性循环衰竭症状（成人、老年人多见），如手脚发凉、发绀、脉搏细而弱、血压低等。有的病人可出现痉挛。

志贺氏菌携带者或食品加工、集体食堂、饮食行业的从业人员患有痢疾时，其手是污染食品的主要因素。熟食品被志贺氏菌污染后，存放在较高的温度下，经过较长时间，志贺氏菌大量繁殖，食后引起中毒。引起志贺氏菌中毒的食品主要是冷盘和凉拌菜。

十、变形杆菌

变形杆菌（*Proteus*）属肠杆菌科，革兰氏阴性杆菌。变形杆菌食物中毒是我国常见的食物中毒之一，引起食物中毒的变形杆菌主要是普通变形杆菌（*P. vulgaris*）、奇异变形杆菌（*P. mirabikis*）。过去，变形杆菌食物中毒还包括普罗威登斯菌属（*Providencid*）中的雷氏普罗威登斯菌（*P. rettgeri*）、摩根菌属（*Morganella*）中的摩氏摩根菌（*M. morganii*）食物中毒。

普通变形杆菌、奇异变形杆菌分别有 100 多个血清型，雷氏普罗威登斯菌有 93 个血清型，摩氏摩根菌有 75 个血清型。变形杆菌属于腐败菌，一般不致病，需氧或兼性厌氧，其生长繁殖对营养要求不高，在 4～7℃ 即可繁殖，属低温菌。因此，此菌可以在低温贮存的食品中繁殖。变形杆菌对热抵抗力不强，加热 55℃ 持续 1h 即可将其杀灭。

变形杆菌食物中毒潜伏期一般 12～16h，短者 1～3h，长者 60h。主要表现为恶心、呕吐，发冷、发热，头晕、头痛、乏力，脐周边阵发性剧烈绞痛。腹泻为水样便，常伴有黏液、恶臭，一日数次。体温一般为 37.8～40℃，但多在 39℃ 以下。发病率较高，一般为 50%～80%。病程较短，一般 1～3d 可以恢复，很少有死亡。

变形杆菌在自然界分布广泛，在土壤、污水和垃圾中可检测出该菌，亦可寄生于人和动物的肠道，食品受其污染的机会很多。生的肉类食品，尤其动物内脏变形杆菌带菌率较高，在食品烹调加工过程中，处理生、熟食品的工具、容器未严格分开，被污染的食品工具、容器可污染熟制品。受变形杆菌污染的食品在较高温度下存放较长的时间，细菌大量生长繁殖，食用前未加热或加热不彻底，食后即引起食物中毒。变形杆菌常与其他腐败菌共同污染生食品，使生食品发生感官上的改变，但熟制品被变形杆菌污染通常无感官性状的变化，极易被忽视而引起中毒。防止污染、控制繁殖和食用前彻底加热杀灭病原菌是预防变形杆菌食物中毒的三个主要环节。

十一、布氏杆菌

布氏杆菌（*Brucella*）是革兰氏阴性需氧杆菌，分类上为布氏杆菌属。布氏杆菌属分为牛种、羊种、猪种、绵羊种、犬种和沙林鼠种，20 个生物型。中国流行的主要是羊（*Br. melitensis*）、牛（*Br. Bovis*）、猪（*Br. suis*）三种布氏杆菌，其中以羊布氏杆菌病最为多见。布氏杆菌也曾是生物战剂之一。

布氏杆菌病（波状热、马耳他热、地中海热或直布罗陀热）是由布氏杆菌引起的一种感染，为人兽共患的一种接触性慢性传染病。其特征是侵害生殖系统，母畜发生流产和不孕，公畜可引起睾丸炎。布氏杆菌感染人群表现为平均 2～3 周的反复发烧，产生波浪状的热型，故称为波浪热。还可导致淋巴结、脾脏和肝脏肿大以及变态反应性病变，如骨关节病变：布氏杆菌骨髓炎是血源性布氏杆菌感染在骨关节的局部表现，以脊椎炎、髋关节炎为常见。本病的感染范围很广，除人和羊、牛、猪最易感外，其他动物如鹿、骆驼、马、犬、猫、狼、兔、猴、鸡、鸭及一些啮齿动物等都可自然感染。被感染的人或动物，一部分呈现临床症状，大部分为隐性感染而带菌，无临床表现，成为传染源。猪不分品种和年龄都有易感性，以生殖期的猪发病较多，可发生全身性感染，并引起繁殖障碍。病原体随病母畜的阴道分泌物和公畜的精液排出，特别是流产胎儿、胎衣和羊水中含菌最多。

布氏杆菌对热抵抗力不强，60℃湿热 15min 可杀死，在干燥尘埃中可存活 2 个月，在皮毛中可存活 5 个月。普通消毒剂如 1％～3％石炭酸溶液 3min，2％福尔马林 15min，可将其杀死。

布氏杆菌病可由直接接触受染动物的分泌物和排泄物，饮用未经消毒的牛奶、羊奶或食入含有活的布氏杆菌的奶制品（如黄油和奶酪）而引起。传染无季节性，全年均可发生。罕有人与人间传播者。本病以农村较多，是肉制品加工者、兽医、农民和牧民的职业病。预防布氏杆菌感染应避免食用未消毒的牛奶和奶酪，接触活的或宰杀动物的人应戴眼罩或眼镜以及橡皮手套，应将自己皮肤上的割伤包扎好。销毁受染动物和免疫年幼的健康动物能有助于预防感染的扩散。

十二、炭疽杆菌

炭疽杆菌（*Bacillus anthracis*）属于需氧芽孢杆菌属，是引起某些家畜、野兽和人类炭疽病（人兽共患）的病原菌。炭疽杆菌菌体粗大，两端平截或凹陷，是致病菌中最大的细菌。排列似竹节状，无鞭毛，无动力，革兰氏染色阳性。

炭疽杆菌在氧气充足、温度适宜（25～30℃）的条件下易形成芽孢。炭疽杆菌的繁殖体抵抗力不强，易被一般消毒剂杀灭，而芽孢抵抗力强，在干燥的室温环境中可存活数十年，在皮毛中可存活数年。煮沸 10min 或干热 140℃ 3h 可将芽孢杀死。炭疽芽孢对碘特别敏感，对青霉素、先锋霉素、链霉素、卡那霉素等高度敏感。

炭疽病发病率最高的是牛羊，猪也可发生，人常因屠宰、食用或与病死畜接触而感染。炭疽病多见于常有动物患上炭疽病的农业地区。易感染人群是从事处理感染动物职业和野生动物工作者，如牧民、农民、皮毛和屠宰工作者。

炭疽杆菌可致皮肤、胃肠或肺部感染，炭疽病的症状因感染的方式不同而分为皮肤炭疽、纵隔障炭疽和肠炭疽，通常在暴露于炭疽病孢子后数小时至 7d 内发病。上述疾病若引起败血症时，可继发"炭疽性脑膜炎"。炭疽杆菌的致病性取决于荚膜和毒素的协同作用。预防人类炭疽首先应防止家畜炭疽的发生。家畜炭疽感染消灭后，人类的传染源也随之消灭。目前我国使用的炭疽活疫菌，作皮上划痕接种，免疫力可维护半年至一年。

为避免炭疽病的感染和传播，应采取以下措施：

① 有重大经济价值的家畜或受保护的野生动物应严加隔离并由专人饲养治疗。一般家畜应以"不流血"的方式处死，尸体经表面消毒处理后火化。

② 严禁剥皮食用死于炭疽的牲畜，畜尸应按处理死于炭疽的人类尸体的方式完整地火化，不得肢解。若死于炭疽的动物已被宰杀，则须将畜尸的剩余部分尽可能地搜集完全并焚毁。

③ 炭疽病人和牲畜的排出物宜使用新配制的含氯消毒剂乳液消毒，可使用 2 倍量的 20% 漂白粉，或 6% 次氯酸钙（漂粉精）与排出物混合，作用 12h 后再行处理。

④ 污染物体的坚固表面，如墙面、地面、家具等，可喷雾或擦洗消毒。可用含氯消毒剂如 5%～10% 二氯异氰尿酸钠（优氯净）或氧化剂如 2% 过氧乙酸（每平方米表面 8mL）。

⑤ 低价值的污染物品，如毛皮、衣物或纺织品等，应尽可能焚毁，可耐高压消毒者可用高压灭菌器灭菌，无法用高压处理者，可装入密闭的塑料袋内，每立方米加入 50g 环氧乙烷消毒。

⑥ 被炭疽芽孢污染的水源应停止使用，使用含氯消毒剂使有效氯浓度达 200mg/L，待检查不再存在炭疽芽孢杆菌后方可恢复使用。

⑦ 土壤被炭疽芽孢污染时应首先查明污染的范围，被污染的土地应避免耕耘、开挖和用于放牧牲畜。土壤表面的污染可按上述污染物表面的方法处理。如果炭疽芽孢污染已渗入土壤之中，应使用 20% 漂白粉液每平方米 1000mL，待漂白粉液渗入地面数小时后，将地表土 20cm 挖起，坑内每平方米撒入漂白粉干粉 20～40g，再将挖起的土壤与 20% 漂白粉液充分混合，填入挖出的坑中。

十三、霍乱弧菌

霍乱弧菌（*Vibrio cholerae*）是革兰氏阴性菌，菌体短小呈逗点状，有单鞭毛、菌毛，部分有荚膜。共分为 139 个血清群，其中 O1 群和 O139 群可引起霍乱。霍乱弧菌是人类霍乱的病原体，霍乱是一种古老且流行广泛的烈性传染病之一。由于霍乱流行迅速，且在流行期间发病率及死亡率均高，危害极大，曾在世界上引起多次大流行。霍乱主要表现为剧烈的呕吐、腹泻、失水，死亡率甚高，属于国际检疫传染病。

人类在自然情况下是霍乱弧菌的唯一易感者，主要通过污染的水源或食物经口传染。在一定条件下，霍乱弧菌进入小肠后，依靠鞭毛的运动，穿过黏膜表面的黏液层，可能借菌毛作用黏附于肠壁上皮细胞上，在肠黏膜表面迅速繁殖，经过短暂的潜伏期后便急骤发病。该菌不侵入肠上皮细胞和肠腺，也不侵入血流，仅在局部繁殖和产生霍乱肠毒素，此毒素作用于黏膜上皮细胞与肠腺使肠液过度分泌，从而患者出现上吐下泻，泻出物呈"米泔水样"，并含大量弧菌，此为本病典型的特征。霍乱肠毒素本质是蛋白质，不耐热，56℃经 30min，即可破坏其活性。

霍乱弧菌包括两个生物型：古典生物型和埃尔托生物型。这两种型除个别生物学性状稍有不同外，形态和免疫学性基本相同，在临床病理及流行病学特征上没有本质的差别。根据弧菌 O 抗原不同，分成Ⅵ个血清群，第Ⅰ群包括霍乱弧菌的两个生物型。第Ⅰ群 A、B、C 三种抗原成分可将霍乱弧菌分为三个血清型：含 AC 者为原型（又称稻叶型），含 AB 者为异型（又称小川型），A、B、C 均有者称中间型（彦岛型）。

自 1817 年以来，全球共发生了七次霍乱世界性大流行，前六次病原是古典生物型霍乱弧菌，第七次病原是埃尔托生物型所致。1992 年 10 月在印度东南部又发现了一个引起霍乱流行的新血清型菌株（O139），它引起的霍乱在临床表现及传播方式上与古典生物型霍乱完全相同，但不能被 O1 群霍乱弧菌诊断血清所凝集，抗 O1 群的抗血清对 O139 菌株无保护性免疫，在水中的存活时间较 O1 群霍乱弧菌长，因而有可能成为引起世界性霍乱流行的新菌株。

霍乱弧菌古典生物型对外环境抵抗力较弱，埃尔托生物型抵抗力较强，在河水、井水、海水中可存活 1～3 周，在鲜鱼、贝壳类食物中存活 1～2 周。霍乱弧菌对热、干燥、日光、化学消毒剂和酸均很敏感，耐低温，耐碱。湿热 55℃、15min，100℃、1～2min，水中加 0.5mg/L 氯 15min 可被杀死。0.1％高锰酸钾浸泡蔬菜、水果可达到消毒目的。在正常胃酸中仅生存 4min。

第二节　真菌

真菌对各类食品污染的机会很多，可以说所有食品上都可能有真菌生存，因此，也就有真菌毒素存在的可能。粮食及其加工制成品，如油料作物的种子、水果、干果、肉类制品、乳制品、发酵食品和动物饲料中均发现过真菌毒素。世界各国对真菌毒素的污染都很重视，调查发现，在人们的日常食品中，玉米、大米、花生、小麦被污染真菌毒素的种类最多。真菌及真菌毒素污染食品后，引起的危害主要有两个方面：一是真菌引起的食品变质；二是真菌产生的毒素引起的中毒。霉菌毒素引起的中毒大多通过被霉菌污染的粮食、油料作物以及发酵食品等引起，而且霉菌毒素中毒往往表现为明显的地方性和季节性。而真菌毒素食物中毒的临床表现较为复杂，有急性中毒、慢性中毒以及致癌、致畸和致突变等。

引起人类中毒的真菌毒素有两类：一类是霉菌毒素，如黄曲霉毒素；另一类是蕈类毒素，如鹅膏毒素。有害霉菌在生长过程中可产生有毒的代谢产物，进而残留于食品中，人们食用了这种含有霉菌毒素的食品就会出现中毒。而有毒蕈类形态上很像食用菌，但它们可产生致人死亡的毒素，人们一旦误食这些蕈类将引起严重的中毒症状。有关蕈类毒素已在第一章中加以讨论，在此不再赘述。

已知的产毒真菌主要如下。

① 曲霉菌属（*Aspergillus*）：黄曲霉（*A. flavus*）、赭曲霉（*A. ochraceus*）、杂色曲霉（*A. versicolor*）、烟曲霉（*A. fumigatus*）、构巢曲霉（*A. nidulans*）和寄生曲霉（*A. paraiticus*）等。

② 青霉属（*Penicillium*）：岛青霉（*P. isandicum*）、橘青霉（*P. citrinum*）、黄绿青霉（*P. citro-vinide*）、红色青霉（*P. rubrum*）、扩展青霉（*P. expansum*）、圆弧青霉（*P. cyclopium*）、纯绿青霉（*P. viridicatum*）、斜卧青霉（*P. decumbens*）等。

③ 镰孢菌属（*Fusarium*）：禾谷镰孢菌（*F. graminearum*）、三隔镰孢菌（*F. tritinctum*）、玉米赤霉菌（*Gibberella zeae*）、梨孢镰孢菌（*F. poae*）、尖孢镰孢菌（*F. oxysporum*）、雪腐镰孢菌（*F. nivale*）、串珠镰孢菌（*F. maniliborme*）、拟枝孢镰孢菌（*F. sporotrium*）、木贼镰孢菌（*F. equisti*）、茄病镰孢菌（*F. solani*）、粉红镰孢菌（*F. roseum*）等多种。

④ 其他真菌如麦角菌属（*Claviceps*）、鹅膏菌属（*Amanita*）、马鞍菌属（*Helvella*）和链格孢菌属（*Alternaria*）等。

一、霉菌毒素

霉菌毒素是其产生菌在适合产毒的条件下所产生的次生代谢产物。在食品加工时，虽然经加热、烹调等处理可杀死霉菌的菌体和孢子，但它们产生的毒素一般不能被破坏，如果人体内的毒素量达到一定程度，即可产生该种毒素所引起的中毒症状。据统计，目前已知的大约有 200 多种霉菌毒素，其中与人类关系密切的有近百种，一些主要的产毒霉菌及其毒素列于表 2-2。目前已发现的真菌毒素中，研究最多和最深入的是黄曲霉毒素。

表 2-2　主要产毒霉菌及其毒素的类别

主要产毒霉菌	毒素名称	毒性类别
黄曲霉（A. flavus）	黄曲霉毒素类 aflatoxin	
寄生曲霉（A. parasiticus）	黄曲霉毒素类 aflatoxin	
岛青霉（P. islandicum spp.）	岛青霉毒素 islanditoxin	肝脏毒
杂色曲霉（A. versicolor）	杂色曲霉素 sterigmatocystin	
微孢子属（Microsporum）	展青霉素 patulin	神经毒
黄绿青霉（P. citreoviride）	黄绿青霉素 citreoviridin	神经毒
橘青霉（P. citrinum）及其他	橘青霉素 citrinin	肾脏毒
小麦赤霉菌（Gibberalla zeae）	赤霉烯酮类 zearalanoneF₂毒素 赤霉病麦毒素类 脱氧雪腐镰刀菌醇	类雌性激素作用、致吐作用等

（一）黄曲霉毒素

黄曲霉毒素（aflatoxin，AF）是微生物的代谢产物之一，于 1993 年被世界卫生组织（WHO）的癌症研究机构划定为一类致癌物。除黄曲霉（*Aspergillus flavus*）外，其他的一些真菌，例如米曲霉（*Aspergillus oryzae*）、寄生曲霉（*Aspergillus* parasitcus）、灰绿曲霉（*Aspergillus glaucus*）、绿青霉（*Pencillium digitatum*）、苹果青霉（*Pencillium expansnm*）、柠檬青霉（*Pencillium citromyces*）、软毛青霉（*Pencillium Puberulum*）和毛霉属、链霉属中的某些菌株，其代谢产物中也含有微量的黄曲霉毒素。此外，在自然界中，并不是所有的黄曲霉都产生黄曲霉毒素。例如，我国在食品酿造中使用的黄曲霉菌种，就是不产黄曲霉毒素的菌种。

1960 年英国发生 10 万只火鸡死亡事件，死亡的火鸡肝脏出血及坏死、肾肿大，病理检查发现肝实质细胞退行性变化及胆管上皮细胞增生。研究发现火鸡饲料中的花生粉含有一种荧光物质，该荧光物质是导致火鸡死亡的病因，并证实该物质是黄曲霉的代谢产物，故命名为黄曲霉毒素。

黄曲霉毒素是一类化学组成相似的混合物，其基本结构均有一个二呋喃环（bifuram）和氧杂萘邻酮（oumarin，又名双香豆素），凡二呋喃环末端有双键者毒性较强，这说明其结构和毒性有一定的关系。目前已分离鉴定出 20 余种，图 2-1 为主要黄曲霉毒素的化学结构式。

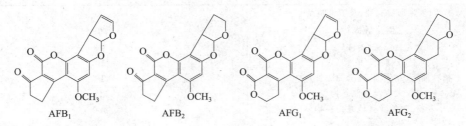

图 2-1　主要 AF 的化学结构式

在紫外线下产生蓝紫色荧光的为 AFB_1 和 AFB_2，产生黄绿色荧光的为 AFG_1 和 AFG_2。AFM_1 和 AFM_2 是 AFB_1 和 AFB_2 的羟基化衍生物，家畜摄食被 AFB_1 和 AFB_2 污染的饲料后，在乳汁和尿中可检出其代谢产物 AFM_1 和 AFM_2。AFM_1 毒性和致癌性比 AFB_1 低一个数量级。动物摄入 AFB_1 后，经过代谢产生的 AFM_1 除了从乳汁和尿中排出外，还有部分存留在肌肉中。

AF 的衍生物中以 AFB_1 的毒性及致癌性最强，在食品中的污染也最普遍，有些国家和地区主要以 AFB_1 作为污染指标。AFB_1 不仅会严重损害肝脏，还能破坏机体的新陈代谢，抑制细胞分裂。动物试验表明，AFB_1 还能导致胚胎畸形。据调查，人和牲畜肝癌发病率高的地区，也是食品和饲料中被黄曲霉毒素污染严重的地区。如非洲某些地区肝癌发病率高，就是因为当地居民长期食用霉花生的结果。

黄曲霉毒素常常存在于土壤、动植物、各种坚果中，特别是花生和核桃中，在大豆、玉米、奶制品、食用油等制品中也经常发现黄曲霉毒素。黄曲霉毒素化学性质稳定，$268\sim269℃$ 高温条件下才能被破坏，故一般加热烹调温度不破坏其毒性；但黄曲霉毒素在碱性和加热双重条件下不稳定。

鉴于黄曲霉毒素对人及动物的毒性及致癌性，世界有关组织和各国大都制定了相关法律来限定其在食品中的含量。例如，CAC（Codex Alimentarius Commission）标准（CODEX-STAN 193—1995）（2010 年版）中黄曲霉毒素最大允许量标准按照（AFB_1＋AFB_2＋AFG_1＋AFG_2）总量指标制定，限量值在 $10\sim15\mu g/kg$，食品种类细分为 9 种，并且对加工原料和直接食用的食品分别进行了规定。此外，还规定牛奶中 AFM_1 的最大允许量为 $0.5\mu g/kg$。美国 FDA 颁布的黄曲霉毒素最大允许标准为食品中黄曲霉毒素总量（AFB_1＋AFB_2＋AFG_1＋AFG_2）小于 $20\mu g/kg$，牛奶中黄曲霉毒素 AFM_1 小于 $0.5\mu g/kg$。欧盟国家规定，要求人类生活消费品中的 AFB_1 的含量不能超过 $2\mu g/kg$，总量（AFB_1＋AFB_2＋AFG_1＋AFG_2）不能超过 $4\mu g/kg$，牛奶和奶制品中 AFM_1 的含量不能超过 $0.05\mu g/kg$。

中国于 2011 年 4 月 20 日颁布了新修订的真菌毒素限量标准，即食品安全国家标准 GB 2761—2011《食品中真菌毒素限量》。该标准代替了 GB 2761—2005《食品中真菌毒素限量》和 GB 2715—2005《粮食卫生标准》中真菌毒素的限量指标，于 2011 年 10 月 20 日正式实施，成为中国各级政府和质检机构监管食品真菌毒素、保证《食品安全法》和《农产品质量安全法》顺利实施的标准依据。与上述国家和组织的标准不同，中国标准按照 AFB_1 制定黄曲霉毒素限量标准，将食品种类细分为 14 种，AFB_1 限量值在 $0.5\sim20.0\mu g/kg$（表 2-3）。此外，该标准还对 4 类食品规定了 AFM_1 的限量指标，均为 $0.5\mu g/kg$（表 2-4）。

表 2-3　中国对食品中 AFB_1 的允许量标准

食品种类	AFB_1 的允许量标准/($\mu g/kg$)
玉米、玉米面(渣、片)及玉米制品	20
花生及制品	20
花生油、玉米油	20
稻谷、糙米、稻米	10
植物油脂(花生油、玉米油除外)	10
小麦、大麦及其他谷物	5.0
小麦粉、麦片及其他去壳谷物	5.0
发酵豆制品	5.0
熟制坚果及籽类(花生除外)	5.0
酱油、醋和酿造酱(以粮食为主要原料)	5.0
婴儿配方食品	0.5
较大婴儿和幼儿配方食品	0.5
特殊医学用途婴儿配方食品	0.5
婴幼儿谷类辅助食品	0.5

表 2-4　中国对食品中 AFM$_1$ 的允许量标准

食品种类	AFM$_1$ 的允许量标准/(μg/kg)
乳及乳制品	0.5
婴儿配方食品	0.5
较大婴儿和幼儿配方食品	0.5
特殊医学用途婴儿配方食品	0.5

（二）杂色曲霉毒素

杂色曲霉毒素（sterigmatocystin，ST）是由杂色曲霉（*Aspergillus versicolor*）、构巢曲霉（*Aspergillus nidulans*）、寄生曲霉（*Aspergillus parasiticus*）、黄曲霉（*Aspergillus flavus*）等产生的有毒化合物。

1962 年，Bulloc 首次提出 ST 的化学结构为 3α，$12c$-双氢-8-羟基-6-甲氯基呋喃 [3′，2′：4，5] 呋喃 [3，2-c] 呫吨-7 酮。化学结构式如图 2-2 所示。

ST 为淡黄色结晶，熔点 246℃（217～248℃，于乙酸戊酯中），不溶于水，难溶于多种有机溶剂，但易溶于氯仿。ST 经过 O-甲基转移酶Ⅱ催化转变成的 OMST 又可转变成毒性和致癌性更强的黄曲霉毒素 B$_1$ 和黄曲霉毒素 G$_2$，因此 ST 不仅直接危害动物和人类健康，还可作为黄曲霉毒素的合成前提，给人畜造成进一步的威胁。

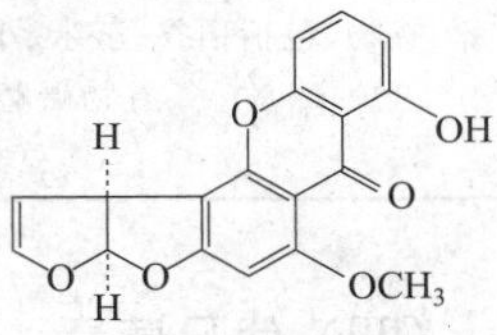

图 2-2　杂色曲霉毒素（ST）的化学结构式

人畜进食被 ST 污染的谷物可引起食欲减退、拒食、进行性消瘦、精神抑郁、虚弱、死亡等中毒症状，并有致畸、致突变和致癌作用。

ST 主要污染小麦、玉米、大米、花生、大豆等粮食作物、食品和饲料。我国科技工作者对胃癌高发地区粮食中 ST 的污染水平研究表明：我国谷物中 ST 的自然污染总的趋势是小麦污染最重，玉米次之，大米较轻；在同一地区，原粮中 ST 的污染水平远高于成品粮，不同粮食品种之间 ST 的水平由高至低的顺序为：杂粮和饲料＞小麦＞稻谷＞玉米＞面粉＞大米。

（三）赭曲霉毒素

赭曲霉毒素（ochratoxin，OT）最初是从南非的赭曲霉毒株中分离出来的，由赭曲霉（*Aspergillus ochraceus*）、洋葱曲霉（*Aspergillus alliaceus*）、鲜绿青霉（*Pencillium viridicatum*）、徘徊青霉等代谢产生，包括 7 种结构类似的化合物，赭曲霉毒素 A（OTA）是其中毒性最强的物质。

赭曲霉毒素是异香豆素联结 L-苯丙氨酸在分子结构上类似的一组化合物，包括 OTA、OTB、OTα、OTA 的甲酯以及 OTB 的甲酯和乙酯等。作为食品中的天然污染物，OTA 是主要的化合物。OTA 是一种无色结晶化合物，溶于极性溶剂和稀的碳酸氢钠水溶液中，微溶于水。在紫外线下 OTA 呈绿色荧光，该化合物相当稳定，一般的烹调和加工方法只有部分破坏。OTA 在乙醇中置冰箱避光可保存一年，图 2-3 为其化学结构式。

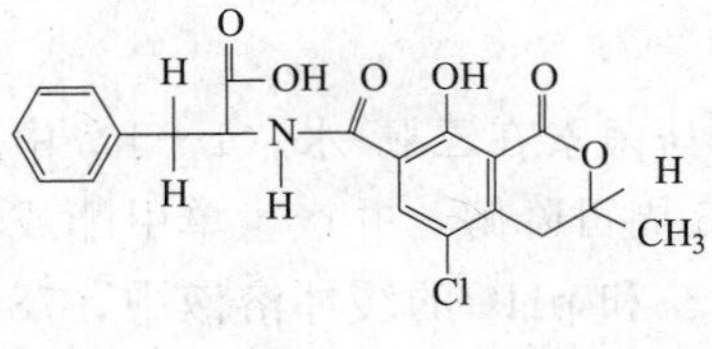

图 2-3　OTA 的化学结构式

OTA 是赭曲霉毒素中毒性最强的物质，对人和动物的靶标器官是肾脏，可导致肾癌，已被国际症研究所列为人类二级致癌物。此外，OTA 还具有致畸、致突变毒性。当浓度超过 5mg/kg 时，会对肝脏组织和肠产生破坏，引起肠炎、肝肿大等。在巴尔干地方性肾病流行区，6%～18% 人群的血液中能检出 OTA。巴尔干地方性肾病是一种慢性、进行性疾病，往往造成死亡，多见于妇女。保加利亚、罗马尼亚及南斯拉夫等国部分地区居民膳食中 OTA 的污染被认为与地方性肾病有关。

赭曲霉毒素主要污染玉米、大豆、燕麦、大麦、花生、火腿、柠檬类水果等。在发热霉变的粮食和饲料中赭曲霉毒素含量很高，主要是 OTA。粮食中的产毒菌株在 28℃ 下，产生的 OTA 含量最高；在温度低于 15℃ 或高于 37℃ 时产生的 OTA 极低。

我国食品安全国家标准 GB 2761—2011《食品中真菌毒素限量》规定，OTA 在谷物及其加工品、豆类中的限量为 5.0μg/kg（表 2-5）。CAC 标准（CODEX STAN 193—1995）（2010 年版）规定了未加工小麦、大麦、黑麦 3 类食品，OTA 限量指标均为 5.0μg/kg。

表 2-5　中国对食品中 OTA 的允许量标准

食品种类	OTA 的允许量标准/(μg/kg)
谷物(包括稻谷、玉米、小麦、大麦及其他谷物)	0.5
谷物碾磨加工品	0.5
豆类	0.5

（四）伏马菌素

伏马菌素（fumonisins），于 1988 年首先由 Bezuidenhact 及 Gelderblow 等人在南非研究马属动物霉玉米中毒时发现，是由串株镰孢（*Fusarium moniliforme*）、轮状镰孢（*Fusarium verticilliodes*）、多育镰孢（*Fusarium proliferatum*）和其他一些镰孢菌种产生的真菌毒素。

伏马菌素是一组结构相关的双酯类化合物，由丙烷基-1,2,3-三羧酸和 2-氨基-12,16-二甲基多烃二十烷构成，其 C_{14} 和 C_{15} 的羟基被三羧化。目前至少已鉴定出 15 种不同的伏马菌素的类似物，但大部分在自然界未被分离到。根据伏马菌素的化学结构可将其分为 4 组：FA_1、FA_2、FA_3 和 FAK_1；FB_1、FB_2、FB_3 和 FB_4；FC_1、FC_2、FC_3 和 FC_4；FP_1、FP_2 和 FP_3。在伏马菌素中，FB_1 和 FB_2 是自然界中最普遍且毒性最强的两种毒素，其化学结构式见图 2-4。

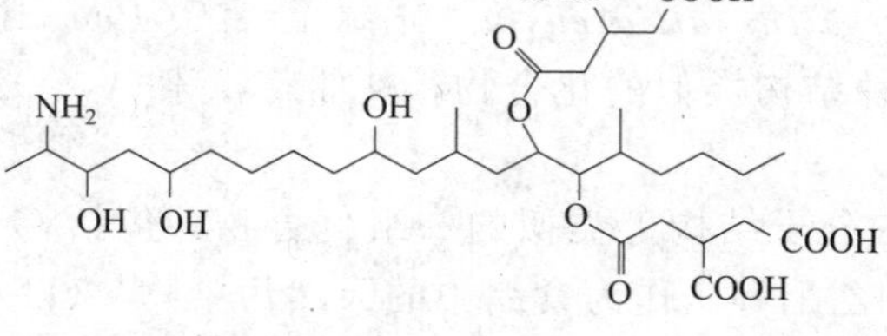

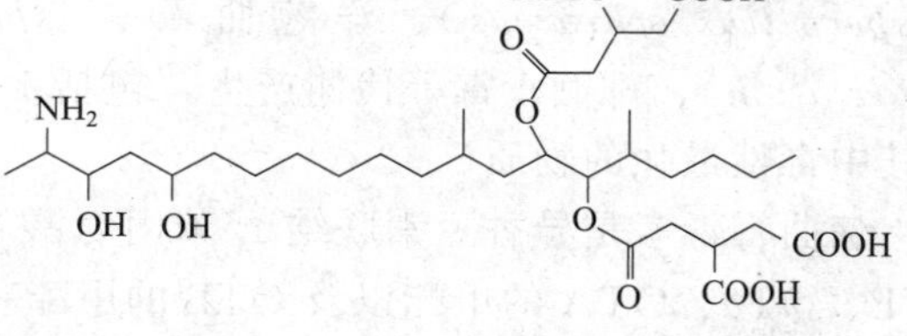

图 2-4　伏马菌素的化学结构式

伏马菌素是白色粉末，易溶于水、甲醇及乙腈-水中。伏马菌素在乙腈-水（1+1）中稳定，在 25℃ 可保存 6 个月；在甲醇中不稳定，在 25℃ 下 3～6 周可降解，并产生单甲酯或双甲酯。伏马菌素在 -18℃ 甲醇中稳定，可保存 6 周；在 pH3.5 和 pH9 的缓冲溶液中，78℃ 可保存 16 周。

动物试验和流行病学资料已表明，伏马菌素主要损害肝肾功能，能引起马脑白质软化症和猪肺水肿等，并与我国和南非部分地区高发的食道癌有关，现已引起世界范围的广泛注意。1992 年，美国 FDA 和农业部伏马毒素工作小组建议在马饲料中的伏马毒素应低于 5mg/kg，猪饲料中应低于 10mg/kg，牛饲料中应低于 50mg/kg。

伏马毒素大多存在于玉米及玉米制品中，其含量一般超过 1mg/kg。研究证实，在大米、面条、调味品、高粱、啤酒中也有较低浓度的伏马毒素存在。串珠镰孢是玉米的土源性（soil-borne）及种子源性（seed-borne）致病菌，故玉米和玉米粒被真菌浸染的程度取决于真菌侵染的生长点；不同玉米中伏马菌素的水平受环境因素，如温度、湿度、干旱程度、收获前和收获时的降雨量的影响；收获后的玉米粒在不适当的湿度条件下贮存导致伏马菌素水平增加。

JECFA 第 56 次会议首次评估伏马菌素，将 FB_1、FB_2 和 FB_3，不论单一的或混合的，其每日最大耐受摄入量（PMTDI）均定为 $2\mu g/(kg \cdot d)$。CAC 2014 年将玉米当中伏马菌素的限量定为 4mg/kg，将玉米粉与玉米制品当中的限量定为 2mg/kg。我国由于在伏马菌素方面研究较少，目前尚未制定食品中伏马菌素的限量标准。

（五）玉米赤霉烯酮

玉米赤霉烯酮（zearalenone，ZEA），即 F_2 雌性发情毒素，首先从赤霉病玉米种分离得到，是由禾谷镰孢（*Fusarium graminearum*）、黄色镰孢（*Fusarium culmorum*）、木贼镰孢（*Fusarium equiseti*）、半裸镰孢（*Fusarium semitectum*）、茄病镰孢（*Fusarium solani*）等菌种产生的。镰孢菌种在玉米上生长繁一般需要 $22\% \sim 25\%$ 的湿度。

ZEA 是一种雷锁酸内酯，化学名称为 6-(10-羟基-6-氧基-反式-1-十一碳烯基)-β-雷锁酸内酯，其化学结构式见图 2-5。

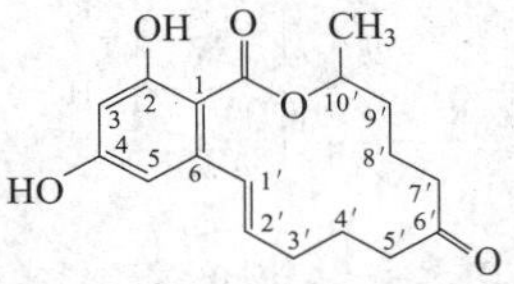

在哺乳动物体内，C_6 的酮基降解形成两个 ZEA 的空间异构体代谢产物（α 异构体和 β 异构体），这两种代谢产物也能由真菌产生，但含量比玉米赤霉烯酮低得多。另一类结构相似的化合物是玉米赤霉烯醇，一般用作生长促进剂，该化合物和 ZEA 的区别是在 C_1 和 C_2 之间缺少一个双键以及在 C_6 上羟基代替了酮基。

图 2-5 ZEA 的化学结构式

ZEA 是一种白色结晶，分子式 $C_{18}H_{22}O_5$，相对分子质量 318，熔点 $164 \sim 165℃$。不溶于水，溶于碱性溶液、苯、二氯甲烷、乙酸乙酯、乙腈和乙醇等；微溶于石油醚（$30 \sim 60℃$）。在长波（360nm）紫外线下，ZEA 呈蓝绿荧光，在短波（260nm）紫外线下荧光更强。

ZEA 主要作用于生殖系统，污染 ZEA 的饲料或谷物引起的家畜中毒症见表 2-6。

表 2-6　污染 ZEA 的饲料或谷物引起的家畜中毒症

品　种	国　家	ZEA 含量/(mg/kg)	家畜中毒症状
饲料	芬兰	25.0	牛和猪不孕症
饲料	美国	$0.1 \sim 2900$	牛和猪的雌性激素综合征
大麦	苏格兰	$0.5 \sim 0.75$	猪出现死胎、新生猪死亡、仔猪小
玉米	南斯拉夫	35.6	母猪雌性激素综合征
猪饲料	美国	50.0	母猪雌性激素综合征
玉米	美国	2.7	母猪雌性激素综合征
高粱	美国	12.0	乳牛流产
玉米	美国	32.0	猪流产

人误食含一定量的 ZEA 的食品后会对怀孕、排卵及胎儿的发育造成影响。有研究表明 ZEA 可能与性早熟和宫颈癌变有关。JECFA 第 53 次会议首次评价了 ZEA，提出 ZEA 的 PMTDI 为 $0.5\mu g/kg$。

玉米赤霉烯酮毒素主要污染玉米，自然界中产生该毒素的真菌在 $16\sim24℃$ 和相对湿度为 85% 左右时产毒最多，收获后维持潮湿状态的玉米最易受污染。此外，大麦、小麦、燕麦、稻谷、蚕豆、甘薯、甜菜、芝麻等也可被污染。虫害、潮湿气候及贮存不当均可诱发玉米赤霉烯酮的产生。

目前有许多国家制定了玉米赤霉烯酮的限量标准，奥地利规定小麦、裸麦、硬质小麦中不得超过 $60\mu g/kg$，巴西、法国、罗马尼亚、俄罗斯、乌拉圭等国也制定了限量标准。我国食品安全国家标准 GB 2761—2011《食品中真菌毒素限量》规定，玉米、玉米面（渣、片），小麦、小麦粉中玉米赤霉烯酮的限量为 $60\mu g/kg$。

（六）单端孢霉烯族化合物

单端孢霉烯族化合物（trichothecenes）是由头孢菌（*Cephalosporium*）、镰孢菌（*Fusarium*）、葡萄状穗霉（*Stachybotrys*）和木霉菌（*Trichoderma*）等代谢产生的一组生物活性和化学结构相似的有毒代谢产物。

单端孢霉烯族化合物的化学结构基本相同，均具有四环倍半萜烯结构。根据相似的功能团可将其分为 A、B、C、D 四个型，大部分单端孢霉烯族化合物在 C_9 和 C_{10} 位置上有一双键、一个 12，13-环氧基和若干羟基和乙酰基团。A 型单端孢霉烯族化合物的特点是在 C_8 上

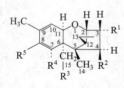

图 2-6　A 型单端孢霉烯族化合物和 B 型单端孢霉烯族化合物的结构式

有一个与酮不同的功能团，这一型包括 T-2 毒素、HT-2 毒素、二乙酸蔗草镰刀菌烯醇（diacetoxyscirpenol，DAS）等。B 型在 C_8 上有羧基功能团，以脱氧雪腐镰刀菌烯醇（dexynivalenol，DON）和雪腐镰刀菌烯醇（nivalenol，NIV）为代表。DON 是由镰刀菌属（*Fusarium*）真菌产生，亦称呕吐毒素（vomitoxin）。C 型的特点是在 C_7、C_8 或 C_9、C_{10} 上有一个次级环氧基团。D 型在 C_4 和 C_5 之间有两个酯相连。

天然污染谷物和饲料的单端孢霉烯族化合物有 A 型中的 T-2 毒素、HT-2 毒素、DAS，以及 B 型的 DON 和 NIV。A 型单端孢霉烯族化合物和 B 型单端孢霉烯族化合物的结构式见图 2-6、表 2-7 和表 2-8。

表 2-7　A 型单端孢霉烯族化合物

名　称	R^1	R^2	R^3	R^4	R^5
T-2 毒素	OH	OAc	OAc	H	OCOCH$_2$CH(CH$_3$)$_2$
T-2 四醇（tetraol）	OH	OH	OH	H	OH
HT-2 毒素	OH	OH	OAc	H	OCOCH$_2$CH(CH$_3$)$_2$
DAS	OH	OAc	OAc	H	H

表 2-8　B 型单端孢霉烯族化合物

名　称	R^1	R^2	R^3	R^4	R^5
DON	OH	H	OH	OH	=O
NIV	OH	OH	OH	OH	=O
单端孢霉素（trichothecin）	H	OCOCH=CHCH$_3$	H	H	=O
镰刀菌酮-X	OH	OAc	OH	OH	=O

一般条件下，所有单端孢霉烯族化合物均非常稳定，可长期贮存。单端孢霉烯族化合物在 120℃时很稳定，180℃时中度稳定，210℃时 30～40min 即可破坏。

单端孢霉烯族化合物的主要毒性作用为细胞毒性、免疫抑制和致畸作用，可能有弱致癌性。人类单端孢霉烯族化合物中毒的主要临床表现为消化系统和神经系统症状。主要症状有恶心、呕吐、头痛、头晕、腹痛、腹泻等，有些病人还有乏力、全身不适、颜面潮红、步伐不稳等似酒醉样症状。HT-2 毒素是体外及体内很强的蛋白质合成抑制剂。A 型单端孢霉烯族化合物的毒性比 B 型大。毒性最小的是 DON。

单端孢霉烯族化合物引起的人畜中毒，均与摄食赤霉病麦、赤霉病玉米或霉变谷物有关。麦类和其他谷物的赤霉病是一种世界性的禾谷类病害，在我国流行也很广，除新疆外，全国均有流行。谷物赤霉病的流行除造成严重减产和品质降低外，谷物中存留镰孢菌种的代谢产物可引起人畜中毒。单端孢霉烯族化合物涉及的产毒菌种很多，产毒的条件较为复杂，所以在食品中出现的机会较多，其主要污染大麦、小麦、玉米等。我国麦类及其他谷物赤霉病的流行主要分布于长江以南的各省市。已知引起赤霉病麦或霉大米中毒的主要毒素是单端孢霉烯族化合物中的 DON、NIV、T-2 毒素等。

单端孢霉烯族化合物急性毒性很强，其慢性毒性作用，特别是致癌作用以及致突变作用尚未阐明，世界卫生组织将此类毒素列为最危险的食品污染物之一。JECFA 第 56 次会议提出 HT-2 毒素的 PMTDI 为 60ng/kg（以体重计）。国家标准 GB 2761—2011 规定了谷物及谷物制品中 DON 的限量，在玉米、玉米面（渣、片）、大麦、小麦、麦片、小麦粉中限量值均为 1000μg/kg。

（七）展青霉毒素

展青霉毒素（patulin），又叫棒曲霉毒素和珊瑚青霉毒素，主要是由棒曲霉（*Aspergillus clavatus*）、扩展青霉（*Pencillium expansum*）、展青霉（*Pencillium patulium*）、曲青霉（*Pencillium aspergillus*）等代谢产生的一种免疫抑制剂。

展青霉素的化学名称为 4-羟基-4*H*-呋［3,2*c*］吡喃-2（6*H*）-酮，其分子式 $C_7H_6O_4$，相对分子质量 154，为无色结晶，熔点为 110℃，溶于水、乙醇、丙酮、乙酸乙酯和三氯甲烷，微溶于乙醚和苯，不溶于石油醚。在酸性环境中展青霉素非常稳定，加工过程中不被破坏。其化学结构式见图 2-7。

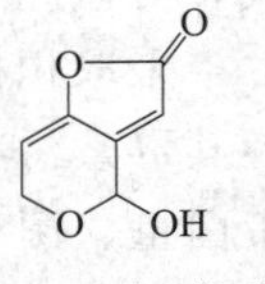

展青霉毒素一种神经毒素，有致畸性和致癌性；动物实验表明，展青霉素能诱发实验动物肿瘤，并对消化系统和皮肤组织具有损害作用。

图 2-7 展青霉毒素的化学结构式

国家标准 GB 2761—2011 规定了水果制品（果丹皮除外）、果蔬汁类、酒类 3 类食品，展青霉毒素限量指标均为 50μg/kg，CAC 标准（CODEX STAN 193—1995）（2010 年版）仅对 1 类食品（苹果汁）的限量进行了规定，与中国限量值相同。

展青霉毒素的产毒菌在 21℃和 A_w 为 0.81 左右的条件下生成毒素最多，毒素主要污染大麦、小麦、面包、香肠、水果（香蕉、梨、菠萝、葡萄）等。尤其是在腐烂的苹果中含量尤高，苹果原汁、各种稀释过的苹果浓缩汁及苹果酒里都极有可能含有展青霉毒素。

（八）麦角生物碱

麦角生物碱（ergot alkloids）是人们最先认识到的一类真菌毒素。麦角菌（*Claviceps purpurea*）生长于禾科植物的花絮上，形成菌核，由于菌核形成时多露出子房以外，形状像动物的角，故叫麦角。

麦角化合物约有 100 多种，其中最具生物活性的就是麦角生物碱。麦角的毒性程度与其所含麦角生物碱的多少有关，通常含量为 0.015％～0.017％，也有高达 0.22％。麦角生物碱又可分为麦角胺、麦角毒碱和麦角新碱三大类。麦角生物碱的毒性非常稳定，正常的烹调温度不能将其破坏。人误食后，会引起恶心、呕吐、腹痛、腹泻、头晕乏力、呼吸困难、血压上升、心脏衰竭、昏迷等。据报道，麦角生物碱对生物胺受体有作用，因而还可影响神经系统的传导功能。

麦角菌可寄生在黑麦、小麦、大麦、燕麦、鹅冠草等的子房内，主要寄主是黑麦。当人们食用了混杂有较大量的麦角谷物或面粉所做的食品后就可发生麦角中毒。长期少量进食麦角病谷，也可发生慢性中毒。清除食用粮谷及播种粮谷中的麦角，可用机械净化法或用 25％食盐水浮选漂出麦角。

（九）青霉酸

青霉酸（penicillic acid）主要是由软毛青霉（*Pencillium puberulum*）、圆弧青霉（*Pencillium cyclopium*）、托姆青霉、徘徊青霉、棒青霉及赭曲霉等代谢产生。产青霉酸的真菌在 5～32℃下都可产生毒素，但在 15～20℃时产毒最高。

动物实验证明，青霉酸具有致癌性，每周给大白鼠注射 1.0mg 的青霉酸，64 周后所有的受试鼠都出现了肿瘤。青霉酸主要污染玉米、青豆、高粱、大麦、燕麦等，但同样的产毒真菌在花生、大豆、棉籽中却不生成毒素。

二、防止真菌毒素污染食品的措施

（一）预防措施

预防和控制真菌毒素污染总的原则是：在收获前、收获期间、收获后及贮存期采取综合的预防措施。例如，收获期间的管理要注意收获的时间、温度及湿度的控制，避免其他污染物的污染，以及谷物从田间运到烘干设备及贮藏时真菌及昆虫的控制等；收获期后要注意通气，可监测谷物温度及湿度的设备管理，清洁、无真菌、无昆虫和无鼠的仓库管理等。

采取积极主动的预防措施应做到：首先，隔离和消灭产毒真菌源区，尽量减少产毒真菌及其毒素污染无毒食品。例如针对粮油原料的真菌污染，应把好入库质量关，把入库粮油的带菌量、菌相及真菌毒素含量的检测作为必检指标。其次，严格控制食品的贮藏、运输等环境条件，抑制易染真菌在食品中大量繁殖及产生毒素。此外，还可对食品进行高温、紫外线、微波、添加防腐剂等处理来杀死真菌。

（二）食品中真菌毒素的检测方法

食品中真菌毒素含量的检测方法一直是制约真菌毒素与人类疾病研究进展的关键。通常真菌毒素的分析步骤一般包括采样、提取、纯化、检测、测定和认证等步骤。一般真菌毒素的检测方法可以分为三类：理化检测方法，例如气相色谱、液相色谱等分析方法；生物学检测方法，例如皮肤毒性实验、致呕吐实验、种子发育实验等；免疫化学检测方法，例如利用抗原抗体反应的原理进行真菌毒素检测。以单克隆抗体为基础的免疫亲和柱分析方法具有灵敏度高、特异性强、快速、简便、经济等优点，目前已通过美国官方分析化学师协会（AOAC）、联邦谷物检验服务局（FGIS）的认证，并被确认为官方分析方法。它们在世界各地得到了广泛的应用，在欧洲、南美洲、亚洲等已被作为标准方法。

（三）食品中真菌毒素的去毒技术

绝大多数真菌毒素相当稳定，正常的烹饪温度不能将其破坏。因此要利用去毒技术，主要通过破坏、修饰或吸附真菌毒素，从而达到减少或消除毒素的作用。针对不同的真菌毒素和污染物的特性可分别采用物理、化学和生物降解的去毒方法。

1. 物理去毒法

（1）挑选法 挑选法是最简单的脱毒方法，如表面长有黄绿色霉菌或破损、皱缩变色的玉米和花生颗粒都有可能被黄曲霉毒素感染，可进行挑除。但此方法不仅耗时且难于工业化。

（2）吸附法 吸附剂通常将真菌毒素吸附在其表面，减少真菌毒素的生物利用率，从而降低对人及牲畜的毒性作用。已经开发利用的吸附剂主要有：水合钠钙硅酸铝、沸石、膨润土、黏土及活性炭。如水合钠钙硅酸铝已成功地用于吸附黄曲霉毒素 B_1；膨润土体外可有效结合黄曲霉毒素 B_1，降低黄曲霉素素 B_1 对猪和鳟鱼的毒性作用，还可降低 T-2 毒素对大鼠的毒性作用。Ramos 等还发现黏土具有降低黄曲霉素素 B_1 毒性作用的能力，但其作用力较弱。沸石可减少黄曲霉毒素 B_1 在肝脏的蓄积。吸附剂法的缺点是在吸附真菌毒素的同时可能将重要的营养物质也同时吸附。尽管如此，一些吸附剂已商品化并应用于饲料添加剂中。

（3）射线去毒法 用紫外线照射含毒食品表面可使毒素含量降低 95% 或更多，此法操作简单，成本低廉。日光曝晒，也可降低粮食中的毒素含量。

2. 化学去毒法

（1）抗氧化剂 一些真菌毒素可通过增强脂质过氧化物而导致膜损伤。硒、维生素及其前体物等抗氧化剂具有明显的抗氧化性，可作为过氧化阴离子清除剂去除毒素。对大鼠的体内研究表明，硒能够抑制黄曲霉毒 B_1 与 DNA 结合物的形成。据报道，含有硒、维生素 C 及维生素 E 的饲料可作为一种抗氧化剂和自由基清除剂来保护脾和肝脏，避免 T-2 毒素和脱氧雪腐镰刀菌烯醇所致的损害。还有人报道类胡萝卜素也可以抑制黄曲霉毒素 B_1 对大鼠肝 DNA 的损害。

（2）碱性化合物 氨水、NaOH 和 Ca（OH）$_2$ 等碱性化合物可破坏黄曲霉毒素，最近研究发现咖啡二萜类能抵御黄曲霉毒素对大鼠和人类细胞的毒性作用。还有报道，自然污染后含有 1600mg/kg 黄曲霉毒素的黄色戴恩特玉米在用 3% NaOH 于 100℃ 处理 4min 后，再经过进一步的油炸加工，其中 99% 的黄曲霉毒素被破坏。但据 Das 等报道，这些化学试剂虽然几乎可完全去除真菌毒素，但是有可能造成食品营养成分的大量损失。

（3）中草药 近年来，一些医用中草药和植物提取物也常被用于真菌毒素的脱毒。Dakan 等发现叶决明的乙醇提取物可以抑制低浓度黄曲霉毒素 B_1 在体外的诱变作用。国内也有研究者报道，山苍子油可防止黄曲霉毒素的污染及其产生的毒性作用。

3. 生物去毒法

生物去毒法目前被国内外专家认为是去毒的最佳方法。该方法条件温和，不使用有害的化学药品，不会造成食品中营养成分的损失。生物去毒法主要有发酵去毒法和细菌去毒法。

（1）发酵去毒法 早在 20 世纪 80 年代，人们就提出了谷物通过发酵去毒的想法。目前，关于通过用发酵生产啤酒和白酒并除去真菌毒素的报道已有很多，欧洲的啤酒中不存在玉米赤霉烯酮，也很少检验到赭曲霉毒素 A。国外研究者分析了加拿大啤酒中烟曲霉毒素的情况，其中只有 4 个样品中的烟曲霉毒素 B_1 超过 $2\mu g/kg$，烟曲霉毒素超过 $7.6\mu g/kg$，而大多数样品中的烟曲霉毒素含量很低。Scott 用添加了赭曲霉毒素 A、烟曲霉毒素 B_1 和 B_2 酵母进行发酵，8d 后，赭曲霉毒素 A 减少了 13%，烟曲霉毒素 B_1 减少了 28%，烟曲霉毒素 B_2 减少了 17%，酵母吸收了 24% 赭曲霉毒素，但未吸收烟曲霉毒素。

（2）细菌去毒法 在 20 世纪 60 年代，Gieglar 就发现有 1000 多种微生物有降解黄曲霉毒素的能力，其中橙色黄杆菌（*Flavobacterium aurantiacum*）能够不可逆地从溶液中去除黄曲霉毒素。Janos 发现醋酸钙不动杆菌可除去赭曲霉毒素。

第三节 病毒

病毒是专性寄生微生物，只能在寄主的活细胞中复制，不能在人工培养基上繁殖。当前对食品中病毒的了解较少，其主要原因有三：一是病毒不能像细菌和霉菌那样，以食品为培养基进行繁殖，这也是人们忽略病毒性食物中毒的主要原因；二是在食品中的数量少，必须用提取和浓缩的方法，但其回收率低，大约为 50%；三是有些食品中的病毒尚不能用当前已有的方法培养出来。

近几十年来，病毒学突飞猛进，发现的病毒感染疾病也日益增多，如病毒性肝炎、病毒性感冒、病毒性痢疾、艾滋病等。正如 Cliver 等（1983）指出，实际上任何食品都可以作为病毒的运载工具，特别是人体食入和排出的方式，如食物来源的病毒性肝炎。Cuker 等（1984）通过实验认为，病毒性胃肠炎出现的频率仅次于普通感冒，占第二位。Larkin（1981）列出了因食物污染人类胃肠道病毒的种类是：细小核糖核酸病毒、呼吸道肠道病毒、细小病毒、乳多孔病毒和腺病毒等。此外，相当一部分的人兽共患病也是由病毒导致的。自 20 世纪以来，疯牛病、禽流感、口蹄疫、SARS、甲型 H1N1 流感等这些人兽共患疾病引起社会高度恐慌，更引起了人们对各种动物源性食品安全性的考虑。1956 年 WHO 对人兽共患疾病所下的定义为：在脊椎动物与人之间自然传播的疾病和感染。下面重点介绍几种危害性较大的病毒。

一、禽流感病毒

禽流感是禽流行性感冒（avian influenza，AI）的简称，这是一种由甲型流感病毒的一种亚型引起的传染性疾病综合征，被国际兽疫局定为 A 类传染病，又称真性鸡瘟或欧洲鸡瘟。最早的禽流感记录在 1878 年的意大利，当时被称为鸡瘟。到 1955 年，科学家证实其致病病毒为甲型流感病毒，此后，这种疾病更名为禽流感。禽流感被发现 100 多年来，人类并没有掌握有效的预防和治疗方法，仅能以消毒、隔离、大量宰杀禽畜的方法防止其蔓延。高致病性禽流感暴发的地区，往往蒙受巨大经济损失。至 2006 年 2 月 27 日，全球已有 27 个国家发现有禽类感染 H5N1 型禽流感病毒的病例，并且在 161 名感染该病毒的人类患者中有半数不治身亡。

禽流感的病原体为禽流感病毒，属于正黏病毒科流感病毒属的 A 型流感病毒。甲型流感病毒根据 HA 表面蛋白质的不同被分为 H1 到 H15 等 15 种亚型。世界各地的禽流感主要由高致病性的 H5 和 H7 两种亚型引起，而人对其中的 H1 和 H3 亚型易感。禽流感病毒在 $4\sim20℃$ 可凝集人、猴、豚鼠、犬、貂、大鼠、蛙、鸡和禽类的红细胞，所以禽流感的暴发常常可能会导致其他动物的感染。

按病原体类型的不同，禽流感可分为高致病性、低致病性和非致病性禽流感三大类。非致病性禽流感不会引起明显症状，仅使染病的禽鸟体内产生病毒抗体；低致病性禽流感可使禽类出现轻度呼吸道症状，食量减少、产蛋量下降，出现零星死亡；高致病性禽流感最为严重，发病率和死亡率高，感染的鸡群常常"全军覆没"。

禽流感的传播有病禽和健康禽直接接触和病毒污染物间接接触两种。禽流感病毒存在于病禽和感染禽的消化道、呼吸道和禽体脏器组织中。因此病毒可随眼、鼻、口腔分泌物及粪便排出体外，含禽病毒的分泌物、粪便、死禽尸体污染的任何物体通过各种渠道进入其他的健康禽群。与带毒的人或猪接触也可能引起该病毒的传播。家禽中以火鸡最为敏感，鸡、雉鸡、鸽、鹌鹑、鹧鸪、鸵鸟等均可受禽流感病毒的感染而大批死亡。

接触感染是人类感染禽流感病毒的主要途径，目前尚未发现由于吃鸡肉和鸡蛋而受到感染的病例。从微生物学角度讲，有三个方面的原因阻止了禽流感病毒对人类的侵袭。首先，人呼吸道上皮细胞不含禽流感病毒的特异性受体，即禽流感病毒不容易被人体细胞识别并结合；第二，所有能在人群中流行的流感病毒，其基因组必须含有几个人流感病毒的基因片段；第三，高致病性的禽流感病毒由于含碱性氨基酸数目较多，使其在人体内的复制比较困难。一旦禽流感病毒与人类病毒重组，从理论上说，就可能通过人进行传播，这种病毒就会成为人类病毒，就像流感病毒一样。

卫生部发布的"人禽流感诊疗方案（2005 年版）"中表明，根据对 H5N1 亚型感染病例的调查结果，人禽流感潜伏期一般为 1～3d，通常在 7d 以内。不同亚型的禽流感病毒感染人类后可引起不同的临床症状。感染 H9N2 亚型的患者通常仅有轻微的上呼吸道感染症状，部分患者甚至没有任何症状；感染 H7N7 亚型的患者主要表现为结膜炎；重症患者一般均为 H5N1 亚型病毒感染，患者呈急性起病，早期表现类似普通型流感，主要为发热，体温大多持续在 39℃以上，热程 1～7d，一般为 3～4d，可伴有流涕、鼻塞、咳嗽、咽痛、头痛、肌肉酸痛和全身不适，部分患者可有恶心、腹痛、腹泻、稀水样便等消化道症状，重症患者病情发展迅速，可出现肺炎、急性呼吸窘迫综合征、肺出血、胸腔积液、全血细胞减少并有血小板降低、肾功能衰竭、败血症、休克等多种并发症，白细胞总数一般不高或降低。感染 H9N2、H7N7、H7N2、H7N3 者，大多预后良好；而感染 H5N1 者预后较差，据医学资料报告，病死率超过 30%。禽流感导致的并发症的类型有原发性病毒性肺炎、继发性细菌性肺炎、Reye 综合征、心肌炎、肌炎等。

尽管没有证据表明禽流感病毒会直接引起人类流感暴发，但从进化角度看，人类流感与原先在动物中传播的流感病毒有关。H5N1 病毒与人类流感病毒的 4500 个氨基酸只有 19 个不同，一旦差异性降到 10 个氨基酸，禽流感就会突变，因此医疗研究和监测部门仍对禽流感袭击人类的可能性保持警惕。对个人而言，应注重身体健康、保持良好免疫力；避免接触患病的家禽及其排泄物；旅游时不去可能接触患病家禽的场所；注意环境卫生；解剖家禽、家畜及其制品后要彻底洗手；食用禽类制品之前要高温充分烹煮，以杀灭病毒。

二、朊病毒

牛海绵状脑病（bovine spongiform encephalopathy，BSE）又称疯牛病，是牛的一种致命性神经系统疾病，是由蛋白质感染因子（prion，译称朊病毒）引起的一种亚急性海绵状脑病，这类病还包括绵羊的瘙痒病、人的库鲁病（又称震颤病）、人的克-雅氏病（Greftzfeld，CJD）、人的格斯特曼氏病（Gerstman，GSS）、貂传染性脑病（transmissible mink encephalopathy，TME）、麋鹿的慢性消耗性疾病以及最近发现的致死性家族性失眠症等。

朊病毒病是一类传染性的海绵状脑病，患病生物死后的小脑和皮层中有大的液泡。哺乳动物包括人类都能患这类病，不过人类的发病率很低。研究表明，家养动物猫、大猫、蹄状动物食用污染的牛肉后会患疯牛病，除牛以外疯牛病也会传给猪、羊和短尾猿。羊瘙痒病是这种类型疾病中第一个被发现的，已经有 200 年历史。1982 年 S. B. Prusiner 以叙利亚仓鼠为实验材料，发现羊瘙痒病（scrapie）的病原体是一种蛋白质，不含核酸，命名为 prion，译为蛋白质感染因子或朊病毒，Prusiner 因此项发现更新了医学感染的概念，获得了 1997 年的诺贝尔生理学或医学奖。因此，朊病毒被定义为"小的蛋白状传染粒子，它能够抵抗钝化核酸修饰的过程"。

朊病毒能使细胞内的此类正常蛋白内皮细胞朊病毒蛋白质（cellular prion protein, PrP^C）发生结构变异，变为具有致病作用的类似于羊瘙痒因子的蛋白质 PrP^{Sc}（scrapie-associated prion protein）。正常 PrP^C 存在于神经元、神经胶质细胞和其他一些细胞中，属于糖磷脂酰肌醇锚定蛋白，集中在膜上的脂筏中，对蛋白酶和高温敏感，可能和细胞信号传导有关。PrP^{Sc} 与 PrP^C 的一级结构相似。动物被感染后，发生错误折叠的 PrP^{Sc} 蛋白堆积在脑组织中，形成不溶的淀粉样蛋白沉淀，无法被蛋白酶分解，引起神经细胞凋亡（apoptosis）。PrP^C 和 PrP^{Sc} 的区别列于表 2-9。

表 2-9 PrP^C 和 PrP^{Sc} 的区别

特　　征	PrP^C	PrP^{Sc}
蛋白酶 K（PK）作用	降解	部分抗性
分子质量	33～35kDa	33～35kDa
PK 处理后的分子质量	降解	27～30kDa
洗涤剂	溶解	不溶解
正常脑中出现与否	是	否
TSE 脑中出现与否	是	是
感染性	不共纯化	不共纯化

大多数哺乳动物都可能患朊病毒病，已经鉴定出的病例见表 2-10。这些病最早的分类法是根据患者的家庭病症进行的，现在正由更准确的分子诊断方法所替代。现已证明疯牛病、绵羊的瘙痒病和人的克-雅氏病、库鲁病都是通过食物传染而传播。

表 2-10 传播性海绵状脑病

病症	英文名（缩写）	人或动物	类型	病因
克-雅氏病	Creutzfeld-Jacob disease（CJD）	人	偶发性 家族性 治疗引起	未知 与 PrP 基因突变有关 手术或生长激素污染
GSS 病	Gerstmann-Straussler-Scheinker syndrome（GSS）	人	家族性	与 PrP 基因突变有关,如编码子 102
致死性家族性失眠症	fatal familial insomnia（FFI）	人	家族性	与 PrP 基因突变有关,如编码子 178
库鲁病	Kulu	人	获得性	与葬礼 习俗有关
变异型克-雅氏病	variant Creutzfeld-Jacob disease（vCJD）	人	获得性	膳食,与疯 牛病有关
幼儿海绵状脑病	alpers syndrome	人		
瘙痒病	scrapie	绵羊、山羊	自然	感染,未知传播方式

病症	英文名(缩写)	人或动物	类型	病因
慢性萎缩病	chronic wasting disease (CWD)	黑尾鹿、麋鹿	自然	感染,未知传播方式
貂传染性脑病	transmissible mink encephalopathy(TME)	貂	获得性	污染的饲料
牛海绵状脑病	bovine spongiform ncephalopathy(BSE)	牛	获得性	污染的饲料
猫海绵状脑病	feline spongiform encephalopathy(FSE)	猫	获得性	膳食,与疯牛病有关
海绵状脑病	spongiform encephalopathies	公园动物	获得性	膳食,与疯牛病有关

库鲁病最早在 20 世纪 50 年代时是处于突出地位的朊病毒病, 发现于新几内亚高地上的 Fore 部落中, 当地人称作 kuru, 意即颤抖。病症有言语含糊及无意识地狂笑, 最后不省人事并死亡。由于宗教上的原因, 当地人摄食死亡亲属的脑组织, 这可能是传播的途径。疯牛病是由于健康牛食入含有致病性朊病毒的人工蛋白质饲料所致, 这种人工蛋白质饲料含有病牛、病羊的脑和脊髓等脏器成分。人的克-雅氏等病则是由于人吃了患疯牛病的牛肉及其制品以及牛脑、脊髓、扁桃体、胸腺、脾脏和小肠而传染发病。而在 2000 年也有消息证实疯牛病可以通过孕妇的胎盘垂直传播, 是典型的遗传病。

朊病毒对高温和蛋白酶均具有较强的抵抗力。朊病毒耐高温, 加热到 360℃仍有感染力, 植物油的沸点 (160～170℃) 不足以灭活病原, 对抗生素和消毒剂不敏感, 134～138℃持续 1h 的病牛脑组织匀浆, 以及 10％福尔马林固定过的病羊脑组织, 仍有传染性。朊病毒还耐甲醛、耐强碱, 疯牛病的脑组织能耐受 1mol/L 和 2mol/L 氢氧化钠达 2h 之久。因而其传染性强、危害性大。对于朊病毒引起的疾病, 目前尚没有有效的治疗措施。

这些病既是传染性的也是遗传性的, 还可能是偶发性的。人类传染朊病毒的途径可能有两种: ①获得性传染 (膳食和医疗, 如手术注射生长激素和角膜移植), 即涉及传染物质; ②表观遗传的门德尔传输, 即正常染色体遗传和显性遗传, 这与传染物质不同。

由于医学界对疯牛病的病因、发病机理、流行方式还没有统一的认识, 所以也尚未发现有效的诊断方法和防治措施。本病即无炎症变化, 也不产生免疫应答。故不能进行血清学检验, 本病诊断只能依靠临床症状和中枢神经病变鉴定。由于目前毫无任何特异性的预防和治疗手段, 同时由于此类疾病的超长潜伏期和感染因子及传播途径的不明了, 使疯牛病对人类究竟能产生多大影响很难准确预计, 使此类疾病的引起的恐慌达到了空前的程度。不少专家和学者甚至认为疯牛病是 21 世纪对人类威胁最大的疾病, 将直接影响到人类的生存。在清楚地知道 BSE 与 vCJD 的关系后, 在英国、欧盟和其他一些国家制定了很多法规。例如, 1988 年英国规定禁止使用反刍动物蛋白饲喂反刍动物, 因为流行病学研究清楚地表明用肉骨粉喂牛会导致 BSE 流行。1990 年瑞士开始禁止使用动物肉骨粉饲喂反刍动物, 美国也禁止用反刍动物蛋白饲喂反刍动物, 1994 年欧盟宣布所有哺乳动物蛋白都不得用作反刍动物饲料, 除非能很确定地说明其中不含反刍动物蛋白, 1996 年出现 vCJD 后, 该禁令在英国又扩展为所有家畜都不得使用动物蛋白饲料。2000 年 10 月起立法要求在欧盟实行凡有可能带来 BSE 风险的动物机体组织都必须安全弃毁。2004 年 5 月 28 日欧盟成立了一个有 20 个国家的 52 个实验室参加的世界领先的朊病毒研究网络, 研究机构设在法国。BSE 可以说是一个全球问题, BSE 直接影响到从生产商到消费者的牛肉食品链。据估计 15 个欧盟成员国遭受 BSE 的损失达 900 亿欧元。

目前最急需研究的是朊病毒病的超前诊断和检测方法。对人发病的早期诊断可以增加成功治疗的可能性；对动物发病的早期诊断可以提高食品安全性。朊病毒的监测需要全球范围的广泛合作，vCJD监测和动物监测都必须全面展开，共享组织和体液数据库，采用共同承认的标准方法，及时通报疫情，制定相应的法律法规。只有保证动物的健康安全，才能保证动物制品的安全卫生，最终才能保障人类的健康安全。

三、口蹄疫病毒

口蹄疫病毒属微核糖核酸。口蹄疫（foot and mouth disease）是由口蹄疫病毒感染引起的一种急性有高度传染性的人兽共患疾病，也叫口疮热和流行性口疮。其临床特征是口腔（舌、唇、颊、龈、腭）黏膜和乳房的皮肤上形成的水疱和糜烂。主要发生于偶蹄动物，牛、羊最易感染，猪和人也可以感染此病。本病广泛流行于世界各地，尤其在欧洲、亚洲、非洲较为严重。国际兽疫局将口蹄疫列为"A类动物传染病名单"中的首位。世界上许多国家把口蹄疫列为最重要的动物检疫对象，中国把它列为"进境动物检疫一类传染病"。

口蹄疫病毒核酸类型为单链RNA，是已知的最小的RNA病毒。已发现的口蹄疫病毒有A、O、C、SAT1、SAT2、SAT3和ASIA1等7个血清型。各型的抗原不同，不能相互免疫。每个类型内又有多个亚型，目前共有65个亚型。大部分口蹄疫流行地区常见有A型、O型、C型，其中以O型最为常见。

口蹄疫能侵害多种动物，易感染口蹄疫的偶蹄动物约有70多种。马不会感染口蹄疫，但会成为口蹄疫的被动载体。1514年意大利首次发生口蹄疫。1898年，口蹄疫被确认是由病毒引起的疾病。口蹄疫的潜伏期为水疱出现前的14d。病毒大约在水疱出现10d前开始传播。感染口蹄疫病毒后的动物，通常出现体温升高，跛行，口流泡沫，时作喷喷声，口腔、舌面、蹄叉、蹄冠和乳房上有水疱和烂斑等症状。人也具有易感性。

口蹄疫传染途径多、速度快，病畜和带毒家畜是本病的主要传染源，口蹄疫病毒的野生宿主也是一个重要的因素。口蹄疫病毒主要存在于患病动物的水疱以及淋巴液中，发热期血液内的病毒含量最高；退热后，在乳汁、口涎、泪液、粪便、尿液等的分泌物都含有一定量的病毒，病毒的致病力很强。病毒可通过空气、灰尘，病畜的水疱、唾液、乳汁、粪便、尿液、精液等分泌物和排泄物，以及被污染的饲料、褥草和接触过病畜的人员的衣物传播。口蹄疫病毒血清类型多，易变异，消化道是主要的感染门户，此外，也能经损伤的黏膜、皮肤和呼吸道感染。口蹄疫很少感染人类，但人类接触或摄入污染的畜产品后，口蹄疫病毒会通过受伤的皮肤和口腔黏膜侵入人体。人患口蹄疫时，先表现为咽痛、全身关节酸软，随后高热，口腔黏膜出水疱，牙龈、舌部溃烂，伴灼烧样疼痛、吞咽困难、厌食、流涎、口臭。口、咽、掌等部位出现大而清亮的水疱，血清O型口蹄疫抗体阳性，没有有效的治疗办法，这些症状经2～3周后可自然恢复，不留疤痕。一般预后良好，病后可获得持久性特异性免疫。

口蹄疫病毒对外界的抵抗能力很强。自然条件下，含病毒的组织以及被病毒感染的饲料、饲草、皮毛、土壤以及厩舍可以保持传染性达数周甚至数月。即使在腌肉中仍然可以存活3个月，在骨髓中可以存活6个月以上。受感染后恢复健康的动物会长期携带病毒。但该病毒对高温和酸、碱相对敏感，1%～2%的火碱溶液、20%～30%的草木灰水、3%～5%的福尔马林溶液、0.2%～0.5%的过氧乙酸、4%的碳酸氢钠溶液均能在短时间内杀灭病毒。但石炭酸、酒精、醚、氯仿等有机溶剂对口蹄疫病毒无作用。煮沸3min或阳光照射1h也可以杀死病毒。通常用火碱、过氧乙酸、消特灵等药品对被污染的器具、动物舍或场地进行消毒。隔离、封锁、疫苗接种等方式可预防口蹄疫的发生。用碘甘油涂布患处、消毒液洗涤口腔等是常用的治疗方法，但目前没有特效药。动物患口蹄疫会影响使役，减少产奶量，一般采用宰杀并销毁尸体进行处理，给畜牧业造成严重损失。

第四节　食源性寄生虫

易感个体摄入污染寄生虫或其虫卵的食物而感染的寄生虫病称为食源性寄生虫病（foodborne parasitosis）。寄生虫能通过多种途径污染食品和饮水，经口进入人体，引起人的食源性寄生虫的发生和流行，特别是能在脊椎动物与人之间自然传播和感染的人兽共患寄生虫病（parasitic zoonoses）对人体健康危害很大。寄生虫对人类的危害除由病原体引起的疾病以及因此而造成的经济损失外，有些寄生虫还可作为媒介引起疾病的传播。联合国计划署和 WHO 要求防治的 6 类主要热带疫病中，有 5 类是寄生虫病。

寄生虫侵入人体，在移行、发育、繁殖和寄生过程中对人体组织和器官造成的主要损害有三方面。其一是夺取营养。寄生虫在人体寄生过程中，从寄生部位吸取蛋白质、碳水化合物、矿物质和维生素等营养物质，使感染者出现营养不良、消瘦、体重减轻等症状，严重时发生贫血（如感染钩虫）。其二是机械性损伤。寄生虫侵入机体、移行和寄生等生理过程均可对人体的组织和器官造成不同程度的损伤，如钩虫寄生于肠道可引起肠黏膜出血；许多蠕虫的幼虫在人体内移行过程中可引起各种器官损害，其中以皮肤和肺脏病变较多，导致皮肤幼虫移行症（cutaneous larva migrans）和内脏幼虫移行症（visceral larva migrans），患者出现发热、荨麻疹等症状。其三是毒素作用与免疫损伤。有些寄生虫可产生毒素，损害人体的组织器官；有些寄生虫的代谢产物、排泄物或虫体的崩解物也能损害组织，引起人体发生免疫病理反应，使局部组织出现炎症、坏死、增生等病理变化。

食源性寄生虫病的暴发流行与食物有关，病人在近期食用过相同的食物；发病集中，短期内可能有多人发病（如隐孢子虫病和贾第虫病）；病人具有相似的临床症状；其流行具有明显的地区性和季节性，如旋毛虫病、华支睾吸虫病的流行与当地居民的饮食习惯密切相关，细颈囊尾蚴病和细粒棘球蚴病的流行与当地气候条件、生产环境和生产方式有关，并殖吸虫虫卵在温暖潮湿的条件下容易发育为感染性幼虫，感染多见于夏秋季节。

由于寄生虫病的临床表现大多缺乏特异性，只有保持高度的警惕，熟练掌握食源性寄生虫病病原的生活史、形态学、致病等病原生物学特点及其与环境、人的行为等社会、自然因素的关系等规律，结合其所致寄生虫病的临床表现，采集适当的标本、选用适当的病原学诊断方法，才能为建立和完善食源性寄生虫病的检测、监测、报告、预警、干预等控制规划与措施等各个环节提供可靠的技术保障。下面重点介绍几种常见的食源性寄生虫。

一、猪囊尾蚴

猪囊尾蚴病俗称"米猪肉"，又称囊虫病，是人畜共患的常见寄生虫病。猪囊尾蚴病的病原体是寄生在人体内的猪带绦虫（*Taenia solium*）的幼虫——猪囊尾蚴，在分类学上猪带绦虫属于带科的带属。猪与野猪是最主要的中间宿主，犬、骆驼、猫及人也可作为中间宿主；人是猪带绦虫的终末宿主。该囊尾蚴寄生于人、猪各部横纹肌及心脏、脑、眼等器官，引起的危害十分严重，不仅影响养猪业的发展，造成重大经济损失，而且给人体健康带来严重威胁，是肉品卫生检验的重点项目之一。

猪囊尾蚴俗称猪囊虫。其成虫猪带绦虫寄生于终宿主（人）的小肠里，又名有钩绦虫。

成虫体长 2～5m，偶有长达 8m 的。成虫寄生于人的小肠前半段，以其头节深埋在黏膜内。虫卵或孕节随粪便排出后污染地面或食物。中间宿主（主要是猪）吞食了虫卵或孕节，在胃肠消化液的作用下，六钩蚴破壳而出，借助小钩及六钩蚴分泌物的作用，于 1～2d 内钻入肠壁，进入淋巴管及血管，随血循环带到全身各处肌肉及心、脑等处，两个月后发育为具有感染力的成熟囊尾蚴。猪囊尾蚴在猪体可生存数年，年久后即钙化死亡。

人误食了未熟的或生的含囊尾蚴的猪肉后，猪囊尾蚴在人胃肠消化液作用下，囊壁被消化，头节进入小肠，用吸盘和小钩附着在肠壁上，吸取营养并发育生长。不到 48d 就出现成熟虫卵，50 多天或更长的时期始能见到孕节（或虫卵）随粪便排出。开始时排出的节片多，然后逐渐减少，每隔数天排出一次，每月可脱落 200 多个节片。人体内通常只寄生一条，偶尔多至 4 条，成虫在人体内可存活 25 年之久。

随着猪囊尾蚴寄生的数目和寄生部位不同，其致病作用有很大差异。初期由于六钩蚴在体内移行，可引起组织损伤。而成熟囊尾蚴的致病作用常取决于寄生的部位，数量居次要。如寄生在脑部时，能引起神经症状，还可破坏大脑的完整性而降低机体的防御能力；脑部病变发展严重时可致死亡。寄生在眼内会引起视力障碍，甚或失明。寄生在肌肉与皮下，一般无明显致病作用。

本病广泛流行于以猪肉为主要肉食品的 18 个国家和地区，我国大多数省、自治区均有发生，尤其以北方较为严重。本病的流行具有以下特点：①猪的感染与不合理的饲养管理方式和不良的卫生习惯密切相关；②人的感染与个别地区的居民喜吃生的猪肉或野猪肉有关；③感染无明显的季节性，但在适合虫卵生存、发育的温暖季节呈上升趋势；④多为散发性，有些地区呈地方性流行，其严重程度与当地绦虫病人的多少成正相关；⑤自然条件下，猪是易感动物，囊尾蚴可在猪体内存活 3～5 年。野猪、犬、猫也可感染，人虽然可作为中间宿主，但常是致命感染。

二、溶组织内阿米巴

溶组织内阿米巴（Entamoeb）属内阿米巴科的内阿米巴属。1928 年，Brumpt 曾提出溶组织内阿米巴有两个种，其中一种可引起阿米巴病，而另一种虽与溶组织内阿米巴形态相似、生活史相同，但无致病性，并命名为迪斯帕内阿米巴（Entamoeba dispar）。引起阿米巴病的是溶组织内阿米巴，而迪斯帕内阿米巴无致病性。

感染溶组织内阿米巴可致阿米巴病，临床主要表现为肠阿米巴病和肠外阿米巴病。溶组织内阿米巴病呈世界性分布，但常见于热带和亚热带地区，如印度、印度尼西亚、撒哈拉沙漠、热带非洲和中南美洲。阿米巴病是世界上第 3 种最常见的寄生虫病。全世界约有 5 亿感染者，每年因阿米巴病死亡的人数约 10 万人。带虫者、慢性或恢复期病人和粪便中排包囊的带虫者是阿米巴病的主要传染源。

溶组织内阿米巴的滋养体大小在 10～60μm 之间，滋养体在肠腔里形成包囊的过程称为成囊（encystation）。滋养体在肠腔以外的脏器或外界不能成囊。阿米巴病的主要传染源为粪便中持续带包囊者。包囊的抵抗力较强，在适当温湿度下可生存数周，并保持有感染力，但对干燥、高温的抵抗力不强。通过蝇或蟑螂消化道的包囊仍具感染性。溶组织内阿米巴的滋养体抵抗力极差，并可被胃酸杀死，无传播作用。人体感染的主要方式是经口感染，食用含有成熟包囊的粪便污染的食品、饮水或使用污染的餐具均可导致感染。食源性暴发流行则是由于不卫生的用餐习惯或食用由包囊携带者制备的食品而引起。

阿米巴病的潜伏期 2～26d 不等，以 2 周多见。起病突然或隐匿，可呈暴发性或迁延性，可分成肠阿米巴病和肠外阿米巴病。

(1) 肠阿米巴病（intestinal amoebiasis） 溶组织内阿米巴滋养体侵袭肠壁引起肠阿米巴病。常见部位在盲肠和升结肠，其次为直肠、乙状结肠和阑尾，有时可累及大肠全部和一部分回肠。急性期的临床症状从轻度、间歇性腹泻到暴发性、致死性的痢疾不等。60%病人可发展成肠穿孔，亦可发展成肠外阿米巴病。慢性阿米巴病则长期表现为间歇性腹泻、腹痛、胃肠胀气和体重下降，可持续一年以上，甚至5年之久。有些病人出现阿米巴肿，亦称阿米巴性肉芽肿，呈团块状损害而无症状。肠阿米巴病最严重的并发症是肠穿孔和继发性细菌性腹膜炎，呈急性或亚急性过程。

(2) 肠外阿米巴病（extraintestinal amoebiasis） 是肠黏膜下层或肌层的滋养体进入静脉、经血行播散至其他脏器引起的阿米巴病。以阿米巴性肝脓肿最常见。全部肠阿米巴病例中有10%的患者伴发肝脓肿。肝脓肿可破裂入胸腔（10%～20%）或腹腔（2%～7%），少数情况下肝脓肿破入心包则往往是致死性的。多发性肺阿米巴病常发于右下叶，多因肝脓肿穿破膈肌而继发，主要症状有胸痛、发热、咳嗽和咳"巧克力酱"样的痰。此外，1.2%～2.5%的病人可出现脑脓肿，临床症状有头痛、呕吐、眩晕、精神异常等。45%的脑脓肿病人可发展成脑膜脑炎。阿米巴性脑脓肿的病程进展迅速，如不及时治疗，死亡率高。

患阿米巴病的高危人群包括旅游者、流动人群、弱智低能人群、同性恋者，而严重感染往往发生在小儿尤其是新生儿、孕妇、哺乳期妇女、免疫力低下的病人、营养不良或患恶性肿瘤的病人及长期应用肾上腺皮质激素的病人。感染的高峰年龄为14岁以下的儿童和40岁以上的成人。

三、旋毛虫

旋毛虫（*Trichinella spiralis*）属袋形动物门（Aschelminthes）线虫纲（Nematoda）寄生蠕虫，呈世界性分布，可引起人和其他哺乳动物（猪、犬、猫、熊、狐、鼠）的严重疾病——旋毛虫病（trichinosis）。在自然界中，旋毛虫病是肉食动物之间相互蚕食或摄食尸体而形成的寄生虫病，有120～150种哺乳动物可自然感染此虫，尤其是猪、犬、猫、狐和某些鼠类感染率较高。旋毛虫病是人畜共患病。猪是旋毛虫病的主要传染源，人因食入猪肉中含旋毛虫未杀死的囊包而感染。旋毛虫幼虫囊包对外界抵抗力较强，晾干、腌制、熏烤及涮食等一般不能将其杀死。在我国有些地区的群众有喜食"杀片"、"生皮"、"剁肉"的习俗，易引起本病的暴发流行。人可因生食或未煮熟含有旋毛虫囊包的动物肉类而感染。主要临床表现有胃肠道症状、发热、眼睑水肿和肌肉疼痛。

囊包蚴抵抗力强，能耐低温，猪肉中的囊包蚴在-15℃需贮存20d才死亡，-12℃可活57d，70℃时很快死亡，在腐肉中能存活2～3个月。凉拌、腌制、熏烤及涮食等方法常不能杀死幼虫。发病人数中吃生肉者占90%以上。此外，切生肉的刀或砧板如再切熟食，也是可能的传播方式之一。

旋毛虫病呈世界性广泛分布，尤其是欧洲及北美流行较为严重。国内旋毛虫病呈现局部与暴发感染流行的特点。以云南、西藏与河南等省区发病（人与动物）报道较多，云南某地方的居民，有吃生肉及生皮的生活习性，易致本病的流行。该病已成为云南省最严重的人畜共患寄生虫病之一，且发病人数有上升的趋势。

四、隐孢子虫

隐孢子虫（*Cryptosporidium* Tyzzer）为体积微小的球虫类寄生虫。广泛存在于多种脊椎动物体内，由隐孢子虫引起的疾病称隐孢子虫病（cryptosporidiosis），是一种以腹泻为主要临床表现的人畜共患性原虫病。

目前认为已发现的隐孢子虫至少有 6 种，人和哺乳动物的隐孢子虫感染几乎都是由微小隐孢子虫（*Cryptosporidium parvum* Tyzzer）所引起。隐孢子虫卵囊呈圆形或椭圆形，直径 $4 \sim 6 \mu m$，成熟卵囊内含 4 个裸露的子孢子和残留体。虫体主要寄生于小肠上皮细胞的刷状缘纳虫空泡内，破坏黏膜上皮细胞，空肠近端是虫体寄生数量最多的部位，严重者可扩散到整个消化道。隐孢子虫体亦可寄生于呼吸道、肺脏、扁桃体、胰腺、胆囊和胆管等器官。此外，艾滋病患者并发隐孢子虫性胆囊炎、胆管炎时，除呈急性炎症改变外，尚可引起坏疽样坏死。

隐孢子虫病临床症状的严重程度与病程长短亦取决于宿主的免疫功能状况。免疫功能正常宿主的症状一般较轻，潜伏期一般为 $3 \sim 8d$，急性起病，腹泻为主要症状。病程多为自限性，持续 $7 \sim 14d$，但症状消失后数周，粪便中仍可带有卵囊。少数病人迁延 $1 \sim 2$ 个月或转为慢性反复发作。免疫缺陷宿主的症状重，常为持续性霍乱样水泻，病程可迁延数月至 1 年。隐孢子虫感染常为 AIDS 病人并发腹泻而死亡的原因。

患者和卵囊携带者是隐孢子虫病的主要传染源，牛、马、羊、猪、犬、鼠等多种感染动物也是传染源。人感染本病主要通过粪-口途径，吞食被卵囊污染的食物和饮水或托儿所、家庭、医护人员可能通过人际相互接触而传播。人对隐孢子虫普遍易感，婴幼儿、免疫功能低下的人群更易感染发病。与自然感染的牛密切接触或在实验室密切接触者有很高的感染风险。

隐孢子虫病呈广泛的世界性分布。在发展中国家中的检出率高于发达国家。在寄生虫性腹泻中本病的发病率位居第一位。1976 年美国报道第 1 例人体感染的病例，之后，发达国家有多次暴发的报道，其中 1993 年美国威斯康辛州发生水传播暴发，感染者人数逾 40 万。我国于 1987 年在南京首先发现了人体隐孢子虫病病例。随后安徽、内蒙古、福建等 19 个省区也相继报道了一些病例，在腹泻患者中的检出率为 $0.9\% \sim 13.3\%$。迄今已有 74 个国家，至少 300 个地区有报道。同性恋并发艾滋病患者近半数感染隐孢子虫。在与病人、病牛接触的人群和在幼儿集中的单位，隐孢子虫腹泻暴发流行时有发生。

五、华支睾吸虫

华支睾吸虫（*Clonorchis sinensis* Looss）又称肝吸虫（liver fluke）、华肝蛭，成虫寄生于人体的肝胆管内，可引起华支睾吸虫病（clonorchiasis）。人类常因食用未经煮熟含有华支睾吸虫囊蚴的淡水鱼或虾而被感染。重度感染者可出现消化不良、上腹隐痛、腹泻、精神不振、肝大等临床表现，严重者可发生胆管炎、胆结石以及肝硬化等并发症。感染严重的儿童常有显著营养不良和生长发育障碍。

华支睾吸虫是雌雄同体的吸虫。其生活史复杂，按发育程序可分为成虫、虫卵、毛蚴、胞蚴、雷蚴、尾蚴、囊蚴及幼虫等八个阶段。终宿主为人及肉食哺乳动物（狗、猫等），第一中间宿主为淡水螺类，如豆螺、沼螺、涵螺等，第二中间宿主为淡水鱼、虾。

华支睾吸虫成虫寄生于人或哺乳动物的胆管内。虫卵随胆汁进入消化道混于粪便排出，在水中被第一中间宿主淡水螺吞食后，在螺体消化道孵出毛蚴，穿过肠壁在螺体内发育，经历了胞蚴、雷蚴和尾蚴 3 个阶段。成熟的尾蚴从螺体逸出，遇到第二中间宿主淡水鱼类，则侵入鱼体内肌肉等组织发育为囊蚴。终宿主因食入含有囊蚴的鱼而被感染。囊蚴在十二指肠内脱囊。一般认为脱囊后的后尾蚴沿肝汁流动的逆方向移行，经胆总管至肝胆管，也可经血管或穿过肠壁经腹腔进入肝胆管内。囊蚴进入终宿主体内至发育为成虫并在粪中检到虫卵所需时间随宿主种类而异，人约1个月，犬、猫需20～30d，鼠平均21d。人体感染后成虫数量差别较大，曾有多达21000条成虫的报道。成虫寿命为20～30年。

华支睾吸虫病的危害性主要是患者的肝脏受损。病变主要发生于肝脏的次级胆管。病理研究表明受华支睾吸虫感染的胆管呈腺瘤样病变。感染严重时在门脉区周围可出现纤维组织增生和肝细胞的萎缩变性，甚至形成胆汁性肝硬化。华支睾吸虫病的并发症和合并症很多，有报道多达21种，其中较常见的有急性胆囊炎、慢性胆管炎、胆囊炎、胆结石、肝胆管梗阻等。成虫偶尔寄生于胰腺管内，引起胰管炎和胰腺炎。临床上见到的病例多为慢性期，患者的症状往往经过几年才逐渐出现。

华支睾吸虫病流行呈点状分布，不同地区、不同县乡甚至同一乡内的不同村庄感染率差别也很大，除人们饮食习惯的因素外，地理和水流因素也起着重要作用。华支睾吸虫的感染无性别、年龄和种族之分，人群普遍易感。流行的关键因素是当地人群是否有生吃或半生吃鱼肉的习惯。实验证明，在厚度约1mm的鱼肉片内的囊蚴，在90℃的热水中，1s即能死亡，75℃时3s内死亡，70℃及60℃时分别在6s及15s内全部死亡。囊蚴在醋（含醋酸浓度3.36％）中可活2h，在酱油中（含NaCl 19.3％）可活5h。在烧、烤、烫或蒸全鱼时，可因温度不够、时间不足或鱼肉过厚等原因，未能杀死全部囊蚴。成人感染方式以食鱼生为多见，如在珠江三角洲、香港、台湾等地人群主要通过吃"鱼生"、"鱼生粥"或烫鱼片而感染；东北朝鲜族居民主要是用生鱼佐酒吃而感染；小孩的感染则与他们在野外进食未烧烤熟透的鱼虾有关。此外，抓鱼后不洗手或用口叼鱼、使用切过生鱼的刀及砧板切熟食、用盛过生鱼的器皿盛熟食等也有使人感染的可能。

六、肺吸虫

肺吸虫（*Paragonimus westermani*）也称"卫氏并殖吸虫"，隐孔吸虫科。肺吸虫引起的肺吸虫病是一种人兽共患的蠕虫病。肺吸虫在人体除寄生于肺外，也可寄生于皮下、肝、脑、脊髓、肌肉、眼眶等处引起全身性吸虫病。其虫卵随痰液或粪便排出后先在水中发育成毛蚴，继而侵入第1宿主（淡水螺）发育成尾蚴，尾蚴又侵入第2宿主（甲壳类动物）发育成囊蚴，人在进食未经煮熟的带有囊蚴的淡水蟹和蝲蛄（小龙虾）、沼虾，或食用半熟的被囊蚴感染的野生动物肉，或生饮被囊蚴污染的溪水后即遭感染。

肺吸虫种类很多，世界已报告40余种，其中仅部分能引起皮肤损害。在我国已报告的寄生在人体的肺吸虫主要是卫氏吸虫、四川吸虫、斯氏狸殖吸虫、异盘吸虫、团山并殖吸虫五种。该虫主要流行于亚洲、非洲和美洲，我国仅在少数山区有散在流行。

肺吸虫病是以肺部病变为主的全身性疾病，临床表现复杂，症状轻重与入侵虫种、受累器官、感染程度、机体反应等多种因素有关。起病多缓慢，因准确感染日期多不自知，故潜伏期难以推断，长者10余年，短者仅数天，但多数在6～12个月。患者可有低热、咳嗽、咳烂桃样痰和血痰、乏力、盗汗、食欲不振、腹痛、腹泻或荨麻疹等临床表现。按其侵犯的主要器官不同，临床上可分为4型。

1. 肺型

肺为卫氏并殖吸虫最常寄生的部位，症状以咳嗽、血痰、胸痛最常见。典型的痰呈果酱样黏痰，如伴肺部坏死组织则呈烂桃样血痰。90％患者可反复咯血，经年不断，痰中或可找到虫卵。当并殖吸虫移行入胸腔时，常引起胸痛、渗出性胸腔积液或胸膜肥厚等改变。四川并殖吸虫感染，咳嗽、血痰少见而胸痛、胸腔积液较多，少数患者可有荨麻疹或哮喘发作。

2. 腹型

腹痛尤以右下腹为多见，轻重不一，亦可有腹泻、肝大、血便或芝麻酱样便，在其中或可找到成虫或虫卵。里急后重感明显，体检腹部压痛，偶有肝、脾、淋巴结肿大及腹部结节、肿块或腹水。腹部肿块扣之似有囊性感，数目不等，直径 1～4cm。四川并殖吸虫常在肝内形成嗜酸性脓肿，导致肝大及肝功能异常。

3. 脑型

常为卫氏并殖吸虫引起，多见于儿童及青壮年，在流行区其发生率可高达 2%～5%。其表现有：颅内压增高症状，如头痛、呕吐、意识迟钝、视盘水肿等，多见于早期患者；脑组织破坏性症状，如瘫痪、失语、偏盲、共济失调等一般在后期出现；刺激性症状，如癫痫发作、视幻觉、肢体异常感觉等是病变接近皮质所致；炎症性症状，如畏寒、发热、头痛、脑膜刺激症状等多见于疾病早期。

4. 结节型

以四川并殖吸虫引起多见，其发生率 50%～80%。可发生于腹、胸、背、腹股沟、大腿、阴囊、头颈、眼眶等部位，黄豆至鸭蛋大。结节为典型嗜酸性肉芽肿，内有夏科氏结晶或可找到虫体但无虫卵，约有 20% 卫氏并殖吸虫患者可有此征象。结节多位于下腹部及大腿皮下或深部肌肉内，1～6cm 大小，孤立或成串存在，结节内有夏科氏结晶、虫体或虫卵。

人若吃了生的或未煮熟的石蟹、蝲蛄，囊蚴进入小肠，幼虫脱囊而出，穿过肠壁到腹腔，再穿过横膈进入肺内发育为成虫。成虫在宿主体内可活 5～6 年，长者达 20 年。不论成虫或幼虫都有移行的特点，在移行途中可寄生于其他脏器，但在肺以外的其他脏器，虫体大多数不能发育为成虫。

七、肉孢子虫

肉孢子虫（Sarcocystis）感染可引起肠肉孢子虫病和组织（肌肉）肉孢子虫病（sarcocystosis）。肉孢子虫病为一种人兽共患寄生虫病。目前已知人体可作为终宿主。引起肠肉孢子虫病的肉孢子虫有两种，即牛-人肉孢子虫（又称人肉孢子虫）和猪-人肉孢子虫（又称人猪肉孢子虫）。人可作为中间宿主，引起肌肉肉孢子虫病的是林氏肉孢子虫。

1. 肠肉孢子虫病

生食或误食入含有人肠肉孢子虫孢子囊的肉类后，由囊内的缓殖子侵入肠壁细胞而致病。呈自限性腹泻，多数患者无症状，少数出现一过性消化道症状如恶心、间歇性腹痛、腹泻等症状。部分患者有乏力、头晕、轻度贫血及嗜酸性粒细胞增多等。免疫抑制者或艾滋病患者感染则症状严重，引起贫血、坏死性肠炎，病程迁延。

2. 组织肉孢子虫感染病

误食终宿主粪便排出的肉孢子虫卵囊、孢子囊后在心肌、食管壁、骨骼肌等中形成肉孢子囊而出现症状，如发热、肌肉疼痛、关节痛等。肉孢子囊可破坏所侵犯的肌细胞，造成邻近细胞的压迫性萎缩，囊壁破裂可释放出肉孢子毒素，作用于神经系统、心、肾上腺、肝和小肠等，肉孢子囊还可引起过敏反应，严重时可致死。

肉孢子虫分布较广。以动物如猪、牛感染为主，感染率高。东南亚、中南美洲、欧洲、非洲等均有病例报道。我国西藏、云南、广西、山东、甘肃均有分布，各地生猪及牛的肉孢子虫感染比较严重，生猪最高达 80.0%，牛的自然感染率为 4.0%～92.4%。人群感染率各地有较大差异，从 4.0%～62.5% 不等。

八、蓝氏贾第鞭毛虫

蓝氏贾第鞭毛虫（*Giardia lamblia*）是一种引起腹泻的肠寄生原虫，所致疾病称为蓝氏贾第鞭毛虫病，简称贾第虫病（giardiasis）。由于世界各地相继发生本病的流行甚至暴发，人们才逐渐认识到蓝氏贾第鞭毛虫的致病性。本病因在旅游者中发病率较高，故又称旅游者腹泻。

人体感染贾第虫后，可不表现任何临床症状者成为无症状带虫者，也有出现严重腹泻和营养不良者。急性蓝氏贾第鞭毛虫病有 1～14d 的潜伏期（平均 7d），病程 1～3 周。症状包括恶心、厌食、上腹及全身不适，或伴低热或寒战、腹泻，可呈突发性恶臭水泻，伴有腹胀、恶心、嗳气、呃逆和上中腹疼挛性疼痛。慢性期的部分病人表现为持续的或周期性反复发作的中、轻度症状，病程可迁延数年。其他症状可有周身不适、体重减轻等。由于腹泻，儿童患者可引起贫血、生长发育迟缓。蓝氏贾第鞭毛虫偶尔可侵入胆道，引起胆管炎或胆囊炎。

贾第虫感染的地理分布呈全球性，在气候温暖地区和儿童中为多见。在旅游者中发病率较高。但在发达国家，艾滋病患者合并感染者明显增加。曾出现水源性暴发流行。在我国的流行也十分广泛，乡村人群的感染率高于城市，儿童高于成人，感染率在 1% 以上。本病夏秋发病较高。

粪便中含有包囊的带虫者或患者是重要传染源。人摄入被包囊污染的饮水或食物而被感染。通过"粪-口"途径传播，人、动物的粪便和污水污染水源可引起水源传播，包囊污染食物引起的食物传播以及在同性恋者间的性传播。任何年龄的人群对贾第虫均有易感性，儿童、年老体弱者和免疫功能缺陷者尤其易感。

九、贝氏等孢球虫

贝氏等孢球虫（*Isospora belli*）感染人体可引起以腹泻为主要症状的等孢球虫病。等孢球虫的生活史包括裂体生殖、配子生殖和孢子生殖，前两者在宿主体内进行。人误食被成熟卵囊污染的食物或饮水后，卵囊在小肠内受消化液作用破裂，子孢子逸出并进入小肠黏膜上皮细胞内发育为滋养体，滋养体经数次裂体生殖后产生大量裂殖子，裂殖体破裂释放出裂殖子并侵入邻近的上皮细胞内继续其裂体生殖过程，大约 1 周后，部分裂殖子在上皮细胞内或肠腔中发育为雌、雄配子母细胞与雌、雄配子，经交配后形成合子并分泌囊壁发育为卵囊，在体内或随粪便排出并继续发育。由于裂殖子的不断侵入使肠黏膜上皮细胞发生肠绒毛变平、变短、融合、变粗、萎缩、隐窝增生、肠上皮细胞增生等病理变化。在临床上表现为慢性腹泻、腹痛、厌食等。重者起病急、发热、持续性腹泻、体重减轻、脱水和吸收不良，甚至死亡。免疫缺陷者合并感染最突出的症状为长期慢性水样腹泻、吸收不良综合征和体重减轻，并可发生肠外感染。

贝氏等孢球虫呈全球性分布，但热带和亚热带地区较为多见，美国报道艾滋病患者中发病率可达 15%。易感人群主要是免疫缺陷者（特别是艾滋病患者），由于食入被成熟等孢球虫卵囊污染的食物和饮水而感染。

十、微孢子虫

微孢子虫（*Microsporidium*）寄生可引起人兽共患微孢子虫病（microsporidiosis），常发生于鱼类、哺乳动物等。随不同种类的病原感染，症状有差异。墨吉对虾、中国对虾肌肉上寄生的微粒子虫，使肌肉变白浑浊，不透明，失去弹性，故有人称为乳白虾或棉花虾；墨吉对虾卵巢感染后，背甲往往呈橘红色。微孢子虫病是一种慢性型疾病，通常病虾逐渐衰弱，最后死亡。

微孢子虫病临床表现因宿主的免疫状态和微孢子虫寄生部位不同而异，但无特异性。通常起病缓慢。肠道微孢子虫病的主要特征为慢性腹泻和消瘦，大便多呈水样、无黏液或脓血，常有恶心、食欲不振，对高蛋白类、糖类及高脂肪类食物耐受差，严重者有脱水等。中枢神经系统受感染患者有头痛、嗜睡、神志不清、呕吐、躯体强直及四肢痉挛性抽搐等症状。角膜炎病人有畏光、流泪、异物感、眼球发干、视物模糊等症状。肌炎病人出现进行性全身肌肉乏力与挛缩，体重减轻，低热及全身淋巴结肿大。微孢子虫肝炎病人早期有乏力、消瘦，后出现黄疸、腹泻加重，伴发热并迅速出现肝细胞坏死。

微孢子虫病广泛分布于世界各地。人类微孢子虫感染与宿主的免疫功能低下有密切关系，常见于免疫缺陷者，艾滋病患者合并感染发病率7％～50％，且日趋升高，是艾滋病患者慢性腹泻的主要病因。我国已报道数十例病例。传播方式不明，可能有多种传播方式或不同种类的微孢子虫其传播方式不同，多数认为是通过摄入被微孢子虫孢子污染的食物或水而感染、传播。性接触也可能感染。

十一、人芽囊原虫

人芽囊原虫（Blastocystis hominis）属芽囊原虫新亚门、芽囊原虫纲、芽囊原虫目、芽囊原虫科、芽囊原虫属。寄生在人体肠道内引起人芽囊原虫病。

人芽囊原虫感染后临床表现轻重不一，一般认为其致病强弱与基因型有关。重者可有消化道症状，如腹泻、腹胀、恶心、呕吐，甚至出现发热、寒战等，症状持续或反复出现。慢性迁延性病程多于急性病程，免疫功能正常的患者多数为自限性。免疫功能低下者及艾滋病患者易感染人芽囊原虫，症状严重，治疗十分困难。

人芽囊原虫呈世界性分布，人群普遍易感。凡粪便中排出人芽囊原虫的病人、带虫者或保虫宿主都可成为传染源。人芽囊原虫通过污染水源、食物及用具经口传播。有研究提示蟑螂是重要传播媒介。

十二、结肠小袋纤毛虫

结肠小袋纤毛虫（Balantidium coli）属动基裂纲小袋科，寄生人体结肠内，可侵犯宿主的肠壁组织引起结肠小袋纤毛虫痢疾（balantidial dysentery）。其致病性强弱受宿主肠道内环境及全身状态的影响，临床可分无症状型、慢性型和急性型三型。无症状者可在粪便中排出虫体。慢性型表现为长期周期性腹泻，急性型发病急，腹泻次数达十多次黏血样便，有明显的里急后重，此外，还可有厌食等、发热、体重减轻、脱水等症状。滋养体偶可侵袭肠外脏器。

结肠小袋纤毛虫呈全球性分布，但以热带和亚热带地区多见。在我国已有17个省、自治区、市有散在病例报告。人、猪、鼠、猴等均能感染结肠小袋纤毛虫，而猪是最重要的保虫宿主，是人体感染该虫的主要传染源。人由于误食被成熟结肠小袋纤毛虫卵囊污染的食物和饮水而感染。

十三、刚地弓形虫

人和动物体都可感染刚地弓形虫（Toxoplasma gondii），引起弓形虫病（toxoplasmosis）。刚地弓形虫主要侵犯并破坏宿主细胞，组织炎性反应、水肿、单核细胞及少量多核细胞浸润等。病变主要由速殖子迅速繁殖所引起。包囊一般不引起症状，但当包囊破裂时，即可能出现症状。多数为隐性感染，免疫功能抑制者常引起严重的弓形虫病。弓形虫病可分为先天性和获得性两大类。

（1）先天性弓形虫病　孕妇感染后，弓形虫经血循环至胎盘感染胎儿。临床表现可出现在出生前、出生时、出生后数月、幼儿期、青少年期或至成年期。按病情的轻重或累及的器官，可致流产、早产、死胎、有小头畸形、脑积水等。脑积水、脑内钙化灶、视网膜脉络膜炎及精神、运动障碍为先天性弓形虫病的典型表现。

（2）获得性弓形虫病　在出生后感染所致。临床表现多样，轻者无症状，重者可致死。弓形虫感染可引起多器官、多脏器损害，常累及中枢神经系统和眼，例如脑炎、脑膜脑炎、精神、运动障碍、视网膜脉络膜炎、淋巴结肿大。此外，可引起心肌炎、肝炎、关节炎、肾炎等。

弓形虫病呈世界性分布，在人群感染较普遍，血清学调查人群抗体阳性率一般为20%～50%，最高可达94.0%；美国15～44岁育龄妇女的抗体阳性率为15%，我国报道的一般为5%～20%。家畜感染率为10%～50%，在一些地区肉猪感染相当普遍。

弓形虫病传染源为弓形虫感染的猫及猫科动物，人感染者为垂直传播的传染源。弓形虫生活史各阶段均具感染性。传播途径多样，食入未煮熟的含各发育期弓形虫的肉制品、乳类、蛋品或被卵囊污染的食物和水均可感染。接触、损伤的皮肤和黏膜、昆虫或吸血节肢动物、输血或器官移植、空气飞沫等均可能传播。幼儿、免疫功能低下的人群、兽医、屠宰人员、饲养员及从事弓形虫研究的实验人员、养宠物猫家庭的成员更易被弓形虫感染。

十四、布氏姜片虫

布氏姜片吸虫（*Fasciolopsis buski*）简称姜片虫，是寄生于人、猪小肠中的大型吸虫，可致姜片虫病（fasciolopsiasis）。姜片虫病是一种人畜共患寄生虫病。主要症状为腹痛和腹泻，还可有腹泻与便秘交替出现，甚至肠梗阻。严重感染的儿童可有消瘦、贫血、水肿、腹水、智力减退、发育障碍等。反复感染的病例，少数可因衰竭、虚脱而致死。

姜片虫成虫扁平肥大，生活时呈肉红色，形似鲜姜之切片故得名。为寄生于人体的最大吸虫。其尾蚴从螺体不断逸出，吸附在周围水生植物表面，形成囊蚴。囊蚴在潮湿情况下生命力较强，但对干燥及高温抵抗力较弱，当中间宿主吞食囊蚴后，在小肠经肠液作用囊壁破裂，尾蚴逸出，吸附在小肠黏膜上吸取肠腔内营养物质，经1～3个月即可发育成成虫。成虫在人体内寿命为4～4.5年。在猪体内约为1年。

姜片虫病潜伏期1～3个月，轻度感染者症状轻微或无症状，中、重度者可出现食欲缺乏、腹痛、间歇性腹泻（多为消化不良粪便）、恶心、呕吐等胃肠道症状，以腹痛为主。不少患者有自动排虫或吐虫史，儿童常有神经症状如夜间睡眠不好、磨牙、抽搐等，少数患者因长期腹泻，严重营养不良可产生水肿和腹水，重度晚期患者可发生衰竭、虚脱或继发肺部、肠道细菌感染，造成死亡，偶有虫体集结成团导致肠梗阻者。

姜片虫需有两种宿主才能完成其生活史。中间宿主是扁卷螺，终宿主是人和猪（或野猪）。国内常见感染姜片虫幼虫期的扁卷螺类有：大脐圆扁螺（*Hippeutis-umbilicalis*）、尖口圈扁螺（*H.cantori*）、半球多腺扁螺（*Polypylis hemisphaerula*）及凸旋螺（*Gyraulus convexiusculus*）等。以菱角、荸荠、茭白、水浮莲、浮萍等水生植物为传播媒介。人因生食附有姜片虫囊蚴的水生食物而感染。

第五节　害虫

粮食在收获之后会遭受昆虫和螨类的严重危害。根据国际植物保护机构的估计，全世界单由昆虫所造成的粮食收获后的重量损失约为10%，若把食品包括在内，损失更大。危害食品的昆虫和螨类，不仅使食品的重量和质量受到损失，而且有些昆虫和螨类还能使人产生疾病。如赤拟谷盗身上有臭腺，分泌一种难闻、有毒的苯醌物质，可使面粉变色、结块、腥臭难闻，不堪食用。甜果螨专门危害食糖、干果和蜜饯等甜食品，若人们误食了被甜果螨污染的甜食品之后，就可能得肠螨病。

危害食品的昆虫有甲虫、蛾类、蜚蠊和书虱，螨类主要属于粉螨亚目的螨类和以粉螨为捕食对象的肉食螨科螨类。虽然，昆虫和螨类同属于节肢动物，但昆虫属于昆虫纲，而螨类属于蛛形纲，两者的重要区别是昆虫成虫有6足，螨类成螨有8足。下面对危害食品的害虫分类加以介绍。

一、甲虫

甲虫是危害食品及粮食的重要类群，体长2～18mm不等。在全世界，鞘翅目贮藏食品害虫有几百种，但重要的仅20多种。它们是玉米象、米象、谷象、咖啡豆象、谷蠹、大谷盗、锯谷盗、米扁虫、锈赤扁谷盗、长角扁谷盗、土耳其扁谷盗、杂拟谷盗、赤拟谷盗、脊胸露尾甲、黄斑露尾甲、日本蛛甲、裸蛛甲、烟草甲、药材甲、白腹皮蠹、黑毛皮蠹、赤足郭公虫、绿豆象、蚕豆象和豌豆象等。

其中，玉米象（*Sitophilus zeamais*）是中国头号蛀蚀性储粮害虫，成虫体长约2.5mm，因其额区延长成象鼻状的喙，故有"象虫"之名，属于象虫科。在实验室培养测算，每对玉米象1年所产生的后代在繁殖过程中要消耗约3万粒小麦，重约6kg。除玉米象外，米象、谷蠹、麦蛾等也是蛀蚀性害虫。若贮藏小麦有玉米象严重危害，在小麦碾磨成面粉的同时，也把在小麦内部的虫体（卵、幼虫、蛹和羽化前成虫）以及在小麦外面的成虫也一起碾磨成昆虫碎片而混入面粉之中，这样就影响了面粉的品质；同时由于新陈代谢，昆虫要产生脲酸，使面粉中的脲酸含量增加，更使面粉的质量有所下降。在美国，对面粉中昆虫碎片数量及面粉中脲酸含量均制定了标准。

谷蠹成虫体长2～3mm，头部隐藏在前胸背板之下，背面不能见，属长蠹科。它是典型的热带和亚热带地区的蛀蚀性储粮大害虫，最适发育温度为32～34℃，原来仅分布于中国南方各省区，现在已随同粮食流通而几乎蔓延全国，不但国家粮库受其危害，而且也波及农村储粮，成为难以防治的一种害虫。若谷蠹大量发生，可使贮藏的粮食发热至40℃以上，并有一股由谷蠹成虫分泌物的、使人厌恶的特殊气味。

二、蛾类

成虫翅展可达20mm。在2对翅上覆有许多由微小鳞片并构成图案，归在鳞翅目中。蛾类成虫不取食，危害食品的是其幼虫；有些种类还能危害毛纺织品，如袋衣蛾，严重危害时可把成匹毛料蛀成千疮百孔。重要的种类有麦蛾、粉斑螟、烟草螟和印度谷螟等。

粉斑螟成虫翅展可达15mm，前翅灰褐色，后翅灰白色，属螟蛾科。成虫不取食，危害食品的是幼虫。老熟幼虫体长12～14mm。头部赤褐色，身体淡灰色，末端黑褐色。有3对胸足和5对腹足。可蛀蚀花生果、花生仁、干果、面粉、小麦、大米等，造成严重危害。

三、蜚蠊

背面成虫体长 20～40mm 不等，属于蜚蠊目。大多红棕色，有油脂样光泽，好似在油缸中浸泡过一样，故有"偷油婆"之俗称。重要的种类有美洲大蠊、德国蜚蠊等，它们可在小型食品加工厂和挂面作坊中大量繁殖而污染食品。

四、书虱

成虫体长约 2mm，属于啮虫目，全身淡黄色，半透明，常栖息于纸张和古旧书籍中，故有书虱的名称，中国主要的种类有无色书虱和嗜虫书虱等。由于它对贮藏大米的危害严重，有"米虱"之俗称。大米保管不妥，贮藏 4 个月后由它所造成的重量损失可达 4%～6%。在欧洲各国书虱是一种家庭害虫，危害食糖和粉状食品。

无色书虱成虫体长 1～2mm，半透明，乳白色，属书虱科。它有一种独特的生物学特性，可从大气中主动吸收水分。只有当书虱大量发生时，才会察觉其存在，此时已对食品造成危害了。它也是一种家庭害虫，对粉状食品、食糖等造成污染。在温度 25℃和相对湿度 75%条件下，以酵母作饲料，完成其生活周期约 25 天。书虱属于不完全变态昆虫，其生活史发育阶段为卵—若虫—成虫，没有蛹期，每年发生 4～5 代。食性复杂，但以粉状食物为主，其尸体、排泄物、蜕下的皮壳等造成食品污染。

五、螨类

属于蛛形纲，蜱螨亚纲的一大类群微小节肢动物。危害食品及影响人类健康的螨类主要是属于粉螨亚目的螨类。因其个体大小恰如一颗散落的面粉，故有"粉螨"之俗称，成螨体长不到 0.5mm，肉眼不易见。一旦在食品仓库里发现螨类，此时已经造成了重大的经济损失。在中国，重要的食品螨类有粗脚粉螨、腐食酪螨、纳氏皱皮螨、椭圆食粉螨、家食甜螨、害嗜鳞螨、棕脊足螨、甜果螨、粉尘螨和马六甲肉食螨等。

粉尘螨成螨躯体长约 0.35mm，属于麦食螨科。它不仅危害粮食和菜籽饼粕等物品，而且它们的尸体、蜕下的皮、排泄物等是人类变态反应疾病的过敏原，引起过敏性哮喘、持续性鼻炎等疾病。调查发现，粉尘螨已从仓库侵入居室，栖息于人们居住房屋的灰尘中，特别是在地毯下层，若居室装有空调，则粉尘螨更容易生长、繁殖。要减少粉尘螨对人体的危害，应注意居室通风，并消除积尘。

腐食酪螨成螨躯体长约 0.3mm，属于粉螨科。它是头号贮藏食品害螨，危害干果、蜜饯、食糖、面粉、大米等各类食品。它体形微小，生活史短，食性复杂，适应性强。因而，只要环境条件适宜，它便能大量繁殖起来，这样成千上万只腐食酪螨用其尸体、排泄物、蜕下的皮壳、难闻的代谢产物而污染了食品，特别是粉状食品。现已证实，它是引起人类变态反应的重要致敏原。它与粉尘螨和屋尘螨有交叉抗原性，均可由呼吸系统、消化系统和皮肤接触等途径而使人体致敏。在无尘螨的场合下，它可取代尘螨而起过敏原作用，使人类引起哮喘，它也是引起人类肺螨病的螨种之一。

纳氏皱皮螨成螨躯体长约 0.3mm，身体上有微小纵沟形成皱纹，故有"皱皮"之名，属于粉螨科。它对食品的危害程度仅次于腐食酪螨，甚至在青霉素粉剂中也能生长繁殖，能使人产生螨性皮炎。在皱皮螨属中，危害贮藏食品的害螨仅纳氏皱皮螨和棉兰皱皮螨两种。在大陆，头号贮藏食品害螨是腐食酪螨，第二号是纳氏皱皮螨；在台湾，头号贮藏食品害螨是腐食酪螨，第二号是棉兰皱皮螨。

甜果螨成螨躯体长约 0.4mm，嗜食干果、食糖等甜食品，属于果螨科。它是食糖、蜜饯、杏脯等甜食品的重要害螨，若存放在仓库里的食糖保管不妥，甜果螨会大量繁殖起来而使食糖变为半流体。它是引起人类肠螨病的重要螨种。

第六节　藻类毒素

随着近海海域的富营养化日趋严重，藻类毒素所致海产品染毒进而危害人类健康已成为国外沿海地区食品卫生的研究热点。这些毒素引起人类中毒的途径是：以海洋微小藻类为食物源的鱼贝类，在食用藻类的同时蓄积了藻类所产的毒素，在毒素没被完全代谢排除前，人们食用鱼贝类即可引起中毒。此外，人工培养螺旋藻是目前生产螺旋藻类保健食品的主要方式，国内许多螺旋藻生产企业的藻浆是在开放环境下培养、收获的，如果有合适的水文条件也会导致有害藻类大量繁殖并产生有害毒素，进而污染螺旋藻食品。

下面介绍几种常见的藻类毒素。

一、甲藻类毒素

甲藻是具有两条鞭毛的单细胞生物，在特定的理化条件下，可发生爆发性生长繁殖，在水面上形成藻片或团块状的漂浮物，形成赤潮，导致大批鱼贝类和某些无脊椎动物中毒或窒息死亡。在众多属甲藻中，约 20% 能产生有毒物质。

雪卡毒素（ciguatoxin，CTX，又名西加毒素）的名字来源于雪卡鱼类，是 20 世纪 60 年代由夏威夷大学教授 Scgeuer 首次从毒鱼中发现的。该毒素曾从 400 多种鱼中分离得到过，但其真正来源是一种双鞭藻岗比毒甲藻（Gambierdiscus toxicus）。雪卡毒素是一类富集于珊瑚礁鱼体内的聚醚类化合物，由 13～14 个环组成。人类食用有毒珊瑚鱼可引发雪卡毒素中毒（ciguatera fish poisoning，CFP）。雪卡毒素毒性强，是已知的危害性较严重的海洋生物毒素之一，全球每年至少有 25000 人因食用海产品引起雪卡毒素中毒（Lewis，2001；Friedman et al，2008）。

雪卡毒素中毒症状呈多样性，常见症状包括腹泻、呕吐、腹痛、温度感觉颠倒、肌痛、眩晕、焦虑、低血压和神经麻痹等，其中以温度感觉颠倒最具特征性（Friedman et al，2008），严重时症状可持续数月甚至数年，偶见死亡报道（Hamilton et al，2010）。CFP 中毒主要流行于热带、亚热带的加勒比海、太平洋、大西洋和印度洋等海域。随着全球珊瑚鱼贸易的增加，CFP 中毒不可避免成为一个全球现象，例如香港的 CFP 中毒事件多由进口的南太平洋珊瑚礁有毒鱼引起（Lu S H et al，1999）。雪卡毒素前驱物为岗比毒素（gambiertoxin），由底栖小型甲藻岗比亚藻属（Gambierdiscus spp.）产生。岗比亚藻是单细胞藻类，主要营底栖附生，分布于热带、亚热带及温带水体。与开放水域能形成赤潮的甲藻不同，它们并不形成水面藻华，而是附着于大型藻或者硬质死亡珊瑚表面。

20 世纪 80 年代末，科研工作者确定了岗比亚藻体内岗比毒素 GTX-4B 和海鳝中对应雪卡毒素 P-CTX-1 的化学结构（Murata et al，1989，1990）。之后陆续在岗比亚藻体内发现其他雪卡毒素前驱物及其同族化学物（Satake et al，1993，1997）。岗比亚藻除产生脂溶性岗比毒素，还产生另一类水溶性毒素：刺尾鱼毒素（maitotoxin，MTX）、岗比酸（gambieric acid）和 gambierol，其中刺尾鱼毒素是目前发现的毒性最大的非蛋白质毒素。gambierol 显示出与雪卡毒素相似的毒性，能使小鼠中毒（LD_{50} 50mg/kg），该物质的特点是具有聚醚结构，有着潜在的生理活性。由于岗比亚藻产生的水溶性毒素具有水溶性、低口服毒性的特点，一般认为它们不在鱼体内累积，因而对 CFP 中毒事件贡献甚微。岗比亚藻产生的岗比毒素经食物链传递、积累和代谢后，毒素极性增加，毒性逐渐增强。例如，当 GTX-4B 转化成 P-CTX-1 时，毒性增强 10 倍（Murata et al，1990）。与全球有毒有害藻华发展趋势一致，受环境因素和人类活动影响，雪卡毒素中毒事件亦在扩大。雪卡毒素产毒藻成为国际上底栖微藻领域的研究热点之一。

此外，如第一章第二节所述，原属无毒的贝类会在不同的季节和海域被毒化，且大多数与"赤潮"有关。许多蛤贝毒素正是来源于甲藻类毒素。例如从甲藻类的 *Phytop lanktonic microalgae* 能产生一种海底细胞毒素聚醚（yessotoxin，YTX），属于腹泻性贝类毒。Pateizia Ciminiello 等从南亚得亚海的蛤贝中分离出了一种新的 YTX，命名为 adriatoxin（ATX），它亦可引起腹泻性贝类中毒。海洋利马原甲藻（*Prorocentrum lima*）的次级分泌物大田软海绵酸（okadaic acid）是肿瘤促进剂。人们从利马原甲藻中还分离出一种大田软海绵酸的同族体 T-deoxi、okadic-acid、okadicacid athylesler 以及二醇酯 dioester，其具有使小鼠致死毒性。

二、蓝藻类毒素

能自身产生毒素的藻类中，蓝藻类是已知产生毒素最多的门类。蓝藻（cyanophyta）是由单细胞、多细胞或丝状藻组成，具有核物质和色素，但无明显的核和原浆质，是一类古老的原核生物，能进行放氧光合作用。蓝藻分布广泛，适应力强，生长在各种水体或潮湿土壤、岩石、树干及树叶上。蓝藻主要分布于热带海洋，但多数种类生活在淡水中，是一种浮游藻。在夏、秋季，湖泊、水库、池塘等常会因一些蓝藻大量繁殖形成水华，有些水华藻种会释放毒素。根据世界卫生组织（WHO）的报道，全世界水华藻类中 59% 为有毒蓝藻。世界各地因蓝藻毒素引发鱼类、贝类、鸟类甚至人类死亡事件的报道屡见不鲜。巴西 Caruaru 地区 126 人在血液透析中使用了含有大量蓝藻的水而出现了肝中毒和神经中毒，其中 60 人死亡。澳大利亚也有饮用含蓝藻毒素的水而出现亚急性肝损伤的报道。在葡萄牙某城市的水被蓝藻污染的中毒事件中，许多中毒者出现了脑病症状。

水体中蓝藻毒素很多，主要包括作用于肝的肝毒素（hepatotoxins），作用于神经系统的神经毒素（neurotoxins）和位于蓝藻细胞壁外层的内毒素（endotoxins），一般把内毒素与脂多糖（lipopolysaccharides，LPS）视为同一物质。肝毒素包括微囊藻毒素（microcysin，MC）、节球藻毒素（nodularin）和柱孢藻毒素（cylindrospermopsin）。微囊藻毒素为环七肽，节球藻毒素为环五肽。神经毒素主要包括鱼腥藻毒素-a（anatoxin-a）、鱼腥藻毒素-a(s)[anatoxin-a(s)]、石房蛤毒素（saxitoxin）、新石房蛤毒素（neosaxitoxin）、膝沟藻毒素（gonyautoxin），其中后三者统称为麻痹性贝毒（paralytic shellfish poisoning，PSP）。鱼腥藻毒素-a 为仲胺碱，鱼腥藻毒素-a(s) 为胍甲基磷脂酸，麻痹性贝毒为氨基甲酸酯类。

从不同种属蓝藻中至今已发现大约 20 多种蛤蚌毒素和至少有 65 种环状七肽肝毒素。蓝藻神经毒素具致死性，但它们不像蓝藻肝毒素那样无处不在。神经毒素致死事件主要在北美有报道，而肝毒素危害的发生却是全球性的。在我国基本还没有蓝藻神经毒素的危害报道，但在江苏海门等地区，原发性肝癌的发病率却很高，经调查发现与微囊藻毒素的长期慢性暴露有关：饮用含有低水平微囊藻毒素的池塘水使人们死于肝癌的概率增多。

微囊藻毒素（microcystins，MCYSTs）是主要由淡水藻的铜绿微囊藻（*Microcystis aeruginosa*）产生，此外其他种类的微囊藻，如绿色微囊藻（*M. viridis*）、惠氏微囊藻（*M. wesenbergii*）以及鱼腥藻（*Anabaena*）、念株藻（*Nostoc*）、颤藻（*Oscillatoria*）的一

些种或株系也能产生这类毒素。MCYSTs 的一般结构为环（D-丙氨酸-L-X-赤-β-甲基-D-异天冬氨酸-L-Z-Adda-D-异谷氨酸-N-甲基脱氢丙氨酸），其中 Adda（3-氨基-9-甲氧基-2,6,8-三甲基-10-苯基-4,6-二烯酸）是 MCYSTs 生物活性表达所必需的。两个可变的 L-氨基酸的更替及其他氨基酸的去甲基化，衍生出众多的毒素类型。目前所检测到的 MCYSTs 毒素异构体已达 65 种。其中 Microcystin-LR、Microcystin-RR、Microcystin-YR 毒性最强（L、R、Y 分别代表亮氨酸、精氨酸、色氨酸）。

MCYSTs 是细胞内毒素，在细胞内合成，细胞破裂后释放并表现出毒性。在生物体内，大部分 MCYSTs 不能被降解。MCYSTs 排泄较慢，在体内作用时间长。MCYSTs 作用的靶器官主要是肝脏，可导致肝细胞的损伤。在巨噬细胞中，MCYSTs 可引起肝炎症、肝损伤甚至肝坏死。MCYSTs 与原发性肝癌有密切关系。MCYSTs 还可能是 "netpen liver disease"（NLD）肝病的原因。NLD 的特征是严重的肝坏死和肝巨幼红细胞症。

ZHANG YS YU 等对饮用水受 MCYSTs 污染地区的 15998 位孕妇进行流行病学调查表明，MCYSTs 有明显的致畸作用，且随着摄入剂量的增加，畸胎的发生有增加的趋势。国内学者通过对肝癌高发地区水源的研究发现，MCYSTs 可能是饮水致癌的重要原因之一，长期饮用含藻类毒素水源的人群，肝癌、直肠癌的发病率明显高于其他人群。毒素在浮游动物和鱼类体内的残留富集和放大效应达到一定浓度时，会通过食物链对人体健康造成潜在的危害。人们直接接触含有毒素的水华，会引起皮肤和眼睛过敏、疲劳、发烧以及肠胃炎等。

世界卫生组织发布的 "Guideline for drinking water quality"（1998 年，第 2 版）中推荐饮水中 MCYSTs 的标准为 $1.0\mu g/L$，暂定的可耐受的摄取量为 $0.04\mu g/(kg/d)$。加拿大健康组织规定饮水中可接受 MCYST-LR 含量为 $0.5\mu g/L$。澳大利亚建议 $1.0\mu g/L$ 的含量为安全饮用水的上限。1996 年美国俄勒冈州卫生局和农业部制定了藻类制品的 MCYSTs 限量为 $1.0\mu g/L$，并对出售的藻类食品使用了该限量标准进行管理。我国 GB 5749—2006《生活饮用水卫生标准》中，饮用水中 MCYST-LR 含量限定为 $1.0\mu g/L$。

参 考 文 献

[1] Belt PBGM, Mullernan L H, Schreuder B E C. Identification of five allelic variants of the sheep PrP gene and their association with natural Scrapie [J]. J General Virol, 2001, 76: 509-517.

[2] Bentur Y, Spanier E. Ciguatoxin-like substances in edible fish on the eastern Mediterranean [J]. Clinical Toxicology, 2007, 45 (6): 695-700.

[3] Chesebro B. BSE and prions uncertainties about the agent [J]. Science, 1998, 279: 42-43.

[4] Chinain M, Darius H T, Ung A. Growth and toxin production in the ciguatera-causing dinoflagellate Gambierdiscus polynesiensis (Dinophyceae) in culture [J]. Toxicon, 2010, 56 (5): 739-750.

[5] Cousins S, Smith P G, Ward H. Distribution of variant Creutzfeldt-Jacob disease in Great Britanin [J]. 1994—2000 Lancet, 2001, 357: 1002-1007.

[6] Friedman M A, Fleming L E, Fernandez M. Ciguatera fish poisoning: treatment, prevention and management [J]. Mar Drugs, 2008, 6 (3): 456-479.

[7] Hamilton B, Whittle N, Shaw G. Human fatality associated with Pacific ciguatoxin contaminated fish. Toxicon, 2010, 56 (5): 668-673.

[8] Hui Y H, Gorham J R, Murrell K D, et al. Foodborne disease Handbook. Vol 1 Disease Control Caused by Bacteria [M]. New York: Marcel Dekker Inc, 1994.

[9] Litaker R W, Vandersea M W, Faust M A, et al. Global distribution of ciguatera causing dinoflagellates in the genus Gambierdiscus [J]. Toxicon, 2010, 56 (5): 711-730.

[10] Lewis R J. The changing face of ciguatera [J]. Toxicon, 2001, 39 (1): 97-106.

[11] Lu S H，Hodgkiss I J. An unusual year for the occurrence of harmful algae［J］. Harmful Algal News，1999，18：1-3.

[12] Murata M，Legrand A M. Ishibashi Y，et al. Structures and configurations of ciguatoxin from the moray eel Gymnothorax javanicus and its likely precursor from the dinoflagellate Gambierdiscus toxicus［J］. J Am Chem Soc，1990，112（11）：4380-4386.

[13] Pateizia C，Ernesto F. Isolation of adriatoxin，new analogue of Yessotoxin from Mussels of the Adriatic Sea［J］. Tetrahedron，1998，39：8897.

[14] Pérez-Arellano J，Luzardo O P，Brito A P，et al. Ciguatera fish poisoning，Canary Islands［J］. Emerging Infectious Diseases，2005，11（12）：1981-1982.

[15] Satake M，Murata M，Yasumoto T. The structure of CTX3C，a ciguatoxin congener isolated from cultured Gambierdiscus toxicus［J］. Tetrahedron Lett，1993，34（12）：1975-1978.

[16] Scheuer P J，Takahashi W，Tsutsumi J，et al. Ciguatoxin：isolation and chemical nature［J］. Science，1967，155（3767）：1267-1268.

[17] The Codex Alimentarius Commission. CODEX STAN 74—1981 谷类婴幼儿加工食品法典标准（2006 版）［S/OL］. http：//www. codexalimentarius. net/web/standard list. do.

[18] The Codex Alimentafius Commission. CODEX STAN 193—1995 Codex General Standard for Contaminants and Toxins in Food and Feed（2010 版）［S/OL］. http：//www. codexalimentarius. net/web/standard _ list. do.

[19] Xu Y X，Richlen M L，Morton S L，et al. Distribution，abundance and diversity of *Gambierdiscus* spp. from a ciguatera-endemic area in Marakei，Republic of Kiribati［J］. Harmful Algae，2014，34：56-68.

[20] ZHANG YS YU. Promary prevention of hepatocellular carcinoma［J］. J Gastroenterol Hepatol，1995，10：674-682.

[21] 陈冰卿，刘志诚，王茂起. 现代食品卫生学［M］. 北京：人民卫生出版社，2001.

[22] 陈家旭. 食源性寄生虫病［M］. 北京：人民卫生出版社，2009.

[23] 郭耀东，刘艺茹，袁亚宏等. 我国主要食品中伏马菌素污染水平分析与风险评估［J］. 西北农林科技大学学报：自然科学版，2014，1：78-88.

[24] 国家卫生计生委办公厅关于 2013 年全国食物中毒事件情况的通报［EB/OL］. 国家卫生计生委，2014-2-20. http：//www. moh. gov. cn/yjb/s3585/201402/f54f16a4156a460790caa3e991c0abd5. shtml.

[25] GB 2761—2011 食品安全国家标准食品中真菌毒素限量［S］. 北京：中国标准出版社，2011.

[26] 李鹏，赖卫华，金晶. 食品中真菌毒素的研究. 农产品加工（学刊），2005，（3）：12-15.

[27] 李为喜，孙娟，董晓丽等. 新修订真菌毒素国家标准与 CAC 最新限量标准的对比与分析［J］. 现代农业科技，2011，23：41-43.

[28] 李雅慧. 董诗源. 余超等. 保健食品微囊藻毒素污染的探讨［J］. 中国食品卫生杂志，2007，19（5）：458-460.

[29] 刘秀梅，高鹤娟. 食物中有害物质及其防治［M］. 第 2 版. 北京：化学工业出版社，2004.

[30] 史贤明. 食品安全与卫生学［M］. 北京：中国农业出版社，2002.

[31] 宋杰军，毛庆武. 海洋生物毒素学［M］. 北京：北京科学技术出版社，1996：2.

[32] 卫生部卫生与法制监督司. 食物中毒控制与预防［M］. 北京：华夏出版社，1999.

[33] 吴永宁. 现代食品安全学［M］. 北京：化学工业出版社，2003.

[34] 徐海滨，陈艳，李芳等. 螺旋藻类保健食品生产原料及产品中微囊藻毒素污染现状调查［J］. 卫生研究，2003，32（4）：339-343.

[35] James M Jay. 现代食品微生物学［M］. 徐岩，张继民，汤丹剑等译. 北京：中国轻工业出版社，2001.

[36] 徐轶肖，江涛. 雪卡毒素产毒藻（岗比亚藻）研究进展［J］. 海洋与湖沼，2014，3：244-252.

第三章 环境污染危害

人类在改造客观世界，提升科技力量的同时并未能注意适时调整策略以便与环境和资源相协调，最终导致自然界的平衡被打破，大气、水体、土壤和生物遭受到严重的破坏。全球性的环境问题诸如生态退化、臭氧层破坏、酸雨等正在对人类的生存和发展造成严重的威胁，环境污染也成为影响食品安全的首要问题之一。

第一节 大气污染及对食品安全性的影响

一、大气污染

大气污染是由自然界所发生的自然活动和人类活动所造成的。自然活动包括火山爆发、煤田及油田外溢和动植物的腐烂等。这些自然活动会释放出一定量的污染物，但这类污染多为暂时性和局部性，自然界能够在短时间内予以消除或平衡。因此，自然活动仅仅是大气污染的次要原因。大气污染的主要原因是人类活动。这类的污染延续时间长，范围广且影响深远。人类活动的污染源包括燃料燃烧、工业生产过程和交通运输等。前两者称为固定源，后者（如汽车、火车、飞机等）则称为流动源。此外，在污染源的调查与评价中，还常按污染物的来源分为工业污染源、农业污染源和生活污染源三类。

大气污染已成为工业"三废"之首。世界卫生组织2014年的调查显示，室内外空气污染是影响发达和发展中国家中每一个人的主要环境卫生问题，全球每年共有700多万人因暴露于室内或室外空气污染而死亡，占全球死亡总数的八分之一。

当大气污染物达到一定浓度时，会直接危害人体健康，影响农业生产。同时，进入农用水域、土壤的污染物又会以生物链传递的形式影响食品安全并最终间接危害人类。

（一）定义

ISO定义：大气污染是指由于人类活动或自然过程引起某些物质进入大气中，呈现出足够的浓度，达到足够的时间，并因此危害了人体的舒适、健康和福利或环境污染的现象。

（二）污染物种类

大气污染物种类较多，理化性质复杂，毒性也各不相同，常见分类方法如下。

1. 按照污染物成因分类

（1）一次污染物 直接从各种污染源排放到空气中的有害物质，常见的有二氧化硫、氮氧化物、一氧化碳、碳氢化合物和颗粒性物质等。

（2）二次污染物 指由一次污染物与大气中已有组分或几种一次污染物之间经过一系列化学或光化学反应而生成的与一次污染物性质不同的新污染物质，又称继发性污染物。典型的二次污染物有硫酸盐气溶胶（一次污染物二氧化硫在大气中氧化而成）、汽车尾气中的氧化氮、臭氧（碳氢化合物在日光的照射下发生光化学反应生成）、甲醛、酮类、甲基汞（无机汞在微生物的作用下生成）等。这些新污染物与一次污染物的化学、物理性质不同，多为气溶胶，具有颗粒小、毒性一般比一次污染物大等特点。

大气中主要的一次污染物和二次污染物见表3-1。

表3-1　大气中主要的一次污染物和二次污染物

污染物	一次污染物	二次污染物
含硫化合物	SO_2、H_2S	SO_3、H_2SO_4、硫酸盐
含氮化合物	NO、NH_3	NO_2、HNO_3、$AgNO_3$
碳氧化合物	CO、CO_2	无
卤素化合物	HF、HCl	无
碳氢化合物及衍生物	$C_1 \sim C_4$ 化合物	醛、酮、过氧乙酰硝酸酯

2. 按大气污染物存在形态分类

空气中的污染物质的存在状态是由其自身的理化性质及形成过程决定的，气象条件也起一定的作用。一般将它们分为分子状态污染物和粒子状态污染物两类。

（1）分子状态污染物 它指的是以气态和蒸气形式在大气中存在的污染物。例如，二氧化硫、氮氧化物、一氧化碳、氯化氢、氯气、臭氧等沸点都很低，在常温、常压下以气体分子形式分散于空气中；苯、苯酚等，在常温、常压下虽为液体或固体，但因其挥发性强，故能以蒸气形式进入空气中，所以也属于分子状态污染物。无论是气体分子还是蒸气分子，分子状态污染物都具有运动速度较大、扩散快、在空气中分布比较均匀的特点。它们的扩散情况与自身的相对密度有关，相对密度大者向下沉降，相对密度小者向上飘浮；同时分子状态污染物的扩散也受气象条件的影响，它们可随气流扩散到很远的地方。

（2）粒子状态污染物 粒子状态污染物（TSP）又称颗粒物污染物，它是指分散在空气中的微小液体和固体颗粒，它们的空气学当量直径多在 $0.01 \sim 100 \mu m$ 之间。描述大气颗粒物污染状况有以下一些术语。

① 粉尘　它是分散在空气中的固体微粒，通常是由固体物质在粉碎、研磨、混合和包装等机械过程中或土壤、岩石风化等自然过程中产生的悬浮于空气的形状不规则的固体粒子，粒径在 $1 \sim 200 \mu m$ 之间。

② 降尘　是指粒径大于 $30 \mu m$ 的颗粒物，能在重力作用下较快地沉降到地面上。

③ 飘尘　是指粒径小于 $10 \mu m$ 的颗粒物（PM10）。飘尘成分复杂，含有很多种对人体有害的成分，如二氧化硅、重金属及其化合物等。

飘尘因其粒径小且轻，有的能飘浮几天、几个月甚至几年，飘浮的范围也很大，也有达几千米，甚至几十千米。飘尘具有胶体性质，它易随呼吸进入人体肺脏，因此又称为可吸入尘或可吸入颗粒物（IP）。它可在肺泡内积累，并可随着血液输往全身，对人体健康危害大。因此飘尘是环境监测的一项重要指标。

④ 总悬浮颗粒物　是指粒径小于 $100 \mu m$ 颗粒物的总称，是用标准大容量颗粒采样器（流量在 $1.1 \sim 1.7 m^3 / min$）在滤膜上所收集到的颗粒物的总质量。

⑤ 烟　其粒径一般为 $0.01 \sim 1 \mu m$。是某些固体物质在高温下由于蒸发或升华作用变成气体逸散于空气中，遇冷后又凝聚成微小的固体颗粒悬浮于空气中而形成的。例如，高温熔

融的铅、锌，可迅速挥发并氧化成氧化铅和氧化锌的微小固体颗粒。

⑥ 雾　是由悬浮在空气中微小液滴构成的气溶胶。按其形成方式可分为分散型气溶胶和凝聚型气溶胶。常温状态下的液体，由于飞溅、喷射等原因被雾化而形成微小雾滴分散在空气中，构成分散型气溶胶。液体因加热变成蒸气逸散到空气中，遇冷后又凝集成微小液滴形成凝聚型气溶胶，如水雾、酸雾、碱雾、油雾等。雾的粒径一般在 $10\mu m$ 以下。

通常所说的烟雾是烟和雾共同构成的固、液混合态气溶胶，如硫酸烟雾、光化学烟雾等。硫酸烟雾主要是由燃煤产生的高浓度二氧化硫和煤烟形成的。二氧化硫经氧化剂、紫外线等因素的作用被氧化成三氧化硫，三氧化硫与水蒸气结合形成硫酸烟雾。当空气中的氮氧化物、一氧化碳、碳氢化合物达到一定浓度后，在强烈阳光照射下，经发生一系列光化学反应，形成臭氧、过氧乙酰硝酸酯（PAN）和醛类等物质悬浮于空气中而构成光化学烟雾。

⑦ 霾　表示空气中因悬浮着大量的烟、尘等微粒而形成的浑浊现象。它常与大气的能见度降低相联系。

⑧ 超细颗粒物　是指粒径≤$0.1\mu m$ 的大气颗粒物。超细颗粒物主要来自汽车尾气，多为大气中形成的二次污染物。

二、大气中常见污染物对食品安全性的影响

空气中有毒污染物可直接被动植物吸收或通过空气沉降及降雨过程等方式污染水体与土壤，然后传递至动植物体内。人类食物来自动植物，因而大气污染会影响到食品资源的安全性。

（一）二氧化硫

二氧化硫是重要大气污染物之一，它主要来源于含硫燃料（如煤和石油）的燃烧，含硫矿石（特别是含硫较多的有色金属矿石）的冶炼和硫酸厂等的生产过程；少部分来源于天然污染源。我国是一个能源生产和消费大国，一次能源消费总量仅次于美国，居世界第二位。在我国，电力行业是用煤大户，火电的发电量保持在 80% 左右，在火电机组的燃料中煤炭占 95%，油气只占 5% 左右。我国多数煤种平均含硫率超过 1%，导致燃煤时有大量的二氧化硫排放。由于具有以煤为主的一次能源构成以及煤的发热量低、含硫量高（长焰煤、气煤和不黏结煤除外）的特点，我国二氧化硫污染日益严重。

二氧化硫污染属于低浓度、长期性污染，对自然生态环境、人类健康、工业生产等造成一定程度的危害。

1. 对农作物的危害

当大气环境中二氧化硫的浓度超过阈值时，植物体内可发生一定量的不良反应并在外表产生可见症状。不同类型的植物，其可见症状的表现形式有较大的不同。

果树受二氧化硫危害时，叶片大多呈白色或褐色；梨树先是叶脉间或叶尖、叶缘褪绿，逐渐变成褐色，2～3d 后出现黑色斑点；葡萄在叶片的中央部分出现赤褐色斑点；无花果树沿叶脉呈现淡黄绿色；柿树受害时，叶片呈现红褐色；桃树则在叶脉间褪成灰白色或黄白色并落叶；柑橘树在叶脉间的中央部分出现黄褐色斑点，同时叶片皱褶。

蔬菜受二氧化硫危害时，主要表现在叶片上，其他器官很少受累。蔬菜叶片受害时，出现的颜色随种类不同而有所变化。萝卜、白菜、青菜和番茄出现灰白斑或黄白斑；辣椒、豇豆、豌豆、油菜和黄瓜则出现浅黄色、浅土黄色或黄绿色斑；茄子、胡萝卜、马铃薯、南瓜

和甘薯会出现褐色斑；蚕豆出现黑斑；甘薯（番薯）叶片受到二氧化硫急性伤害后，组织容易腐烂脱落而形成龟壳状。

粮食作物也容易受到二氧化硫危害。例如，较高浓度的二氧化硫可对水稻产生急性危害，表现为水稻叶片淡绿或灰绿色，萎蔫，有白色点状斑，严重时叶尖枯焦卷曲。即使二氧化硫浓度较低，长时间的接触也会对水稻产生慢性危害。二氧化硫对水稻的危害，在幼穗形成期至开花期尤为敏感，此阶段的二氧化硫会导致水稻成熟后谷粒变小，秕谷增多，谷壳色泽变淡。

2. 对人体的危害

大气中的二氧化硫达到一定浓度后，也会对人、动物造成危害。大气中二氧化硫进入人体的呼吸系统后在呼吸道黏膜上形成亚硫酸和硫酸，刺激人体组织，引起分泌物增加和发生炎症反应。

3. 形成酸雨、酸雾

在大气相对湿度较大且有粉尘颗粒物存在时，二氧化硫被氧化生成三氧化硫。三氧化硫的吸湿性强，在湿度大的空气中很容易形成酸雾。硫酸雾对人体具有更大的危害性，因其微粒可侵入肺的深部组织，会引起肺水肿和肺硬化而导致人的死亡。

（二）氟化物

氟化物在地壳中广泛而大量存在。空气中的氟化物主要包括氟化氢、四氟化硅、硅氟酸及氟气等，其中排放量最大、毒性最强的是氟化氢。例如，氟化氢的浓度达 $1\sim5\mu g/L$ 时，较长时间接触可使植物受害。

1. 氟化物污染类型

大气中氟化物对食品的污染主要包括生活燃煤污染和工业生产污染两类。

（1）生活燃煤污染型 这种类型的污染表现为对食品的直接污染。在一些高寒山区，气候寒冷潮湿，粮食含水量高，因此需要终年燃煤以烘干粮食及取暖。有些地区煤存储量丰富但煤质低劣，表现为高氟（氟含量在几百至几千毫克/千克）、高硫，再加上简陋的燃煤方式，使得空气中氟含量在 $0.039\sim0.5mg/m^3$。这些都将导致在室内贮存的蔬菜、粮食被严重污染，居民食用后可能会引起中毒。

（2）工业生产污染型 来自工业生产的氟化物主要有氟气、氟化氢、四氟化硅和含氟粉尘。例如，曾有研究者对某地区铝电解企业大气氟化物排放状况调查。结果显示，某铝业公司周围空气氟化物年日均值浓度为 $19.93\mu g/(dm^3\cdot d)$，超过 GB 3095—1996《环境空气质量标准》限量值的 5.64 倍。

另外，火山活动也是大气中氟的来源之一。

2. 大气中氟化物污染的危害

我国氟化物的排放量虽远小于二氧化硫排放量，但氟化物对植物的毒害作用较二氧化硫要强很多。以氟化氢为例，它的毒性比二氧化硫大 $10\sim100$ 倍，而且氟化物相对密度比空气小，扩散距离远，因此，能远距离危害植物。氟化物能够通过作物叶片上的气孔进入植株体内，使叶尖和叶缘坏死，嫩叶、幼芽受害尤其严重。氟化氢对花粉粒发芽和花粉管伸长也有抑制作用。另外，氟元素具有在植物体内富集的特点，在受氟污染的环境中生产出来的茶叶、蔬菜和粮食一般含氟量较高，个别植物体内的氟浓度甚至达到空气中氟浓度百万倍之多。氟化物在植株中蓄积程度因环境（大气、水、土壤）中含量、植物品种、植物年龄和叶龄不同而不同。

（三）氮氧化物

氮氧化物指的是只由氮、氧两种元素组成的化合物。常见的氮氧化物有一氧化氮、二氧化氮、一氧化二氮、五氧化二氮等。其中除五氧化二氮常态下呈固体外，其他氮氧化物常态下都呈气态。作为空气污染物的氮氧化物（NO_x）常指二氧化氮。它们主要来自汽车尾气、石油和煤燃烧的废气及大量使用的挥发性有机溶剂等。和其他污染气体一样，大气中氮氧化物来源于两个方面：一是自然源；二是人为源，且人为源占主要作用。氮氧化物的排放会给自然环境和人类生产、生活带来严重的危害。

1. 对农作物的危害

氮氧化物对农作物的危害较其他大气污染物要弱，一般不会产生急性伤害，但能产生抑制植物生长的慢性伤害。氮氧化物对农作物产生危害的症状与二氧化硫的危害症状相似。最初在叶表面的叶脉间和近边缘处出现不规则形状的水渍斑，而后干燥，变成白色或黄褐色的坏死斑点，质地与纸张类似，有的甚至逐渐扩展到整个叶片。通常植物功能叶和老叶容易受害，而嫩幼叶抗性要强些。对氮氧化物敏感的农作物有大豆、甘薯、芝麻、番茄、草莓、茄子、烟草等，中等敏感的植物有莴苣、圆辣椒、菜豆、韭菜、芋艿、荞麦、唐菖蒲、梨、板栗、柑橘等，抗性植物有黄瓜、西瓜、水稻、玉米、柿、葡萄、石楠等。

氮氧化物对植物的毒害程度受环境条件影响较大，光照度是影响其毒性的重要因子。在大气中氮氧化物浓度相同的条件下，在弱光照或黑暗条件下，植物对氮氧化物的敏感性增加；在白天或晴朗天气条件下的危害性大为降低。

2. 形成酸雨、酸雾

氮氧化物与二氧化硫一样，在大气中会通过干沉降和湿沉降两种方式降落到地面，其最终的归宿是硝酸盐或硝酸。硝酸盐或硝酸和硫酸盐或硫酸共同构成了酸雨的主要成分。同时，它还会造成地表水富营养化，并对水生和陆地的生态系统造成破坏。

3. 对人体的危害

超过一定量的氮氧化物能使人中枢神经麻痹并导致窒息死亡，例如，二氧化氮会造成哮喘和肺气肿，导致人的心、肺、肝、肾及造血组织的功能丧失。

在适当的气候和强烈紫外线照射条件下，一氧化氮与碳氢化合物发生一系列链式大气化学反应，生成臭氧、PAN和醛类等多种毒性更大的二次污染物，对人体健康和农作物产生严重影响。

此外，平流层中的氮氧化物会对臭氧层产生破坏作用，而一氧化二氮也是加剧全球温室效应的主要气体之一。

（四）酸雨

很多年以来，二氧化硫一直被作为植物毒性气体研究：一方面是由于气相中二氧化硫明显地危害植物；另一方面是由于二氧化硫在大气中发生氧化作用形成对生态系统产生很恶劣影响的酸雨。

酸雨是酸性沉降物的总称，它包括 $pH \leqslant 5.6$ 的雨、雾、雪、霜、露等，也包括气态及固态的酸性污染物。大气中的二氧化硫和氮氧化物是酸雨物质的主要来源，一般来说，二氧化硫对酸雨的形成更为主要。但近年来交通运输、公共事业及工业生产中排放氮氧化物的量在不断增加，氮氧化物对酸雨形成的影响也显得越来越重要。

目前，酸雨已成为一个全球性的环境问题。20世纪70年代酸雨主要发生在工业发达的欧美地区，近年来我国的酸雨危害也日趋严重。据《2013年中国环境状况公报》数据显示，我国酸雨区面积约占国土面积的10.6%，主要分布在长江沿线及中下游以南。2013年环保部门对473城市的降水进行监测，出现酸雨的城市比例为44.4%，酸雨频率在25%以上的城市比例为27.5%，酸雨频率在75%以上的城市比例为9.1%。

1. 酸雨对土壤的危害

酸雨容易导致土壤酸化。土壤中的锰、铜、铅、汞、镉、锌等元素转化为可溶性化合物，使土壤溶液中重金属浓度增高，通过淋溶转入江、河、湖、海和地下水，引起水体重金属元素浓度增高并在粮食、蔬菜以及水生生物中积累，给食品安全性带来不良影响。

2. 酸雨对农作物危害

（1）对农作物生长的危害　酸雨通过两种途径影响农作物，一种是直接接触植物的营养器官和繁殖器官，影响其生长和生产力；另一种是逐渐影响土壤，改变其物理、化学和生物学性质，经过较长的时期使土壤肥力降低，从而间接影响农作物的生长和生产力。

关于酸雨对农作物生长的直接影响，国内外曾进行过大量的模拟试验。总体上，从衡量农作物生长的各项指标来看，酸雨对农作物的生长有抑制作用。这其中也要指出的是，农作物对酸雨具有一定的抗性，其抗性强度与农作物品种及作用时间等诸多因素有关。

（2）酸雨对农作物的产量的影响　很多的农田模拟实验显示，酸雨对作物产量的影响是明显的，一般的趋势是农作物的产量会随酸雨pH值降低而趋于走低。

（3）酸雨对农作物品质的影响　酸雨会导致农作物的营养成分发生较为明显的变化，从而影响到其食用品质。据卞雅姣报道，酸雨处理尽管提高了小麦籽粒总蛋白含量，但降低了谷蛋白含量和谷/醇比，降低了其加工品质。

3. 酸雨对水生生物的危害

酸雨可造成江、河、湖泊等水体的酸化，致使生态系统的结构与功能发生紊乱。例如，水体的pH值降到5.0以下时鱼的繁殖和发育会受到严重影响。水体酸化还会导致水生生物的组成结构发生变化。一般规律是，耐酸的藻类、真菌增多，有根植物、细菌和浮游动物减少，有机物的分解率则会降低。在全球酸雨危害最为严重的北欧、北美等地区，有相当一部分湖泊已遭到不同程度的酸化，造成鱼虾死亡，生态系统破坏。例如，挪威南部5000个湖泊中有近2000个鱼虾绝迹；加拿大的安大略省已有4000多个湖泊变成酸性，鳟鱼和鲈鱼已不能生存。酸雨还可使流域土壤和水体底泥中的金属（例如铝、汞等）被溶解进入水体中而毒害鱼类。瑞典、加拿大和美国的研究结果揭示，酸雨地区内鱼的含汞量明显增加。

（五）沥青

沥青烟雾为一种红黄色的烟尘，主要来源于大规模的筑路及利用沥青作原料或燃料的工厂。沥青化学成分复杂，除含炭粒外，还含有许多的有机化合物，如苯酚、多环芳烃类等。受沥青烟雾污染的作物，常常会沾染一层发黑的、发黏的物质，给作物带来严重的危害。受沥青烟雾污染过的作物，一般不能直接食用。

（六）金属飘尘

金属飘尘是粉尘粒径小于 $10\mu m$ 的金属颗粒。飘尘能长时间漂浮于空中。随着工业的发展，排入空气的金属逐渐增加，如铅、铬、镉、锌、镍、锰、砷、汞等能以飘尘形式污染空气。金属飘尘的毒性很大，对人类健康的危害，已超过农药和二氧化硫。这些微粒可沉积或随雨雪下降到地面，落到植物表面或进入土壤，部分通过叶片进入植物体内，部分通过土壤经根部吸收进入植物体内，并在植物体内富集，影响食品的安全性。

大气环境中还存在着很多污染物，如多环芳烃、二噁英等，可见本书相关章节。

第二节　水体污染及对食品安全性的影响

水是人体内含量最多的营养素，是生命的源泉，水对于人类的健康至关重要。随着生命科学的发展，人类对水的认识也越来越为深化。

水体包括水中的悬浮物、溶解物、底泥和水生生物等，是一个完整的生态系统。狭义的水体一般指地面水体，如江、河、溪、池塘、湖泊、水库、沼泽、海洋等，广义的水体也包括地下水体。

随着工农业生产的发展和城市人口的增加，工业废水和生活污水的排放量日益增加，大量污染物进入河流、湖泊、海洋和地下水等水体，使水和水体底泥的理化性质及生物群落发生变化，造成水体污染。

水体污染是指水体因某种物质的介入，而导致其化学、物理、生物或者放射性等方面特性的改变，从而影响水的有效利用，危害人体健康或者破坏生态环境，造成水质恶化的现象。

水体污染给渔业和农业都带来严重的威胁。它不仅使渔业资源受到严重破坏，而且直接或间接影响农作物的生长发育，造成农作物减产，进而给食品的安全性带来严重危害。据世界卫生组织统计，每年有数百万人面临饮用水中化学污染物浓度超标问题。这种污染可能与城市和工业废水或农业用水处理不当有关联。中国当前水污染问题也比较严重。《2013 年中国环境状况公报》显示，全国地表水总体为轻度污染，黄河、松花江、淮河和辽河为轻度污染，海河为中度污染；十大水系的国控断面中，Ⅳ～Ⅴ类和劣Ⅴ类水质的断面比例合计达 28.3%；被监测 61 个湖泊（水库）中，富营养状态的湖泊（水库）占 27.8%；在 4778 个地下水监测点位中，较差和极差水质的监测点比例高达 59.6%。

一、水体污染物分类

导致水体污染的人为来源主要有工业废水、生活用水和农业废水。水体污染按污染物性质可分为以下几类。

1. 物理性污染

（1）悬浮污染物　指的是废水中的细小固体或胶体物质，它们能使水体浑浊，透光性下降，从而导致藻类的光合作用减弱，水生生物活动受限。

（2）热污染物　指的是工矿企业如火力发电厂、食品酿造厂等排放的高温冷却水或温泉溢流水。水体热污染可引起水生植物群落种群组成的改变。首先，水体热污染会减少藻类种群的多样性。随着水温的升高，不耐高温的种类将趋于消失。以铲形菱状藻为例，水温超过

30℃时，铲形菱状藻细胞会停止生长，甚至死亡。其次，水体热污染还会加速藻类种群的演替。再则，水体增温对大多数水生维管束植物有着不良的影响，尤其是对某些浮水植物。它们在增温区甚至全部消失。最后，水体热污染对水生动物同样存在着危害作用。水生动物绝大多数是变温动物，体温不能自动调节，其体温会随水温升高而升高，当体温超过一定温度时，即会引起酶系统失活，代谢机能失调，直至死亡。几种常见鱼类的上限致死温度见表 3-2。

表 3-2　几种常见鱼类的上限致死温度　　　　　　　　　　单位：℃

鱼种	鲤鱼	鲶鱼	鲑鱼	鲈鱼	金鱼
上限致死温度	31～34	31.8	24.3	23～25	30.8

注：资料来源于《环境生物学》，蒋志学。

(3) 放射性污染　放射性矿石的开采和加工、核能发电站、医院及核试验是使水体受到放射性污染的主要原因。含放射性物质的废水进入水体，会对人体造成很大危害。这是因为水体中的放射性同位素可以通过饮水、动物、农作物多种途径进入人体。用含放射性物质的污染水灌溉农田，污染区的粮食、水果、蔬菜的放射性物质累积也会增加，奶、肉中放射性物质也会升高。水生物体内的放射性物质甚至可比水中高出千倍以上。人们通过饮食含放射性物质水或食品都能摄入放射性物质。

2. 化学性污染

(1) 酸碱污染　废水中酸主要来源于矿山排水、化肥、农药、石油、酸法造纸等工业的废水；碱主要来自碱性造纸、化学纤维制造、制碱、制革等工业的废水。

当水体长期受酸碱污染，破坏了水体的自然缓冲作用，其自净化能力也会逐渐减弱。这既造成水生生物的种群发生变化，又会破坏土壤的性质，影响农作物的生长，还会对船舶、水上建筑产生腐蚀作用。

另外，酸性废水和碱性废水可相互中和产生各种盐类；酸性、碱性废水也可与地表物质相互作用，生成无机盐类。所以，一般酸性或碱性污水造成的水体污染必然伴随着无机盐的污染。

(2) 重金属污染　重金属元素很多，在环境污染研究中最引人注目的是汞、镉、铬、铅、砷等。

(3) 需氧性有机物污染　生活污水和某些工业废水中含有大量的碳水化合物、蛋白质、脂肪、木质素等有机化合物，在需氧微生物作用下可最终分解为简单的无机物质，即二氧化碳和水等。因这些有机物质在分解过程中需要消耗大量的氧气，故又被称为需氧污染物。

(4) 植物营养素　主要来自食品、化肥、工业废水和生活污水，包括硝酸盐、亚硝酸盐、铵盐和磷酸盐等。这些营养素如果在水中大量积累，造成水的富营养化，使藻类大量繁殖，容易导致水质恶化。

(5) 有机毒物污染　有机有毒物质种类繁多，作用各不相同。有些对环境具有持久污染作用，被称为持久性有机污染物。首批列入《关于持久性有机污染物的斯德哥尔摩公约》受控名单的 12 种持久性有机污染物（POPs）包括滴滴涕、氯丹、灭蚁灵、艾氏剂、狄氏剂、异狄氏剂、七氯、毒杀酚、六氯苯、多氯联苯、二噁英（多氯二苯并对二噁英）、呋喃（多氯二苯并呋喃），2013 年又更新加入 10 种。与常规污染物不同，持久性有机污染物在自然环境中极难降解，能够在全球范围内长距离迁移；被生物体摄入后不易分解，并沿着食物链浓缩放大，对人类和动物危害巨大。很多持久性有机污染物不仅具有致癌、致畸、致突变性，而且还具有内分泌干扰作用。研究表明，持久性有机污染物对人类的影响会持续几代，对人类生存繁衍和可持续发展构成重大威胁。《环境健康展望》杂志刊登的一项研究显示，持久性有机污染物与老年动脉粥样硬化的发病风险增加相关联，而动脉粥样硬化则是心脏病与中风的一个主要风险因素。研究人员发现，有 7 种持久性有机污染物与动脉粥样硬化呈现显著相关性。

3. 致病性微生物污染

致病性微生物污染大多来自于未经消毒处理的养殖场、肉类加工厂、生物制品厂和医院排放的污水等。

二、水体污染对食品安全性的影响

水体污染引起的食品安全问题，主要是通过污水养殖、污水灌溉以及污染饮用水及食品加工用水等方式造成的。

水体污染可直接引起水生生物中有害物质的积累，而对陆生生物的影响主要通过污水灌溉的方式进入。污水灌溉会引起农作物有害物质含量增加。许多国家禁止在干旱地区污水灌溉可生食的作物，烧煮后食用的作物在收获前 20～45d 停止污水灌溉等；要求污水灌溉既不危害作物的生长发育，不降低作物的产量和质量，又不恶化土壤，不妨碍环境卫生和人体健康。我国水污染较为严重，绝大部分污水未经处理就用于农田灌溉。

对食品安全性有影响的污染物有以下几种。

1. 石油类污染物

石油工业废水主要来源于石油的开采、炼制、贮运、使用和加工过程。石油类污染物是水体的主要污染物。它们会对水质和水生生物生长产生相当大的危害作用。漂浮在水面上的油类可迅速扩散，形成油膜，阻碍水面与空气接触，使水中溶解氧减少，导致生物窒息作用发生。被石油污染过的养殖区，鱼卵及幼鱼死亡率较正常水域要高。经高浓度石油废水灌溉的稻田，其最终成品米煮制成米饭后仍会残留有石油味；被石油污染过的水产品也会产生石油臭味。石油中 3，4-苯并芘等，可通过灌溉的土壤、植物根系吸收进入植物，在植物内积累，经水生生物富集后对人体产生致癌作用。

2. 富营养化污染物

富营养化主要是指水流缓慢、更新期长的地表水面接纳大量的氮、磷、有机碳等植物营养素引起的藻类等浮游生物急剧增殖的水体污染。当水体中总磷和无机氮含量分别在 $20mg/m^3$ 和 $300mg/m^3$ 以上时，就有可能出现水体富营养化过程。一般将海洋水面产生富营养化现象称为"赤潮"，将陆地水体中发生富营养化现象称为"水华"。《2013 年中国环境状况公报》显示，我国富营养化和中等程度营养化的湖泊（水库）分别达到 27.8% 和 57.4%。

从农作物生长的角度看，适量的氮、磷是植物生长所必需，但过多的营养物质进入天然水体，将使水体因富营养化而导致质量恶化，从而影响渔业的发展和危害人体健康。另外，过量的硝酸盐也具有一定的毒性。硝酸盐进入人体后，可被还原为亚硝酸盐并进一步反应生成有致癌作用的亚硝胺，所以作为饮用水源的水体中的硝酸盐含量超标会对人的健康产生影响。

另外，据报道，在 300 种赤潮种中约有 70 种能产生毒素，可造成大量的贝类、虾类、蟹类和鱼类中毒死亡。此外，这些毒素还可通过食物链作用对人类造成毒害，导致人类消化系统或神经系统中毒，严重的还可致死。

治理富营养化水体，可采取疏浚底泥，去除水草和藻类，引入低营养水稀释和实行人工曝气等措施。

3. 酚类污染物

酚的种类很多，分布很广，但从污染环境角度上看，挥发性的一元酚最具有意义，特别是苯酚和甲酚，它们也是工业废水中的常见成分。

水体中的酚类化合物主要来源于含酚废水，如焦化厂、煤气厂、煤气发生站、炼油厂、木材干馏、合成树脂、合成纤维、燃料、医药、香料、农药、玻璃纤维、油漆、消毒剂、化学试剂等工业废水。

酚类污染物是一类中等有毒化合物，属于细胞原浆毒物，可与细胞原浆中蛋白质发生化学反应形成不溶性蛋白质，从而使细胞失去活性。

酚虽然易被分解，但水体中酚负荷超量时亦会造成水体污染。酚类污染物对水生生物、陆生生物及相关下游食品加工业的影响与污染水体中酚浓度、生物个体种类等多种因素有关。例如，酚在植物体内的分布不同，一般茎叶中含量较高，种子中则较低；各种作物对酚均忍耐能力也不同，小麦、玉米在含酚量为200mg/L的环境中仍能够正常生长，而黄瓜只能在含酚量5mg/L以下的环境中生长。

(1) 酚类污染物污水灌溉时对农作物的影响　含酚污水的污灌是土壤酚超标的主要原因之一。污水中酚类化合物进入土壤后，主要分布在土壤表层，50cm以下土层中酚的含量极少。土壤对酚具有较强的净化能力，低浓度时，酚在土壤中的年净化率在90%以上，高剂量下则会造成残留或土壤中毒。一般情况下，低浓度酚促进作物生长，而高浓度则抑制生长且在农作物体内产生较高水平的蓄积作用。植物中的酚残留一般随土壤酚的增大而增大。有试验表明，50mg/L酚污水浇灌农作物，酚残留比正常清水浇灌高出7~8倍。调查表明，蔬菜中酚与土壤中酚之比多大于1，即蔬菜酚常大于土壤酚。

一般认为用含酚浓度在1mg/L以下的污水灌溉，对作物和人畜比较安全，并要求收获前，应尽可能停灌污水。

(2) 酚类污染物污水养殖时对水生动物影响　水体遭受酚类污染后，会严重影响水产品的产量和质量。水体中低浓度酚即可影响鱼类生殖洄游，浓度高时可导致鱼类大量死亡甚至绝迹。有研究报道了虹鳟鱼酚中毒的病理学。结果发现，水体中酚浓度为6.5~9.3mg/L时，能引起鱼的鳃和咽的迅速破坏，导致虹鳟鱼体腔出血，脾肿大，造成死亡。酚的毒性还在于它会抑制水中低等生物。

(3) 酚类污染物对饮用水或食品加工的影响　长期饮用被酚污染的水源，可引起头昏、出疹、瘙痒、贫血及各种神经系统症状，甚至中毒。

酚在作物中累积，会影响到产品的品质。有研究证实，用含酚的污水浇灌的黄瓜，具有苦涩味，且其含糖量比清灌的黄瓜低10.4%。用含酚污水浇灌的稻谷，成品米蒸煮后仍残留有酚味。水体中酚的浓度达0.1~0.2mg/L时，鱼肉会有酚味。

另外，酚类污染物进入人体后，低浓度情况下可使蛋白质变性，高浓度下使蛋白质沉淀，对各种细胞有直接损害，对皮肤和黏膜有强烈的腐蚀作用。

4. 重金属污染

作为水污染物的重金属，主要是指汞、镉、铅、铬以及类金属砷等生物毒性显著的元素。水体被重金属污染后会对水生生物产生直接的毒害作用。污水灌溉时，受重金属影响，植物侧根发育受阻，妨碍氮、磷、钾的吸收，使作物的叶黄化、茎秆矮化。

从毒性和对生物体、人体的危害方面看，重金属的污染有以下几个特点。

① 在天然水体中只要有微量浓度即可产生毒性效应。例如，重金属汞、镉产生毒性的浓度范围在 0.001~0.01mg/L。

② 通过食物链发生生物放大、富集，在人体内不断积蓄造成慢性中毒。日本的水俣病就是由镉积累过多所引起的。

③ 水体中的某些重金属可在微生物的作用下转化为毒性更强的金属化合物。最为典型的就是汞的甲基化。研究表明，甲基汞的毒性是无机汞离子的 100 倍。这是因为甲基汞脂溶性高，易与蛋白质中的—SH 结合，是潜在的神经毒素。

5. 耗氧有机物污染

水中含有充足的溶解氧是保证鱼类生长、繁殖的必要条件之一。除极少数的鱼类，如鳝鱼、泥鳅等，在必要时可利用空气中的氧以外，绝大部分鱼类只能用鳃获取水中溶解氧以供呼吸，维持生命活动。例如，鳟鱼对溶解氧的要求比较高，必须达 8~12mg/L；鲤鱼稍低，为 6~8mg/L；我国特有的鱼种，如草鱼、鲢鱼、鳙鱼等对溶解氧含量要求也在 5mg/L以上。

耗氧有机物是当前全球最普遍的一种水污染物，它们的分解过程势必导致水体中溶解氧浓度急剧下降，因而影响鱼类和其他水生生物的正常生活。清洁水体中耗氧有机物的含量应低于 3mg/L，耗氧有机物超过 10mg/L 则表明水体已受到严重污染。

水体中耗氧有机物污染的危害主要在于对渔业水产资源的破坏作用。在耗氧有机物严重污染的水体中，一方面，有经济价值的渔业资源遭到破坏；而另一方面，许多适应污水环境的某些生物却得到繁殖。在标准状况下，水中溶解氧约 9mg/L，当溶解氧降至 4mg/L 以下时，将严重影响鱼类和水生生物的生存；当溶解氧降低到 1mg/L 时，大部分鱼类会窒息死亡；当溶解氧降至零时，生物种类单调，水中厌氧微生物占据优势，主要是细菌，其个体数极多，有时每毫升中细菌数可达几亿之多。

另外，有机物进行厌氧分解时，产生甲烷、硫化氢、氨和硫醇等难闻、有毒气体，造成水体发黑发臭，影响城市供水及工农业生产用水和景观用水。

由于耗氧有机物成分复杂、种类繁多，一般常用综合指标如生化需氧量（BOD）、化学需氧量（COD）等表示。

6. 氰化物污染

氰化物是指含有氰基—CN 的化合物。水中氰化物包括无机氰化物和有机氰化物。无机氰化物又可分为简单氰化物和络合氰化物。常见的简单氰化物有氰化钾、氰化钠和氰化铵等。此类氰化物易溶于水，并电离出氰基 CN^-，在高温或酸性条件下分解释放出剧毒物质氰化氢（HCN）。常见的络合氰化物有亚铁氰化钠、亚铁氰化钾和铁氰化钾等，它们的毒性比简单氰化物小，但水中的大部分络合氰化物受 pH 值、水温和光照等影响，可以离解为简单氰化物。常见的有机氰化物（腈）有丙烯腈、乙腈、丁腈等，在一定条件下，也可转化为简单氰化物。

氰化物对于人、畜及水生生物均为剧毒物质。氰化物引起中毒的关键在于氰离子（CN^-）与细胞色素氧化酶的结合，使细胞丧失了摄取和利用氧的能力，从而导致细胞缺氧和窒息。人口服氰化钠的致死量为 100mg，氰化钾为 120mg。氰化物也可影响鱼、贝、藻类的呼吸作用。当水中 CN^- 含量达到 0.3~0.5mg/L 时，可使鱼致死。

自然环境中普遍存在微量氰化物，它们主要来自肥料及有机质。高浓度的氰化物主要来源于工业企业。氰基（CN⁻）是一种强络合剂，故氰化物常被用于提金、电镀工艺、农药生产等。含氰废水，例如电镀废水、焦炉和高炉的煤气洗涤冷却水、选矿和矿石冶炼废水、合成纤维工业和某些化工行业废水等，其浓度为 $1\sim180\text{mg/L}$。水体对氰化物有较强的自净作用，但这一过程速率缓慢。

氰化物对农作物的毒性相对较小。氰化物是植物本身固有的化合物，在植物体内的自然氰化物有几百种。高等植物对氰化物有一定同化能力。当土壤中的氰化物进入植物机体后，可进入氮代谢系统，形成天冬氨酸，这是高等植物体内的正常代谢产物。此过程进行迅速，因此植物对氰化物有一定的耐受能力。此外，氰化物可以与植物内的金属起络合反应，成为对植物细胞无毒的结合态，使植物受害减轻。因此，一般来说，外源氰不易在环境和机体中积累，但在特定条件下（事故排放、高浓度持续污染），氰的污染量超过环境的净化能力时，会在环境中残留、蓄积，从而构成对人和生物的潜在危害。研究表明，低浓度的氰对植物生长无明显影响。以水稻为例，在低浓度时对水稻的生长甚至还略有刺激作用；但当浓度逐渐提升时则会影响到农作物生长及成品谷粒的质量和产量。据刘逸浓报道，河北省卫生防疫站曾试验用含氰工业废水灌溉农田，当灌水中氰浓度为 50mg/L 时，水稻、油菜的产量降低约19％。

我国 GB 5084—2005《农田灌溉水质标准》规定，灌溉水含氰 0.5mg/L 以下时，对作物、人畜安全。

7. 芳香烃污染物

芳香烃是指苯及其同系物，主要来自于化工、合成纤维、炼焦、塑料、橡胶、制药、电子和印刷以及石油废水。芳香烃对人的神经系统产生毒害作用，中毒轻者可出现头晕、无力和呕吐等症状，严重者可失去知觉，甚至死亡。用含芳香烃的废水浇灌作物，可造成芳香烃在粮食和蔬菜中残留。我国规定，灌溉水中苯的含量不得超过 2.5mg/L。

8. 生物污染

人类和动物的许多疾病是通过水体或水生生物传播病原的，如肝炎、霍乱、细菌性痢疾等。病原微生物往往由于医院废弃物未做处理或患者排泄物直接进入水系水体，或由于洪涝灾害造成动植物死亡、腐烂并大规模扩散。如 1988 年上海、江浙一带暴发的甲肝大流行即是由于甲肝病毒污染了水体及其水生毛蚶引起的。曾有研究者研究发现，大肠杆菌可在地下水沉积物中存活数月，这可造成地表水被大肠杆菌污染。

另外，当前转基因产品的污染也不容忽视。美国印第安纳大学环境科学家发现，大面积种植各种转基因玉米可能会对水生生态系统造成影响。毒理测试实验结果表明，转基因玉米的副产物可导致水生昆虫石蛾的死亡率显著提高。

第三节 土壤污染及对食品安全性的影响

"民以食为天"，土地是承载生命的物质基础，它既是环境的组成部分，又是其他自然资源和社会资源的载体。中国是世界上人口最多的发展中国家，但我国人均耕地面积仅为 0.1hm^2，不到世界平均水平的 1/2，而且随着人口继续增长，我国人均耕地面积还将下降，耕地资源约束将进一步加大。根据中科院《2050：中国的区域发展——中国至 2050 年区域科技发展路线图》估计，我国人口在 2020 年将达到 14.25 亿，2030 年将达到 14.42 亿的峰值。这一数值与联合国在《世界发展展望：2012 年修订版》预期数据接近。届时，中国需要以 20 亿亩❶可耕土地保证近 15 亿人口的生活质量，土地负荷之大可想而知。而且这有限的资源正以惊人的速度减少和退化。国土资源局的报告显示，从 2001～2007 年期间，中国耕地面积减少接近 0.88 亿亩；2009 年之后这一状况虽得以有效遏制，但未能完全控制。2012 年，全国因建设占用、灾毁、生态退耕等原因减少耕地面积 40.20 万公顷，通过土地整治、农业结构调整等增加耕地面积 32.18 万公顷，年内净减少耕地面积 8.02 万公顷。当前，由于工业三废排放、矿山开采中的重金属污染、城市生活垃圾填埋以及农业面源污染等诸多原因，我国土壤污染非常严重，土壤质量明显下降。2005 年 4 月至 2013 年 12 月期间，国家环境保护部会同国土资源部开展了首次全国土壤污染状况调查。调查结果显示，全国土壤环境状况总体不容乐观，部分地区土壤污染较重，耕地土壤环境质量堪忧，工矿业废弃地土壤环境问题突出。全国土壤污染总的点位超标率为 16.1%，其中轻微、轻度、中度和重度污染点位比例分别为 11.2%、2.3%、1.5% 和 1.1%。从土地利用类型看，耕地、林地、草地土壤点位超标率分别为 19.4%、10.0%、10.4%。从污染类型看，以无机型为主，有机型次之，复合型污染比重较小，无机污染物超标点位数占全部超标点位的 82.8%。从污染物超标情况看，镉、汞、砷、铜、铅、铬、锌、镍 8 种无机污染物点位超标率分别为 7.0%、1.6%、2.7%、2.1%、1.5%、1.1%、0.9%、4.8%；六六六、滴滴涕、多环芳烃 3 类有机污染物点位超标率分别为 0.5%、1.9%、1.4%。与"七五"时期全国土壤环境相比，当前我国表层土壤中无机污染物含量增加比较显著，其中镉的含量在全国范围内普遍增加，在西南地区和沿海地区增幅超过 50%，在华北、东北和西部地区也增加 10%～40%。

工业"三废"和农用化学物质以及其他各种废弃物中的有毒有害物质的最终归宿是进入农业环境，对农业水体、农田大气、农田土壤和农作物造成污染。土壤污染导致食品品质下降，对食品安全已构成直接或潜在危害。

一、土壤污染

土壤指地球陆地表面能够生长绿色植物的疏松层。土壤不但为植物生长提供机械支撑能力，并为植物生长发育提供所需要的水、肥、气、热等肥力要素，是地球上生命活动不可缺少的重要物质。土壤也是生态系统物质交换和物质循环的中心环节，它是各种废弃物的天然收容和净化处理场所。

土壤污染指污染物质进入土壤中不断累积，引起土壤的组成、结构和功能的变化，从而影响植物的正常生长和发育，以致在植物体内积累，使作物产量和质量下降，最终影响人体健康。

良好的土壤质量、安全的土壤环境才能生产安全的食品，土壤污染会危害到下游的食品工业的安全。

（一）土壤污染的原因

据国土资源部和环保部分析，土壤污染是在经济社会发展过程中长期累积形成的，主要原因包括以下几方面。

首先，工矿企业生产经营活动中排放的废气、废水、废渣是造成其周边土壤污染的主要原因。从《全国土壤污染状况调查公报》显示，在涉及黑色金属、有色金属、皮革制品、造纸、石油煤炭、化工医药、化纤橡塑、矿物制品、金属制品、电力等行业的 690 家重污染企

---

❶ 1 亩＝666.67m²。

业用地及周边的 5846 个土壤点位中，超标点位占 36.3%；在调查的 146 家工业园区的 2523 个土壤点位中，超标点位占 29.4%；其中，金属冶炼类工业园区及其周边土壤主要污染物为镉、铅、铜、砷和锌，化工类园区及周边土壤的主要污染物为多环芳烃。例如，根据环保部《2013 年环境统计年报》显示，全国每年都会产生大量工业固体废物，数据可见表 3-3。

表 3-3　全国一般工业固体废物产生及处理情况　　　　　单位：万吨

年份	产生量	综合利用量	贮存量	处置量	倾倒丢弃量
2011 年	322722.3	195214.6	60424.3	70465.3	433.3
2012 年	329044.3	202461.9	59786.3	70744.8	144.2
2013 年	327701.9	205916.3	42634.2	82969.5	129.3
变化率/%	−0.41	1.71	−28.69	17.28	−10.33

注：资料来源于国家环保部。

表 3-3 中显示全国每年都有一定量的工业固体废弃物被直接倾倒丢弃，这些被丢弃的工业废弃物很容易成为土壤污染的隐患。《全国土壤污染状况调查公报》还显示，中国重污染企业或工业密集区、工矿开采区及周边地区、城市和城郊地区，都出现了土壤重污染区和高风险区。在调查的 81 块工业废弃地的 775 个土壤点位中，超标点位占 34.9%。在调查的 188 处固体废物处理处置场地的 1351 个土壤点位中，超标点位占 21.3%，以无机污染为主，垃圾焚烧和填埋场有机污染严重。汽车尾气排放导致交通干线两侧土壤铅、锌等重金属和多环芳烃污染。在调查的 267 条干线公路两侧的 1578 个土壤点位中，超标点位占 20.3%，主要污染物为铅、锌、砷和多环芳烃，一般集中在公路两侧 150m 范围内。

其次，农业生产活动是造成耕地土壤污染的重要原因。污水灌溉、化肥、农药、农膜等农业投入品的不合理使用和畜禽养殖的不良管理等都将导致土壤污染。《全国土壤污染状况调查公报》表明，在调查的 55 个污水灌溉区中，有 39 个存在土壤污染；在 1378 个土壤点位中，超标点位占 26.4%，主要污染物为镉、砷和多环芳烃。统计数据表明，2010 年，中国的农产品总产量 49773.5 万吨，约占全球总产量 1/5，与之形成强烈对比的是，中国化肥的总消耗量为 5739.8 万吨，超过全球化肥消费量的 1/3。据中国农业部的调查显示，目前我国水稻、玉米、小麦三大粮食作物氮肥、磷肥和钾肥当季平均利用率分别为 33%、24%、42%。剩余的养分通过各种途径进入土壤和水体。据黄祖辉报道，中国化肥平均施用强度由 1996 年的 294.0kg/hm² 上升到 2005 年的 390.0kg/hm²（江苏则高达 698.5kg/hm²），远远超出了发达国家为防止化肥对水体污染而设置的 225.0kg/hm² 的安全上限；农药则由 1996 年的 8.8kg/hm² 增加到 2005 年的 12.0kg/hm²，远高于 OECD 国家 2000 年前后 2.1kg/hm² 的平均水平。在利用效率没有明显提高的情况下，化肥、农药施用强度的不断提高意味着对水环境和土壤的压力进一步加大。过量的化肥投入致使氮、磷等营养盐流失加重。研究表明，通过农田排放的氮和通过农田渗漏进入地下水的氮以及从农田排放到大气的氮氧化物和氨气等，已成为水体和大气污染源之一。另外，化肥特别是磷肥生产过程中伴生有重金属和有毒元素，化肥中的重金属等若被农作物吸收，会影响食品安全。另外，近十年来，国内各种农用塑料薄膜生产和应用发展迅速，已成为提高耕地利用率和产量的有效手段。农用塑料薄膜从 2001 年的 144.9 万吨增加到 2012 年的 238.3 万吨。但与此同时存在残膜污染问题，统计表明，农用塑料薄膜回收率不足 60%，有的品种甚至不超过 10%。残留在农田中的地膜在自然环境条件下难以降解，随着地膜栽培年限的延长，耕地土壤中的残膜量不断增加。土壤中的残存地膜降低了土壤渗透性能，减少了土壤的含水量，削弱了耕地的抗旱能力，并进而影响作物根系的生长发育。

另外，自然背景值高是一些区域和流域土壤重金属超标的原因。

（二）土壤污染的特点

1. 隐蔽性和滞后性

土壤污染与大气和水体污染不同，不能通过人体的感官发现。污染物进入土壤后有可能被分解、也有可能与土壤结合，只有通过农作物、牧草、动物或人的健康状况反映出来，这个过程需要一段时间。即便是在土壤受到污染、对生态和健康造成危害时，土壤还有可能继续保持其生产能力，这充分体现了土壤污染危害的隐蔽性和滞后性。例如，日本由于镉污染引起的"水俣病"经过 10～30 年的时间才被逐渐认识。

2. 易累积性

污染物在土壤中的扩散和稀释要比在大气和水体中难度更大，因此导致污染物在土壤中的不断累积后超标。

3. 不可逆性和长期性

当土壤污染后，污染物在短期内很难在环境中自行消除。由于重金属不能被降解，因此土壤被重金属污染后，就很难被去除；土壤中有机污染物的降解也需要很长的时间。

4. 难治理性

土壤污染发生后，仅依靠切断污染源的方法还不能恢复被污染的土壤。治理方法中的换土、土壤淋洗等方法虽时间较短但成本较高，生物修复方法虽成本较低但往往见效较为缓慢。因此，污染土壤的修复和治理需要较长的时期和成本，其危害比大气和水污染更难消除。

二、土壤污染对食品安全性的影响

总的来看，土壤污染有三方面的危害。一是影响农产品的产量和品质。土壤污染会影响作物生长，造成减产。农作物可能会吸收和富集某种污染物，影响农产品质量。土壤污染往往要通过土壤样品分析、农作物检测甚至人畜健康的影响研究才能确定，土壤污染从产生到发现危害通常时间较长。因此，对农产品及下游的食品工业的影响也会更大。二是危害人居环境安全。住宅、商业、工业等建设用地土壤污染还可能通过经口摄入、呼吸吸入和皮肤接触等多种方式危害人体健康。污染场地未经治理直接开发建设，会给有关人群造成长期的危害。三是威胁生态环境安全。土壤污染影响植物、土壤动物（如蚯蚓）和微生物（如根瘤菌）的生长和繁衍，危及正常的土壤生态过程和生态服务功能，不利于土壤养分转化和肥力保持，影响土壤的正常功能。土壤中的污染物可能发生转化和迁移，继而进入地表水、地下水和大气环境，影响其他环境介质，可能会对饮用水源造成污染。土壤污染尤其是重金属污染具有难可逆性。

土壤污染引起食品安全问题主要是通过两条途径进行的：一是通过土壤影响农作物，然后通过食物链影响人体；二是通过污染的土壤污染地下水（或地表水）影响人体健康。

（一）无机污染物

1. 镉污染

目前我国土壤污染中，镉污染最严重，镉污染物点位超标率高达 7.0%。中国水稻研究所与农业部稻米及制品质量监督检验测试中心2010年发布的《我国稻米质量安全现状及发展对策研究》表明，我国1/5的耕地受到了重金属污染，其中镉污染的耕地涉及11个省25个地区，在湖南、江西等长江以南地带，这一问题更加突出。潘根兴等曾就全国华东、东北、华中、西南、华南和华北6个地区的县级以上市场中市售大米镉含量进行调研。结果表明，10%左右的市售大米镉超标。研究还表明，中国稻米重金属污染以南方籼米为主，尤以湖南、江西等省份最为严重。2014年发布的《全国土壤污染状况调查公报》则更清晰明了地展示了中国土地镉污染形式的严峻性。

土壤镉污染来源主要如下。

(1) 矿山开采和冶炼 镉大部分存在于闪锌矿（ZnS）内，铜矿、铅矿和其他含有锌矿物的矿石中也有镉的存在。镉在这些矿的开采、冶炼过程中，通过冲刷溶解和挥发作用，可释放到水体和大气中。大气中的镉，在风的作用下逐渐向周围扩散，通过自然沉降，蓄积于冶炼厂周围的土壤中，并以污染源为中心，波及周围数公里远的土壤。这种污染被称为气型污染。

(2) 工业生产 电镀、电池、颜料、塑料、涂料等工业需使用镉作原料，生产过程均排放一定浓度的含镉废水。使用上述工业生产含镉废水灌溉或施用含镉污泥，均可使土壤环境被镉污染，这种污染称为水型污染。

(3) 农业施肥 施用磷肥也可能带来镉的污染，因为多数磷矿石含镉5～100mg/kg，大部分或全部镉都进入肥料中。据测定，我国磷肥的含镉量在0.1～2.93mg/kg，其中普钙平均含镉量为(0.75±0.05)mg/kg，钙镁磷肥为(0.11±0.03)mg/kg。

镉是作物生长非必需元素，但是它非常容易被植物吸收，只要土壤中镉的含量稍有增加，农作物体内镉的含量就会相应增高。

一般情况下，大多数农产品中均含有镉，但不同农产品对镉蓄积能力有所不同。如主食（米、面粉）含镉量一般小于0.1mg/kg，鱼和肉的含镉量为5～10μg/kg湿重，而动物内脏（肝、肾）的含镉量较一般食物高，可达到1～2mg/kg湿重。这可能与肝、肾是生物体内镉的主要蓄积器官有关。

大多数情况下，天然水的镉浓度在1μg/L以下。镉污染过的土壤，通过雨水或灌溉用水的冲刷及土壤的渗透作用，可使镉通过农田的径流进入地面水和地下水，污染饮用水源。

人体摄入镉污染的食品或饮水后可导致人发生镉中毒或镉危害。镉对人体的危害可参见本书相关章节。

2. 汞污染

汞属于稀有元素，它在自然界的分布广，但含量均较低。环境中的汞污染有以下两种来源。

(1) 自然界中汞元素的天然释放 土壤中汞的背景值为0.01～0.15mg/kg。不同母质岩形成的土壤，其含汞量存在很大差异。土壤母质中的汞是土壤中最基本的来源，原生岩中汞元素的含量，直接决定着土壤中的汞含量。地球经过一系列的自然过程如火山活动、地热活动及地壳放气作用等将汞释放到大气而污染环境。据估计每年由于岩石和矿物的物理化学风化作用而进入地球表面的汞约为1000t。

(2) 工农业及生活废气、废水、废渣的排放 人类工农业生产活动使汞进入大气、水体、土壤。最终，汞可以通过大气沉降、废水排放和农药施用等过程直接或间接地进入土壤中。

土壤中汞按化学形态可分为金属汞、无机结合态汞和有机结合态汞。土壤中的无机汞有 $HgSO_4$、$Hg(OH)_2$、$HgCl_2$ 和 HgO 等。它们因溶解度相对较低，在土壤中的迁移能力很弱。土壤中有机化合态汞分为有机汞（如甲基汞、乙基汞）和有机络合汞（如土壤腐殖质络合汞等）。其中以甲基汞形式存在的汞易被植物吸收，通过食物链在生物体中逐级累积。在一定条件下，各种形态汞之间可以相互转化，即土壤中任何形式的汞（金属汞、无机汞等）均可转化为剧毒的甲基汞，称为汞的甲基化。例如，土壤中的无机汞在土壤微生物的作用下，可向甲基化方向转化。研究表明，这种转化特征是与土壤质地和土壤环境紧密相关，其中包括土壤 pH 值、Eh、有机质含量、微生物等因素。

农作物对土壤汞有较高的积累性，汞的吸收量随土壤汞浓度的增加而提高。土壤中汞浓度小时，土壤中的植物一般不能富集汞，植物中甲基汞含量也很低。但当土壤含汞达到 0.5mg/kg 以上时，植物中汞吸收量就会增加。研究表明，当酸性土壤汞含量大于 0.5mg/kg，石灰性土壤汞含量大于 1.5mg/kg 时，稻米中汞富集量会超过 0.02mg/kg 的粮食卫生标准，但不会影响水稻的生长。引起水稻生长不良的土壤汞浓度一般为 5mg/kg 以上。不同植物及同一植物的不同器官在各自生长阶段对汞的吸收、积累完全不一样。粮食作物中富集汞能力的顺序为：水稻＞玉米＞高粱＞小麦。水稻比其他作物易吸收汞的主要原因是，淹水条件下，无机汞会转化为金属汞，这使得水田土壤中金属汞含量明显高于旱地。

汞特别是有机汞对人体的危害很大，尤其是甲基汞（包括一甲基汞和二甲基汞）。甲基汞属剧毒，经食物链的生物浓缩和生物放大作用，可在鱼体内浓缩几万甚至几十万倍。

汞对人体的危害可参见本书相关章节。

3. 砷污染

砷是一种非金属元素，在自然环境中分布很广，土壤中砷含量一般在 5～6mg/kg。自然界中砷多以重金属的砷化合物和硫砷化合物形式混存在金属矿石之中，例如雌黄（As_2S_3）、雄黄（As_2S_2）及砷铁矿（FeAsS）等。自然界中的砷多为五价，污染环境的砷多为三价的无机化合物，动物体内的多为有机砷化合物。当前中国砷污染比较严重，国土污染统计显示砷污染点位超标率为 2.7%。

土壤中的砷主要来自土壤自然本底，其次是含砷肥料、农药以及含砷废水的灌溉。

土壤砷在作物中有较高的积累性。砷对植物危害首先表现在叶子上，症状是叶片卷曲枯萎；其次是根系发育受阻；最后是植物根、茎、叶全部枯死。

食品中的砷污染主要来源于含砷农药、空气、土壤和水体。欧洲食品安全局发布无机砷膳食暴露评估的科学报告表明，除婴儿、幼儿之外的所有年龄群组，膳食无机砷的主要贡献食品是"谷物加工食品（非稻米来源）"，尤其是小麦面包和面包卷；其他食物类如大米、乳及乳制品（是婴幼儿的主要贡献食品）和饮用水，也是膳食无机砷的重要来源。

4. 铜污染

我国土壤含铜量为 3～300mg/kg，平均为 22mg/kg，除了长江下游的部分土壤以外，各种类型的土壤平均含量都在 20mg/kg 左右。

土壤中铜污染来源主要有两类，即自然源和人为源。土壤中本底铜主要来自原生矿物的各种风化作用。原生矿物的风化将铜导入土壤圈，而土壤圈的物理化学性质可使铜在不同土壤及同一土壤的不同层次上重新分配。土壤中的铜的人为源主要包括有色金属冶炼开采企业排放的三废、城市生活垃圾、污泥、污水灌溉等。

土壤中铜的形态比较复杂，其主要形态随土壤性质的不同而有所不同。土壤矿物成分、胶体种类、pH 值、质地和有机质对铜的形态都有影响，其中 pH 值和有机质的影响最大。土壤中铜的各种形态在一定条件下可以互相转化。影响转化的主要因素为土壤的 pH 值、Eh、土壤的黏土矿物性质和有机质等。

尽管铜是植物生长的必需微量元素，但当土壤铜含量高于某一临界值时，就会对植物生长产生一定的毒害作用。随着土壤污染的日益严重，土壤铜污染的植物效应已引起了广泛的注意。

铜对动物的危害表现为，过量的铜会刺激消化系统，引起腹痛、呕吐，长期过量可导致肝硬化。

5. 铅污染

铅是土壤污染较普遍的元素。环境中的铅也可分为自然来源和人为来源。前者主要来源于岩石矿物，岩石在风化成土过程中，大部分铅仍保留在土壤中。无污染土壤铅含量大都仅略高于母质岩含量。人类活动则是造成铅污染主要原因。土壤外源铅主要来源于含铅矿山三废、铅字印刷厂、蓄电池工业等，另外，汽油里添加有抗爆剂烷基铅，随汽油燃烧后通过尾气而积存在公路两侧百米范围内的土壤中。铅的密度较大，空气中的含铅颗粒容易沉降下来，不断积累在周围土壤里。

土壤中铅主要为难溶性的如氢氧化铅、碳酸铅、磷酸铅等，因而活性很低。但土壤的环境条件会影响铅在土壤中的迁移和转化。pH 值对可溶性铅含量的影响至关重要，一般在酸性土壤中可溶性铅的含量高，在碱性土壤中的含量较低。

进入土壤的铅有可能被植物吸收，或溶解到地表水中，通过食物链和饮用水进入动物和人体，进而影响人类健康。例如，水稻吸收铅与土壤含铅量有着明显的正相关，其相关系数无论是大田调查，小区或盆栽试验均可达极显著水平。谷类作物吸铅量较大，但多数集中在根部，茎秆次之，籽实中较少。

铅对人及动物的危害表现为蓄积毒性，具体参见相关章节。

6. 铬

铬在未污染的土壤中有效含量较低，工业污染，特别是制革废水及处理后的污泥是土壤铬的重要污染源。

少量铬对植物生长有刺激作用，植物从土壤中吸收的铬大部分积累在根中，其次是茎叶，在籽粒中累积量最少。铬在籽粒中的转移系数很低，在污染情况不严重时，粮食作物种子中铬的累积不至于引起食品安全问题，但研究表明铬在茎叶特别是根中转移系数是很高的。

三价铬是人体必需的微量元素，而过量的摄入也会产生毒害；六价铬对人体有较强毒害作用，毒性比三价铬大 100 倍。

7. 氰化物污染

氰化物（cyanide）是植物本身固有的化合物，在植物体内氰化物种类有几百种。清灌区蔬菜作物氰化物的来源，可以由植物自身经代谢过程而产生。自然氰含量与植物品种及部位密切相关。例如，同为蔬菜，一般情况下根类菜（0.080mg/kg）＞豆类（0.053mg/kg）＞绿叶菜类（0.042mg/kg）＞瓜类（0.039mg/kg）＞白菜类（0.030mg/kg）＞茄果类（0.028mg/kg）；菜豆幼苗茎叶含氰量 0.182mg/kg，根部则为 0.489mg/kg。

土壤中也普遍含有氰化物，并随土壤的深度增加而递减，其含量为 0.003～0.130mg/kg。天然土壤中的氰化物来自土壤腐殖质。腐殖质是一种复杂的有机化合物，其核心由多元酚聚合而成，并含有一定数量的氮化合物，在土壤微生物的作用下，可生成酚和氰。

土壤对氰化物有较强的净化能力。进入土壤的氰化物，一部分会逸散至空气中，一部分被植物吸收，在植物体内被同化或氧化分解；存留于土壤中的氰化物在微生物的作用下，可被转化为碳酸盐、氨和甲酸盐。当氰化物持续污染时，土壤微生物经驯化、繁殖可产生相适应的微生物群，对氰的净化起巨大作用。因此有些低浓度含氰工业废水长期进行污水灌溉的地区，土壤中的氰含量积累作用较弱。但较高浓度污灌水或其他途径带入土壤中的氰，可在土壤中残留，并随水中浓度的增加而增加。氰在土壤中的分散速度与气温及灌溉水中的浓度有关。据中国农业科学院蔬菜花卉研究报道，土壤中氰的残留较植物明显，与非污灌区土壤比较，污灌区耕作层各层均高于清灌区。

8. 化肥

过多施用化肥，会影响农作物产品品质。如禾本科作物过量施用氮肥，虽然籽粒蛋白质总量增加，但氨基酸比例会下降，从而导致产品品质下降。另外，施氮过多的蔬菜中硝酸盐含量可达正常情况的 20～40 倍。

过量的磷肥会对果蔬中有机酸、维生素 C 等成分的合成以及果实形状、大小、色泽和香味等带来不良影响；同时，磷肥中常含砷、镉等化合物，有可能导致重金属污染。如磷石灰中除含铜、锰、硼、钼、锌等植物营养成分外，还含有砷、镉、铬、氟、汞、铅和钒等对植物有害的成分。据日本调查，一些磷肥中砷的含量很高，平均达 24mg/kg，过磷酸钙中砷的含量达 104mg/kg，重磷酸钙高达 273mg/kg。

化肥中的氟和钒也值得注意，如过磷酸钙化肥中含氟达 2%～4%，长期施用会导致土壤中氟的积累；茶树具有积累氟的特性，大量施用过磷酸钙肥料，会使茶叶中含氟量增高。钒在过磷酸钙化肥中的含量也较高。

（二）有机污染物

1. DDT 污染

DDT 有若干种异构体，其中仅对位异构体（p、p'-DDT）具有强烈的杀虫性能。工业品中的对位异构体含量在 70% 以上。

DDT 在 20 世纪 70 年代以前是全世界最常用的杀虫剂，也是典型环境持久性有机污染物。由于其毒性大、难降解和易于在生物体内富集等特性，被世界各国列为优先控制污染物。

环境中 DDT 的主要来源是有机氯农药的生产和使用。DDT 在土壤中，特别是表层残留较高。由于 DDT 在土壤中挥发性不大，且易被土壤胶体吸附，故它在土壤中移动也不明显。农田土壤中残留态 DDT，在适宜条件下，可被活化而表现出一定的生物有效性，在植物体内富集并沿食物链传递。邰红建等（2009）在可控条件下，研究了人为污染土壤中DDT 类污染物在蔬菜（菠菜和胡萝卜）不同部位的富集与分配规律。研究结果表明，DDT类污染物在菠菜和胡萝卜叶部和根部均有一定富集，其中菠菜叶面富集量占富集总量的68.6%～92.2%；而胡萝卜叶部富集占富集总量的 34.9%～41.6%。由于 DDT 在蔬菜体内富集后，可沿食物链传递和放大，对农产品质量和人体健康构成直接威胁。

由于 DDT 脂溶性强，水溶性差，它可以长期在脂肪组织中蓄积，并通过食物链在动物体内高度富集，使居于食物链末端的生物体内蓄积浓度比最初环境所含农药浓度高出数百万倍，对机体构成危害。而人处在食物链最末端，受害也最大。所以，虽然 DDT 已禁用多年，但仍然受到人们的关注。当前中国国土残留 DDT 的污染率仍然高达 1.9％。

2．多环芳烃

多环芳烃是指分子中含有两个或两个以上苯环的碳氢化合物。多环芳烃（PAHs）广泛存在于自然界，种类达 100 多种。大部分多环芳烃（PAHs）具有较强的致癌、致畸变和致突变性等而对人类的健康和生态环境产生潜在的威胁。

环境中的多环芳烃主要来源于人类活动和能源利用过程，如石油、煤等的燃烧，石油及石油化工产品生产，交通工具的排放，家庭燃烧，垃圾焚烧等。此外，森林火灾、火山活动、植物和生物的内源性合成等自然过程也造成环境的 PAHs。PAHs 通过全球蒸馏效应或蚱蜢效应传输与沉降至离污染源远近不同的地表、植被和水体中，导致全球范围内的污染传播。

土壤中的 PAHs 主要来源于污水灌溉、大气中 PAHs 干湿沉降、农业污水污泥施用、秸秆焚烧等过程。从土地功能利用类型来看，农业用地（林地、果园、农田）的 PAHs 主要来源于石油源（或部分来源于土壤或岩石中的有机质）；城区、交通干线附近及工矿企业附近表层土壤中的多环芳烃主要来源于化石燃料燃烧的产物。多环芳烃在土壤中分布极其广泛，且检出率普遍较高。《全国土壤污染状况调查公报》显示，当前中国土地上多环芳烃的污染点位超标率占 1.4％。

土壤中 PAHs 可以被植物吸收积累。当多环芳烃滞留在植物叶片上时，会堵塞叶片呼吸孔，使其变色、萎缩、卷曲直至脱落，影响植物的正常生长及果实孕育。例如，大豆受多环芳烃污染达到一定程度时，其叶片会发红，枝叶掉落，所形成的荚果很小甚至不结果。

第四节　放射性物质对食品安全性的影响

在人类生活的环境中天然存在着一些放射性物质，如宇宙射线，这些被称为天然辐射源。它们主要来源于宇宙线和环境中的放射性核素，后者包括地壳（土壤、岩石等）中含有的 ^{40}K（钾）、^{226}Ra（镭）、^{87}Rb（铷）、^{232}Th（钍）、^{238}U（铀）及其衰变产物。天然辐射源所产生未受人类活动影响的总电离辐射水平称为天然辐射本底，其平均值为 1.05×10^{-3} Gy/年。天然辐射本底一般不会给人造成不可接受的伤害，也不会给人类食物造成不可接受的污染。放射性污染主要来源于人类的一些活动，如矿藏开采、核武器的开发等。人类这些活动排放出放射性污染物若使环境的放射性水平高于天然本底或超过国家规定的标准，即为放射性污染。放射性污染物可能通过动植物富集而污染食品，进而对人类健康产生危害。

一、食品中放射性物质的来源

1．放射性矿产的开采和冶炼

放射性矿产开采和冶炼的过程中会产生大量尾矿并排出放射性粉尘和废水等，对环境污染的同时，直接或间接污染食品。

2．核能的应用及意外事故

目前，全世界核电站已近 500 座。核电站排放的废水中仅含微量放射性物质，一般无法检出。但核电站的废水排放量很大，经过漫长的生物链后被高度富集，最终成为水产食品放射性物质污染的一个主要来源。而且，一旦核电站发生核事故时，则会造成非常严重的污染。1986 年苏联切尔诺贝利核电站事故以及 2011 年日本福岛核事故都给整个世界带来巨大损失和危害。

3. 核试验

核试验同样会带来严重的放射性污染。核爆炸可以产生几百种放射性核素，并通过落下灰进入海洋。大部分核爆炸产生的放射性核素半衰期很短，在爆炸发生后很短时间内衰变殆尽，一些长寿命核素产生量又少，所以至今核爆炸产生的能在海洋中探测到的人工放射性核素仅有很少几种，如氢3、碳14、锶90、铯137等。

大气层核试验中，裂变核爆产生的放射性尘埃颗粒较大，被认为主要释放在对流层，并很快在试验场附近沉降，所以放射性沉降是局地性的。聚变核爆的放射性尘埃颗粒小，约微克量级，可以进入平流层，在平流层大约有一年的停留时间，可能输运到全球各地，所以产生全球性的大气沉降。因此，核试验的污染具有全球性，是食品放射性污染的一个重要来源。

4. 放射性同位素的应用

放射性同位素在工农业、医学和科研领域应用的同时也会向外界排放一定量的放射性物质。例如，在稀土工业、煤炭工业、磷肥生产过程中使用的原料中含有一定的放射性同位素，如废物处理不当，也会造成环境污染。

二、易污染食品的放射性核素

容易污染食品的放射性核素主要是一些人工放射性核素，如碘131、锶90、铯137等。

1. 碘131

碘131是核爆炸时的裂变产物，其半衰期虽然仅有8.6d，但危害性却极大，尤其是对儿童，碘131易致甲状腺功能低下。有调查显示，碘131降落至地面几天后，污染地区生产的牛奶中的碘131量已足以损害儿童甲状腺。

同时，由于卵巢也是碘浓集之处，放射性碘可对遗传产生影响。

碘129是一种低能量的同位素，穿透力虽小，但半衰期却长达1400万年。所幸它的总体产生量很少，据有关报道称，约每一万亿个碘原子中才有五个是碘129。

2. 锶90

锶90为全球性沉降物，在核爆炸时会大量产生，半衰期为28年。因此，锶90广泛存在于土壤中，是食品放射性污染的主要来源。

土壤中的锶90可通过根叶被植物吸收，因此锶90易存在于陆生植物性食品。另外，某些水生动植物对锶90也有较强的浓集能力，如海藻的浓集系数是100，虾、蟹的浓集系数为2~10，淡水鱼的浓集系数为5。锶90污染的食品有奶制品、蔬菜、水果、谷类和面制品等。

锶90和钙一样对骨有亲和力，因此锶90能够进入人体参与钙的代谢过程，其中大部分沉积于骨骼中。而且，与半衰期短的锶89不同，锶90从骨中排除缓慢，故遭受锶辐射时动物骨骼会发生病变并可危害终身。锶90在动物体内蓄积到一定的数量后即可引起白血病、骨癌和其他骨骼疾病，但人体尚无这方面的报道。

锶89也是核爆炸时的裂变产物，半衰期仅51d。锶89量比锶90多，一般二者比值为180左右。锶89仅在短时期表现出危害性，但也有报道称锶90和锶89在实验动物中还有明显的遗传学方面的影响。

3. 铯 137

铯 137 为 γ 射线辐照源，其半衰期为 30 年。环境中的铯 137 主要以沉积物形式固定于土壤中，可被植物根部吸收。大气放射性尘埃中的铯 137 也可被吸附于动植物表面，进而进入动植物体。故铯 137 广泛存在于食品中，谷类、薯类、肉类、奶类和新鲜蔬菜等食物中铯 137 的含量较高，某些蕈类和鱼类对铯 137 也有较强的富集能力。

铯 137 易于被机体充分吸收，其化学性质与钾相似，因而参与钾的代谢过程，随血液分布全身。铯 137 无特殊浓缩器官，主要通过尿液排出，其次是粪便，也可通过乳汁少量排出。

三、放射性污染对食品安全性的影响

环境中放射性核素可以通过消化道、呼吸道、皮肤三种途径进入人体。在核试验或核工业发生事故时，在污染严重的地区，上述三种途径均可使放射性核素进入人体造成危害。但在平时环境中的放射性核素主要通过食物链经消化道进入人体（食物占 94%~95%、饮水占 4%~5%），呼吸道次之，经皮肤的可能性最小。环境中放射性核素通过食物链向食品中转移的主要途径如下。

1. 向水生生物体内转移

广阔的水域是核工业放射性物质的主要受纳体，水体中的生物对放射性核素有明显的富集作用，浓集系数可达 10^3。据研究发现，海洋生物体内 ^{210}Po 的含量要比海水中高几百倍甚至上千倍，而且很难排出体外。史建君曾采用模拟污染物的同位素示踪技术研究了水生植物卡州萍、水葫芦和金鱼藻对水体中锶 89 的富集动态。结果表明，水生植物对水体中的锶 89 均具有一定的富集能力，浓集系数多在 10~20 之间。另有研究表明，浮游生物对放射性核素的富集能力最强，如紫菜对 ^{106}Ru 的吸收能力最强，其次是蛤蜊。日本福岛核事故发生后，挪威大气研究所也指出，核事故中约有 80% 的放射性沉降物落在太平洋上，这将会对太平洋国家的渔业会产生一定程度的影响。日本东京电力公司在福岛核事故时隔一年后检测发现，福岛事故核电站附近海鱼中放射性铯浓度仍高达每千克样本 1880Bq（日本政府制定的一般食品放射性标准值为每千克 100Bq）。美国有关科学家甚至建议福岛附近海域的鱼类 10 年内不宜食用。

2. 向陆地植物性食物转移

含有放射性核素的沉降物、雨水和污水污染环境后，植物表面吸附的放射性核素可直接渗透进入植物组织，植物的根系也可从土壤中吸收放射性核素。放射性核素向植物转移的量与多种因素有关，现举例如下。第一，辐射剂量。据李玉明的辐射实验研究发现，辐射剂量对西瓜干种子的出苗率、存活率、出苗时间、子叶面积、株高及茎粗等均有影响；200Gy 和 400Gy 的 Co-γ 辐射线对中等种子出苗有促进作用，但超过 600Gy 时将具有显著（$P<0.05$）抑制作用。第二，植物种类。叶类植物的表面积大，承受的放射性核素的量也大；带纤维或带壳的籽实污染量则相对较低。福岛核事故发生后 10d，福岛附近叶类蔬菜首先被发现放射性物质已大大超过日本《食品安全法》中设定的暂定基准。据日本厚生省透露，被检测出放射性物质最多的蔬菜若连续 10d 每天食用 100g，所受到的辐射量相当于一个人在自然情况下一年所受辐射量的一半。第三，放射性核素的种类。一般情况下放射性核素通过根系吸收的快慢顺序为：锶 89＞锶 90＞碘 131＞钡 140＞铯 137、钌 106＞铈 144、钇 90＞钚 239。第四，使用化肥的类型。土壤中的锶 90 和铯 137 被植物吸收受到钙、钾的影响，若增强土壤

中有效钙和钾的含量，可使植物对锶 90 和铯 137 的吸收量降低。因而钙或钾对锶 90 和铯 137 起到了稀释作用。第五，同位素的竞争作用。当土壤中的放射性核素的稳定性同位素含量增加时，可以减少植株对放射性核素的吸收量，放射性核素在土壤表层吸附较多。第六，耕作条件。深耕可将大部分放射性核素植物埋入深层，使根须短的植物如水稻的吸收量减少。第七，气象条件。雨水的冲刷作用可降低植物表面的污染量。

3. 向动物性食物转移

家禽和家畜是人类重要动物性食品来源。环境中放射性核素通过牧草，饲料和饮水等途径进入家禽和家畜体内，并蓄积于相应的组织器官中。半衰期较长的锶 90 和铯 137，以及半衰期较短的锶 89 和碘 131 等对动物性食物的污染均具有意义。这些放射性核素不仅能在动物体内组织器官中贮留，并且能转移到牛乳中。据武汉医学院报道，奶牛一次摄入碘 131 后 7d，牛乳中碘 131 可达到摄入量的 8％；铯 137 一次经口摄入后 7d，牛乳排出可达摄入量的 10％。放射性碘、铯和锶也可经产蛋期母鸡组织器官进入鸡蛋中。

放射性核素最终进入人体的量取决于食品中的含量、各类食品在膳食中的比例以及烹调方法等。根据欧美国家的调查资料，通过膳食每年摄入的锶 90 可达 4000～5000μCi❶。其中奶制品所占比例最大，其次是谷类、面包制品、水果和蔬菜。

四、放射性污染的危害及控制措施

自从人类利用核物质以来，已发生过多起核污染事故。切尔诺贝利核电站的核泄漏事故是最为严重的核污染事故。据白俄罗斯政府 1997 年公布的资料显示，切尔诺贝利核事故所泄漏的放射性粉尘有 70％飘落在白俄罗斯境内；在事故发生初期，白俄罗斯大部分公民都受到了不同程度的核辐射，大约 6000km² 的土地无法使用，400 多个居民点成为无人区，政府不得不关闭了 600 多所学校、300 多个企业和 54 个大型农业联合体。然而，到目前为止，还有 200 多万人不得不生活在核污染区，其中包括 48 万不满 17 岁的儿童。白俄罗斯政府估计，切尔诺贝利核事故给白俄罗斯的直接经济损失在 2350 亿美元以上，这个数字相当于白俄罗斯 32 个财政年的总和。

2011 年 3 月 11 日，日本发生了里氏 9.0 级的强烈地震。随即发生的海啸导致福岛第一核电站的 6 座反应堆不同程度受损，大量放射性物质外泄导致严重核事故。其影响是多方面的。首先是环境和生态安全问题。核事故发生后，日本国内多地生物体内及水环境中检测出高浓度核污染物质。到 2011 年 3 月底，世界已经有多个国家检测到日本的核放射性物质，包括美国、欧洲在内的多个国家。据食品伙伴网报道，事故发生六天后，美国环保局还从大气、水以及牛奶中检出了超标的放射性物质；而中国、韩国、朝鲜这些与之邻近的国家，就更是无一幸免，我国全境内都检测到了放射性物质，包括重庆、四川、西藏等远离大海的西部地区。所幸核放射物的量极微，不足以伤害人的健康。其次，核安全事故也会影响到事发地区内外的社会安全和公共安全。再次，核安全事故在一定程度还会引起政治安全问题。世界银行预计，此次灾难对日本造成的损失金额将在 1220 亿～2350 亿美元之间，而国家用于重建的财政预算将达到 120 亿美元。

环境中的放射性核素通过各环节的转移进入人体后，其中大部分不被人体吸收而排出体外，被吸收部分则参与人体代谢，在人体内继续发射多种射线引起内照射。所谓的内照射是

---

❶ 1Ci＝3.7×10¹⁰Bq。

指由于摄入被放射性物质污染的食品和水，电离辐射作用于人体内部，对人体产生的影响。内照射主要表现为对免疫系统、生殖系统的损伤和致癌、致畸、致突变作用。例如，据基辅统计表明，切尔诺贝利核电站的核泄漏事故导致 6000～8000 名乌克兰人死于核辐射引起的癌症。

食物表面污染放射性物质时，可通过清洗等方法清除一部分。对核试验后放射性碘的污染调查表明，青菜经清洗后可去除放射性碘 50%，消毒后的牛奶可大大减少放射性物质的含量。

我国 1994 年颁布了 GB 14882—1994《食品中放射性物质限制浓度标准》。标准规定了粮食、薯类、蔬菜及水果、肉鱼虾类和鲜奶等食品中人工放射性核素 ^{3}H、^{89}Sr、^{90}Sr、^{131}I、^{137}Cs、^{147}Pm（钷）、^{239}Pu 和天然放射性核素 ^{210}Po、^{226}Ra、^{228}Ra、天然钍及天然铀的限制浓度，并同时颁布了相应的检验方法标准（GB 14883—1994）。

参考文献

[1] 卞雅姣，黄洁，孙其松等．模拟酸雨对小麦产量及籽粒蛋白质和淀粉含量及组分的影响 [J]. 生态学报，2013，15：4623-4630.

[2] 陈辉．食品安全概论 [M]. 北京：中国轻工业出版社，2011.

[3] 方淑荣．环境科学概论 [M]. 北京：清华大学出版社，2011：24.

[4] GB 5749—2006 生活饮用水卫生标准 [S].

[5] GB 14882—1994 食品中放射性物质限制浓度标准 [S].

[6] GB 3905—2012 环境空气质量标准 [S].

[7] 国土资源部土地整治中心．中国土地整治发展研究报告 NO.1. 北京：社会科学文献出版社，2014.

[8] 环境保护部，国土资源部．全国土壤污染状况调查公报 [EB/OL]. [2015-6-30]. http://www.zhb.gov.cn/gkml/hbb/qt/201404/W020140417558995804588.pdf.

[9] 孔晓玲，周洁，于鹏等．微波辐射对农产品生命活性的影响研究 [J]. 农业机械学报，2012，（第 S1 期）：239-241.

[10] 李森照等．中国污水灌溉与环境质量控制 [M]. 北京：气象出版社，1995：81.

[11] 李慎明，张宇燕．全球政治与安全报告 2012 [M]. 北京：社会科学文献出版社，2012：191.

[12] 孟凡乔，杨海燕．环境与食品 [M]. 北京：中国林业出版社，2008：21.

[13] 曲向荣．环境生态学 [M]. 北京：清华大学出版社，2012：162.

[14] 余潇枫．中国非传统安全研究报告 2011—2012 [M]. 北京：社会科学文献出版社，2012：214.

[15] 张建新，沈明浩．食品环境学 [M]. 北京：中国轻工业出版社，2006：75.

[16] 张乃明．环境污染与食品安全 [M]. 北京：化学工业出版社，2007：11.

[17] 中国农业科学院蔬菜花卉研究所．中国蔬菜栽培学 [M]. 北京：中国农业出版社，2010：233.

[18] 中华人民共和国环境保护部．中国环境质量报告 2009 [M]. 北京：中国环境科学出版社，2010.

[19] 中华人民共和国国土资源部．2013 年中国国土资源公报 [EB/OL]. [2015-6-30]. http://www.mlr.gov.cn/xwdt/jrxw/201404/t20140422_1313354.htm.

[20] 中华人民共和国国土资源部．中国国土资源年鉴 2011. 中国国土资源年鉴编辑部，2012.

[21] 中华人民共和国环境保护部．2012 年中国环境状况公报 [EB/OL]. [2015-6-30] http://www.mlr.gov.cn/zwgk/tjxx/201306/P020130604598053569918.pdf.

[22] 中华人民共和国环境保护部．2013 年中国环境状况公报 [EB/OL]. [2015-6-30] http://www.gzhjbh.gov.cn/images/dtyw/tt/gndttt/2014/6/5/7e4df35f-d266-4.

[23] 王鹏．环境监测 [M]. 北京：中国建筑工业出版社，2011：8.

第四章 化学物质危害

化学物质对食品安全的危害包括农药、兽药、食品添加剂、有毒元素以及多氯联苯、二噁英、多环芳烃、丙烯酰胺、氯丙醇和硝基类化合物等。

第一节　药物残留

食品安全问题已渗透到社会生活的方方面面，已成为普通百姓焦点性的话题，食品安全问题首当其冲就是药物残留，用于治疗和预防动植物疾病、促进动植物生长、防治虫害、提高食品感官品质、加工过程中防污、保鲜、贮运等过程中使用的药物，如抗生素、激素、类激素药物、杀虫剂、消毒剂等，都有可能残存于食品内。

由于我国一些种养殖企业对现代种养殖技术缺乏正确认识，不能正确理解"三高"真正的内涵，使得种养殖生产管理时常偏离正常的消费轨道。如蔬菜、水果的虫害处理，一味追求外观和色泽而忽视农残问题；保鲜技术同样有这样问题；为追求高产不正确使用促生长激素或药物等；在疾病防治过程中不按规定使用药物，导致药物（包括农药）残留严重超标，严重威胁着消费者的身体健康和生命安全，严重影响我国食品出口的国际形象，在一些地区对生态环境带来严重的负面影响。

一、农药残留

（一）农药的概念

农药（pesticide）是指用于防治农林牧业生产中的有害生物和调节植物生长的人工合成或者天然物质。根据《中华人民共和国农药管理条例》的定义，农药是指用于预防、消灭或者控制危害农业、林业的病、虫、草和其他有害生物以及有目的地调节植物、昆虫生长的化学合成的或者来源于生物、其他天然物质的一种物质或者几种物质的混合物及其制剂。

（二）农药的分类

目前在世界各国注册的农药近 2000 种，其中常用的有 500 多种。中国有农药原药 250 种和 800 多种制剂，居世界第二位。为使用和研究方便，常从不同角度对农药进行分类。

1. 按来源分类

分为：①有机合成农药，包括有机氯、有机磷、氨基甲酸酯、拟除虫菊酯等，应用最广，但毒性较大；②生物源农药，包括微生物农药、动物源农药和植物源农药三类；③矿物源农药，包括硫制剂、铜制剂和矿物油乳剂等。

2. 按用途分类

分为杀虫剂（insecticide）、杀螨剂（mitecide）、杀真菌剂（fungicide）、杀细菌剂（bactericide）、杀线虫剂（nematicide）、杀鼠剂（rodenticide）、除草剂（herbicide）、熏蒸剂（furnigant）和植物生长调节剂（plant growth regulator）等。

（三）食品中农药残留的来源

1. 施药后直接污染

作为食品原料的农作物、农产品、畜禽直接施用农药而被污染，其中以蔬菜和水果受污染最为严重。①在农药生产中，农药直接喷洒于农作物的茎、叶、花和果实等表面，造成农产品污染。部分农药被作物吸收进入植株内部，经过生理作用运转到植物的根、茎、叶和果实，代谢后残留于农作物中，尤其以皮、壳和根茎部的农药残留量最高。②在兽医临床上，使用广谱驱虫和杀螨药物（如有机磷、拟除虫菊酯、氨基甲酸酯类等制剂）杀灭动物体表寄生虫时，如果药物用量过大被动物吸收或舐食，在一定时间内可造成畜禽产品中农药残留。③在农产品贮藏中，为了防治其霉变、腐烂或植物发芽，施用农药造成食用农产品直接污染。如在粮食贮藏中使用熏蒸剂，柑橘和香蕉用杀菌剂，马铃薯、洋葱和大蒜用抑芽剂等，均可导致这些食品中农药残留。

2. 从环境中吸收

农田、草场和森林施药后，有40％～60％农药降落至土壤，5％～30％的药剂扩散于大气中，逐渐积累，通过多种途径进入生物体内，致使农产品、畜产品和水产品出现农药残留问题。

(1) 从土壤中吸收　当农药落入土壤后，逐渐被土壤粒子吸附，植物通过根茎部从土壤中吸收农药，引起植物性食品中农药残留。

(2) 从水体中吸收　水体被污染后，鱼、虾、贝和藻类等水生生物从水体中吸收农药，引起组织内农药残留。用含农药的工业废水灌溉农田或水田，也可导致农产品中农药残留。甚至地下水也可能受到污染，畜禽可以从饮用水中吸收农药，引起畜产品中农药残留。

(3) 从大气中吸收　虽然大气中农药含量甚微，但农药的微粒可以随风、大气飘浮、降雨等自然现象造成很远距离的土壤和水源的污染，进而影响栖息在陆地和水体中的生物。

3. 通过食物链污染

农药污染环境，经食物链（food chain）传递时可发生生物浓集（bioconcentration）、生物积累（bioaccumulation）和生物放大（biomagnification），造成食品中农药的高浓度残留。

4. 其他途径

(1) 加工和贮运中污染　食品在加工、贮藏和运输中，使用被农药污染的容器、运输工具，或者与农药混放、混装均可造成农药污染。

(2) 意外污染　拌过农药的种子常含有大量农药，不能食用。

(3) 非农用杀虫剂污染　各种驱虫剂、灭蚊剂和杀蟑螂剂逐渐进入食品厂、医院、家庭等场所，使人类食品受农药污染的机会增多、范围不断扩大。此外，高尔夫球场和城市绿化地带也经常大量使用农药，经雨水冲刷和农药挥发均可污染环境，进而污染人类的食物和饮水。

（四）食品中农药残留的危害

环境中的农药被生物摄取或通过其他方式进入生物体，蓄积于体内，通过食物链传递并富集，使进入食物链顶端人体内的农药不断增加，严重威胁人类健康。大量流行病学调查和动物实验研究结果表明，农药对人体的危害可概括为以下三方面。

1. 急性毒性

急性中毒主要由于职业性（生产和使用）中毒、自杀或他杀以及误食、误服农药，或者食用喷洒了高毒农药不久的蔬菜和瓜果，或者食用因农药中毒而死亡的畜禽肉和水产品而引起。中毒后常出现神经系统功能紊乱和胃肠道症状，严重时会危及生命。

2. 慢性毒性

目前使用的绝大多数有机合成农药都是脂溶性的，易残留于食品原料中。若长期食用农药残留量较高的食品，农药则会在人体内逐渐蓄积，可损害人体的神经系统、内分泌系统、生殖系统、肝脏和肾脏，引起结膜炎、皮肤病、不育、贫血等疾病。这种中毒过程较为缓慢，症状短时间内不很明显，容易被人们所忽视，而其潜在的危害性很大。

3. 特殊毒性

目前通过动物实验已证明，有些农药具有致癌、致畸和致突变作用，或者具有潜在"三致"作用。

（五）农药的允许限量

世界各国都非常重视食品中农药残留的研究和监测工作，制定了农药允许限量标准。FAO/WHO农药残留联席会议（Joint FAO/WHO Meeting on Pesticide Residues，JMPR）规定了多种食品中农药的最高残留限量（maximum residues limit，MRL）、人体每日允许摄入量（acceptable daily intake，ADI）。目前，已制定农药残留限量约4000项。美国食品和药物管理局（Food and Drug Administration，FDA）和欧盟也有相应的标准。2000年欧盟发布了新欧盟指令2000/24/EC，对茶叶中农药残留量作了修改，杀螟丹的MRL由20mg/kg降至0.1mg/kg，新增加的杀螨特、杀螨酯、燕麦灵、甲氧滴滴涕、枯草隆、乙滴涕、氯杀螨等农药的MRL均为0.1mg/kg，据报道，欧盟仅对茶叶中规定执行的农药残留限量标准已达100多项。近年来，欧盟修订76/395/EEC、86/362/EEC、86/363/EEC和90/642/EEC委员会指令附录中关于水果、蔬菜、谷物、动物源食品及部分植物源食品包括水果、蔬菜及其表皮中的农药最大残留限量。

（六）控制食品中农药残留的措施

食品中农药残留对人体健康的损害是不容忽视的，为了确保食品安全，必须采取正确对策和综合防治措施，防止食品中农药的残留。

1. 加强农药管理

为了实施农药管理的法制化和规范化，加强农药生产和经营管理，许多国家设有专门的农药管理机构，并有严格的登记制度和相关法规。美国农药归属环保局（EPA）、食品和药物管理局（FDA）和农业部（USDA）管理。中国也很重视农药管理，颁布了《农药登记规定》，要求农药在投产之前或国外农药进口之前必须进行登记，凡需登记的农药必须提供农药的毒理学评价资料和产品的性质、药效、残留、对环境影响等资料。中国已颁布了《农药管理条例》，规定农药的登记和监督管理工作主要归属农业行政主管部门，并实行农药登记制度、农药生产许可证制度、产品检验合格证制度和农药经营许可证制度。未经登记的农药不准用于生产、进口、销售和使用。《农药登记毒理学试验方法》（GB 15670）和《食品安全性毒理学评价程序》（GB 15193）规定了农药和食品中农药残留的毒理学试验方法。

2. 合理安全使用农药

为了合理安全使用农药，中国自 20 世纪 70 年代后相继禁止或限制使用一些高毒、高残留、有"三致"作用的农药。1971 年农业部发布命令，禁止生产、销售和使用有机汞农药。1974 年禁止在茶叶生产中使用农药"六六六"和"DDT"，1983 年全面禁止使用"六六六"、"DDT"和林丹。1982 年颁布了《农药安全使用规定》，将农药分为高、中、低毒三类，规定了各种农药的使用范围。《农药安全使用标准》（GB 4285）和《农药合理使用准则》（GB 8321.1～GB 8321.6）规定了常用农药所适用的作物、防治对象、施药时间、最高使用剂量、稀释倍数、施药方法、最多使用次数和安全间隔期（safe interval，即最后一次使用后距农产品收获天数）、最大残留量等，以保证农产品中农药残留量不超过食品卫生标准中规定的最大残留限量标准。

3. 制定和完善农药残留限量标准

FAO/WHO 及世界各国对食品中农药的残留量都有相应规定，并进行广泛监督。中国政府也非常重视食品中农药残留，制定了食品中农药残留限量标准和相应的残留限量检测方法，确定了部分农药的 ADI 值，并对食品中农药进行监测。为了与国际标准接轨，增加中国食品出口量，还有待于进一步完善和修订农产品和食品中农药残留限量标准。应加强食品卫生监督管理工作，建立和健全各级食品卫生监督检验机构，加强执法力度，不断强化管理职能，建立先进的农药残留分析监测系统，加强食品中农药残留的风险分析。

4. 食品农药残留的消除

农产品中的农药，主要残留于粮食糠麸、蔬菜表面和水果表皮，可用机械的或热处理的方法予以消除或减少。尤其是化学性质不稳定、易溶于水的农药，在食品的洗涤、浸泡、去壳、去皮、加热等处理过程中均可大幅度消减。粮食中的"DDT"经加热处理后可减少 13%～49%；大米、面粉、玉米面经过烹调制成熟食后，"六六六"残留量没有显著变化；水果去皮后"DDT"可全部除去，"六六六"有一部分尚残存于果肉中；肉经过炖煮、烧烤或油炸后"DDT"可除去 25%～47%；植物油经精炼后，残留的农药可减少70%～100%。

粮食中残留的有机磷农药，在碾磨、烹调加工及发酵后能不同程度地消减。马铃薯经洗涤后，马拉硫磷可消除 95%，去皮后消除 99%。食品中残留的克菌丹通过洗涤可以除去，经烹调加热或加工罐头后均能被破坏。

为了逐步消除和从根本上解决农药对环境和食品的污染问题，减少农药残留对人体健康和生态环境的危害，除了采取上述措施外，还应积极研制和推广使用低毒、低残留、高效的农药新品种，尤其是开发和利用生物农药，逐步取代高毒、高残留的化学农药。在农业生产中，应采用病虫害综合防治措施，大力提倡生物防治。进一步加强环境中农药残留监测工作，健全农田环境监控体系，防止农药经环境或食物链污染食品和饮水。此外，还须加强农药在贮藏和运输中的管理工作，防止农药污染食品，或者被人畜误食而中毒。大力发展无公害食品、绿色食品和有机食品，开展食品卫生宣传教育，增强生产者、经营者和消费者的食品安全知识，严防食品中农药残留对人体健康和生命的危害。

二、兽药残留

（一）兽药残留的概念

根据联合国粮食与农业组织和世界卫生组织（FAO/WHO）食品中兽药残留联合立法委员会的定义，兽药残留（animal drug residue）是指动物产品的任何可食部分所含兽药的母体化合物及（或）其代谢物，以及与兽药有关的杂质。所以兽药残留既包括原药，也包括药物在动物体内的代谢产物和兽药生产中所伴生的杂质。

兽药在动物体内残留量与兽药种类、给药方式及器官和组织的种类有很大关系。在一般情况下，对兽药有代谢作用的脏器，如肝脏、肾脏，其兽药残留量高。由于不断代谢和排出体外，进入动物体内兽药的量随着时间推移而逐渐减少，动物种类不同则兽药代谢的速率也不同，比如通常所用的药物在鸡体内的半衰期大多数在 12h 以下，多数鸡用药物的休药期为 7d。

（二）兽药残留的来源

为了提高生产效率，满足人类对动物性食品的需求，畜、禽、鱼等动物的饲养多采用集约化生产。然而，这种生产方式带来了严重的食品安全问题。在集约化饲养条件下，由于密度高，疾病极易蔓延，致使用药频率增加；同时，由于改善营养和防病的需要，必然要在天然饲料中添加一些化学控制物质来改善饲喂效果。这些饲料添加剂的主要作用包括完善饲料的营养特性、提高饲料的报酬、促进动物生长和预防疾病、减少饲料在贮存期间的营养物质损失以及改进畜、禽、鱼等产品的某些品质。这样往往造成药物残留于动物组织中，对公众健康和环境具有直接或间接危害。

目前，中国动物性食品中兽药残留量超标主要原因是由于使用违禁或淘汰药物；不按规定执行应有的休药期；随意加大药物用量或把治疗药物当成添加剂使用；滥用新的或高效的抗生素，还大量使用医用药物；饲料加工过程受到兽药污染；用药方法错误，或未做用药记录；屠宰前使用兽药；厩舍粪池中含兽药等。

（三）影响食品安全的主要兽药

目前对人畜危害较大的兽药及药物饲料添加剂主要包括抗生素类、磺胺类、呋喃类、抗寄生虫类和激素类等药物。

1. 抗生素类

按抗生素（antibiotics）在畜牧业上应用的目标和方法，可将它们分为两类：治疗动物临床疾病的抗生素；用于预防和治疗亚临床疾病的抗生素，即作为饲料添加剂低水平连续饲喂的抗生素。尽管使用抗生素作为饲料添加剂有许多副作用，但是由于抗生素饲料添加剂除具有防病治病的作用外，还具有促进动物生长、提高饲料转化率、提高动物产品的品质、减轻动物的粪臭、改善饲养环境等功效。因而，事实上抗生素作为饲料添加剂已很普遍。

为控制动物食品药物残留，必须严格遵守休药期，控制用药剂量，选用残留低毒性小的药物，并注意用药方法与用药目的一致。在中国农业部颁发的《饲料药物添加剂使用规范》中规定有各种饲料添加剂的种类和休药期。

2. 磺胺类药物

磺胺类（sulfonamides）药物是一类具有广谱抗菌活性的化学药物，广泛应用于兽医临床。磺胺类药物于 20 世纪 30 年代后期开始用于治疗人的细菌性疾病，并于 1940 年开始用于家畜，1950 年起广泛应用于畜牧业生产，用以控制某些动物性疾病的发生和促进动物生长。中国农业部在发布的《动物性食品中兽药最高残留限量》中规定：磺胺类总计在所有食用动物的肌肉、肝、肾和脂肪中 MRL 为 $100\mu g$，牛、羊乳中为 $100\mu g$。

3. 激素类药物

激素是由机体某一部分分泌的特殊有机物，可影响其机能活动并协调机体各个部分的作用，促进畜禽生长。20 世纪人类发现激素后，激素类生长促进剂在畜牧业得到广泛应用，但由于激素残留不利于人体健康，产生了许多负面影响，许多种类现已禁用。中国农业部规定，禁止所有激素类及有激素类作用的物质作为动物促进生长剂使用，但在实际生产中违禁使用者还很多，给动物性食品安全带来很大威胁。

激素的种类很多，按化学结构可分为固醇或类固醇（主要有肾上腺皮质激素、雄性激素、雌性激素等）和多肽或多肽衍生物（主要有垂体激素、甲状腺素、甲状旁腺素、胰岛素、肾上腺素等）两类；按来源可分为天然激素和人工激素，天然激素指动物体自身分泌的激素，人工激素是用化学方法或其他生物学方法人工合成的一类激素。

4. 其他兽药

除抗生素外，许多人工合成的药物有类似抗生素的作用。化学合成药物的抗菌驱虫作用强，而促生长效果差，且毒性较强，长期使用不但有不良作用，而且有些还存在残留与耐药性问题，甚至有致癌、致畸、致突变的作用。化学合成药物添加在饲料中主要用在防治疾病和驱虫等方面，也有少数毒性低、副作用小、促生长效果较好的抗菌剂作为动物生长促进剂在饲料中加以应用。

（四）兽药残留的危害

兽药残留对人体健康造成多重危害，主要表现在如下几点。

1. 毒性作用

人长期摄入含兽药残留的动物性食品后，药物不断在体内蓄积，当浓度达到一定量后，就会对人体产生毒性作用。

2. 过敏反应和变态反应

经常食用一些含低剂量抗菌药物残留的食品能使易感的个体出现过敏反应，这些药物包括青霉素、四环素、磺胺类药物及某些氨基糖苷类抗生素等。

3. 细菌耐药性

动物经常反复接触某一种抗菌药物后，其体内敏感菌株将受到选择性抑制，从而使耐药菌株大量繁殖。而抗生素饲料添加剂长期、低浓度的使用是耐药菌株增加的主要原因。

经常食用含药物残留的动物性食品，一方面具有耐药性的能引起人畜共患病的病原菌可能大量增加；另一方面带有药物抗性的耐药因子可传递给人类病原菌，当人体发生疾病时，就给临床治疗带来很大的困难，耐药菌株感染往往会延误正常的治疗过程。

4. 菌群失调

在正常条件下，人体肠道内的菌群由于在多年共同进化过程中与人体能相互适应，对人体健康产生有益的作用。但是，过多应用药物会使这种平衡发生紊乱，造成一些非致病菌的死亡，使菌群的平衡失调，从而导致长期的腹泻或引起维生素的缺乏等反应，造成对人体的危害。

5. "三致" 作用

"三致"是指致癌、致畸、致突变。苯并咪唑类药物是兽医临床上常用的广谱抗蠕虫病的药物，可持久地残留于肝内并对动物具有潜在的致畸性和致突变性。另外，残留于食品中的丁苯咪唑、苯咪唑、丙硫咪唑和苯硫氨酯具有致畸作用；克球酚、雌激素则具有致癌作用。

6. 激素的副作用

激素类物质虽有很强的作用效果，但也会带来很大的副作用。人们长期食用含低剂量激素的动物性食品，由于积累效应，有可能干扰人体的激素分泌体系和身体正常机能，特别是类固醇类和β-兴奋剂类在体内不易代谢破坏，其残留对食品安全威胁很大。

第二节　食品添加剂

食品添加剂（food additive）是食品工业发展的重要影响因素之一，随着国民经济的增长和人民生活水平的提高，食品质量的提高与品种的丰富就显得日益重要。如果要将丰富的农副产品作为原料，加工成营养平衡、安全可靠、食用方便、货架期长、便于携带的包装食品，食品添加剂的使用是必不可少的。

食品添加剂的使用对食品产业的发展起着重要的作用，它可以改善风味、调节营养成分、防止食品变质，从而提高质量，使加工食品丰富多彩，满足消费者的各种需求。但若不科学地使用也会带来很大的负面影响，近几年来食品添加剂使用的安全性引起了人们的关注。本节首先介绍有关食品添加剂的基本概念，然后具体介绍几类常见食品添加剂，主要介绍其安全性问题和检测方法等内容。

一、食品添加剂的定义与使用原则

（一）食品添加剂的定义

国际上，对食品添加剂的定义目前尚无统一规范的表述，广义的食品添加剂是指食品本来成分以外的物质。

我国《食品添加剂使用卫生标准》（GB 2760）将食品添加剂定义为："为改善食品品质和色、香、味，以及为防腐和加工工艺的需要而加入食品中的化学合成或者天然物质。营养强化剂、食品用香料、胶基糖果中基础剂物质、食品工业用加工助剂也包括在内"。

联合国粮农组织（FAO）和世界卫生组织（WHO）共同创建的食品法典委员会（CAC）颁布的《食品添加剂通用法典》（Codex Stan 192—1995，2010 年修订版）规定："食品添加剂指其本身通常不作为食品消费，不用做食品中常见的配料物质，无论其是否具有营养价值。在食品中添加该物质的原因是处于生产、加工、制备、处理、包装、装箱、运输或贮藏等食品的工艺需求（包括感官），或者期望它或其副产品（直接或间接地）成为食品的一个成分，或影响食品的特性。该术语不包括污染物，或为了保持或提高营养质量而添加的物质"。

（二）食品添加剂的使用原则

1. 食品添加剂使用时应符合以下基本要求

① 不应对人体产生任何健康危害。

② 不应掩盖食品腐败变质。

③ 不应掩盖食品本身或加工过程中的质量缺陷或以掺杂、掺假、伪造为目的而使用食品添加剂。

④ 不应降低食品本身的营养价值。

⑤ 在达到预期目的前提下尽可能降低在食品中的使用量。

2. 在下列情况下可使用食品添加剂

① 保持或提高食品本身的营养价值。

② 作为某些特殊膳食用食品的必要配料或成分。

③ 提高食品的质量和稳定性，改进其感官特性。

④ 便于食品的生产、加工、包装、运输或者贮藏。

3. 食品添加剂质量标准

按照本标准使用的食品添加剂应当符合相应的质量规格要求。

4. 带入原则

在下列情况下食品添加剂可以通过食品配料（含食品添加剂）带入食品中。

① 根据本标准，食品配料中允许使用该食品添加剂。

② 食品配料中该添加剂的用量不应超过允许的最大使用量。

③ 应在正常生产工艺条件下使用这些配料，并且食品中该添加剂的含量不应超过由配料带入的水平。

④ 由配料带入食品中的该添加剂的含量应明显低于直接将其添加到该食品中通常所需要的水平。

二、食品添加剂存在的卫生问题

1. 用量不规范

食品添加剂在食品加工过程中不按国家规定标准而随意使用的现象较为突出，比较突出的是超量使用现象。一方面，某些厂家缺乏食品安全意识，不顾食品添加剂的用量问题；有些厂家设备简单陈旧，缺乏精确的计量设备，缺乏生产技术人员；对有预包装产品中食品添加剂的用量标示不准确甚至不标。另一方面，在饮食行业，非包装食品添加剂标准缺失。自 2010 年 6 月起颁布实施的《食品添加剂生产监督管理规定》中对于现场制作、产量较小的产品并没有做出用量的规范。像面包店中预包装好的面包，除标了小麦粉、白砂糖、牛油、鸡蛋等原料外，还标了"面包改良剂"，后面往往用括号标明了成分"淀粉、双乙酰酒石酸单甘油酯、维生素 C、酶制剂"，但对于用量没有明确规定。

2. 超范围使用

在《食品安全法草案》中，明确规定了食品生产者应当按照食品安全标准关于食品添加剂的品种、使用范围、用量的规定使用食品添加剂，不得在食品生产中使用食品添加剂以外的化学物质或者其他危害人体健康的物质。但实际上，如吊白块、孔雀石绿、苏丹红等被广泛应用于食品生产。

3. 使用过期、劣质的食品添加剂

过保质期的食品添加剂，其功效会大打折扣，而且长期存放可能发生化学反应，产生有毒有害物质，影响添加食品的安全性；劣质食品添加剂，不仅产品不纯，而且含有汞、铅等重金属有害物质添加到食品中，会严重影响食品的安全。

4. 重复、多环节使用食品添加剂

一般有两种情况，一种是在某一食品中添加了单一的添加剂后，又因其他功用添加了复合食品添加剂，而复合添加剂由于配方保密不便公开，可能会出现重复添加的情况。比如某种食品防腐剂应用在酱油中，目的是为了保证酱油防腐，但酱油被用于某种罐头食品中，这种防腐剂就带入到罐头食品中，这种罐头食品可能未被批准用这种食品防腐剂，或者这种食品防腐剂限量低，罐头食品生产厂家不知道原料酱油里使用了防腐剂，再添加就超标了。另一种是多个环节进行了添加，比如国家允许使用的面粉增白剂过氧化苯甲酰，在现实中，生产面粉厂添加、销售商添加、生产馒头的小作坊添加，致使最终产品的增白剂严重超标。

三、违禁非食用物质添加剂

在食品中添加非食用物质问题越来越引起人们的注意。近些年来出现的食品安全事故似乎都与此有关。苏丹红、孔雀石绿、三聚氰胺、瘦肉精都是在食品中添加的非食用物质，由此引发大量的社会问题媒体已经广泛披露。尽管有关部门对此进行严厉打击，甚至以刑事犯罪进行处理，但问题依然存在。

1. 非食用物质添加剂的概念

2009 年颁布实施的《食品安全法》中提出了非食用物质添加剂的概念，明确指出不得在食品生产中使用非食品原料，不得添加食品添加剂以外的化学物质和其他可能危害人体健康的物质非食用物质不是食品添加剂，不是兽药，更不是食品原料。

2. 常见的食品中添加的非食用物质

2008 年以来，中国卫生部（现为国家卫生和计划生育委员会）与国家质检总局等九部门，开展打击违法添加非食用物质和滥用食品添加剂专项整治工作，于 2009 年发布了可能违法添加的非食用物质"黑名单"。调查发现，有的食品生产者利用现代科技从事食品安全违法犯罪的行为、手段更加隐蔽，给食品安全监管工作增加了难度。食品中部分常见禁用或滥用的添加物名单见表 4-1。

表 4-1　食品中可能违法添加的非食用物质名单

序号	名称	可能添加的食品品种	序号	名称	可能添加的食品品种
1	吊白块	腐竹、粉丝、面粉、竹笋	25	敌敌畏	火腿、鱼干、咸鱼等制品
2	苏丹红	辣椒粉、含辣椒类的食品（辣椒酱、辣味调味品）	26	毛发水	酱油等
3	王金黄、块黄	腐皮	27	工业用乙酸	勾兑食醋
4	蛋白精、三聚氰胺	乳及乳制品	28	肾上腺素受体激动剂类药物（盐酸克伦特罗，莱克多巴胺等）	猪肉、牛羊肉及肝脏等
5	硼酸与硼砂	腐竹、肉丸、凉粉、凉皮、面条、饺子皮	29	硝基呋喃类药物	猪肉、禽肉、动物性水产品
6	硫氰酸钠	乳及乳制品	30	玉米赤霉醇	牛羊肉及肝脏、牛奶
7	玫瑰红 B	调味品	31	抗生素残渣	猪肉
8	美术绿	茶叶	32	镇静剂	猪肉
9	碱性嫩黄	豆制品	33	荧光增白物质	双孢蘑菇、金针菇、白灵菇、面粉
10	工业用甲醛	海参、鱿鱼等干水产品、血豆腐	34	工业氯化镁	木耳
11	工业用火碱	海参、鱿鱼等干水产品、生鲜乳	35	磷化铝	木耳
12	一氧化碳	金枪鱼、三文鱼	36	馅料原料漂白剂	焙烤食品
13	硫化钠	味精	37	酸性橙Ⅱ	黄鱼、鲍汁、腌卤肉制品、红壳瓜子、辣椒面和豆瓣酱
14	工业硫黄	白砂糖、辣椒、蜜饯、银耳、龙眼、胡萝卜、姜等	38	氯霉素	生食水产品、肉制品、猪肠衣、蜂蜜
15	工业染料	小米、玉米粉、熟肉制品等	39	喹诺酮类	麻辣烫类食品
16	罂粟壳	火锅底料及小吃类	40	水玻璃	面制品
17	革皮水解物	乳与乳制品含乳饮料	41	孔雀石绿	鱼类
18	溴酸钾	小麦粉	42	乌洛托品	腐竹、米线等
19	β-内酰胺酶（金玉兰酶制剂）	乳与乳制品	43	五氯酚钠	河蟹
20	富马酸二甲酯	糕点	44	喹乙醇	水产养殖饲料
21	废弃食用油脂	食用油脂	45	碱性黄	大黄鱼
22	工业用矿物油	陈化大米	46	磺胺二甲嘧啶	叉烧肉类
23	工业明胶	冰淇淋、肉皮冻等	47	敌百虫	腌制食品
24	工业酒精	勾兑假酒			

第三节　金属污染

一、重金属污染的来源

存在于食物中的各种元素，其理化性质及生物活性有很大的差别，有的是对人体有益的元素（如钾、钠、钙、镁、铁、铜、锌），但过量摄入这些元素对人体也有害。有的是对人体有毒害作用的元素（如铅、砷、镉、汞等）。人们较早就对各种元素的食品安全性问题给予了重视。研究表明，食品污染的化学元素以镉最为严重，其次是汞、铅、砷等。食品中化学元素来源如下。

1. 自然环境

有的地区因地理条件特殊，土壤、水或空气中这些元素含量较高。在这种环境里生存的动、植物体内及加工的食品中，这些元素往往也有较高的含量。

2. 食品生产加工

在食品加工时所使用的机械、管道、容器或加入的某些食品添加剂中，存在的有毒元素及其盐类，在一定条件下可能污染食品。

3. 农用化学物质及工业"三废"的污染

随着工农业生产的发展，有些农药中所含的有毒元素，在一定条件下，可引起土壤的污染并残留于食用作物中。工业废气、废渣和废水不合理的排放也可造成环境污染，并使这些工业"三废"中的有毒元素转入食品。

二、重金属的危害

食品中的有毒元素经消化道吸收，通过血液分布于体内组织和脏器，除了以原有形式为主外，还可以转变成具有较高毒性的化合物形式。多数有毒元素在体内有蓄积性，能产生急性和慢性毒性反应，还有可能产生致癌、致畸和致突变作用。可见有毒元素对人体的毒性机制是十分复杂的，一般来说，下列任何一种机制都能引起毒性。

1. 阻断了生物分子表现活性所必需的功能基。例如，Hg^{2+}、Ag^+与酶半胱氨酸残基的巯基结合，半胱氨酸的巯基是许多酶的催化活性部位，当结合重金属离子时，就抑制了酶的催化活性。

2. 置换了生物分子中必需的金属离子。例如，Be^{2+}可以取代Mg^{2+}激活酶中的Mg^{2+}，由于Be^{2+}与酶结合的强度比Mg^{2+}大，因而可阻断酶的活性。

3. 改变生物分子构象或高级结构。例如核苷酸负责贮存和传递遗传信息，一旦构象或结构发生变化，就可能引起严重后果，如致癌和先天性畸形。

对食品安全性有影响的有毒元素较多，下面就几种主要的有毒元素的毒性危害作一简要介绍。

三、汞

汞呈银白色，是室温下唯一的液体金属，俗称水银。汞在室温下有挥发性，汞蒸气被人体吸入后会引起中毒，空气中汞蒸气的最大允许浓度为 $0.01mg/m^3$。汞不溶于冷的稀硫酸和盐酸，可溶于氢碘酸、硝酸和热硫酸。各种碱性溶液一般不与汞发生作用。汞的化学性质较稳定，不易与氧作用，但易与硫作用生成硫化汞，与氯作用生成氯化汞及氯化亚汞（甘汞）。与烷基化合物可以形成甲基汞、乙基汞、丙基汞等，这些化合物具有很大毒性，有机汞的毒性比无机汞大。

1. 食品中汞的毒性与危害

食品中的汞以元素汞、二价汞的化合物和烷基汞三种形式存在。一般情况下，食品中的汞含量通常很少，但随着环境污染的加重，食品中汞的污染也越来越严重。人类通过食品摄入的汞主要来自鱼类食品，且所吸收的大部分的汞属于毒性较大的甲基汞。

（1）急性毒性　有机汞化合物的毒性比无机汞化合物大。由无机汞引起的急性中毒，主要可导致肾组织坏死，发生尿毒症。有机汞引起的急性中毒，早期主要可造成肠胃系统的损害，引起肠道黏膜发炎，剧烈腹痛，严重时可引起死亡。

（2）亚慢性及慢性毒性　长期摄入被汞污染的食品，可引起慢性汞中毒，使大脑皮质神经细胞出现不同程度的变性坏死，表现为细胞核固缩或溶解消失。由于局部汞的高浓度积累，造成器官营养障碍，蛋白质合成下降，导致功能衰竭。

（3）致畸性和致突变性　甲基汞对生物体还具有致畸性和生育毒性。母体摄入的汞可通过胎盘进入胎儿体内，使胎儿发生中毒。严重者可造成流产、死产或使初生幼儿患先天性水俣病，表现为发育不良，智力减退，甚至发生脑麻痹而死亡。另外，无机汞可能还是精子的诱变剂，可导致畸形精子的比例增高，影响男性的性功能和生育力。

2. 食品中汞的限量标准

WHO 规定成人每周摄入总汞量不得超过 0.3mg，其中甲基汞摄入量每周不得超过 0.2mg。中国颁布实施的食品中汞允许量标准 GB 2762—2012 规定汞允许残留量（mg/kg，以 Hg 计）为：谷物及其制品≤0.02，蔬菜及其制品≤0.01，乳及乳制品≤0.01，肉及肉制品肉≤0.05，水产动物及其制品（肉食性鱼类及其制品除外）≤0.5（甲基汞），食用菌及其制品≤0.1。

四、铅

铅在自然界里以化合物状态存在。纯净的铅是较软的、强度不高的金属，新切开的铅表面有金属光泽，但很快变成暗灰色，这是受空气中氧、水和二氧化碳的作用，表面迅速生成一层致密的碱式碳酸盐保护层的缘故。铅的化合物在水中溶解性不同，铅的氧化物不溶于水。

1. 食品中铅的毒性与危害

摄入含铅的食品后，其中的铅有 5%～10%主要在十二指肠被吸收。经过肝脏后，部分随胆汁再次排入肠道中。进入体内的铅可产生多种毒性和危害。

（1）急性毒性　铅中毒可引起多个系统症状，但最主要的症状为食欲不振、口有金属味、流涎、失眠、头痛、头昏、肌肉关节酸痛、腹痛、便秘或腹泻、贫血等，严重时出现痉挛、抽搐、瘫痪、循环衰竭。

（2）亚慢性和慢性毒性　当长期摄入含铅食品后，对人体造血系统产生损害，主要表现为贫血和溶血；对人体肾脏造成伤害，表现为肾小管上皮细胞出现核包含体，肾小球萎缩，肾小管渐进性萎缩及纤维化等；对人体中枢神经系统与周围神经系统造成损伤，引起脑病与周围神经病，其特征是迅速发生大脑水肿，相继出现惊厥、麻痹、昏迷，甚至死亡。

（3）生殖毒性、致癌性、致突变性　微量的铅即可对精子的形成产生一定影响，还可引起人类死胎和流产，还可通过胎盘屏障进入胎儿体内，对胎儿产生危害，还可诱发良性和恶性肾脏肿瘤。但流行病学的研究指出，关于铅对人的致癌性，至今还不能提供决定性的证据。铅与其他金属相比，诱发染色体突变的能力是比较弱的，甚至不能做出肯定结论，因为迄今为止，实验结果不尽相同。

2. 食品中铅的限量标准

FAO/WHO 食品添加剂委员会推荐铅的每周耐受摄入量（PTWI）成年人为 0.05mg/kg（以体重计）。1996 年制定儿童每周耐受摄入量（PTWI）为 0.025mg/kg（以体重计）。中国颁布实施的食品中铅允许量标准 GB 2762—2012 规定（mg/kg，以 Pb 计）：蔬菜制品

≤1.0，米面制品≤0.5，豆类≤0.2，肉类≤0.2，肉制品≤0.5，生乳、巴氏杀菌乳、灭菌乳、发酵乳、调制乳≤0.05，蛋及蛋制品≤0.2，皮蛋、皮蛋肠≤0.5。

五、砷

砷的化合物广泛存在于岩石、土壤和水中，有无机砷化合物和有机砷化合物。砷化氢是一种无色、具有大蒜味的剧毒气体。硫化砷可认为无毒，不溶于水，难溶于酸，可溶于碱，在氧化剂的作用下也可以变成为可溶性和挥发性的有毒物质。

1. 食品中砷的毒性与危害

砷可以通过食道、呼吸道和皮肤黏膜进入机体。正常人一般每天摄入的砷不超过0.02mg。砷在体内有较强的蓄积性，皮肤、骨骼、肌肉、肝、肾、肺是砷的主要贮存场所。元素砷基本无毒，砷的化合物具有不同的毒性，三价砷的毒性比五价砷大。砷能引起人体急性和慢性中毒。

（1）急性毒性 砷的急性中毒通常是由于误食而引起。三氧化二砷（俗称砒霜）口服中毒后，主要表现为急性胃肠炎、呕吐、腹泻、休克、中毒性心肌炎、肝病等。严重者可表现为兴奋、烦躁、昏迷，甚至呼吸麻痹而死亡。

（2）慢性毒性 砷慢性中毒是由于长期少量经口摄入受污染的食品引起的。主要表现为食欲下降、体重下降、胃肠障碍、末梢神经炎、结膜炎、角膜硬化和皮肤变黑。长期受砷的毒害，皮肤出现白斑，后逐渐变黑。

（3）致癌、致畸和致突变性 经世界卫生组织1982年研究确认，无机砷为致癌物，可诱发多种肿瘤。

2. 食品中砷的限量标准

FAO/WHO暂定砷的每日允许最大摄入量为0.05mg/kg（以体重计），对无机砷每周允许摄入量建议为0.015mg/kg（以体重计）。中国颁布实施的食品中砷允许量标准GB 2762—2012规定砷的含量（mg/kg，以As计）为：谷物≤0.5，蔬菜及其制品≤0.5，油脂及其制品≤0.1，生乳、巴氏杀菌乳、灭菌乳、发酵乳、调制乳≤0.1，乳粉≤0.5，肉及肉制品≤0.5，包装饮用水≤0.01mg/L。

六、镉

镉呈银白色，略带淡蓝光泽，质软。在自然界是比较稀有的元素，在地壳中含量估计为0.1～0.2mg/kg。镉在潮湿空气中可缓慢氧化并失去光泽，加热时生成棕色的氧化层。镉蒸气燃烧产生棕色的烟雾。镉与硫酸、盐酸和硝酸作用生成相应的镉盐。镉对盐水和碱液有良好的抗蚀性能。氧化物呈棕色，硫化物呈鲜艳的黄色，是一种很难溶解的颜料。

1. 食品中镉的毒性与危害

一般情况下，大多数食品均含有镉，摄入镉污染的食品和饮水，可导致人发生镉中毒。

（1）急性毒性 镉为有毒元素，其化合物毒性更大。自然界中，镉的化合物具有不同的毒性。硫化镉、硒磺酸镉的毒性较低，氧化镉、氯化镉、硫酸镉毒性较高。镉引起人中毒的剂量平均为100mg。急性中毒者主要表现为恶心、流涎、呕吐、腹痛、腹泻，继而引起中枢神经中毒症状。严重者可因虚脱而死亡。

（2）亚慢性和慢性毒性 长期摄入含镉食品，可使肾脏发生慢性中毒，主要是损害近曲肾小管和肾小球，导致蛋白尿、氨基酸尿和糖尿。同时，由于镉离子取代了骨骼中的钙离子，从而妨碍钙在骨质上的正常沉积，也妨碍骨胶原的正常固化成熟，导致软骨病。

(3) 致畸、致突变和致癌性 1987 年国际抗癌联盟（IARC）将镉定为ⅡA级致癌物，1993 年被修订为ⅠA级致癌物。镉可引起肺、前列腺和睾丸的肿瘤。在实验动物体中，可引起皮下注射部位、肝、肾和血液系统的癌变。镉是一个很弱的致突变剂，其致癌作用与镉能损伤 DNA、影响 DNA 修复以及促进细胞增生有关。

2. 食品中镉的限量标准

FAO/WHO 推荐镉的每周允许摄入量（PTWI）为 0.007mg/kg（以体重计），中国颁布实施的食品中镉允许量标准 GB 2762—2012 规定镉的限量（mg/kg，以 Cd 计）为：谷物 ≤0.1，稻谷、大米≤0.2，新鲜蔬菜≤0.05，叶菜蔬菜≤0.2，新鲜水果≤0.05，豆类 ≤0.2，肉类（畜禽内脏除外）≤0.1，蛋及蛋制品≤0.05。

七、其他重金属

1. 铝

世界卫生组织的研究表明，人体每千克体重每天允许摄入的铝不能超过 1mg。而中国疾病预防控制中心的调查显示，中国居民平均每天铝的摄入量为 34mg，这对于成人来说比较安全，但已超过了儿童的承受能力。中国农业大学食品学院研究发现，为数不少的膨化食品中含有超限量的铝化合物。实验随机选择了 20 种膨化食品，部分是在市场上销量比较好的产品，产品范围覆盖了福建、上海、天津等膨化食品的主要产区，在 20 个被测样品中，有 7 个样品的铝残留量超过了国家标准的规定，超标的产品包括了虾条、芝士条、龙卷果和豌豆腕等市场上主流的膨化食品。

(1) 铝的毒性 人体内的铝主要是通过肠道吸收和非肠道吸收进入的。当食入含铝的食品后，其摄入量的 98% 以上经粪便直接排出，其余的部分被消化道吸收。吸收部分主要在胃及十二指肠的酸性环境中，吸收的数量主要取决于铝的离子化程度和胃内 pH 值。如氢氧化铝凝胶在胃内 pH 值从 6.5 变为 5.5 后，其溶解度增加十万倍，从而有利于铝的吸收。被吸收进入到血液的铝离子，主要与白蛋白、运铁蛋白结合，没有被结合的铝很快分布到各个组织中。组织中的铝浓度相对恒定，大约为 2mg/kg 干重，正常机体的总铝量为 30mg。

① 急性毒性。通过食品摄入的铝及其化合物产生的急性毒性作用不大，仅在大剂量或长时间摄入时有一定的损害。铝化合物的可溶性程度会影响其毒性，铝的氟化物溶解度大，其毒性也较大。

一次摄入大剂量的可溶性铝化合物，具有一定毒性。对家兔经口的致死量，醋酸铝为 5~15g/kg 体重，氯化铝为 3~5g/kg 体重，钠矾为 2g/kg 体重；磷化铝对大鼠急性吸入致死量为 1mg/kg 体重；家兔皮下注射硫酸铝的致死量为 1100mg/kg 体重。

② 慢性毒性。铝及其化合物有一定的慢性毒性。长期摄入含铝食品后，在体内可造成铝的蓄积，导致慢性中毒。铝可影响磷的代谢，使肝、肾、脾中的磷脂、DNA、RNA 均减少。短期摄入大剂量或长期摄入少量的铝化合物后，可引起动物发生佝偻病、卵巢萎缩及肺部纤维化损害。长期摄入含铝食品后，可使血糖和肝糖原浓度下降，可抑制胃蛋白酶的活性，使胃酸减少，消化功能降低，食欲减退，还可引起贫血。

③ 神经毒性。铝具有神经毒性，动物实验表明，铝对中枢神经系统有毒性作用，可导致进行性学习记忆力减退，运动时协调性下降，反应迟钝，严重者出现局限和全身性痉挛、抽搐直至死亡。

④ 骨骼毒性。铝可产生骨骼毒性。长期经食品摄入的铝造成蓄积后，可增加粪便中磷的排出量，造成磷酸盐缺乏，钙磷代谢紊乱。严重的磷缺乏，可影响骨基质的形成，使矿化速率减慢，成骨和矿化过程严重受阻，导致骨软化症。

⑤ 致畸性。铝的原子半径小，穿透性强，易通过胎盘，引起胚胎发育异常。试验证明 $AlCl_3$ 对鸡胚具有一定的致死和致畸作用。但对人是否有致畸作用，尚缺乏直接的证据。

(2) 食品中铝的限量标准　面制食品中铝的国家卫生标准限量为 100mg/kg；饮用水中铝的标准限量为 0.2mg/L。

2. 铬

铬及其化合物包括二价铬、三价铬和六价铬。二价铬毒性最小，而三价铬相对六价铬毒性也较小。中国预防医学科学院卫生研究所提出六价铬（以 $K_2Cr_2O_7$ 计）的每日允许摄入量为 0.05mg/kg（按体重计），而山西医学院（现山西医科大学）提出三价铬（以 $CrCl_3$ 计）的每日允许摄入量为 1mg/kg（按体重计）。由于环境和食品中的三价铬和六价铬在一定条件下可以相互转化，食品中和人体内同时存在三价铬和六价铬，而目前测定方法也不区分三价铬和六价铬。为了安全起见，确定的每日允许摄入量以毒性较大的六价铬计算的 NOAEL 为依据，以中国人的体重 65kg 计算，$K_2Cr_2O_7$ 的每日允许摄入量为 3mg；如果以铬计，则为 1mg。为此，我国食品中总铬允许限量标准科研协作组（1990）采用 1mg 作为每人每日允许摄入量来制定我国食品中铬允许限量标准，见表 4-2。

表 4-2　GB 2762—2012 食品中铬的限量卫生标准

食品类别（名称）	限量（以 Cr 计）/(mg/kg)
谷物及其制品	
谷物①	1.0
谷物碾磨加工品	1.0
蔬菜及其制品	
新鲜蔬菜	0.5
豆类及其制品	
豆类	1.0
肉及肉制品	1.0
水产动物及其制品	2.0
乳及乳制品	
生乳、巴氏杀菌乳、灭菌乳、调制乳、发酵乳	0.3
乳粉	2.0

① 稻谷以糙米计。

八、减少食品重金属污染的措施

化学元素造成的污染比较复杂，有毒元素污染食品后不容易去除，因此为保障食品的安全性，防止食物中毒，应积极采取各种有效措施，防止其对食品的污染。

① 加强食品卫生监督管理。制定和完善食品化学元素允许限量标准。加强对食品的卫生监督检测工作。进行全膳食研究和食品安全性研究工作。

② 加强化学物质的管理。禁止使用含有毒重金属的农药、化肥等化学物质，如含汞、含砷制剂。严格管理和控制农药、化肥的使用剂量、使用范围、使用时间及允许使用农药的

品种。食品生产加工过程中使用添加剂或其他化学物质原料应遵守食品卫生规定，禁止使用已经禁用的食品添加剂或其他化学物质。

③ 加强食品生产加工、包装、贮藏过程中器具等的管理。生产加工、包装、贮藏食品的容器、工具、器械、导管、材料等应严格控制其卫生质量。对镀锡、焊锡中的铅含量应当严加控制。限制使用含砷、含铅等金属的上述材料。

④ 加强环境保护，减少环境污染。严格按照环境标准执行工业废气、废水、废渣的处理和排放，避免有毒化学元素污染农田、水源和食品。

第四节　有害有机物的危害

一、硝酸盐、亚硝酸盐与 N-亚硝基化合物

人们对亚硝基化合物毒性的研究，特别是致癌性研究，是从 20 世纪 50 年代开始的。1954 年 Barnes 和 Magee 详细描述了二甲基亚硝胺急性毒性的病理损害，主要表现为肝小叶中心性坏死及继发性肝硬化。1956 年，Magee 和 Barnes 用大鼠证实了二甲基亚硝胺的致癌作用，从而引起了对 N-亚硝基化合物毒性的广泛研究。

（一）N-亚硝基化合物的结构和性质

N-亚硝基化合物是一大类有机化合物，根据其化学结构的不同，可分为两类：一类为 N-亚硝胺；另一类为 N-亚硝酰胺。

（1）N-亚硝胺　亚硝胺（nitrosoamine）是研究最多的一类 N-亚硝基化合物，其基本结构如图 4-1 所示。

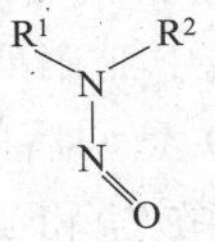

（2）N-亚硝酰胺　亚硝酰胺类（nitrosamide）不完全是按化学性质进行分类的，而是指化学性质和生物学作用相似的一类亚硝基化合物，其基本结构 R^1（R^2O）$=N-N=O$。

图 4-1　亚硝胺结构

（二）N-亚硝基化合物前体物的来源

1. 硝酸盐和亚硝酸盐的来源

食品是硝酸盐和亚硝酸盐的主要来源，人体通过食物和饮水摄入硝酸盐已成为当今社会与农业有关的环境问题之一。膳食中硝酸盐和亚硝酸盐来源很多，主要包括食品添加剂的使用，农作物从自然环境中摄取和生物机体氮的利用，以及含氮肥料和农药的使用、工业废水和生活污水的排放等。其中食品添加剂是直接来源，肥料的大量使用是主要来源。

（1）食品添加剂　硝酸盐和亚硝酸盐是允许用于肉及肉制品生产加工中的发色剂和防腐剂。其发色作用机理是亚硝酸盐在肌肉中的乳酸作用下生成亚硝酸，亚硝酸很不稳定，可分解产生一氧化氮，并与肉类中的肌红蛋白或血红蛋白结合生成亚硝基肌红蛋白和亚硝基血红蛋白，从而使肉制品具有稳定的鲜艳红色，并使肉品具有独特风味。硝酸盐在肉中硝酸盐还原菌的作用下生成亚硝酸盐，然后起发色作用。同时，亚硝酸钠具有独特的抑制肉毒梭菌生长的作用，与食盐并用可增加抑菌效果。目前还没有找到它的最佳替代品。

（2）环境中的硝酸盐和亚硝酸盐及在植物体中的富集　硝酸盐广泛存在于自然环境（水、土壤和植物）中。由于矿物（如煤和石油）燃料和化肥等工业生产以及汽车尾气排放

等因素造成的大气污染，使得大气中富含氮氧化物 NO_x。岩石是土壤中氮源的主要来源，使水体中硝酸盐含量增加。大量使用含氮肥料（土壤缺锰、钼等微量元素时更严重）、农药以及工业与生活污水的排放，均可造成土壤中硝酸盐含量的增加，同时也加剧了土壤中硝酸盐的淋溶过程。硝酸盐由土壤渗透到地下水，对水体造成严重污染，水体中的亚硝酸盐含量一般不太高，但它的毒性是硝酸盐的 10 倍。

微生物的根瘤菌及植物的固氮作用，构成了植物体硝酸盐的重要来源。农作物在生长过程中吸收的硝酸盐，在体内植物酶的作用下还原成可利用氮，并与经过光合作用合成的有机酸生成氨基酸和核酸，从而构成植物体。当光合作用不充分时，造成过多硝酸盐在植物体内蓄积，同时植物体还可以从土壤中富集硼酸盐，因此人摄入的植物类食品，尤其是蔬菜中含有大量的硝酸盐。

（3）硝酸盐和亚硝酸盐的体内转化与合成　研究表明，植物体中的硝酸盐和摄入人体的硝酸盐都可以在各自体内硝酸盐还原酶的作用下转化为亚硝酸盐，硝酸盐和亚硝酸盐还可以由机体内源性形成。

试验发现，有如下几种情形可导致蔬菜中亚硝酸盐含量增加。

① 新鲜蔬菜中亚硝酸盐含量相对较少，在存放过程中尤其是腐烂后，亚硝酸盐含量显著增加，且腐烂程度愈严重，亚硝酸盐含量就愈多。推断其机理可能是蔬菜本身含有一定量亚硝酸盐，由于采摘时机械损伤导致总的呼吸强度增加，植物体内酶活性增强，因而加速了亚硝酸盐的生成。在贮藏后期，由于细菌生长活跃，细菌的硝基还原酶可将植物体内的硝酸盐转变为亚硝酸盐，尤其是在自然通风和自然密封贮藏的后期。

② 新腌制的蔬菜，在腌制的 2~4d 亚硝酸盐含量增加，在 20d 后又降至较低水平。变质腌菜中亚硝酸盐含量更高。

③ 烹调后的熟菜存放过久，亚硝酸盐含量增加。

硝酸盐和亚硝酸盐还可以由机体内源性形成，已经证实机体每天可以恒定产生大约 85mg 硝酸钠。机体内存在一氧化氮合酶，可将精氨酸转化成为一氧化氮和瓜氨酸，一氧化氮可以形成过氧化氮，后者与水作用释放亚硝酸盐。

2. 前体胺和其他可亚硝化的含氮化合物及来源

在食品中即使是多肽和氨基酸也可以发生亚硝化反应。如肉中大量存在的脯氨酸很容易形成 N-亚硝基脯氨酸，在食品加工过程中采用高温加热可脱去羧基形成致癌的 N-亚硝基吡咯烷。研究还发现，最简单的甘氨酸发生亚硝化，可以形成具有致癌、致突变的重氮乙酸；而腌菜、腌肉中的酪氨酸可以脱氨基形成酪胺，同样可以形成具有致癌、致突变性的重氮化合物。

另外，许多胺类也是药物、化学农药（特别是氰基甲酸酯类）和一些化工产品的原料，它们也有可能作为 N-亚硝基化合物的前体物。

（三）N-亚硝基化合物的来源

1. 食品中 N-亚硝基化合物的来源

N-亚硝基化合物的前体物广泛存在于食品中，在食品加工过程中易转化成 N-亚硝基化合物。据目前已有的研究结果，鱼类、肉类、蔬菜类、啤酒类等食品中含有较多的 N-亚硝基化合物。

（1）鱼类及肉制品中的 N-亚硝基化合物　鱼和肉类食物中，本身含有少量的胺类，但在腌制和烘烤加工过程中，尤其是油煎烹调时，能分解出一些胺类化合物。腐烂变质的鱼和肉类，可分解产生大量的胺类，其中包括二甲胺、三甲胺、脯氨酸、腐胺、脂肪族聚胺、精胺、吡咯烷、氨基乙酰-1-甘氨酸和胶原蛋白等。这些化合物与添加的亚硝酸盐等作用生成亚硝胺。鱼、肉类制品中的亚硝胺主要是吡咯亚硝胺（NPRY）和二甲基亚硝胺（NDMA）。腌制食品如果再用烟熏，则 N-亚硝基化合物的含量将会更高，一些食物中的 N-亚硝基化合物含量见表 4-3。

表 4-3　各种肉制品和鱼制品中亚硝胺的含量水平

名　　　称	国家或地区	含量/(mg/kg)	亚硝胺
干香肠	加拿大	10～20	NDMA
沙拉米香肠	加拿大	20～80	NDMA
咸肉	加拿大	4～40	NPYR
大红肠	加拿大	20～105	NPRY
油煎咸肉	美国	1～40	NPYR
牛肉香肠	美国	50～60	NPIP
咸鱼	英国	1～9	NDMA

（2）蔬菜瓜果中的 N-亚硝基化合物　前已述及，植物类食品中含有较多的硝酸盐和亚硝酸盐，表 4-4 列出了一些新鲜蔬菜中硝酸盐和亚硝酸盐的含量。在对蔬菜等进行加工处理（如腌制）和贮藏过程中，硝酸盐转化为亚硝酸盐，并与食品中蛋白质的分解产物胺反应，生成微量的 N-亚硝基化合物，其含量 $0.5～2.5\mu g/kg$。

表 4-4　一些新鲜蔬菜中硝酸盐和亚硝酸盐的含量

蔬菜名称	含量/(mg/kg)		蔬菜名称	含量/(mg/kg)	
	硝酸盐	亚硝酸盐		硝酸盐	亚硝酸盐
韭菜	160～240	0.1	胡萝卜缨	24～320	0.2～0.3
大白菜	600～1530	0.6～2.0	芹菜	3912	—
小白菜	700～800	1.0～1.2	油菜	3466	—
菠菜	2164	—	丝瓜	118	0.16
苦瓜	91	0.09	莴苣	1954	—
冬瓜	100～288	0.5	黄瓜	125	—

（3）啤酒中的 N-亚硝基化合物　啤酒酿造所用大麦芽如是经过明火直接加热干燥过程的，那么空气中的氮被高温氧化成氮氧化物后作为亚硝化剂与大麦芽中的胺类〔大麦芽碱（hordenine）、芦竹碱（gramine）、禾胺等〕及发芽时形成的大麦醇溶蛋白反应形成 NDMA。一些国家啤酒中 NDMA 的含量见表 4-5。

表 4-5　一些国家啤酒中 NDMA 的含量

国家	NDMA/($\mu g/L$)	国家	NDMA/($\mu g/L$)
英国	5.0	加拿大	1.5
日本	0.5	瑞士	1.0
德国	5.0	荷兰	0.5
	0.5	比利时	0.5

（4）乳制品中的 N-亚硝基化合物　一些乳制品中，如干奶酪、奶粉、奶酒等，存在微量的挥发性亚硝胺。可能与啤酒中的 N-亚硝基化合物形成机制相同，是奶粉在干燥过程中产生的。亚硝胺含量一般在 $0.5～5.2\mu g/kg$。

（5）霉变食品中的 N-亚硝基化合物　霉变食品中也有亚硝基化合物的存在，某些霉菌可引起霉变粮食及其制品中亚硝酸盐及胺类物质的增高，为亚硝基化合物的合成创造了物质条件。

2．N-亚硝基化合物的内源性合成

研究表明，在人和动物体内均可内源性合成 N-亚硝基化合物。因此人体除通过食品摄入的亚硝基化合物外，体内合成也是亚硝基化合物的来源之一。人体合成亚硝胺的部位主要有口腔、胃和膀胱。唾液中含有亚硝酸盐，每天唾液分泌的亚硝酸盐约 9mg，在不注意口腔卫生时，口腔内残余的食物在微生物的作用下发生分解并产生胺类，这些胺类和亚硝酸盐反应可生成亚硝胺，而唾液成分中的硫氰酸根可加速这一反应的进程。胃酸使胃内呈酸性环境，为亚硝胺的合成提供条件，而胃液的重要成分氯离子也会影响 N-亚硝基化合物的形成。但正常情况下，胃内合成的亚硝胺不是很多，而在胃酸缺乏如慢性萎缩性胃炎时，胃液的pH 值增高，细菌可以增长繁殖，硝酸盐还原菌将硝酸盐还原为亚硝酸盐，腐败菌等杂菌将蛋白质分解产生胺类，使合成亚硝胺的前体物增多，有利于亚硝胺在胃内的合成。当泌尿系统感染时，在膀胱内也可以合成亚硝基化合物。

（四）N-亚硝基化合物及前体物的毒理学

1．硝酸盐和亚硝酸盐的毒性

亚硝酸盐的急性毒性作用包括镇静、平滑肌松弛、血管扩张和血压下降，以及高铁血红蛋白血症。亚硝酸盐的 LD_{50} 为 220mg/kg 体重（小鼠，经口），ADI 值为 $0 \sim 0.2$mg/kg 体重（FAO/WHO，1994），人体摄入 $0.3 \sim 0.5$g 纯亚硝酸盐可引起中毒，3g 可致死。硝酸盐的毒性作用主要是由于在食品和体内还原成亚硝酸盐所致。硝酸钠的 LD_{50} 为 $1.1 \sim 2.0$mg/kg 体重（大鼠，经口），硝酸钠的 ADI 值为 $0 \sim 5$mg/kg 体重（FAO/WHO，1994）。

亚硝酸盐的毒性作用机制是由于亚硝酸盐是强氧化剂，高剂量的亚硝酸盐进入血液后，迅速使血色素中二价铁氧化成为三价铁，大量的高铁血红蛋白的形成使其失去携氧和释氧能力，引起全身组织缺氧，出现高铁血红蛋白血症（即亚硝酸盐中毒），产生肠源性青紫症。由于中枢神经系统对缺氧最为敏感而首先受到损害，从而引起呼吸困难、循环衰竭、昏迷等。正常人体内，高铁血红蛋白仅占血红蛋白总量的 $0.5\% \sim 2\%$，高铁血红蛋白占血红蛋白总量 30% 以下时，通常不出现症状，高铁血红蛋白达 $30\% \sim 40\%$ 出现轻微症状，超过60% 时即有明显缺氧的症状，超过 70% 时可致人死亡。此外，大剂量的亚硝酸盐可以直接作用于血管（特别是小血管）平滑肌，有松弛血管平滑肌的作用，造成血管扩张，血压下降，导致外周血液循环障碍。这种作用又可加重高铁血红蛋白血症所造成的组织缺氧。

引起亚硝酸盐中毒的主要原因是误食。由于市场上硝酸盐和亚硝酸盐的销售比较混乱，使用中又缺乏有效的管理，因而每年都有误将亚硝酸盐当做食盐使用而引起的急性中毒事件。给婴儿喂食菠菜汁、芹菜汁（特别是过夜等放置时间较长）和饮用苦井水等也是造成肠源性青紫症的重要原因。另外，食品中添加亚硝酸盐过量也可能引起中毒。

2．N-亚硝基化合物的毒性

不同种类的亚硝基化合物，其毒性大小差别很大，大多数亚硝基化合物属于低毒和中等毒，个别属于高毒甚至剧毒。化合物不同其毒作用机理也不尽相同，其中肝损伤较多见，也有肾损伤、血管损伤等。

3．N-亚硝基化合物的致癌性

许多动物实验证明，N-亚硝基化合物具有致癌作用。N-亚硝胺相对稳定，需要在体内代谢成为活性物质才具备致癌、致突变性，称为前致癌物。N-亚硝酰胺类不稳定，能够在作用部位直接降解成重氮化合物，并与 DNA 结合发挥直接致癌、致突变性，因此，称 N-亚硝酰胺是终末致癌物。迄今为止尚未发现一种动物对 N-亚硝基化合物的致癌作用有抵抗力，不仅如此，多种给药途径均能引起实验动物的肿瘤发生，不论经呼吸道吸入、消化道摄入以及皮下、肌内注射，还是皮肤接触都可诱发肿瘤。反复多次接触，或一次大剂量给药都能诱发肿瘤，且都有剂量-效应关系。可以说，在动物实验方面，N-亚硝基化合物的致癌作用证据充分。在人类流行病学方面，某些国家和地区流行病学资料表明人类某些痛症可能与之有关，如智利胃癌高发可能与硝酸盐肥料大量使用，从而造成土壤中硝酸盐与亚硝酸盐过高有关；日本人爱吃咸鱼和咸菜故其胃癌高发，前者胺类特别是仲胺与叔胺较高，后者亚硝酸盐与硝酸盐含量较多。中国林县食道癌高发，也被认为与当地食品中亚硝胺检出率较高（23.3%，另一低发区仅 1.2%）有关。

4. N-亚硝基化合物致畸、致突变作用

在遗传毒性研究中发现许多 N-亚硝基化合物可以通过机体代谢或直接作用，诱发基因突变、染色体异常和 DNA 修复障碍。亚硝酰胺能引起仔鼠产生脑、眼、肋骨和脊柱的畸形，而亚硝胺致畸作用很弱。二甲基亚硝胺具有致突变作用，常用做致突变试验的阳性对照。据此人们也有理由认为 N-亚硝基化合物可能是人的致癌物。

（五）N-亚硝基化合物及前体物的限量卫生标准

1. 食品中亚硝酸盐的允许限量卫生标准

中国目前执行的各类食品中亚硝酸盐允许限量卫生标准如表 4-6 所示。

表 4-6　中国食品中硝酸盐、亚硝酸盐的限量卫生标准（GB 2762—2012）

食品类别（名称）	限量/（mg/kg 或 mg/L）	
	亚硝酸盐（以 $NaNO_2$ 计）	硝酸盐（以 $NaNO_3$ 计）
蔬菜及其制品（腌渍蔬菜）	20	—
乳及乳制品		
生乳	0.4	—
乳粉	2.0	—
饮料类		
包装饮用水	0.005（以 NO_2^- 计）	—
矿泉水	0.1（以 NO_2^- 计）	45（以 NO_3^- 计）

2. 食品中 N-二甲基亚硝基化合物的限量卫生标准

2012 年中国对食品中 N-二甲基亚硝胺制定出限量标准，规定如表 4-7 所示。

表 4-7　食品中 N-二甲基亚硝胺限量指标

食品类别（名称）	限量/（μg/kg）
肉制品（肉类罐头除外）	3.0
水产制品（水产品罐头除外）	4.0

二、多氯联苯

多氯联苯（polychlorinated biphenyl，PCB）是一种持久性有机污染物（persistent organic pollutant，POP），又是典型的环境内分泌干扰物（endocrine disrupting chemical，

EDC)，也被称为二噁英（dioxin）类似化合物。PCB 是含氯的联苯化合物，依据氯取代的位置和数量不同，异构体有 200 多种。据估计，全世界历年来 PCB 的总产量约 120 万吨，其中约 30% 已释放到环境中，60% 仍存在于旧电器设备或垃圾填埋场中，并将继续向环境中释放。中国从 20 世纪 70 年代开始生产 PCB，年产量近万吨，主要用做电容器的浸渍剂。

多氯联苯对人畜均有致癌、致畸等毒性作用，即使在极低浓度下也可对人的生殖、内分泌、神经和免疫系统造成不利影响，被列入优先污染物 POP 的首批行动计划名单。科学家们甚至在北极熊体内和南极的海鸟蛋中也检测出了这类物质。由于 PCB 具有持久性、生物蓄积性、长距离大气传输性等 POP 类物质的基本特性，因此，尽管 1977 年后各国陆续停止生产和使用 PCB，但其对环境和人体健康的影响依然普遍存在。自 1966 年瑞典科学家 Jensenada 首次提出 PCB 在食物链中有生物富集的作用，并且容易长期贮存在哺乳动物脂肪组织内的研究结论后，PCB 问题才开始引起了各国的关注，并随之进行了广泛的 PCB 对生态系统和人类健康影响的研究。

（一）多氯联苯的毒理学

动物实验表明，PCB 对皮肤、肝脏以及神经系统、生殖系统和免疫系统的病变甚至癌变都有诱导效应。随着人们对环境与健康问题的日益重视，该类污染物在毒性方面的研究近年来也越来越深入，成为环境毒理学领域的一个热点。

（二）多氯联苯的危险评估

环境危险评价要求说明毒物对生态系统的潜在影响，必须通过研究毒物在环境中的暴露方式与生物反应间的关系，测定毒物对生态系统的风险概率。有关多氯联苯的毒性数据还不足以全面了解多氯联苯对环境的短期和长期的污染影响。从对日本发生的米糠油事件的调查来看，如果连续使用含有多氯联苯的食物达到 87μg/(kg·d) 即可引起中毒。为减少这类污染物的危害，国际社会已经在采取行动，制定公约，从而有效地在全球范围内消除这类物质。

目前，研究表明某些 PCB 虽本身无直接毒性，但它们可以通过对生物体的酶系统产生诱导作用而引起间接毒性。另外有一些非共平面型 PCB 可以经光解作用生成高毒性的共平面型 PCB 同类物，使整个体系的毒性当量值（TEQ）下降缓慢甚至有所增加。通常前者在环境中的含量远高于后者，甚至某些邻位取代的同类物为商业 PCB 混合物中的主要组分。因此，在分析环境中 PCB 的归趋转化时，有关的潜在毒性也应该引起重视。

（三）多氯联苯的监测和控制

1. 多氯联苯的监测

由于环境水样和生物样品的组成成分十分复杂，对其中的多氯联苯分析往往产生严重干扰。多氯联苯的检测采用气相色谱法，这种方法是根据多氯联苯具有高度脂溶性的特点，用有机溶剂萃取，同时提取多氯联苯和有机氯农药，经色谱分离后，用带有电子捕获检测器的气相色谱仪进行测定。

2. 多氯联苯的控制措施

多氯联苯是《斯德哥尔摩国际公约》中 12 种持久性有机污染物之一。由于多氯联苯难于分解，在环境中循环造成广泛的危害，从北极的海豹到南极的海鸟蛋中都含有多氯联苯。

其毒性不但能引起人体痤疮、肝损伤乃至致癌等危害,而且还是干扰人和动物机体内分泌系统的"环境激素",使人和动物机体的生殖系统发生严重病变。多氯联苯的同类物在土壤、水体和大气等环境介质中不停地迁移,并最终通过生物圈的食物链在生物体内积累和浓缩。在海水、河水、土壤、大气中都发现有多氯联苯的污染。目前,世界各国对多氯联苯的生产和使用均有控制。

三、二噁英

二噁英(dioxin)是指多氯代二苯并对二噁英(PCDD)和多氯代二苯并呋喃(PCDF)类似物的总称,共计 210 种,包括 75 种 PCDD 和 135 种 PCDF。其中以 2,3,7,8-四氯二苯并对二噁英(2,3,7,8-TCDD 或 TCDD)毒性最强。二噁英和多氯联苯(PCB)的理化性质相似,是已经确定的除有机氯农药以外的环境持久性有机污染物(persistent organic polutant,POP)。二噁英具有极强的致癌性、免疫毒性和生殖毒性等多种毒性作用。已经证实这类物质化学性质极为稳定、难于生物降解,并能在食物链中富集。1962—1970 年美国在越南战争中使用的枯叶剂中含有二噁英,致使越南 1970 年以后患痛症、皮肤病,流产、新生儿先天性畸形等病例剧增。二噁英的剧毒性以及其在环境介质中的持久性,引起人们的广泛关注。1996 年美国环境保护局(EPA)指出二噁英能增加癌症死亡率、降低人体免疫力并可干扰内分泌功能。1997 年国际癌症研究中心(IARC)将 2,3,7,8-TCDD 列为人的 I 类致癌物,对人体具有潜在的危害。1998~1999 年西欧一些国家相继发生了肉制品和乳制品中二噁英严重污染的事件,近年来二噁英已成为国内外研究的热点。

二噁英化合物均为固体,具有很高的熔点和沸点,蒸气压很小,属于非极性化合物,大多不溶于水和有机溶剂,易溶于油脂,易吸附于土壤、沉积物和空气中的飞尘上,具有较高的热稳定性、化学稳定性和生物稳定性,一般加热到 800℃才能分解。在环境中自然降解很慢,半衰期(half life)约为 9 年。

(一)二噁英的毒理学

二噁英不仅具有致癌性,而且具有免疫和生殖毒性,作为内分泌干扰物可造成雄性动物雌性化,这些毒性与体内负荷有关。二噁英的生物半衰期较长,2,3,7,8-TCDD 在小鼠体内为 10~15d,大鼠体内为 12~31d,人体内则长达 5~10 年(平均为 7 年)。因此,即使一次染毒也可在体内长期存在,如果长期接触二噁英还可造成体内蓄积,可能造成严重损害。

1. 二噁英的毒性

二噁英是一类急性毒性物质,它的毒性相当于氰化钾的 1000 倍以上,只要 1oz(28.35g)二噁英,就能将 100 万人置于死地,被人们称之为"地球上毒性最强的毒物"。生物化学研究者认为,二噁英具有类似人体激素的作用,称为"环境激素",是一种对人体非常有害的物质。即使在很微量的情况下,长期摄取仍可引起癌症、畸形等。任何一个二噁英类分子能与细胞内的特殊蛋白质受体结合成复合物,这一复合物能进入细胞核,作用于 DNA,影响和危害人体的细胞分裂、组织再生、生长发育、神经系统、新陈代谢和免疫功能等。

2. 二噁英的生化效应

二噁英毒性效应的发挥主要通过机体及细胞内平衡的改变。这一过程的调节,依靠生长因子及其受体、激素及其受体与这些因子合成或降解酶的相互作用。

（二）二噁英的危险评估

1990 年 WHO 根据人和试验动物的肝脏毒性、生殖毒性和免疫毒性，结合毒物动力学资料，制定了 TCDD 的每日耐受量（tolerable daily intake，TDI）为 10pg/kg（以体重计）。1998 年 WHO 根据最新获得的神经发育和内分泌毒性效应，将 TDI 修订为 1～4pg/kg（以体重计）。2001 年 6 月 JECFA 首次对 PCDD、PCDF 和共平面 PCB 提出暂定每月耐受量（PTM）为 70pg/kg（以体重计）。

（三）二噁英的监测和控制

1. 二噁英的监测

20 世纪 80 年代中期，二噁英的分离及超痕量定量分析被列为化学界的难题之一。90 年代初，二噁英监测成为最昂贵的高技术常规分析方法。采用同位素稀释法毛细血管色谱/高分辨质谱定量测定 17 种有毒的二噁英同族体，克服了分析中的三大难点；将 17 个有毒同族体从 210 个同族体中分离出来。这种方法能使二噁英毒性测定误差小于 30%，满足了环境研究的要求。PCDD、PCDF 的样品处理方法与农药残留检测方法相同，但更应注意避免检测过程的交叉污染。PCB 及基质中其他含氯化合物的干扰使得 PCDD 和 PCDF 超痕量分析难度极大。定量测定要尽量减少化学噪声和改善检出限，以保证 PCDD 和 PCDF 这一类复杂化合物的痕量分析。

2. 二噁英的控制措施

① 监测饲料中 PCDD、PCDF 和 PCB 的污染以预防食品中二噁英及其类似物的污染。

② 垃圾焚烧是二噁英产生的一个重要来源。目前中国建设垃圾焚烧厂和垃圾发电厂时应当充分考虑控制二噁英的产生，如广东将严格控制新建日处理 300t 以下的垃圾焚烧厂项目，并拟关闭污染严重的小型垃圾焚烧厂，同时建立二噁英检测中心。

③ 建立食品和饲料（包括谷物、油脂和添加剂等）中二噁英（PCDD 和 PCDF）和二噁英样 PCB 的监控水平、监测方法和允许限量标准。

④ 定期施行对食品和饲料中 PCDD、PCDF 和 PCB 污染水平和膳食摄入量的监测。

3. 食品中的 PCDD 或 PCDF 允许限量

控制二噁英污染的第一步是确定一个合适的人体对二噁英的日允许摄入量，WHO 推荐的标准是 1～4μg/kg（以体重计），但世界各国制定的标准相差很大，通常低于世界卫生组织的标准，其关键在于二噁英的防治需要的资金很多，日允许摄入量值的高低决定了国家所需投入的财力和技术手段。应根据国家实际情况制定阶段目标，逐步提高标准。由于二噁英并非自然产物，故防止其产生与治理同等重要。二噁英的发生源具有多样性的特点，要减少其产生的环节，对生产销售和使用违禁产品的应坚决打击。尽快建立全面和有效的检测网络，对空气、土壤中的二噁英含量进行定期检测，制定全国统一的标准，对食品等加强检查，并积极开展二噁英的基础性研究。

世界上一些国家已经建立了动物源性食品中 PCDD 和 PCDF 的最高允许限量推荐值或指导值。特别是欧盟已经开始采取降低环境、食品和饲料中存在的二噁英和 PCB 措施，规定了食品中 PCDD 或 PCDF 的最高允许限量，于 2002 年 7 月 1 日实施，并于 2004 年建立 PCDD 和 PCDF 和共平面 PCB 的最高允许限量。2006 年 12 月 31 日进行评估。目前这一标准不适合脂肪含量低于 1% 的食品。

四、丙烯酰胺

丙烯酰胺（acrylamide，AA）从 20 世纪 50 年代开始就是一种重要的化工原料，是已知的致癌物，并能引起神经损伤，2002 年 4 月瑞典国家食品管理局（National Food Administration，NFA）和斯德哥尔摩大学研究人员率先报道了在一些油炸和烧烤的淀粉类食品，如炸薯条、炸土豆片、谷物、面包等中检出丙烯酰胺，其含量均大大超过 WHO 制定的饮用水水质标准中丙烯酰胺限量值；之后挪威、英国、瑞士和美国等国家也相继报道了类似结果。食品中的丙烯酰胺是否具有致癌性，成为了国际上十分令人关注的食品安全问题。

（一）食品中丙烯酰胺的形成

研究表明，丙烯酰胺的主要前体物为游离天冬氨酸（马铃薯和谷类中的代表性氨基酸）与还原糖，二者发生美拉德反应生成丙烯酰胺。食品加工前检测不到丙烯酰胺，主要在高碳水化合物、低蛋白质的植物性食物加热（120℃以上）烹调过程中形成丙烯酰胺，140～180℃为其生成的最佳温度，当加工温度较低，如用水煮时，丙烯酰胺的水平相当低。水分含量也是影响丙烯酰胺形成的重要因素，特别是烘烤、油炸食品最后阶段水分减少、表面温度升高后，其丙烯酰胺形成量更高；但咖啡除外，在焙烤后期反而下降。食品中形成的丙烯酰胺比较稳定；但咖啡除外，随着贮存时间延长，丙烯酰胺含量会降低。可见，加热温度、时间、羰基化合物、氨基酸种类、含水量都是影响丙烯酰胺形成的因素。

（二）丙烯酰胺的毒理学

丙烯酰胺的 α,β-不饱和氨基系统非常容易和亲核物质通过 Michael 加成发生化学反应，而蛋白质和氨基酸上的巯基是主要的反应基团。丙烯酰胺与神经、睾丸组织中的蛋白质发生加成反应可能与丙烯酰胺对这些组织的毒性有关。

1. 急性毒性

根据毒理学的研究，丙烯酰胺对小鼠、兔子和大鼠的半数致死量（LD_{50}）是 100～150mg/kg（以体重计）。

2. 神经毒性和生殖发育毒性

丙烯酰胺对于人的神经毒性已得到了许多试验的证明，神经毒性作用主要为周围神经退行性变化和脑中涉及学习、记忆和其他认知功能部位的退行性变化，早期中毒的症状表现为皮肤皲裂、肌肉无力、手足出汗、麻木、震动感觉减弱、膝跳反射丧失、感觉器官动作电位降低、神经异常等周围神经损害，如果时间延长，还可损伤中枢神经系统的功能，如小脑萎缩。动物实验研究显示，丙烯酰胺的神经毒性具有累积性，每一次的摄入量不会决定最终的神经损坏程度，而是决定神经损坏开始的时间。有许多理论可以用来解释丙烯酰胺神经毒性的机理，但并无定论。

生殖毒性作用表现为雄性大鼠精子数目和活力下降及形态改变和生育能力下降。大鼠 90d 喂养试验，以神经系统形态改变为终点，最大未观察到有害作用的剂量（NOAEL）为 0.2mg/(kg BW·d)，大鼠生殖和发育毒性试验的 NOAEL 为 2mg/(kg BW·d)。

3. 遗传毒性

遗传毒理学（genetic toxicology）的研究表明，丙烯酰胺表现有致突变作用，可引起哺乳动物体细胞和生殖细胞的基因突变和染色体异常，如微核形成、姐妹染色单体交换、多倍体和非整倍体及其他有丝分裂异常等，显性致死试验阳性，并证明丙烯酰胺的代谢产物环氧丙酰胺是其主要致突变活性物质。

4. 致癌性

以大鼠作为实验材料，每天饮水中放入 0mg/kg、0.5mg/kg、1mg/kg、2mg/kg 体重的丙烯酰胺，经过 2 年的喂养，然后对各部分的组织做生物鉴定，发现对激素敏感的组织中癌症的发病率显著升高，例如子宫腺癌、乳腺癌、神经胶质细胞瘤等。这些病的发生都需要一定的量（每天 2mg/kg 体重）才行，用小鼠进行的实验也观察到了肺瘤的发生。国际癌症研究机构（IARC）1994 年对其致癌性进行了评价，将丙烯酰胺列为人类可能致癌物，其主要依据为丙烯酰胺在动物和人体内均可代谢转化为其致癌活性代谢产物环氧丙酰胺。

（三）丙烯酰胺的监测和控制

目前，国际上使用较多的方法是用气相色谱-质谱法（GC-MS）和液相色谱-串联质谱联用法（LC-MS-MS）。这两种方法均可进行定量、定性分析，且灵敏度高，但相对来说 LC-MS-MS 法因不需溴化而显得较简便。美国 FDA 于 2002 年 6 月在网上公布了 LC-MS-MS 法的具体操作步骤，以便研究者参考。Sonja 等指出，运用液相色谱-电喷电离-串联质谱法（LC-ESI-MS-MS）对早餐谷类食品和薄脆饼干的检测精密度较高，检测限分别为 20μg/kg 和 15μg/kg，该方法通过实验室间对比实验得到了证实。

尽管丙烯酰胺的致癌性尚无定论，但它并不是人体所需的物质，不应存在于食品中。目前，欧洲有些食品生产企业在减少食品加工过程中丙烯酰胺的产生方面已取得了很好的效果。Dhiraj 等研究发现，生薯条上涂抹鹰嘴豆粉糊（chickpea batter）后其成品中丙烯酰胺含量由 1490μg/kg 降至 580μg/kg。同样，赫尔辛基大学的研究人员发现在制作薯条过程中添加少量类黄酮可使丙烯酰胺减少一半。日本科学家发现马铃薯在低温（2～4℃）下保存，其淀粉有一部分会转变为还原糖，导致丙烯酰胺增多，同时他们还开发出用远红外线烘焙法制作低丙烯酰胺的非油炸薯条技术。Ktmi 等认为马铃薯应避免低于 10℃ 保存，切片后浸在温水（约 60℃）中 15min 可提取出天冬酰胺和糖，用此制成的炸薯条丙烯酰胺含量可大幅减少，同时还保留了原有的烹调效果。Sandra 等从颜色、口味、丙烯酰胺含量三个方面进行研究得出，马铃薯应贮存在 4℃ 以上的环境中，其还原糖含量在 0.2～1g/kg 间的最适合烘烤和煎炸。

作为中国的普通消费者，增强食品安全意识对于保持自己的身体健康非常重要。就降低丙烯酰胺的摄入量而言，我们可以摄入多种食物，均衡膳食，减少油炸食品的摄入量，少吃炸薯条之类的西式快餐，少吃含糖量高的食品，多吃蔬菜和水果。食品加工处理时应尽可能避免不必要的长时间高温加热，尽量减少丙烯酰胺的产生。

五、多环芳烃

多环芳烃（polycyclic aromatic hydrocarbon，PAH）是含有两个或两个以上苯环的碳氢化合物。PAH 广泛存在于空气、水和土壤中，为煤、石油、煤焦油、烟草和一些有机化合物的热解或不完全燃烧产生的一系列多环芳烃化合物，其中一些有致癌作用。PAH 多以混合物出现，这些混合物随其产生过程而有所变动，在大气颗粒物和燃煤排放中已鉴定出上百种 PAH，在香烟烟雾中发现了约 200 种 PAH。PAH 是重要的环境和食品污染物，具有致癌、致畸、致突变和生物难降解的特性，是目前国际上关注的一类持久性有机污染物。持久性有机污染物是一组危害极大的化合物，它们有四个共同的特性，即高毒性、生物积累性、持久性和远距离迁移性。持久性有机污染物不溶于水，但对活生物体的脂肪组织具有亲和力，多环芳烃在环境中虽是微量的，但分布广，人们通过大气、水、食品、吸烟等摄取，是癌症的重要起因。这类有毒物质几乎都能直接通过呼吸道、消化道、皮肤等被人体吸收，或通过食物链在动物和人体内累积，而且人们在呼吸含有多环芳烃的空气或食用含有多环芳烃的食品或蔬菜时，其致癌作用一时不易发现，平均潜伏期长，严重影响人体健康与生态环境。多环芳烃是发现最早而且数量最多的一类有机致癌物。

PAH 的基本结构单位是苯环，苯环的数目和连接方式的不同引起相对分子质量、分子结构变化，进而导致了某些不同的物理化学性质。PAH 具有致突变性，且结构稳定，生物难降解。1979 年，美国环保局（EPA）首先公布了 179 种优先监测污染物，其中 PAH 有 16 种。

室温下，PAH 皆为固体，其特性是高熔点和高沸点，低蒸气压，水溶解度低。PAH 易溶于许多溶剂中，具有高亲脂性。

（一）多环芳烃的毒理学

1. 急性毒性

PAH 种类很多，急性毒性也各有差异，为中等或低毒性。如萘，小鼠经口和静脉给药的 LD_{50} 为 $100 \sim 500 mg/kg$（以体重计），大鼠经口 LD_{50} 为 $2700 mg/kg$（以体重计）。其他 PAH 的 LD_{50} 值类似。PAH 的毒性主要表现为神经毒、肺毒、血液毒、肝毒和心肌损伤及致敏等。神经毒主要是导致头晕、恶心、呕吐等。肺毒主要见于吸入染毒，因其刺激性引起呼吸道的炎症，甚至肺水肿。某些多环芳烃，如芘有明显的血液毒性，可引起红细胞数和血红蛋白量降低，白细胞数增加，血清白蛋白和球蛋白的比值下降等。苯并蒽酮对人的皮肤有致敏作用。母体结构如图 4-2 所示。

非致癌性或弱致癌性 PAH 如苯并 [e] 芘、蒽等经皮肤涂抹均无皮肤毒副作用。致癌的 PAH 如苯并 [a] 芘、二苯并 [a,h] 蒽和苯并 [a] 蒽可引起皮肤过度角化。蒽和萘的气体刺激眼睛。苯并 [a] 芘诱发小鼠和豚鼠接触性过敏皮炎。苯并 [a] 芘、二苯并 [a,h] 蒽和苯并 [a] 蒽及萘对小鼠和大鼠有胚胎毒。苯并 [a] 芘还具有致畸性和生殖毒性。在小鼠和兔中，苯并 [a] 芘能通过血液-胎盘屏障发挥致癌活性。目前，甚至有人将苯并 [a] 芘归为环境内分泌干扰物。

2. 遗传毒性

多环芳烃除了有致癌性外，还具有其他毒性，主要是致突变性、生殖毒及致畸性。如苯并 [a] 芘，多种方法的致突变试验均为阳性结果；对雄性生育力指数（受孕的雌性数/与可孕但未受孕的雌性接触的雄性数）有不良影响；对胎儿颅面、皮肤、肌肉、骨组织、淋巴网状系统等有影响而致畸胎；对脐带、胎盘也有影响；对断奶和授乳指数（断奶尚存活数/第 4 天存活数）有影响；同时，对新生儿生长发育也会造成不良的影响等。

3. 致癌性

多环芳烃类在混合功能氧化酶作用下生成具有致癌活性的多环芳烃环氧化物。涉及的部位广泛，包括皮肤、肺、胃、乳腺等。许多单个的 PAH 对动物致癌，在动物试验中发现致癌的那些 PAH，对人同样致癌，暴露于 PAH 混合物的人群表明癌症发病率增加。PAH 致癌的潜能根据暴露途径不同而有所变动。

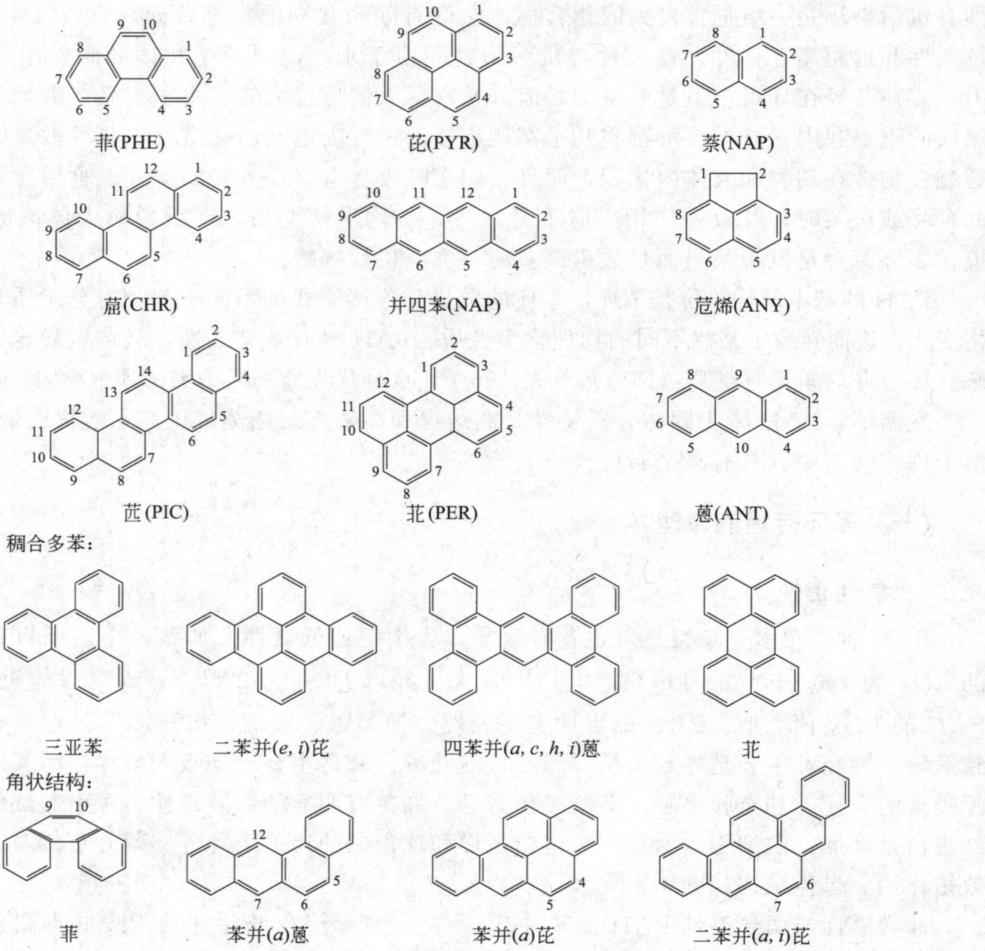

图 4-2　常见多环芳烃的结构

4. 光致毒效应

由于多环芳烃的毒性很大，对中枢神经以及血液作用很强，尤其是带烷基侧链的 PAH，对黏膜的刺激性及麻醉性极强，所以过去对多环芳烃的研究主要集中在生物体内的代谢活动性产物对生物体的毒性作用及致癌活性上。但是越来越多的研究表明，多环芳烃的真正危险在于它们暴露于太阳光中紫外线辐射时的光致毒效应。有实验表明，同时暴露于多环芳烃和紫外线照射下会加速具有损伤细胞组成能力的自由基形成，破坏细胞膜损伤 DNA，从而引起人体细胞遗传信息发生突变。在有氧条件下，PAH 的光致毒作用将使 PAH 光化学氧化形成过氧化物，进行一系列反应后，形成醌。Katz 等观察到由苯并［a］芘产生的苯并［a］芘醌是一种直接致突变物，它将引起人体基因的突变，同时也会引起人类红细胞溶血及大肠杆菌的死亡。

5. 肝脏毒性

目前人们对 PAH 的肝脏毒性的认识主要来源于动物实验。动物急性经口、腹腔内、皮下注射 PAH 后可出现癌前肝脏毒性，包括肝实质细胞（如谷氨酰转肽酶族）的诱导、羧酸酯酶和醚脱氢酶活性的改变、肝重量增加和刺激肝再生。尽管上述肝脏毒性并非属于严重的不良效应，但已有研究表明其发生率和严重性与 PAH 的致癌潜能有关，因此，肝功能及其组织完整性的检测有助于 PAH 暴露后的效应评价。

不同的 PAH 及染毒时间在动物肝脏损伤效应上有差异，动物长期 PAH 暴露也可引起肝损伤。小鼠按每天 350mg/kg 体重剂量分别喂饲苊和荧蒽 13 周，苊可导致小鼠肝绝对重量和相对重量明显增加，而荧蒽除此效应外，还可以引起肝小叶中央色素沉着，同时伴随肝酶活性的增加。

相对于动物实验资料，PAH 致肝脏损伤的人群流行病学资料比较缺乏。国内外均有焦化厂作业工人肝癌死亡率增高的报道。另外，临床研究也提示，PAH 可能具有肝脏毒性。PAH 还具有肝损伤的遗传易感性。并不是所有人接触 PAH 都会产生不良的健康效应，提示可能存在个体遗传易感性。PAH 可以在体内各种组织中代谢，因此，代谢酶活性的强弱可能影响 PAH 的生物效应。但 PAH 在体内经代谢活化成活性中间代谢产物后，机体并不一定就会出现功能改变或器质性损伤，因为机体还有一套完善的保护机制，个体 DNA 修复能力的差异、内稳态维持水平的不同以及免疫功能的强弱等都构成了个体对 PAH 暴露易感性的不同。

（二）多环芳烃的危险评估

1. 人群资料

口服致死剂量成人为 5000～15000mg，儿童为 2000mg。经皮或经口接触的典型影响是溶血性贫血，也可通过胎盘转移影响胎儿。

膳食中 PAH 对人类癌症发生的作用尚未阐明，更多的证据来自职业接触。在高度工业化区，人体负荷 PAH 增加是由于 PAH 污染了大气。早在 1775 年第一次发现职业接触煤灰是阴囊癌的起因。此后，职业接触焦油、沥青和石蜡引起皮肤癌相继被报道。由于现在的个人卫生较好，皮肤肿瘤逐渐减少。肺是 PAH 引发肿瘤的主要部位。

2. 食品中苯并芘的限量

在英国，总膳食中 PAH 主要来自油脂，其中 28% 来自黄油、20% 来自奶酪、77% 来自人造奶油。其次为谷物，其中 56% 来自面包、12% 来自面粉。虽然谷物中 PAH 水平不高，但它们在膳食总量中占很大比重。再次为蔬菜、水果。奶类和饮料不是重要来源。在瑞典，谷物为主要来源（约 34%），其次为蔬菜（约 18%）和油脂（约 16%）。熏鱼和熏肉在瑞典也只是一般膳食组成中的极小部分，因而在 PAH 总摄入量中不占重要地位。表 4-8 列出了食品中苯并 [a] 芘限量的卫生标准（GB 2762—2012）。

表 4-8　食品中苯并 [a] 芘限量卫生标准

食品类别(名称)	限量/(μg/kg)	食品类别(名称)	限量/(μg/kg)
谷物及其制品	5.0	水产动物及其制品	5.0
肉及肉制品	5.0	油脂及其制品	10

3. 多环芳烃的暴露途径和环境行为

（1）多环芳烃的暴露途径　多环芳烃大多是无色或淡黄色的晶体，个别颜色较深，熔点及沸点较高，蒸气压很小，不易溶于水，性质稳定，极易附着在固体颗粒上，在环境中难降解。多环芳烃的来源可分为人为与天然两种，前者是多环芳烃污染的主要来源。多环芳烃的形成机理很复杂，一般认为多环芳烃主要是由石油、煤炭、木材、气体燃料、纸张等不完全燃烧以及还原过程中热分解而产生的，有机物在高温缺氧条件下，热裂解产生碳氢自由基或碎片，这些极为活泼的微粒，在高温下又立即热合成热力学稳定的非取代多环芳烃。有的多环芳烃可以使生物体产生遗传毒性而对人体具有潜在的危害性。目前，由动物实验证实的有较强致癌性的多环芳烃有：苯并［a］芘、苯并［a］蒽、苯并［b］荧蒽、二苯并［a,h］芘、二苯并［a,h］蒽等，其中以苯并［a］芘的致癌作用最强。

（2）多环芳烃的环境行为　环境中的多环芳烃除氧化、挥发、吸附等物理化学行为外，生物转化作用也是多环芳烃重要的环境行为，沉积物和海水中的微生物可降解 PAH，其反应机理是通过一个含有二氢醇的中间体把羟基结合到芳环上，经过酶解作用使 PAH 发生转化，产生顺式的二氢醇中间体。而哺乳类动物体中的微粒体酶通过一氧化物中间体产生反式异构体，这种中间体氧化产物显然对 PAH 的致癌作用或诱变性起着生物转化作用。多环芳烃存在于各种环境介质中，不同的环境介质，多环芳烃的作用机制并不一样。大气中的多环芳烃大多吸附在大气微小颗粒物上，通过沉降和降水冲洗作用而污染地面水和土壤。最近研究表明，PAH 光降解速度常数随光强、温度和湿度的升高而增大。但光化学降解机理目前尚不很清楚，可能是 OH 自由基与 PAH 分子的撞击所致。PAH 也可与其他物质反应而转化，转化产物使毒性产生不同变化（有的可以使原来无致突变性的多环芳烃变为致突变性的，但有的转化具有相反的效应）。

（三）多环芳烃的监测和控制

1. 多环芳烃的监测

随着科学技术的不断进步，PAH 的检测方法也在不断地发展变化，从最早的柱吸附色谱、纸色谱、薄层色谱（TLC）和凝胶渗透色谱（GPC）发展到现在的气相色谱（GC）、反相高效液相色谱（RP-HPLC）、紫外吸收光谱（UV）和发射光谱（包括荧光、磷光和低温发光等），还有质谱分析、核磁共振和红外光谱技术等。较为常用的是分光光度法和反相高效液相色谱法。RP-HPLC 法在十八硅烷（ODS）液相色谱柱（反相色谱柱）上，以甲醇-水为流动相，把预处理的 PAH 分离成单个的化合物，用荧光（或紫外）检测器检测，利用各化合物的保留值、峰高和峰面积进行定性，用外标法进行定量。RP-HPLC 法测定 PAH 不需高温，对某些 PAH 的测定具有较高的分辨率和灵敏度，柱后馏分便于收集进行光谱鉴定等优点。所以近年来 RP-HPLC 法广泛用于 PAH 的分离鉴定和定量测定，其已经成为主要的分析方法，特别是对大环、高相对分子质量的多环芳烃，具有其他方法不可替代的作用。

2. 多环芳烃的控制措施

（1）制定具体的排放标准，用政策法规来限制多环芳烃的排放　工业"三废"及其他烟尘，是造成环境污染进而导致食品中多环芳烃类含量升高的主要原因。给发动机车辆安装净化系统，回收烟囱排出的大量烟尘，以及工业"三废"及废料处理后达标排放，均可使环境中多环芳烃类含量明显降低，进而减少对食品的污染。针对中国的国情，还可以制定一些具体的减少 PAH 排放的方案。如在大城市生活区采取集中供热、消除小煤炉取暖，逐步实现家庭煤气化。

（2）改进食品加工工艺　食品的烘烤、熏制，尤其是使用易发烟的燃料，如木柴、煤炭、锯末等，使食品中多环芳烃类的含量大大升高。特别是直接接触燃烧产物时，污染更为严重。选用发烟少的燃料如木炭、煤气，最好是电热烘烤，加消烟装置，均可减少污染量，据报道，可减少污染 70% 左右。同时防止烤焦炭化。

（3）研究去毒措施　对于 PAH 已经造成的污染，则可以采用生物及化学的方法来处理。还可以利用物理化学及生物净化技术加快多环芳烃的生物利用速度，如加入表面活性剂、共代谢物及硝酸根等含氧酸根（在厌氧条件下）来加快多环芳烃的降解速度，从而实现对多环芳烃的净化。对于已污染的食品，采取揩去表层烟油，用活性炭吸附，日光或紫外线照射及激光处理措施，均有较好的去毒效果。如食油中加入 0.3% 的活性炭，在 90～95℃ 搅拌，可使其中苯并 [a] 芘的含量减少 90%。经揩去烟油的肉食品中，苯并 [a] 芘含量减少 20%。

(4) 改善焦化厂等多环芳烃的高暴露环境　应开展清洁生产，加强多环芳烃及苯并 [a] 芘暴露剂量的监测，特别是焦化厂在进行技术改造时，应本着以人为本的原则，积极采取有效降低多环芳烃暴露剂量的措施。并且加强职工的自我保护意识，加强对人体危害和保护方法的宣传力度，制定并严格执行轮班制和定期体检制等相应的制度，保护职工的健康。

六、氯丙醇和氯丙醇酯

氯丙醇是继二噁英之后，食品污染领域又一个热点问题。早在 20 世纪 70 年代，人们就发现氯丙醇能够使精子减少和活性降低，抑制雄性激素生成，使生殖能力下降。曾经有报道说，二氯丙醇生产车间的工人，因吸入大量氯丙醇，造成肝脏严重损伤而暴死。国内外研究表明 3-氯丙醇常见于水解蛋白调味剂和酱油中，已被认为具有生殖毒性、神经毒性，且能引起肾脏肿瘤，是确认的人类致癌物。在非天然酿造酱油、调味品、保健食品以及儿童营养食品中，可能含有氯丙醇。

(一) 氯丙醇

1. 氯丙醇的化学结构

氯丙醇（chloropropanol）是甘油（丙三醇）上的羟基被氯取代所产生的一类化合物，包括以下类别（图 4-3）。① 单氯取代的氧代丙二醇：3-氯-1，2-丙二醇（3-monochloropropane-1，2-diol，3-MCPD）和 2-氯-1，3-丙二醇（2-monochloropropane-1，3-diol，2-MCPD）。② 双氯取代的二氯丙醇：1，3-二氯-2-丙醇（1，3-dichloro-2-propanol，1，3-DCP）和 2，3-二氯-1-丙醇（2，3-dichloro-1-propanol，2，3-DCP）。氯丙醇化合物均比水重，沸点高于 100℃，常温下为液体，一般溶于水、丙酮、苯、甘油、乙醇、乙醚、四氯化碳等。它们是食品在加工、贮藏过程中形成的污染物。

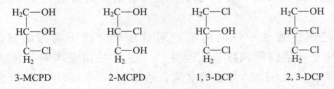

图 4-3　氯丙醇化合物结构

2. 氯丙醇污染的来源

氯丙醇污染的主要来源如下。

(1) 酸水解植物蛋白（酸解 HVP）　食品中氯丙醇的污染首先在酸解 HVP 中发现，许多风味食品添加酸解 HVP 的生产过程中可以污染氯丙醇（3-MCPD 和 1，3-DCP）。

(2) 酱油　对不同类型的酱油进行调查，包括传统发酵酱油和以酸处理或酸水解 HVP 为原料的低级别酱油（中国称为"水解植物蛋白调味液"），结果发现在没有很好控制手段的情况下，酸处理可以产生 3-MCPD。

(3) 不含酸水解 HVP 成分的食物　主要是焙烤食品、面包和烹调与腌制肉鱼。

(4) 家庭烹调　在烤面包、烤奶酪和炸奶油过程中可以使 3-MCPD 水平升高。

（5）包装材料　食品和饮料可以由于包装材料的迁移有低水平的 3-MCPD 污染，在某些因为采用 ECH 交联树脂进行强化的纸张（如茶叶袋、咖啡滤纸和肉吸附填料）和纤维素肠衣也含有 3-MCPD。目前正在开发第三代树脂，以显著降低 3-MCPD。

（6）饮水　英国的饮用水含有氯丙醇，这是由于一些水处理工厂使用以 ECH 交联的阳离子交换树脂作为絮凝剂对饮用水进行净化。目前，经过努力，在聚胺型絮凝剂中 3-MCPD 的水平在 40mg/kg，水处理时聚胺型絮凝剂中 3-MCPD 的使用量为 2.5mg/L，这可以使饮用水中 3-MCPD 的污染水平小于 0.1μg/L。

3. 氯丙醇的毒性

3-MCPD 大鼠经口 LD_{50} 为 150mg/kg。美国在 1993 年的 FAO/WHO 报告中表明，3-MCPD如果使用 30mg/(kg BW·d) 会使大鼠肾小管坏死或扩张；30mg/(kg BW·d) 连续使用 4 周会引起猴子贫血、白细胞减少、血小板减少。给大鼠和小鼠经口剂量≥25mg/(kg BW·d) 的 3-MCPD 能引起中枢神经，特别是脑主干损伤，损伤程度与剂量相关。在大鼠和小鼠亚急性毒性试验中发现，肾脏是 3-MCPD 毒性作用靶器官。

4. 氯丙醇的危险性评估

JECFA 决定采用肾小管增生作为确定 3-MCPD 耐受摄入量的最敏感毒性终点，该作用是在大鼠的慢性毒性和致癌性试验中发现的，得出最低作用剂量（LOEL）为 1.1mg/kg BW，并采用安全系数 500（包括考虑从 LOEL 推导出 NOEL 而扩大的 5 倍系数），最后得出暂定的每日最大耐受摄入量（provisional maximum tolerable daily intake，PMTDI）为 2g/kg BW，委员会指出从各国提交的摄入量数据看，食用酱油的消费者大多接近或超过这个水平。

5. 氯丙醇的监测和控制

目前中国对于食品中的氯丙醇仍无与国家标准配套的检测标准。广州出入境检验检疫局食品实验室对氯丙醇检测技术进行研究，目前已成熟的检测氯丙醇最新方法为气相色谱/双串联质谱同时测定酱油中 1,3-DCP、2,3-DCP、3-MCPD，检出限为 0.01mg/kg。广州出入境检验检疫局食品实验室所使用的测定 3-MCPD 的方法，是经国家检验检疫总局组织有关专家审定，并经合法程序批准的，在两年中的使用表明，此方法对保证出口欧洲的酱油质量起着重要作用。

目前部分国家已制定酱油中氯丙醇推荐限量并研究防止其污染酱油生产工艺（见表4-9）。李祥等研究酸水解蛋白质调味液安全生产工艺，采用酸水解与传统酿造工艺相结合，最佳工艺为以豆粕为原料，采用 5％盐酸溶液，水解 18h，中和至 pH 值为 6，然后添加适量炒麸皮、豆粕，接种沪酿 3.042 米曲霉制曲、发酵。此工艺生产的产品中氯丙醇含量低于各国标准，且酱香浓郁、味道鲜美。

美国 CPC 国际有限公司有一称为酸酶法加工工艺专利，就是先采用中性蛋白酶进行水解蛋白，然后在缓和条件（40～45℃，pH6.5～7.0）下进行酸水解，这样制得的 HVP 产品检测不到氯丙醇。

表 4-9　目前部分国家氯丙醇推荐限量

国家	3-MCPD/(mg/kg)	2-MCPD/(mg/kg)	1,3-DCP/(mg/kg)	2,3DCP/(mg/kg)
中国	≤1	未提及	未提及	未提及
美国	≤1	未提及	≤0.05	≤0.05
英国/欧盟	≤0.01	未提及	未提及	未提及
日本	≤1	未提及	未提及	未提及
澳大利亚	≤0.3	未提及	≤0.005	未提及

（二）氯丙醇酯

1. 氯丙醇酯的结构

氯丙醇酯包括单酯和二酯，由 3-MCPD、2-MCPD、1,2-DCP、1,3-DCP 与不同的脂肪酸（棕榈酸、油酸、硬脂酸等）结合而成，在一定条件下部分氯丙醇酯能够呈现旋光性。氯丙醇酯的部分结构如图 4-4 所示。

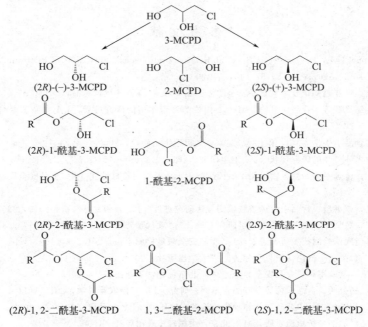

图 4-4　3-MCPD 与 2-MCPD 的单酯和二酯结构

一般来说，食品加工过程形成的单氯丙二醇的生成量通常是双氯丙醇的 100～10000 倍，而单氯丙二醇中 3-氯丙醇的含量通常又是 2-氯丙醇的几倍至 10 倍，因此以 3-氯丙醇作为主要检测指标，可反映食品加工中氯丙醇类物质的生成状况。

2. 氯丙醇酯的污染来源

氯丙醇酯是氯丙醇的前体物，在 1980 年 Davideak 等在对 3-MCPD 的研究中，就发现在酸水解植物蛋白液（HVP 液）中有一定量的 3-MCPD 脂肪酸单酯和二酯存在，其中 3-MCPD 二酯的含量远高于 3-MCPD 单酯。接下来的 20 多年里，3-MCPD 酯并没有被视作食品污染物，因为在酸水解植物蛋白液（HVP）液加工过程中，通过过滤可将 3-MCPD 酯去除。近年来国外陆续有报道在很多食品中都检测出较高含量的 3-MCPD 酯，特别是在婴幼儿奶粉中发现高浓度的 3-MCPD 酯后，引起了政府和相关行业的重视，从而人们纷纷对其进行了研究。

3. 氯丙醇的毒性

食品中残留的 3-MCPD 对人类健康的危害性已引起国际社会的广泛关注，目前有关食品中氯丙醇酯的含量没有做出具体的规定。3-MCPD 酯的体外水解实验已证明 3-MCPD 酯可被胰脂酶水解为 3-MCPD，进入血液、器官和组织中。

欧洲食品安全局（EFSA）对 3-MCPD 棕榈酸酯进行 90d 的毒理学研究表明：3-MCPD

棕榈酸酯对大鼠的肾和睾丸均能产生类似 3-MCPD 的影响，对雄性大鼠肾和睾丸造成损害的 BMDL10（10％肿瘤发生率的 95％置信区间内最低剂量）每天为 17.4mg/kg 和 44.3mg/kg 体重（相当于 3-MCPD 每天 3.3mg/kg 和 8.4mg/kg 体重）。Onami 对 3-MCPD 酯类（主要是棕榈酸双酯、棕榈酸单酯、油酸双酯）进行为期 13 周的大鼠亚慢性毒性试验，结果表明：3-MCPD 酯的急性肾毒性比 3-MCPD 要低，但 3-MCPD 酯可能对大鼠的肾脏和附睾具有亚慢性毒性，程度与 3-MCPD 的影响效果类似。

参 考 文 献

[1] Abraham K，Appel K E，Berger-Preiss E，et al. Relative oral bioavailability of 3-MCPD from 3-MCPD fatty acid esters in rats [J]. Arch toxicol, 2013, 87 (4): 649-659.

[2] 白永文，王明强. N-亚硝基化合物对食品安全的污染及其对策 [J]. 中国调味品，2011，36（11）：9-12.

[3] 白顺，孙建霞，邹飞雁等. 食品污染物 3-氯-1,2-丙二醇毒理作用的研究进展 [J]. 食品工业科技，2013，34（5）：358-363.

[4] 陈炳卿. 营养与食品卫生学 [M]. 第 4 版. 北京：人民卫生出版社，2000.

[5] 曹梦思. 食品中多环芳烃的研究现状 [J]. 卫生研究，2015，44（1）：151-157.

[6] 杜芳芳，郑晓辉，曾远平等. 微生物油脂中氯丙醇酯的形成及应对措施综述 [J]. 食品安全质量检测学报，2014，5（7）：2161-2167.

[7] 费永乐，王丽然，李书国. 食品中丙烯酰胺检测方法研究进展 [J]. 粮油食品科技，2015，23（1）：70-74.

[8] 傅武胜，林升清，黄剑锋. 氯丙醇的毒理学研究进展 [J]. 现代预防医学，2003，30（2）：228-231.

[9] 高洁，苗虹. 兽药残留检测技术研究进展 [J]. 食品安全质量检测学报，2013，4（1）：11-18.

[10] 钱建亚，熊强. 食品安全概论 [M]. 南京：东南大学出版社，2006.

[11] 金征宇，胥传来，谢政军等. 食品安全导论 [M]. 北京：化学工业出版社，2005.

[12] 李向丽，李蓉，杨公明. 食品中丙烯酰胺的含量调查研究 [J]. 安徽农业科学，2015，（14）：236-238.

[13] 李莹莹，赵靖，程杨. 食品中亚硝酸盐和硝酸盐检测方法研究 [J]. 食品研究与开发，2013，34（16）：82-85.

[14] 刘莲芳等. 食品添加剂分析检验手册 [M]. 北京：中国轻工业出版社，1999.

[15] 马敬中，肖国斌，张涛等. 我国果蔬农药残留研究现状及安全措施 [J]. 化学世界，2015，（2）：120-125.

[16] 倪新，张艺兵，胡萌. 食品和土壤中重金属镉污染及治理对策 [J]. 山东农业大学学报：自然科学版，2008，39（3）：419-423.

[17] GB 2760—2014 食品安全国家标准　食品添加剂使用标准 [S].

[18] GB 2762—2012 食品安全国家标准　食品中污染物限量本标准 [S].

[19] 史贤明等. 食品安全与卫生学 [M]. 北京：中国农业出版社，2003.

[20] 王向东. 食品毒理学 [M]. 南京：东南大学出版社，2007.

[21] GB 2763—2014 食品安全国家标准　食品中农药最大残留限量 [S].

[22] 王丽，金芬，张雪莲. 食品中多环芳烃及卤代多环芳烃的研究进展 [J]. 食品工业科技，2012，33（10）：369-375.

[23] 汪曙晖，汪东风. 食品中可能添加的非食用物质 [J]. 食品与机械，2009，25（5）：145-147.

[24] 吴永宁. 食品中化学危害暴露组与毒理学测试新技术中国技术路线图 [J]. 科学通报，2013，58（26）：2651-2656.

[25] 谢蕴欣，许远俊. 食品接触材料中重金属迁移相关研究进展 [J]. 中国包装，2015，（4）：46-48.

[26] 杨洁彬，王晶，王伯琴等. 食品安全性 [M]. 北京：中国轻工业出版社，1999.

[27] 姚玉红，刘格林. 二噁英的健康危害研究进展 [J]. 环境与健康杂志，2007，24（7）：560-563.

[28] 赵云峰，陈达炜. 食品中农药、兽药残留检测研究进展 [J]. 食品安全质量检测学报，2015，6（5）：1644-1645.

[29] 张建新. 食品安全概论 [M]. 郑州：郑州大学出版社，2011.

[30] 钟耀广. 食品安全学 [M]. 第 2 版. 北京：化学工业出版社，2010.

[31] 周禄斌，张蒙. 食品中常见重金属污染的现状与防控措施 [J]. 海峡预防医学杂志，2012，19（1）：15-17.

第五章 包装材料和容器对食品安全性的影响

早在原始社会，我们的祖先用烧制的陶器盛放食与物，便有了包装的雏形。伴随着食品生产、交换和消费的发展，食品包装已成为食品作为商品不可或缺的一部分。食品包装的初衷是为便于贮运，保证品质和卫生，从而确保食品的价值及原有状态。目前，随着对食品安全的关注，诸多国家制定并完善了食品包装的相关法规，可降解包装和电子扫描条码大范围推广，都极大促进食品包装的发展。本章主要介绍塑料、橡胶、纸制品、金属、玻璃、搪瓷和陶瓷等包装材料和容器对食品安全性的影响。

第一节　概述

食品包装用来保护食品，确保其从出厂转至消费者手中的整个流通过程中不被污染，保持食品本身的特性，同时将商品内在质量、价格和成本的竞争转向更高层次的形象竞争，给商品增值。但这也导致一些商家对食品包装一味追求视觉效果和经济效益，导致过度包装，更有甚者采用不合格的包装材料，致使其中的有毒有害成分迁移到食品中，导致食品的卫生与安全性得不到保障。

一、食品包装的定义

美国对包装的定义为"使用适当的材料和容器，采用一定的技术，将产品安全送达目的地"；加拿大认为"包装是将产品完好地由供应者送到顾客或者消费者手中的工具"；而日本包装工业标准对包装的定义为：包装是在商品的运输与保管过程中，为保持其价值和状态，而以适当的材料和容器等对商品所施加的处理及处理后所保持的状态；根据中华人民共和国国家标准，包装（package）是指为了在流通中保护产品、方便贮运、促进销售，按一定技术方法而采用的容器、材料和辅助材料的总称，也指为了达到上述目的而采用容器、材料和辅助物的过程中施加一定技术方法等的操作活动。

虽然各国对包装的定义不尽相同，但均包含以下内涵：关于包装商品的容器、材料及辅助物品和实施包装封缄的技术活动。在此基础上，我们不难得到食品包装（food package）的定义，指采用适当的包装材料、容器和包装技术，把食品包裹起来，以使食品在运输和贮藏过程中保持其价值和原有的状态。

二、食品包装的功能

现代包装技术的发展及应用，使食品包装的功能从保证食品质量与卫生，在不改变损失营养成分的基础上方便贮运、延长货架期等过渡到提高商品竞争力和促进销售，进而提升商品价值。其功能主要包括以下 4 个方面。

（一）保护商品

食品包装最重要的作用是保护食品，食品在贮运、销售和消费等流通环节中通常会受到各种不利因素的影响，主要不利因素包括以下两类：一是自然因素，包括光、氧气、温度、湿度、水分、微生物、昆虫及尘埃等，可引起食物色味改变、氧化、腐败和污染等；二是人为因素，包括冲击、振动、跌落、负荷及人为蓄意污染等，可引起食品的变形、破损甚至变质等。所以采用科学合理的包装可使食品免于破坏或减弱影响，从而达到保护食品的目的。

（二）延长保质期和方便贮运

合理的包装可有效地削弱不利因素对食品的影响，使食品尽可能长时间保持其原有品质，延长保质期，同时也为食品的生产、流通及消费各个环节提供方便，诸如方便搬运、存贮及陈列销售等，也方便消费者携带、取用和消费，除此之外，现代包装还注重包装形态的展示、自动售货、消费开启及定量取用的方便。

（三）促进销售

食品包装是提高商品竞争力和促进销售的重要手段，品质相差无几的食品，精美的包装更能吸引消费者的注意，增加购买欲，为此现代包装设计已成为营销战略的重要组成部分。食品包装除精美外，能够展示全面的商品信息并方便取用也能很好地促进销售。

（四）提高商品价值

包装是商品生产的继续，产品在经过科学包装后，其原有价值得以很好地保持，且令消费者满意的包装是其购买的推动力。如此，虽然在包装上有所投入，但在销售时可得到补偿，给商品直接增值或塑造品牌价值。包装增值策略运用合理，将起到锦上添花的效果。

三、食品包装的分类

（一）按在流通过程中的作用分类

（1）运输包装（transport package） 根据 GB/T 4122.1—2008《包装术语 第 1 部分：基础》规定：以运输、贮存为主要目的的包装为运输包装。此包装应具有方便贮运并保护食品，加速交接点验等作用，一般体积相对较大，常见包装有木箱、瓦楞纸箱、集装箱、金属大桶等，外表多有明显的文字说明，诸如：此面向上、易碎、易燃等。

（2）销售包装（consumer package） 根据 GB/T 4122.1—2008《包装术语 第 1 部分：基础》规定：销售包装为以销售为主要目的，与内装物一起达到消费者手中的包装。此包装除起到保护食品的作用外，其促销和增值功能也要重视。一般上货架的包装均属此类，如盒、袋、罐等包装形式。

（二）按包装材料和容器分类

食品包装按照包装材料和容器分为：纸与纸板、塑料、金属、复合材料、玻璃、陶瓷、木材、橡胶等。

（三）按包装结构形式分类

（1）真空贴体包装（vacuum skin package）　是将食品置于底板（纸板或塑料片材）上，在真空作用和加热条件下使得贴体薄膜紧贴产品表面，并与底板封合的一种包装形式。

（2）泡罩包装（blister package）　食品被封合在用透明塑料片材料制成的泡罩与盖材之间。

（3）热收缩包装（shrink package）　食品被热收缩膜所包裹，通过加热使该膜收缩而形成的食品包装。

（4）可携带包装（palletizing package）　通过捆扎、包裹或粘贴等方式将堆码在托盘上的食品固定，形成搬运单元，方便机械设备搬运，此搬运单元称为可携带包装。

（5）组合包装（assembly package）　与可携带包装类似，此搬运单元包括同类或不同类的食品。

此外，还有可拆卸包装、可折叠式包装、捆扎包装等包装形式。

（四）按包装使用次数分类

（1）一次性包装（portion package）　是即仅可使用一次的包装，如一次性食品包装纸盒、一次性的很薄的塑料袋等。

（2）可重复利用包装（returnable package）　又称周转包装，即可以使用一次以上的包装。如托盘包装、玻璃酒瓶和金属或塑料周转箱等。

（五）按包装销售对象分类

分为出口包装、内销包装、军用品包装及民用品包装等。

（六）按包装技术方法分类

分为防潮包装、防水包装、热成型、热收缩包装、真空和充气包装、脱氧包装、冷冻包装、软罐头包装、缓冲包装等。

（七）按包装质地分类

分为硬质包装和软包装两种。

四、食品包装的安全与卫生

食品安全不仅涉及食品本身的安全，包装后的安全更是不容忽视，其原材料、辅料和包装工艺方面的卫生与安全将直接影响食品安全质量，继而对人体健康产生影响。因食品包装安全性引起的食品安全事故近年来频发，其安全隐患主要表现在：一是包装工艺操作不当造成食品的二次污染；二是因采用不符合食品卫生安全要求的包装材料造成的食品危害。

2005 年初，甘肃某食品厂发现生产的薯片味道很奇怪，经检验，其怪味来自食品包装袋印刷油墨中的苯，测量值为 $9.7mg/m^2$，超过国标限量的 3 倍（GB/T 10005 的要求是小于 $3.0mg/m^2$）。同年，又在超市中检查出 PVC 保鲜膜用 DEHA 作增塑剂，在高温加热下会迁移到食品中对人体有致癌作用。2005 年 11 月，瑞士雀巢公司生产的液态婴儿配方奶中发现常用于包装印刷材料的异丙基硫杂蒽酮。加拿大幼童因连续 29d 饮用盛放于彩陶壶中的苹果汁后突然死亡，检验结果证实为铅中毒，铅被摄入后会在骨骼、肝脏和肾脏中积累，成人会导致肾衰、反应迟钝、周围神经系统病症、痛风等，幼儿会存在持久的行为和认知问题，严重地影响健康和学习。2007 年，国家质检总局对食品包装用塑料复合袋进行监督抽查，共计 9 个省市，抽样合格率为 90%，小型企业抽样合格率为 61%。近年来食品安全问题广被媒体报道，2012 年 2 月苏泊尔多达 82 个规格的炊具原材料锰含量超标；同年 4 月"毒胶囊"事件被称为性质恶劣的"健康丑闻"，方便面碗、奶茶杯及一次性纸杯被曝光荧光物质超标，可乐爆炸划伤孩子，啤酒瓶爆炸伤人事件；11 月酒鬼酒被曝其中塑化剂含量超标，报道称塑化剂长期摄取可使生物体内分泌失调，损害生物体生殖机能。白酒塑化剂超标事件不仅将酒企推到舆论的风口浪尖，更暴露了我国现阶段食品包装安全存在的问题。

我国《食品安全法》于 2009 年 6 月 1 日开始正式施行，对食品包装提出了明确要求：贮存、运输和装卸食品的容器、工具和设备应当安全、无害；直接入口的食品应当有小包装或者使用无毒、清洁的包装材料、餐具；禁止生产、经营被包装材料、容器、运输工具等污染的食品。而《食品卫生法》出台是将食品包装材料纳入监管范围的一大进步，规定食品包装材料应当无毒、清洁，生产、经营被包装污染的食品将会受到应有的处罚。2009 年，国家质检总局开展了食品用纸包装无证查处，同年强制性国家标准 GB 9685—2008《食品容器、包装材料用添加剂使用卫生标准》正式实施，标准中规定了食品容器、包装材料添加剂的使用原则、允许使用的添加剂品种、使用范围、最大使用量、特定迁移量或最大残留量及其他限制性要求，对食品接触用塑料、纸制品、橡胶等材料中用到的增塑剂、增韧剂、固化剂、引发剂、促进剂、防老剂、阻燃剂等都做了明确规定。2013 年，国家广泛征求各方面标准在实施过程中遇到的意见，进一步开展标准的修订工作。紧接着国际食品包装协会发布了 2013 中国食品包装安全消费警示，涉及吸管、瓶盖瓶身、不锈钢制品、纸质餐饮具等 12 项内容。与此同时，欧盟、美国和日本等也对食品包装管理出台相关法案，并在不断完善中。

第二节　塑料包装材料及其制品的食品安全性

塑料是一种以高分子聚合物——树脂为基本成分，再加入一些用来改善其性能的各种添加剂制成的高分子材料。是世界上近几年发展最快的包装材料，因其原材料丰富、成本低廉、性能优良而广泛应用于食品包装，并逐步取代了纸类、金属、玻璃和陶瓷等传统包装材料。另外塑料相对密度仅为铝的 30%～50%，有着质量轻、运输销售方便、化学稳定性好、易于加工、装饰效果好以及对食品具有良好的保护作用等特点而受到包装行业的青睐。与此同时，其用于食品包装还存在卫生安全及废弃物回收对环境污染等问题。

一、塑料包装材料及其制品的组成、分类及包装性能

（一）常用塑料树脂

塑料树脂也就是高分子聚合物，相对分子质量通常在 $10^4 \sim 10^6$，所含原子数常为几万、几十万甚至高达几百万，分子长度可达 $10^2 \sim 10^4$ nm 或更长，在塑料中所占比例为 40%～100%。目前生产商常用树脂分为两类：一类为加聚树脂，如聚乙烯、聚丙烯、聚氯乙烯、聚苯乙烯等，此类为食品包装常用树脂；另一类为缩聚树脂，如环氧树脂、酚醛树脂、氨基酸酯等，在食品包装上应用较少。

常用塑料树脂有聚乙烯、聚丙烯、聚苯乙烯、聚氯乙烯、聚偏二氯乙烯、聚酰胺、聚酯和聚碳酸酯等。

1. 聚乙烯 (polyethylene，PE)

PE是由乙烯单体经加成聚合而成的高分子化合物，为半透明和不透明的固体物质。阻水阻湿性好，但阻气和阻有机蒸气的性能差；具有良好的化学稳定性，常温下与一般酸碱不起作用，但耐油性稍差；有一定的机械抗拉和抗撕裂强度，柔韧性好，耐低温性很好，能适应食品的冷冻处理，但耐高温性能差，一般不能用于高温杀菌食品的包装；光泽度透明度不高，印刷性能差，用做外包装需经电晕处理和表面化学处理改善印刷性能；加工成型方便，制品灵活多样，且热封性能很好。PE树脂本身无毒，添加剂量极少，因此被认为是一种安全性很好的包装材料。根据采用不同工艺方法聚合而成的聚乙烯因其相对分子质量大小及分布不同，分子结构和聚集状态不同，形成不同聚乙烯品种，分为高密度聚乙烯 (high density polyethylene，HDPE)、低密度聚乙烯 (low density polyethylene，LDPE) 和线性低密度聚乙烯 (linear low density polypropylene，LLDPE)。HDPE具有直链线形大分子结构，结晶度较高，密度高，故其阻隔性、强度、耐热性较高，但柔韧性、透明性、热成型加工性等性能下降。利用其耐高温性的特点，可用于复合膜的热封层以及高温杀菌食品的包装。此外，也可制成瓶、罐容器盛装食品。LDPE具有分支的线形大分子结构，结晶度较低，密度较低，故阻气、阻油性差、机械强度等性能下降，但延伸、抗撕裂、耐冲击、热封和加工性能较好，透明度较高。LDPE在包装上主要制成薄膜，用于包装要求较低的食品，尤其是有防潮要求的干燥食品。利用其透气性好的特点，可用于生鲜果蔬的保鲜包装，也可用于冷冻食品包装，但不宜单独用于有隔氧要求的食品包装；经拉伸处理后可用于热收缩包装，由于其热封性、卫生安全性好、价格便宜，常作复合材料的热封层，大量用于各类食品包装。LLDPE的大分子的支链长度和数量均介于LDPE和HDPE之间，具有比LDPE优的强度性能，拉伸强度和柔韧性能明显提高，加工性能也较好，可不加增塑剂吹塑成型。LLDPE在包装上主要制成薄膜，用于包装肉类、冷冻食品和奶制品，但其阻气性差，不能满足较长时间的保质要求。为改善这一性能，采用与丁基橡胶共混来提高阻隔性，这种改性的PE产品在食品包装上有较好的应用前景。

2. 聚丙烯 (polypropylene，PP)

由丙烯聚合而成，高结晶结构。阻隔性优于PE，水蒸气透过率和氧气透过率与高密度聚乙烯相似，但阻气性仍较差；机械性能较好，具有的强度、硬度、刚性都高于PE，尤其是具有良好的抗弯强度；化学稳定性良好，在一定温度范围内，对酸碱盐及许多溶剂等有稳定性；耐高温性优良，可在100～120℃范围内长期使用，无负荷时可在150℃使用，但耐低温性比PE差，-17℃时脆能变脆；光泽度高，透明性好，印刷性差，印刷前表面需经一定处理，但表面装潢印刷效果好；成型加工性能良好，但制品收缩率较大；热封性比PE差，但比其他塑料要好；卫生安全性高于PE。PP在包装上主要制成薄膜材料包装食品。由于强度、透明光泽效果、阻隔性比普通薄膜有所提高，PP适宜包装含油食品，在食品包装上可替代玻璃纸包装糕点；由于其阻湿、耐水性比玻璃纸好，透明度、光泽性及耐撕裂性不低于玻璃纸，可用作糖果、点心的扭结包装。PP可制成热收缩膜进行热收缩包装，也可制成透明的其他包装容器或制品，同时还可制成各种形式的捆扎绳、带，在食品包装上用途十分广泛。此外，家庭常用的微波炉餐盒采用PP制成，可耐130℃高温。

3. 聚苯乙烯 (polystyrene，PS)

由苯乙烯聚合而成。PS阻湿、阻气性能较差；机械性能好，具有较高的刚硬性，但脆性大，耐冲击性能很差；能耐一般酸、碱、盐、有机酸、低级醇，其水溶液性能良好，但易受到有机溶剂如烃类、酯类等的侵蚀软化甚至溶解；透明度好，有良好的光泽性；耐热性差，连续使用温度为 60～80℃，耐低温性良好；成型加工性好，易着色和表面印刷，制品装饰效果很好；无毒无味，卫生安全性好。在食品包装上主要制成透明食品盒、水果盘、小餐具等，可制成收缩薄膜，片材大量用于热成型包装容器，还可用作保温及缓冲包装材料，但由于包装废弃物难以处理而成为环境公害，因此将被其他可降解材料所取代。

4. 聚氯乙烯（polyvinyl chloride，PVC）

由氯乙烯聚合而成，聚氯乙烯塑料由聚氯乙烯树脂为主要原料，再加以增塑剂、稳定剂等添加剂组成。PVC 树脂热稳定性差，在空气中超过 150℃会降解而放出 HCl，长期处于100℃温度下也会降解，在成型加工时也会发生热分解，一般需在 PVC 树脂中加入 2%～5% 的稳定剂。PVC 树脂具有较高黏流化温度，同时黏流态时的流动性差，需加入增塑剂来改善其成型加工性能。PVC 的阻气阻油性优于 PE 塑料；化学稳定性优良，透明度、光泽性比 PE 优；机械性能好，但柔韧性和抗撕裂强度较 PE 高；耐高低温性差，有低温脆性；加工性能可由加入增塑剂和稳定剂改善，加工温度在 140～180℃；着色性、印刷性和热封性较好。根据增塑剂加入量不同可分为软质 PVC 和硬质 PVC。软质 PVC 一般不用于直接接触食品的包装，可利用其柔软性、加工性好的特点制作弹性拉伸膜和热收缩膜，又因其价廉，透明性、光泽度优于 PE，且有一定透气性而常用于生鲜果蔬的包装；硬质 PVC 中不含或含微量增塑剂，可直接用于食品包装。

5. 聚偏二氯乙烯（polyvinylidene chloride，PVDC）

由偏二氯乙烯为单体加成聚合的高分子化合物，聚偏二氯乙烯塑料是由聚偏二氯乙烯和少量增塑剂、稳定剂等添加剂组成。PVDC 具有较高的阻隔性、耐高低温性，适用于高温杀菌和低温冷藏；化学稳定性好，不易受酸、碱和普通有机溶剂的侵蚀；透明性光泽性良好，适用于畜肉制品的灌肠包装，但因其热封性较差，薄膜封口强度低，一般需采用高频或脉冲热封合，也可采用铝丝结扎封口。PVDC 膜除单独用于食品包装外，还大量用于与其他材料复合制成高性能复合包装材料。由于具有良好的熔黏性，可作复合材料的黏合剂，或溶于溶剂成涂料，涂覆在其他薄膜材料或容器表面，提高阻隔性能，适用于长期保存的食品包装。

6. 聚酰胺（polyamide，PA）

通称尼龙（nylon），是主链上含大量酰胺基团结构的线形结晶型高聚物，PA 树脂分子为极性分子，分子间结合力强，易结晶。在食品包装上 PA 主要是薄膜类制品，具有阻气性优良，但由于分子极性较强，是一种典型的亲水性聚合物，吸水性强且随吸水量的增加而溶胀，造成阻气、阻湿性能降低；具有较高的耐油、耐碱性，能够和大多数盐液作用，但不受强酸侵蚀；拉伸强度较大，但随吸湿量增加而降低；抗冲击强度高，且随吸湿量增加而提高；耐高低温性优良，正常使用温度范围在 -60～130℃，短期可耐 200℃高温；成型加工性较好，但热封性不良，一般常用其复合材料。PA 薄膜制品大量用于食品包装，为提高其包装性能，可使用拉伸 PA 薄膜，并与 PE、PVDC 或普通薄膜等复合，提高防潮阻湿和热封性能，可用于畜肉类制品的高温蒸煮包装和深度冷冻包装。

7. 聚酯（polyester，PE）

聚酯是分子链中含有酯基的高分子聚合物，一般指聚对苯二甲酸乙二醇酯（polyethylene terephthalate，PET），俗称涤纶，具有较高的强韧性和较好的柔顺性。PET 具有优良的阻气、阻湿、阻油等高阻隔性，化学稳定性良好；具有其他塑料所不及的高强韧性能和抗冲强度，还具有良好的耐磨和耐折叠性；具有优良的耐高低温性能，可在 -70～120℃温度下长期使用，短期可耐150℃高温，且高低温对其机械性能影响很小；光亮透明，可见光透过率高达90％以上，并可阻挡紫外线；印刷性能较好；由于熔点高，故成型加工、热封困难。在食品包装上PET主要是薄膜类制品，包括：无晶型未定向透明薄膜，抗油脂性很好，可用来包装含油及肉类制品，还可作食品桶、箱、盒等容器的衬袋；无晶型定向拉伸收缩膜，表现出高强度和良好热收缩性，可用做畜肉食品的收缩包装；结晶型塑料薄膜，薄膜的强度、阻隔性、透明度、光泽性等性能较高，可用于食品包装；其他材料复合，如真空涂铝、涂PVDC等制成高阻隔包装材料，用于保质期较长的高温蒸煮杀菌食品包装和冷冻食品包装。PET也具有较好的耐药品性，是很多饮料的包装瓶，也可作为保香性包装材料。

8. 聚碳酸酯（polycar，PC）

聚碳酸酯是分子链中含有碳酸酯基的高分子聚合物，目前只有双酚A型的芳香族聚碳酸酯树脂可以用做食品包装材料和容器。双酚A型的芳香族聚碳酸酯树脂以双酚A与碳酸二苯酯为原料，经酯交换和缩聚而成。PC具有很好的透明性和机械性能，尤其是低温抗冲击性能，但因价格贵而限制了它的广泛应用。在食品包装上PC可注塑成型为盆、盒，吹塑成型为瓶、罐等各种韧性高、透明性好、耐热又耐寒的产品，用途较广。在包装食品时因其透明而可制成"透明"罐头，可耐120℃高温杀菌处理，但因刚性大，其耐应力开裂性和耐药品性较差。

（二）常用添加剂

1. 增塑剂

为一些低分子有机聚合物，加入后可使分子间距增大，降低分子间作用力，提高树脂可塑性和柔软性，改变塑料加工性能。包括酞酸酯（邻苯二甲酸酯）、脂肪族二元酸酯、环氧酯、柠檬酸酯等。酞酸酯类化合物是应用于塑料工业的主要增塑剂和软化剂，最常使用的为邻苯二甲酸二乙酯（DEP）、邻苯二甲酸二丁酯（DBP）、己二酸酯（DEHA）、邻苯二甲酸二辛酯（DOP）和邻苯二甲酸二异辛酯（DEHP）。

2. 阻燃剂

分为有机型和无机型两大类。有机阻燃剂包括氯系、溴系、磷系及卤化磷系等，溴系阻燃剂在相当长时间内将是我国阻燃剂的主导品种，包括溴化二苯醚、溴化二苯酚等化合物，最常用的是十溴二苯醚（DBDPO）；无机阻燃剂包括锑系、硼系等。

3. 稳定剂

用于防止或延缓高分子材料的老化变质，主要分三类：第一类为光稳定剂，其品种繁多，主要功能为反射或吸收紫外线，防止塑料老化以达到延长寿命的目的，效果比较显著，用量很少；第二类为热稳定剂，目前应用最多的是用于聚氯乙烯的热稳定剂，其次为有机锡稳定剂，而铅稳定剂和金属皂类热稳定剂因含重金属而毒性较大，此类主要功能为防止塑料加工和使用过程中因受热引起的降解；第三类为抗氧剂，分为胺类和酚类抗氧剂，其中酚类抗氧剂的抗氧性能不及胺类，但其具有低毒和不易污染等特点而广为应用。按化学结构可分为铅盐、复合金属皂（铅、镉、钡等的硬脂酸盐）、有机锡、有机锑等，广泛用于PVC管道中。

4. 填充剂

用于弥补塑料树脂的某些不足性能，改善塑料的使用性能，提高制品的尺寸稳定性、耐热性、硬度、耐气候性等，同时降低塑料成本。目前，常用碳酸钙、陶土、滑石粉、石棉、硫酸钙等作填充剂，用量一般为20％～50％。

5. 着色剂

分无机颜料、有机颜料和其他颜料，用于改变塑料等合成材料固有的颜色，可使其美观，提高商品价值，也可起到屏蔽紫外线以保护内容物的作用。

食品包装也可根据使用需要添加其他添加剂，但必须具备无毒、无味、不溶出等特性，当然也要具备与树脂有很好的相溶性、稳定性和互不影响等特点，在起到保护食品作用的同时不会影响其品质、风味及卫生安全性。

（三）塑料的分类

1. 热塑性塑料

热塑性塑料以加成聚合树脂为基料，加入适量的添加剂而制成。此类塑料可在特定温度范围内能反复受热软化流动和冷却硬化成型，而其树脂化学组成和基本性能不发生改变，有成型加工简单、包装性能良好、可反复成型等优点，但其耐热性不高，刚性较低。包括聚乙烯、聚丙烯、聚氯乙烯、聚酰胺、聚碳酸酯、聚偏二氯乙烯、聚乙烯醇等。

2. 热固性塑料

热固性塑料以缩聚树脂为基料，加入适量添加剂而制成。在一定温度下经一定时间固化成型，再次受热，不能软化，只能分解，故不可反复成型。此类塑料耐热性好，刚硬性高，但较脆弱且不能反复成型。包括氨基塑料、环氧塑料和酚醛塑料等。

（四）塑料的包装性能指标

1. 稳定性

指包装材料抵抗环境因素（温度、介质、光等）的影响而保持其原有特性的能力，包括耐高温性、耐低温性、耐老化性、耐化学性等。

2. 阻透性

包括对水分、气体、光线等的阻隔性能。

3. 机械力学性能

指在外力作用下，包装材料表面抵抗外力作用而不发生形变甚至破坏的性能，包括硬度、抗张、抗压、抗弯曲程度、爆破强度、撕破程度、戳刺程度等。

二、塑料包装材料及其制品的安全性

在众多的食品包装材料中，塑料包装材料及其制品占有举足轻重的地位，这种包装材料具有重量轻、运输销售方便、化学稳定性好、易于加工和装饰等优点及良好的食品保护作用得到了广泛应用。然而，由于食品包装与食品直接接触，塑料包装材料及其制品也存在着卫生安全方面的隐患。欧盟和美国是对食品接触性材料控制管理体系最为完善的国家和组织，与食品接触的包装材料中的化学物质在获得批准使用之前都需要严格的评价程序。2009年我国发布了 GB 9685—2008《食品容器、包装材料用添加剂使用卫生标准》，该标准批准使用添加剂的品种增加到959种，并列出了允许使用的添加剂名单、使用范围、最大使用量、特定迁移量或最大残留量及其他限制性要求。塑料包装材料及其制品的安全性主要表现在以下几方面。

（一）塑料树脂的安全性

塑料是由小分子单体合成的有机高分子材料，其分子量大，不易向食品中迁移，但单体分子量较小，或多或少具有一定的毒性，塑料中残留的单体或者低聚物容易透过包装向食品迁移而污染食品。此外，在使用过程中塑料会出现老化、裂解等现象进而产生有毒物质，对消费者的健康也构成危害。

1. 聚乙烯（polyethylene）

聚乙烯是一种无毒材料，其 LD_{50} 大于最大可能灌胃量，在许多经口亚急性毒性试验、慢性毒性试验、致畸试验和致癌试验中均未见明显的毒性作用。聚乙烯塑料的残留物主要包括聚乙烯单体乙烯、低相对分子质量聚乙烯、回收制品污染物残留以及添加色素残留，其中乙烯单体有低毒。由于乙烯单体在塑料包装材料中残留量极低，而且加入的添加剂量又很少，一般认为聚乙烯塑料是安全的包装材料。但低相对分子质量聚乙烯溶于油脂使油脂具有蜡味，从而影响产品质量。聚乙烯塑料回收再生制品存在较大的不安全性，由于回收渠道复杂，回收容器上常残留有许多有害污染物，难以保证清洗处理完全，从而造成对食品的污染；同时为掩盖回收品质量缺陷往往添加大量涂料，从而使涂料色素残留污染食品。因此，一般规定聚乙烯回收再生品不能再用于制作食品的包装容器。

2. 聚丙烯（polypropylene）

其残留物主要是添加剂和回收再利用品残留。由于其易老化，需要加入抗氧化剂和紫外线吸收剂等添加剂，造成添加剂残留污染。其回收再利用品残留与聚乙烯塑料类似。聚丙烯作为食品包装材料一般认为较安全，其安全性高于聚乙烯塑料。

3. 聚苯乙烯（polystyrene）

其残留物主要是苯乙烯单体、乙苯、异丙苯、甲苯等挥发性物质，它们能向食品中迁移，均有低毒，这些残留于包装食品中的苯乙烯单体对人体最大无作用剂量为 133mg/kg。

4. 聚氯乙烯（polyvinyl chloride）

其残留物主要是氯乙烯单体、降解产物和添加剂（增塑剂、热稳定剂和紫外线吸收剂等）溶出残留。聚氯乙烯树脂本身是一种无毒聚合物，但其原料单体氯乙烯则具有麻醉作用，可引起人体四肢血管的收缩而产生痛感，同时还具有致癌和致畸作用，它在肝脏中可形成氧化氯乙烯，具有强烈的烷化作用，可与 DNA 结合产生肿瘤。因此，在用聚氯乙烯作为食品包装材料时，应严格控制材料中的氯乙烯单体残留量。单体氯乙烯对人体安全限量要求小于 1mg/kg 体重，我国国产聚氯乙烯树脂单体氯乙烯残留量可控制在 3mg/kg 以下，成品包装材料已控制在 1mg/kg 以下。由于聚氯乙烯易与低分子化合物相溶，所以加入多种辅助原料和添加剂，主要添加剂为增塑剂（如邻苯二甲酸二丁酯或邻苯二甲酸二辛酯）。聚氯乙烯塑料所用的增塑剂邻苯二甲酸二己酯、邻苯二甲酸二甲氧乙酯具有致癌性，它们可向外溶出而进入包装食品中。由于 PVC 增塑剂对食品安全性能产生影响，也决定了其使用上的局限性。软质 PVC 中增塑剂含量较大，用于包装食品安全性差。硬质 PVC 中不含或极少含增塑剂，安全性好。

5. 聚偏二氯乙烯（polyvinylidene chloride）

其残留物主要是偏二氯乙烯单体和添加剂。偏二氯乙烯单体从毒理学试验表现其代谢产物为致突变阳性。日本试验结果表明：聚偏二氯乙烯的单体偏二氯乙烯残留量小于 6mg/kg

时，不会迁移进入食品中，因此日本规定偏二氯乙烯残留量应小于 6mg/kg。聚偏二氯乙烯塑料所用的稳定剂和增塑剂的安全性问题与聚氯乙烯塑料一样，存在残留危害，因为聚偏二氯乙烯所添加的增塑剂在包装脂溶性食品时可能溶出，因此添加剂的选择要谨慎，同时要控制残留量。目前，我国还没有此类添加剂的残留限量标准规定，日本规定增塑剂的蒸发残留量小于 30mg/kg。

6. 聚酰胺（polyamides）

其残留物主要是尼龙单体己内酰胺和尼龙低聚体。虽然口服己内酰胺毒性不大，但它能使食品产生不协调的苦味。我国规定己内酰胺在尼龙成型品中的含量不超过 15mg/L。

7. 聚酯（polyester）

其残留物主要是一些氯苯、苯酚、乙醛、苯甲酮、苯基环己烷、甲苯等化合物。经检测证实这些化合物中乙醛含量较大，可以达到 100mg/L，脱醛后低于 5mg/L，其他化合物的量均小于 5mg/L。

8. 聚碳酸酯（makrolon）

本身无毒，但双酚 A 与碳酸二苯酯进行酯交换时有中间体苯酚产生。苯酚不仅具有一定的毒性，而且还会产生异味，影响食品的感官性状。中国规定食品包装材料和容器用的聚碳酸酯树脂和成品中游离苯酚含量应控制在 0.05mg/L 以下，而且不宜接触高浓度乙醇溶液。

对于塑料包装材料中有害物质的溶出残留量测定，目前国际上都采用模拟溶剂溶出试验进行，并对之进行毒性试验，评价包装材料毒性，确定保障人体安全的有害物溶出残留限量和某些特殊塑料材料的使用限制条件。模拟溶剂溶出试验是在模拟盛装食品条件下选择几种溶剂作为浸泡液，然后测定浸泡液中有害物质的含量。常用的浸泡液有 3%～4% 的乙酸（模拟食醋）、己烷或庚烷（模拟食用油）以及蒸馏水、乳酸、乙醇、碳酸氢钠和蔗糖水溶液。浸泡液检测项目有单体物质、甲醛、苯乙烯、异丙苯等针对项目，以及重金属、溶出物总量（以高锰酸钾消耗量 mg/L 水浸泡液计）、蒸发残渣（以 mg/L 浸泡液计）。

（二）塑料在加工过程中添加剂的安全性

为了改善塑料的加工性能和使用性能，在后期的加工过程中，需要添加增塑剂、稳定剂、润滑剂、着色剂和增白剂等其他化学添加剂，这些化学物质也存在着不同程度向食品迁移、溶出的问题，威胁食品安全，特别是一些物质具有毒性甚至致癌作用。

1. 增塑剂

二己二酸酯（DEHA）对动物有致癌性，属于三类致癌物，DEHA 可在常温下从保鲜膜中释放并渗入到食物中，尤其是在包装脂肪含量较高的食物，如奶酪和熟肉时，在加热食品时，保鲜膜中的 DEHA 会加速释放；酞酸酯对动物和人均有毒性，是目前全球范围内广泛存在的化学污染物之一，其急性毒性较低，对肾脏、肝脏有慢性毒性；此外，邻苯二甲酸酯类增塑剂虽没有明显的急性毒性，但在体内长期累积会损害动体的内脏，干扰人体激素的分泌，减弱生育能力，也存在潜在的致癌作用。例如：邻苯二甲酸二丁酯（DBP）对人上呼吸道黏膜细胞及淋巴细胞有遗传毒性；邻苯二甲酸二辛酯（DOP）能使啮齿类动物的肝脏致癌；邻苯二甲酸二异辛酯（DEHP）有致畸、致突变和致动物肝癌作用。

2011 年影响巨大的中国台湾塑化剂风波事件，始于在乳酸菌饮料中检出了 DEHP。这也是全球首例 DEHP 污染案例。自 20 世纪 80 年代，美国国家癌症研究所对塑化剂 DEHP 的致癌性进行了生物鉴定后，DEHP 的毒性就引起了各国的注意。美国环境保护总局根据国家癌症研究所的研究结果，已停止了包括 DEHP 在内的 6 种邻苯二甲酸酯类工业的生产；瑞士政府已决定在儿童玩具中禁止使用 DEHP；德国在与人体卫生、食品相关的所有塑料制品中禁止加入 DEHP；日本则规定在医疗器械相关产品中禁止加入 DEHP，仅限于在工业塑料制品中应用。我国出口到欧盟或者美国、日本的塑胶产品都必须通过一项国际检测——美国通用标准认证（SGS），SGS 具备包括 DEHP 在内的 16 种邻苯二甲酸酯的残留测定能力。从各种制度上来看，我国对于 DEHP 使用也有着比较严格的规定。在我国国家标准 GB 9685—2008《食品容器、包装材料用添加剂使用卫生标准》中，明确规定 DEHP 在食品中的最大迁移量为 1.5mg/kg，不允许使用于油脂食品和婴幼儿食品的包装材料中。

2. 稳定剂

铅盐中的铅是一种对人体有害的金属元素，主要损害神经系统、消化系统、造血系统和肾脏，还损害人体的免疫系统，降低身体的抵抗力，特别是婴幼儿和学龄前儿童，一旦出现蓄积体内不易排出，就会引起血铅中毒。目前研究发现，与食品相接触的聚乙烯包装材料随着温度的增加，铅、铬、镉等重金属的迁移量明显增加。2,6-二叔丁基对甲苯酚（BHT）是一种常见的抗氧剂，如果 BHT 迁移到食品中，通过消化道吸收进入人体，能引发肝脏肥大、染色体异变等病变，也会对人体肾脏造成很严重的伤害。微波条件下，聚烯烃抗氧化剂可向脂肪食品迁移。相同加热功率下，抗氧化剂的迁移量随着微波加热时间的延长而增大；同一加热时间的迁移量随着微波加热功率的增大而增大。此外，使用溴系阻燃剂引发的二噁英问题，也引起了极大关注。

3. 润滑剂

氨基脂肪酸常作为润滑剂用于塑料食品包装材料中，它能够使材料表面光滑，不互相粘连，减少静电干扰等。目前主要研究它们从塑料制品向模拟脂肪食品的扩散问题，如：测定油酰胺、硬脂酰胺、油烯基棕榈酸酰胺等氨基脂肪酸类物质含量。实验结果表明氨基脂肪酸向模拟食品中的迁移主要受模拟食品类型、包装材质和接触条件的影响，低密度聚乙烯包装材料中的氨基脂肪酸向脂肪食品模拟物中的迁移较大，含量在 1.8~3.1mg/kg 之间，而向水性食品模拟物中的迁移量小于 0.05mg/kg。

4. 着色剂

生产企业违禁添加着色剂，长期食用此类产品将严重危害人体健康。在塑料食品包装袋上印刷的油墨，因苯等一些有毒物不易挥发，对食品安全的影响更大，而厂家往往考虑树脂对食品安全的影响，忽视颜料和溶剂的间接危害。有的油墨为提高附着牢度会添加一些促进剂，如硅氧烷类物质，此类物质会在一定的干燥温度下使基团发生键的断裂，生成甲醇等物质，而甲醇会对人的神经系统产生危害。

5. 增白剂

荧光增白剂主要用于白色塑料制品，可显著改善产品外观的白度和光亮度，给人感官上更白、更鲜艳的感觉，从而提高其商业价值。我国用于非食品塑料领域荧光增白剂的主要类型为双苯并噁唑类、三嗪苯基氧杂萘酮、双苯乙烯基联苯及苯并三唑与萘并三唑苯基香豆素等化学物质，尤其以前三种物质为主。2011 年国际食品包装协会发布的调查信息显示，影院及超市爆米花桶、纸杯、餐店里的食品桶均查出含有荧光增白剂类物质。

（三）塑料包装材料、容器的表面污染

在生产运输以及贮存和再加工的过程中，外界微生物、微尘等很可能会污染到塑料包装材料和容器，因此根据塑料包装容器的不同，在消毒方法的选择上也存在着较大的差异。比如紫外线消毒法，可以应用于糕点包装袋的消毒中，利用传送带，向消毒房中传送开启后的包装袋，然后进行包装。而在塑料瓶上经常选用吹塑成型无菌塑料瓶，因为没有细菌、酵母或其他松散颗粒存在于其内部，并且瓶口经常处于密封状态，在存贮和运输的过程中经常会处于无菌的状态下，那么只需要利用无菌液体来对瓶体外部进行消毒即可。

（四）塑料包装材料的缺损

如果有缺损问题存在于塑料包装材料中，比如在制造中有小孔、破裂以及封口不正确存在于塑料包装材料中，就会影响到食品包装的密封性，出现渗透问题，这样包装内的食品就会受到虫害以及其他微生物的污染。

（五）回收利用塑料的安全性

随着环境问题和资源问题日趋紧张，塑料材料的回收复用是以后发展的一个重要趋势，那么，目前需要重点研究的是哪些可以在食品包装中再次利用。目前，在外国开始将回收过来的 PET 树脂作为芯层料，部分树脂经过清洗切片，也达到了相关的要求，可以在食品包装材料中直接使用。但是通过调查分析发现，我国在这方面的标准法规还比较匮乏。相对来讲，在夹层材料生产中，利用回收的 PET 可以保证卫生安全性符合相关要求，但是设备投资比较大，我国企业为了节约资金，往往用回收材料来充当新材料，这就会影响到食品卫生的安全性。多层复合包装材料之间的黏合剂也会产生污染物的迁移。再者，废旧塑料的回收再生利用，可以保护环境和最大化循环利用资源，但再生原料来源极其复杂，不可避免地含有非食品包装成分、未知的污染物及肉眼看不见的微生物、病菌，使用再生塑料包装食品会对人体健康造成极大危害。许多发达国家针对用于食品包装材料的再生塑料建立了比较完善的回收体系，并制定了相应的法律法规。我国 1995 年颁布了《中华人民共和国固体废弃物污染环境防治法》，但到目前为止，还没有明确的法律法规限制再生塑料用于食品包装材料。

（六）其他安全隐患

每种食品包装上均有商标，用于表明商品的名称、生产厂家、成分以及生产日期和保质期等信息，而商标印刷过程中重金属、有机挥发物和溶剂等有害物质的残留及微生物的污染等问题普遍存在。目前，国内市场上印刷精美的塑料复合膜多使用苯溶性油墨，苯是致癌物，如果苯残留量过大，就会对人体造成危害，因此，在选择食品时一定要看看包装的印刷质量，过于鲜艳以及闻起来有刺鼻味道的食品包装一定要提高警惕，也为具有开发低残留溶剂、符合国家标准迁移量的绿色复合油墨创造了巨大的市场。

三、塑料包装材料及其制品的管理

（一）完善法规标准

近年来，国家越来越重视食品的安全，食品总体质量有所提高，并开始对食品包装材料

实行强制性的市场准入管理制度。我国对六大单元 39 种产品实施了市场准入制度，包括非复合膜和复合膜类塑料袋、塑料片材、塑料编织袋、塑料桶和瓶、塑料餐具等，相继制定了《食品安全法》，并对《食品容器、包装材料用添加剂使用卫生标准》、《复合食品包装袋卫生标准》、《食品包装用聚乙烯成型品卫生标准》和《食品包装用聚丙烯成型品卫生标准》等标准进行修正。截至 2012 年，卫生部已经公布了硼酸等 304 种食品包装材料用添加剂名单，即使加上《食品容器、包装材料用添加剂使用卫生标准》中的 959 种，目前可用于食品包装的添加剂种类已经达到 1263 种，提高了塑料包装材料的卫生标准，对进一步严格和规范塑料食品包装的生产、加工和使用以及保障食品安全起到了积极作用，但有关食品包装材料的安全性依然没有深入涉及，仅笼统地提及食品包装材料应符合有关国家规定。此外，食品塑料相关卫生标准多是 20 世纪 80 年代末制定的，总体上陈旧过时，已不能适应当前的生产需要，与国际标准相比也存在较大的差距。对食品包装材料中可使用的加工助剂和禁用的有毒物质有规定，却欠缺对有害物质的安全性评价规定，对新型包装材料和加工助剂也缺乏有效的准入和管理机制。欧美等发达国家历经上百年的努力，在食品包装材料卫生标准和法规方面已建立完整的管理体系和法律体系。建议制标机构充分借鉴他们的经验，解读相关法律法规和检测方法，有效地消化和吸收，大胆摈弃陈旧的检测方法，加速对标准的修订和更新。

（二）强化生产厂家的安全责任

作为食品的生产厂家，一定要加强食品的安全生产意识，严把质量关，不负消费者的信任，担起食品安全的重任。

（三）加大监管部门的监督、检查

为保障公众的健康与安全，各监管部门要加大监督、检查的力度，杜绝不合格食品包装材料的使用，全面推动食品安全监督工作的开展。

（四）提高消费者的安全意识

消费者作为食品的受用者，食品安全与否和身体健康息息相关，因此，消费者也要提高安全意识，学会鉴别和正确使用塑料食品包装材料。例如，聚苯乙烯塑料包装不能放进微波炉中，以免因温度过高而释出化学物质；不能用于盛装强酸、强碱性物质，以免分解出对人体有害的物质；尽量不要用快餐盒打包滚烫的食物等。此外，一些微波炉餐盒，盒体以 PP 制造，盒盖却以 PS 制造。PS 透明度虽好，但不耐高温，不能与盒体一并放进微波炉，因此，在容器放入微波炉前应把盖子取下。总之，外观新颖、设计独特的塑料食品包装不仅增加了食品本身的魅力，还丰富了人们的日常生活。但是，在高度关注食品安全的同时，也要倍加重视食品包装的安全，将食品包装安全与食品自身安全放在同等重要的位置，让无毒无害、绿色环保、物美价廉、方便使用的食品包装材料为食品提供更可靠的安全保障。

第三节　橡胶制品的食品安全性

橡胶分为天然橡胶和合成橡胶两种。橡胶制品是以天然橡胶或合成橡胶为主要原料加入适当添加剂制成，常用做直接接触食品的奶嘴、瓶盖、垫片、高压锅垫圈等和非直接接触的管道和传送带等。

一、橡胶分类

（一）天然橡胶

一种以聚异戊二烯为主要成分的天然高分子化合物，其成分中 91%～94% 是橡胶烃（聚异戊二烯），其余为蛋白质、脂肪酸、灰分、糖类等非橡胶物质，是由巴西橡胶树上采集的天然胶乳，经过凝固、干燥等加工工序而制成的弹性固状物。通常在人体中不会被细菌和酶分解吸收，多以一般认为天然橡胶无毒。但为了满足一些包装产品的特殊要求，会在制成包装材料时添加一些化学合成的添加剂，如填充剂、抗老化剂、硫化促进剂等，可能会向食品中迁移而导致食品污染。

（二）合成橡胶

采用不同原料人工合成的高弹性聚合物，也称合成弹性体。大部分合成橡胶和天然橡胶一样，主要用于制造汽车轮胎、胶带、胶管、胶鞋、电缆、密封制品、医用橡胶制品、胶黏剂和胶乳制品等。合成橡胶材料可节约成本、提高橡胶制品的特性，也具有优良的耐热性、耐寒性、防腐蚀性且受环境因素影响小，可在 $-60～250℃$ 之间正常使用，但拉伸效果比较差，抗撕裂强度以及机械性能也比较差，但因其成本低廉成为很多企业生产中低档型产品的首选。常用于食品工业有丁橡胶、硅橡胶、苯乙烯丁二烯橡胶及丁腈橡胶等，均为高分子聚合物，未完全聚合的单体也残留在橡胶制品中，单体和添加剂成为与食品接触时的最大污染源。

二、橡胶制品安全性

目前，橡胶制品的主要卫生问题是加工过程中所使用各种添加剂和未能聚合的单体及裂解产物两个方面。

（一）橡胶添加剂

全面分析橡胶制品的水提取液，得到 30 多种成分，其中三分之二左右为有毒物质，主要为各种添加剂，包括防老剂、硫化促进剂、抗氧化剂、增塑剂、填充剂和色素等。这些都有可能迁移到食品中，对食品造成污染，故食品包装应慎选橡胶制品，尤其是合成橡胶制品。

1. 防老剂

是一种在橡胶生产过程中加入的能够延缓橡胶老化、延长橡胶使用寿命的化学药品，根据其主要作用可分为抗热氧老化剂、抗臭氧剂、有害金属离子抑制剂、抗疲劳剂、紫外线吸收剂、抗龟裂剂等，多为一种多效。常用的防老剂主要为酚类和芳香胺类化合物，尤其以萘胺类化合物中的 β-萘胺有明显的致癌性，可诱发膀胱癌。

2. 硫化促进剂

主要用硫黄来进行，但是硫黄与橡胶的反应非常慢，因此硫化促进剂应运而生。促进剂加入胶料中能促使硫化剂活化，从而加快硫化剂与橡胶分子的交联反应，达到缩短硫化时间和降低硫化温度的效果。加工过程中使用的有机促进剂有醛胺类、胍类、硫脲类、噻唑类、次磺酰胺类和秋兰姆类等，其中次磺酰胺类综合性能最好。1,2-亚乙基硫脲（促进剂 NA-22）有致癌性，二苯胍（促进剂 D）对肝脏及肾脏有毒性，因此禁止将这类促进剂用于食品包装的橡胶制品中。无机促进剂有氧化钙、氧化镁、氧化锌、氧化铅等，除含铅的促进剂外一般认为均较安全。

3. 增塑剂

是指在橡胶中加某些物质，以降低橡胶分子间的作用力，从而使其玻璃化温度降低，令橡胶可塑性、流动性增强，便于压延、压出等成型操作，同时还能改善硫化胶的某些物理机械性能。增塑剂可按来源分为石油系增塑剂、煤焦油系增塑剂、松油系增塑剂、脂肪系增塑剂及合成增塑剂等，其中邻苯二甲酸酯类增塑剂有一定毒性，欧美国家已明确禁止使用，而以无毒的柠檬酸酯类代替。

4. 填充剂

指能大量加入橡胶，且能改进胶料某些性能并降低体积成本的物质，分为有机填充剂和无机填充剂两类。炭黑在使用时，因炭燃烧过程中能发生脱氧和聚合反应，产生苯并芘物质而有危害。无机填充剂中的氧化锌一般认为较安全，但奶嘴中的活性锌在吮吸时可溶出进入体内，造成危害。

（二）未能聚合的单体及裂解产物

在合成橡胶中，氯丁二烯橡胶（chloroprene rubber）中氯丁二烯（chloroprene）单体为无色、易挥发、具有辛辣气味的有毒液体，接触低浓度氯丁二烯，可引起强烈的刺激症状，出现眼结膜充血、流泪、咳嗽、胸痛，以及头痛、头晕、嗜睡、恶心、呕吐等症状，吸入高浓度氯丁二烯，可引起严重呕吐、烦躁不安、兴奋、抽搐、血压下降、肺水肿、休克。严重者迅速陷入昏迷，长期接触可致毛发脱落，发生接触性皮炎、结膜炎、角膜周边性坏死以及贫血和肾脏损害；丁基橡胶（butyl rubber）制品耐油性和耐热性都很好，丁基橡胶的单体异丁烯可引起窒息、弱麻醉和弱刺激，出现黏膜刺激症状、嗜睡、血压稍升高，有时脉速，高浓度中毒可引起昏迷，长期接触异丁烯，工人有头痛、头晕、嗜睡或失眠、易兴奋、易疲倦、全身乏力、记忆力减退；丁腈橡胶（butyl rubber）由丙烯腈和丁二烯聚合而成，以强耐油性著称，丙烯腈在体内析出氰根，抑制呼吸酶，对呼吸中枢有直接麻醉作用，急性中毒以中枢神经系统症状为主，伴有上呼吸道和眼部刺激症状，表现与氢氰酸相似。

三、橡胶制品卫生标准

我国规定食品包装材料所用原料必须是无毒无害的，并符合国家卫生标准和卫生要求。《食品用橡胶制品卫生标准》适用于以天然橡胶或合成橡胶为主要原料，配以特定助剂制成接触食品的片、圈、管等橡胶制品。其中《橡胶奶嘴卫生标准》适用于以天然橡胶、硅橡胶为主要原料，配以特定助剂制成的奶嘴。橡胶制品中使用的助剂，按《食品容器、包装材料用助剂使用卫生标准》执行。

第四节　纸和纸板包装材料的食品安全性

纸是古老而传统的包装材料，以纤维素为原料制成材料的统称。公元 105 年，东汉蔡伦在原有基础上改进造纸术，使造纸的成功率更高，成本更低，极大地促进了文明的传播和科技的发展。现代包装工业体系中，纸和纸板在包装材料中占据了主导地位，某些发达国家纸包装材料占包装材料的 40%～50%，我国占 40% 左右。

作为包装材料，纸类有很多优点，如原料来源广、成本低、品种多、工艺简单、加工性能好、便于加工、卫生安全性好、可回收利用和不污染环境等，可用于制成纸盒、纸袋、纸箱、纸质容器等，纸箱和瓦楞纸板在外包装材料中占据主导地位，复合纸包装将部分取代塑料包装，以解决环境压力，故比重有增多趋势。

纸质包装材料的主要性能体现为四个方面：第一，有一定的强度、挺度和机械适应性；第二，对水分、气体、光线、油脂等具有一定程度的阻隔性，受温湿度的影响较大；第三，因吸收和黏结油墨的能力较强，所以印刷性能较好；第四，有良好的加工性能，可折叠处理，并可采用多种封合方式，容易加工成具有各种性能的包装容器，易实现机械化加工操作。

一、纸和纸板包装材料的分类

纸类产品分纸和纸板两大类，其中纸的定量在 $225g/m^2$ 以下或者厚度小于 0.1mm，定量在 $225g/m^2$ 以上或者厚度大于 0.1mm 称为纸板。但此划分标准不甚严格，也会根据实际用途有所通融，如白卡纸、绘图纸等定量都大于 $225g/m^2$，但通常也会称为纸；瓦楞原纸的定量虽小于 $225g/m^2$，但其厚度大于 0.1mm，也称为纸板。用做包装时，纸主要用来直接包装商品或制作纸袋等，纸板则主要用来生产纸盒、纸筒和纸箱等包装容器。

（一）包装纸的分类

1. 牛皮纸 （kraft paper）

是采用硫酸盐针叶木浆为原料，经打浆，在长网造纸机上抄造而成，强度很高，本色通常呈黄褐色，因其坚韧结实似牛皮而得名，定量一般在 $30\sim100g/m^2$ 之间。大量用于食品的销售包装和运输包装，如点心、粉末等，此类包装用纸多强度不大，表面涂树脂等材料。

2. 食品包装纸 （food packaging paper）

按用途分为Ⅰ型和Ⅱ型，Ⅰ型为糖果包装原纸，为卷筒纸，经印刷上蜡加工后供糖果包装和商标纸。Ⅱ型为普通食品包装纸，有双面光和单面光两种，色泽可根据订货合同进行生产。

3. 半透明纸 （semitransparent paper）

采用漂白硫酸盐木浆特殊压光处理而成的双面光纸，定量为 $31g/m^2$，软且薄，质地紧密坚韧并可防油、防水防潮，可用于乳制品、糖果等的包装，也可用于糕点、土豆片等脱水食品的包装。

4. 鸡皮纸 （wrapping paper）

是一种单面光的平板薄型包装纸，定量为 $40g/m^2$，纸质坚韧，比牛皮纸略有不及，但有较高的耐破度、耐水性和良好的光泽度，可用来包装食品和日用百货等，卫生条件需符合《食品包装用原纸卫生标准》。

5. 羊皮纸 （parchment paper）

是将化学木浆或破布浆羊皮化，即原料抄成纸页后再送入 72% 浓硫酸浴槽内处理几分钟，经洗涤中和残酸，再用甘油浸渍塑化形成质地紧密坚韧的半透明乳白色双面平滑纸，定量为 $45g/m^2$ 和 $60g/m^2$，也称植物羊皮纸或硫酸纸。具有良好的耐油性、防潮性和机械性能，适于包装油脂、乳制品、糖果点心、茶叶等食品，也符合冷冻食品、防氧化食品和油性食品的要求，卫生要求应符合《食品羊皮纸》。

6. 玻璃纸 （glass paper）

是一种以棉浆、木浆等天然纤维为原料，用胶黏法制成的再生纤维素薄膜，又称赛璐玢，定量为 $30\sim60g/m^2$，透光率为 100%，为透明度最好的一种包装材料。纸质柔软光滑，有较强的耐水性、耐油性、阻气性、可热封等优点，也有较好的拉伸强度和印刷性，主要用于糖果、糕点、化妆品等中高档商品的美化包装。

7. 涂布纸（coated paper）

是在原纸上涂上一层涂料，如 LDPE 或 PVDC 乳液、改性蜡、沥青等，使纸张具有良好的光学性质及印刷性能等。

8. 复合纸（compound paper）

是用黏合剂将纸、纸板与其他塑料、铝箔、布等层合起来，得到复合加工纸。常用的复合材料有塑料及塑料薄膜（如 PE、PP、PET、PVDC 等）和金属箔（如铝箔）等。复合加工纸不仅能改善纸和纸板的外观性能和强度，主要是提高防水、防潮、耐油、气密保香等性能，同时还会获得热封性、阻光性、耐热性等。

9. 茶叶袋滤纸（tea bag paper）

是一种低定量专用包装纸，用于袋泡茶的包装，要求纤维组织均匀，无折痕皱纹，无异味，具有较大的湿强度和一定的过滤速度，耐沸水冲泡，同时应有适应袋泡茶自动包装机包装的干强度和弹性。国外多用马尼拉麻生产，我国用桑皮纤维经高游离状打浆后抄造，再经树脂处理，也可用合成纤维（即湿式无纺布）制造。因原料不同分为热封型茶叶滤纸和非热封型茶叶滤纸两种，适用于包装茶叶、咖啡、中成药用的滤纸。

（二）包装纸板的分类

1. 标准纸板（calibrated board）

是一种经压光处理，适用于制作精确特殊模压制品以及重制品的包装纸板，是一种平板纸板，根据质量分 A 和 B 等，颜色为纤维本色，纸板尺寸为 1350mm×920mm、1300mm×900mm，或按照订货合同规定。

2. 白板纸（white board）

是一种纤维组织较为均匀、面层具有填料和胶料成分且表面涂有一层涂料，经多辊压光制造出来的一种纸张，纸面色质纯度较高，有单面和双面两种，结构由面层、衬层、芯层和底层四层组成。单面白纸板面层通常是用漂白的化学木浆制成，表面平整、光亮和洁白，芯层和底层常用半化学木浆、精选废纸浆、化学草浆等低级原料制成；双面白纸板底层原料与面层是相同的，仅芯层和衬层原料较差。白纸板有较为均匀的吸墨性，有较好的耐折度，所以经彩色印刷后主要用于商品包装盒、商品表衬、画片挂图等，不仅可保护商品，还可装潢美化商品。作为一种重要的高级销售包装材料具有以下优点：具有一定的挺度和良好印刷性；缓冲性能好，制成纸盒后能够有效地保护商品；具有优良的成型性和折叠性，机械加工能够实现高速连续生产；废旧纸板可再生利用，自然条件下能被微生物降解，不污染环境；可作为基材与其他材料复合，制成包装性能优良的复合包装材料。

3. 箱纸板（case board）

又名麻纸板，一般用化学未漂草浆为原料，高级的则掺用褐色磨木浆、硫酸盐木浆、棉浆或麻浆等。纸浆经妥善蒸煮，使质地柔软，并经充分洗涤和适当打浆，然后在多网板机上抄成，经过机械压光。表面平滑，色泽淡黄浅褐，有较高的机械强度、耐折性和耐破性。水分应适当控制（通常不超过 14%），以避免商品受潮变质或纸板起拱分层等现象。箱纸板用于制造瓦楞纸板、固体纤维板等产品的表面材料，分为普通箱纸板、牛皮挂面箱纸板和牛皮箱纸板。按照质量分为优等品、一等品和合格品三个等级。优等品适合制造重型、精细、贵重和冷藏物品包装用的瓦楞纸板；一等品适宜制造一般物品包装用的瓦楞纸板；合格品适宜制造轻载瓦楞纸板。

4. 加工纸板 （processing board）

为了改善原有纸板的包装性能，对纸板进行再加工，如在纸板表层涂聚乙烯、蜡或聚乙烯醇等，处理后纸板的强度增加，防潮性能等综合性能大大提高。

5. 瓦楞芯纸 （corrugating base paper）

也称瓦楞原纸，以本色阔叶木半化学浆、冷碱浆或本色碱法草浆或配以废纸浆，经游离状打浆后，即送入圆网多缸造纸机上抄造而成。为一种低定量的报纸版，定量为 $112 \sim 200 g/m^2$。纤维组织均匀，纸幅厚薄一致，色泽黄亮，有一定的松厚度，具有较高的挺度、环压强度和吸水性，优良的贴合适应性。瓦楞芯纸经过瓦楞机加工，由加热至 $160 \sim 180℃$ 的瓦楞辊将芯纸起楞而成瓦楞纸。瓦楞纸在瓦楞纸板中起支撑和骨架作用，故提高瓦楞芯纸的质量可提高纸箱抗压强度。瓦楞芯纸的含水量应控制在 $8\% \sim 11\%$，低于 8%，纸质会发脆，压楞会出现破裂现象；而高于 15% 时，加工时会出现纸身软、挺力差、压不起楞、不吃胶、不黏合等现象。瓦楞纸板是一个多层的黏合体，它最少由一层波浪形瓦楞芯纸夹层及一层纸板（俗称"牛皮咭"）构成，按材料组成分为单面、双面、双芯双面和三芯双面四种类型，$60\% \sim 70\%$ 的体积为中空，具有良好的缓冲减震性能，比相同定量的层合纸板厚度大 2 倍，增强了纸板的机械强度，能抵受搬运过程中的碰撞和摔跌。

（三）包装纸箱

包装纸箱即瓦楞纸箱，由瓦楞纸板经过模切、印刷、压痕、钉箱或粘箱制作而成，是使用最广的纸包装容器，用量一直是各种包装制品之首。与传统的运输包装相比，瓦楞纸箱有轻便牢固、缓冲性能好、原料充足、成本低、加工简便、贮藏和运输方便、适用范围广和易于印刷装潢等优点。

二、纸和纸板包装材料的安全性

造纸工业在世界很多国家是国民经济的重要组成部分。纸包装材料占包装材料总量的 $40\% \sim 50\%$，我国占 40% 左右。纸和纸板包装原料主要有木浆、棉浆、草浆和废纸，使用的化学辅助原料有硫酸铝、碱亚硫酸钠、次氯酸钠、松香和滑石粉等。纯净的纸是无毒、无害的，但由于原材料受到污染，或经过加工处理，纸和纸板中通常会有一些杂质、细菌和某些化学残留物，如挥发性物质、农药残留、制浆用的化学残留物、重金属、荧光物质等，从而影响包装食品的安全性。用纸包装可使食品避免外来污染，增强食品感官效果和便于携带，但如使用不洁或含有害物质的纸包装食物，就会造成对食品的污染。因此，必须要根据包装内食品来正确选择各种纸和纸板，避免残留物溶入到食品中而造成对食品安全的影响。目前，食品包装用纸的安全问题包括以下几方面。

（一）纸和纸板包装材料本身的污染

生产食品包装纸的原材料有木浆、草浆等，存在农药残留。有的使用一定比例的回收废纸制纸，但是印刷的油墨，大多是含甲苯、二甲苯的有机溶剂型凹印油墨。其中，苯类溶剂不能被彻底清除，总会有一部分残留在墨层中，如果被人体吸收，会损害人体的神经系统和破坏人体的造血功能，引起呕吐、失眠、厌食、乏力、白细胞降低、抵抗力下降等典型的永久性苯中毒症状，在职业病中占有很大的比例。此外，油墨中含有苯胺或多环芳烃类等致癌物质；颜料、染料中存在着重金属（铅、镉、汞、铬等），会阻碍儿童的身体发育和智力发育，对人体的神经、消化、内分泌系统和肾脏产生危害作用，损害人脑，造成骨骼损害，发生"痛痛病"，甚至导致死亡。

（二）纸和纸板包装材料中的添加物

造纸需在纸浆中加入化学品，如荧光增白剂、施胶剂、增塑剂、蜡以及表面活性剂等，这些化学物质通过溶出而导致食品安全性问题。

1. 荧光增白剂

最常用的是双三嗪氨基二苯乙烯基磺酸（盐）及其衍生物，染料的化学结构与荧光增白剂非常相似，其分子中有长共轭双键系统。染料和荧光增白剂能够与纸张的纤维有很好的结合，如果纸浆中有钙、镁和铝离子存在时，它们与纤维之间的结合力将会更强。其结合力的稳固性也与它们在水中的溶解度有关。在水中的溶解度高，意味着荧光增白剂和染料更容易从纸张中迁移到食品中。有报道指出，荧光增白剂一旦进入人体就不容易被分解，毒性会累积在肝脏或其他重要器官中，成为潜在的致癌因素。但是，由于荧光增白剂在水中的溶解度远远大于其在油脂类中的溶解度，所以一般很难迁移到油脂高的食品中，而只有在温度比较高的情况下，会迁移到湿度比较大的食品中。

2. 施胶剂

与食品直接接触的纸质包装材料通常需要施胶，在酸性施胶中使用的松香和铝盐性能都比较稳定，溶解性差，一般不会迁移到食品中，也就不会对食品产生任何不食的影响。但是，随着中-碱性造纸的发展，合成施胶剂如烷基烷酮二聚体（AKD）和烯基琥珀酸酐（ASA）以及丙烯酸酯类等得到了广泛应用，使用松香的用量大大减少。这类合成型的施胶剂是否会对包装食品有迁移行为还有待证实。

3. 增塑剂

常用的增塑剂有己二酸盐、柠檬酸盐、癸二酸盐、邻苯二甲酸酯等。但是纸和纸板的生产过程中不会添加增塑剂。废纸中的增塑剂是由纸张后续加工过程中使用的漆、胶粘物、胶以及油墨带来的。其中，邻苯二甲酸盐会对人体造成很大的危害，毒理学实验表明它具有潜在的致癌作用，还可能减弱人的生育能力。

4. 蜡

主要是蜡纸。在温度较低时蜡迁移到食品中的量可以忽略不计。但是，如果食品中的油脂较大，并且在温度逐渐升高的情况下，会有大量的石蜡从纸张迁移到食品中。也可能是由于食品与蜡纸之间的摩擦和黏附行为造成的，这与其他物质通过扩散行为进行迁移有所不同。但是，未见有研究者报道纸质包装材料中的蜡对人体的危害问题。

5. 表面活性剂

在造纸过程中，常用表面活性剂来清除树脂障碍，在废纸制浆的过程中，也用表面活性剂脱墨。常用的表面活性剂有烷基酚和烷基苯酚聚氧乙烯醚等。烷基酚特别是辛基酚和壬基酚会通过雌性激素受体的干扰作用而对人体的内分泌系统产生干扰。烷基苯酚聚氧乙烯醚同样也会干扰雌性激素的活性。而且，上述的这些表面活性剂是持久性物质，会一直残留在纸质包装中，从而有可能迁移到食品中。

（三）贮存、运输过程中的污染

纸包装物在贮存、运输时表面受到灰尘、杂质及微生物污染，对食品安全造成影响。

三、纸和纸板包装材料的管理

我国食品包装纸必须按照 GB/T 5009.78—2003《食品包装用原纸卫生标准的分析方法》的规定进行检测。成品必须符合 GB 11680—1989《食品包装用原纸卫生标准》中规定的各项卫生指标要求，包括感官指标、理化指标和微生物指标，并经检验合格后方可出厂；凡不符合卫生标准的产品不得用于包装食品；生产、加工、经营和使用单位要做好各环节的卫生工作，防止污染；生产加工食品包装用原纸的原料（包括纸浆、黏合剂、油墨、溶剂等）须经省级食品卫生监督机构审批后方可使用；食品包装用原纸不得采用社会回收废纸作为原料，禁止添加荧光增白剂等有害助剂；食品包装用石蜡应采用食品用石蜡，不得使用工业级石蜡；用于食品包装用原纸的印刷油墨、颜料应符合食品卫生要求，油墨颜料不得印刷在接触食品面。

为防止包装用纸对食品污染，应采取如下措施：①生产加工包装用纸的各种原料，必须是无毒无害，不得使用回收的废旧报纸、书本、垃圾纸等作为原料；②不得使用荧光增白剂；③制造蜡纸所用的石蜡应是食用级石蜡，以防多环芳烃等致癌物的污染；④用于印刷各种食品包装材料的油墨、颜料均应符合卫生要求；⑤生产食品包装用纸，应做到专厂或专机生产。

为防止包装用纸中添加剂对食品的污染，GB 9685—2008《食品容器、包装材料用添加剂使用卫生标准》中明确强调"未在列表中的物质不得用于加工食品用容器、包装材料"。但是，由于添加剂新品种的更新速度很快，有许多产品在生产过程中会使用超出所规定的添加剂。针对没有列入新国标的食品容器、包装材料用添加剂，卫生部发布了《食品相关产品新品种行政许可管理规定》，规范食品相关产品新品种的许可范围、申请与受理程序及需要提交资料、安全性评估等内容。生产企业可以向卫生部提出行政审批，经审批许可后方能使用，明确指出食品相关产品新品种许可的范围，以下情况应及时报卫生部行政许可审批：①尚未列入食品安全国家标准或者卫生部公告允许使用的食品包装材料、容器及其添加剂；②扩大使用范围或者使用量的食品包装材料、容器及其添加剂；③尚未列入食品用消毒剂、洗涤剂原料名单的新原料；④食品生产经营用工具、设备中直接接触食品的新材料、新添加剂。

第五节　金属、玻璃、搪瓷和陶瓷包装材料及其制品的食品安全性

一、金属、玻璃、搪瓷和陶瓷包装材料及其制品的组成、分类及包装性能

（一）金属包装材料及其制品的分类及包装性能

金属包装材料及其制品用做食品包装历史悠久，有近两百年的历史，以金属薄板或箔材为主要原材料，经加工制成各种形式的容器来包装食品。

1. 金属包装材料及其制品的分类

食品包装常用的金属材料按材质主要分为两类:一类为钢基包装材料,包括镀锡薄钢板(马口铁)、镀铬薄钢板、涂料板、镀锌板、不锈钢板等;另一类为铝质包装材料,包括铝合金薄板、铝箔、铝丝等。

① 镀锡薄钢板:是低碳薄钢板表面镀锡而制成的产品,简称镀锡板,俗称马口铁板,广泛用于制造包装食品的各种容器,其他材料容器的盖或底。

② 无锡薄钢板:锡为贵金属,故镀锡板成本较高。为降低产品包装成本,在满足使用要求前提下由无锡薄钢板替代马口铁用于食品包装,主要品种有镀铬薄钢板、镀锌板和低碳钢薄板。

③ 铝薄板:将工业纯铝或防锈铝合金制成厚度为 0.2mm 以上的板材称铝薄板。

④ 铝箔:铝箔是一种用工业纯铝薄板经多次冷轧、退火加工制成的金属箔材,食品包装用铝箔厚度一般为 $0.05 \sim 0.07mm$,与其他材料复合时所用铝箔厚度为 $0.03 \sim 0.05mm$,甚至更薄。

2. 金属包装材料及其制品的包装性能

① 高阻隔性能:可完全阻隔气、汽、水、油、光等的透过,用于食品包装表现出极好的保护功能,使包装食品有较长的货架寿命。

② 机械性能:金属材料具有良好的抗拉、抗压、抗弯强度,韧性及硬度,用做食品包装表现出耐压、耐温湿度变化和耐虫害,包装的食品便于运输和贮存,同时适宜包装的机械化、自动化操作,密封可靠,效率高。

③ 容器成型加工工艺性:金属具有优良的塑性变形性能,易于制成食品包装所需要的各种形状容器。现代金属容器加工技术与设备成熟,生产效率高,可以满足食品大规模自动化生产的需要。

④ 耐高低温性、良好的导热性、耐热冲击性:用做食品包装可适应食品冷加工、热加工、高温杀菌以及杀菌后的快速冷却等加工需要。

⑤ 表面装饰性:金属具有光泽,可通过表面彩印装饰提供更理想美观的商品形象。

⑥ 包装废弃物:金属包装废弃物的易回收处理减少了对环境的污染,同时,它的回炉再生可节约资源、节省能源。

(二)玻璃、搪瓷和陶瓷包装材料及其制品的分类及包装性能

玻璃、搪瓷和陶瓷包装材料及其制品是很常用的包装容器之一。尽管它们有易碎、易损、质量过大等缺点,但由于其固有的特点,今天仍然是重要的包装容器,特别是在食品、饮料的包装方面需求量还在继续上升。

1. 玻璃包装材料及其制品的分类

无机玻璃的种类很多,根据组成可分为元素玻璃、氧化物玻璃、卤化物玻璃、硫属玻璃等。工业生产的商品玻璃主要是氧化物玻璃,它们由各种氧化物组成。氧化物玻璃的组成主要有 SiO_2、B_2O_3、P_2O_5、Al_2O_3、Li_2O、Na_2O、K_2O、CaO、SrO、BaO、MgO、BeO、ZnO、PbO、TiO_2、ZrO 等。其中,SiO_2、B_2O_3 和 P_2O_5 等可以单独形成玻璃,叫做玻璃形成体氧化物;而碱金属和碱土金属氧化物本身不能单独形成玻璃,但可以改变玻璃的性质,叫做改变体氧化物;介于二者之间的氧化物,如 Al_2O_3 和 ZnO 等,在一定条件下可以成为玻璃形成体的氧化物,叫做中间体氧化物。

根据玻璃形成体氧化物的不同,可以把玻璃分为硅酸盐玻璃、硼酸盐玻璃、磷酸盐玻璃和铝酸盐玻璃等。由两种以上玻璃形成体氧化物组成的玻璃,则以其含量多少来命名。例如,由 SiO_2 和 B_2O_3 两种氧化物组成的玻璃,当 SiO_2 含量比 B_2O_3 多时,叫做硼硅酸盐玻璃。在 SiO_2、B_2O_3、Al_2O_3 作玻璃形成体构成的玻璃中,如果氧化物含量 $SiO_2 > B_2O_3 > Al_2O_3$,叫做铝硼硅酸盐玻璃;如果氧化物含量 $SiO_2 > Al_2O_3 > B_2O_3$,叫做硼铝硅酸盐玻璃。还可根据用途把玻璃分为平板玻璃、瓶罐玻璃、器皿玻璃、医药玻璃、光学玻璃、电真空玻璃、乳浊玻璃、有色玻璃、玻璃纤维等。

2. 玻璃包装材料及其制品的包装性能

① 耐热性:玻璃有一定的耐热性,但不耐温度急剧变化。作为容器玻璃,在成分中加入硅、硼、铅、镁、锌等的氧化物,可提高其耐热性,以适应玻璃容器的高温杀菌和消毒处理。

② 机械性能:玻璃的强度和硬度是玻璃的物理机械性能的重要指标。玻璃的强度决定于其化学组成、制品形状、表面性质和加工方法。玻璃中如果存在着未熔夹杂物、结石、节瘤或微细裂纹会降低其机械强度。抗拉强度是决定玻璃品质的主要指标,通常为 $40 \sim 120MPa$。玻璃的硬度取决于其组成成分。玻璃的硬度比较高,用普通的刀、锯等不能切割。

③ 光学性能:包括折射、反射和透射,这些性质取决于玻璃的组成,也与制造工艺与光的波长有关。对玻璃容器来说,透明的玻璃包装可促进产品在市场的销售,但可见光与紫外线的穿透可以加速玻璃容器中的食品、药品等产品的变质、氧化或腐败。某些光催化反应可以改变产品的颜色、气味或味道,因此需要用有色玻璃屏蔽光线,保护内容物。适当加入能选择吸收某些波长光的过渡金属或稀土金属离子,可使玻璃呈现与被吸收的光互补的颜色。

④ 化学稳定性:玻璃具有良好的化学稳定性,耐化学腐蚀性强。只有氢氟酸能腐蚀玻璃。因此,玻璃容器盛装酸性或碱性食品以及针剂药液。

3. 搪瓷和陶瓷包装材料及其制品的分类及包装性能

搪瓷是一种把无机玻璃质原料熔制后制成搪瓷釉浆(搪釉)再涂附在金属基体上(如铁皮),在高温($800 \sim 900℃$)烧结而成。搪瓷食具是以铁皮为原料制坯,内外层涂搪釉、喷花,在高温中烧搪而成。它具有不生锈、易清洗、无毒、耐冷热骤变、耐酸等优良特性。

陶瓷是以黏土为主要原料,加入长石、石英等物质经配料、粉碎、炼泥、成型、干燥、上釉、彩饰,再经高温烧结而成。与金属、塑料等包装材料制成的容器相比,陶瓷容器更能保持食品的风味。其部分酒类包装饮料,相当长时间不会变质甚至存放时间越久越醇香。此外,陶瓷包装的食品给人以纯净、天然的感觉,更能体现传统的民族特色。因此,陶瓷容器在食品包装中主要用于装酒、咸菜、传统风味食品,在保护食品的风味上具有很好的作用。

二、金属、玻璃、搪瓷和陶瓷包装材料及其制品的安全性

(一)金属包装材料及其制品的安全性

金属包装材料及其制品的安全性,主要分为结构性安全、材料性安全、功能性安全以及使用便利性安全等多方面。目前,影响金属包装食品安全因素包括以下几个部分。

(1)使用过程中因腐蚀造成金属元素迁移 金属作为食品包装材料最大的缺点是化学稳定性差,不耐酸碱性,特别是用其包装高酸性食品时易被腐蚀,同时金属离子易析出,从而

影响食品风味。马口铁金属包装经酸腐蚀后易迁出金属元素，主要为铁离子和锡离子，这两种元素的迁移量目前都很低，目前对人没有食品安全的风险。但白铁皮镀有锌层，接触食品后锌会迁移至食品，因此食品工业中应用的大部分是黑铁皮。

（2）铝制金属包装　铝制食品容器是指以铝为原料制作的各种炊具、食具、容器及修补用的材料。铝制金属包装存在铝元素迁出的问题，但目前使用的铝原料的纯度较高，有害金属较少，具有良好的钝化性能，实际的铝元素迁出量也是远低于欧美风险评估的限值，因此铝制金属包装主要的食品安全性问题在于铸铝中和回收铝中的杂质，且回收铝中的杂质和金属难以控制，易造成食品的污染。铝制材料含有铅、锌等元素，长期摄入会造成慢性蓄积中毒，甚至致癌。同时，过量摄入铝元素也将对人体的神经细胞带来危害，此外，铝的抗腐蚀性很差，酸、碱、盐均能与铝起化学反应析出或生成有害物质，应避免使用生铝制作炊具。

（3）金属包装的有机涂层中化学迁移　为防止金属包装材料在使用过程中向内容物迁移，一般在金属容器的内、外壁施涂涂料。内壁涂料是涂布在金属罐内壁的有机涂层，可防止内容物与金属直接接触，避免电化学腐蚀，提高食品货架期，但涂层中的化学污染物也会在罐头的加工和贮藏过程中向内容物迁移造成污染。这类物质有双酚-A（BPA）、双酚-A二缩水甘油醚（BADGE）、酚醛清漆甘油醚（NOGE）及其衍生物。双酚-A环氧衍生物是一种环境激素，通过罐头品进入体内，造成内分泌失衡及遗传基因变异，在选择内壁涂料时应符合国家标准。为了保证食品包装安全，采用无苯印刷将成为发展趋势。用于金属容器内壁的涂料漆成膜后应无毒，不影响内容物的色泽和风味，有效防止内容物对容器壁的磨损，漆膜附着力好，具有一定的硬度。金属罐头经杀菌后，漆膜不能变色、软化和脱落，在金属罐头贮藏期间稳定性好。金属容器内壁涂料主要有抗酸涂料、抗硫涂料、防粘涂料、快干接缝涂料等。

（二）玻璃包装材料及其制品的安全性

玻璃的安全性问题主要是从玻璃中溶出的迁移物，主要是无机盐或离子。此外，在玻璃制品的原料中，二氧化硅虽然毒性很小，但仍可从玻璃中溶出。作为玻璃的着色剂三氧化二砷、红丹粉（四氧化三铅）等化学物质主要是金属氧化物，这些金属也可以从玻璃制品中溶出，危害人体健康。目前，玻璃食具容器的污染来源主要包括以下几方面。

（1）熔炼过程中有毒物质的溶出　一般来说，玻璃内部离子结合紧密，高温熔炼后大部分形成不溶性盐类物质而具有极好的化学惰性，不与被包装的食品发生作用，具有良好的包装安全性。但是熔炼不好的玻璃制品可能发生来自玻璃原料的有毒物质溶出问题。所以，对玻璃制品应做水浸泡处理或加稀酸加热处理。对包装有严格要求的食品药品可改钠钙玻璃为硼硅玻璃，同时应注意玻璃熔炼和成型加工质量，以确保被包装食品的安全性。

（2）重金属含量的超标　高档玻璃器皿中如高脚酒杯往往添加铅化合物，加入量高达30%。

（3）加色玻璃中着色剂的安全隐患　为了防止有害光线对内容物的损害，用各种着色剂使玻璃着色而添加的金属盐，其主要的安全性问题是从玻璃中溶出的迁移物，如添加的铅化合物可能迁移到酒或饮料中，二氧化硅也可溶出。

（三）搪瓷和陶瓷包装材料及其制品的安全性

涂搪以钛白、锑白、锑钛混合釉瓷为原料，搪搪瓷的污染主要来自制釉、饰花工序，制釉过程中为降低熔融温度，会添加硼砂和氧化铅等物质；釉彩所用颜料为氧化铅、硫化镉等金属盐类；饰花过程中花版会有镉的残留。釉是一种玻璃态物质，釉料的化学成分和玻璃相似，主要是由某些金属氧化物硅酸盐和非金属氧化物的盐类的溶液组成。釉的化学组成中大多为含有铅（Pb）、锌（Zn）、镉（Cd）、锑（Sb）、钡（Ba）、钛（Ti）等多种金属氧化物硅酸盐和金属盐类，其中的有害金属盐（如氧化铅）溶出污染食品是主要的卫生问题。

陶瓷容器的主要危害来源于制作过程中在坯体上涂的陶釉、瓷釉、彩釉等。当使用陶瓷容器盛装酸性食品（如醋、果汁）和酒时，这些物质容易溶出而迁移入食品，甚至引起中毒，如铅溶出量过多。陶瓷包装材料用于食品包装的卫生安全问题，主要是指上釉陶瓷表面釉层中重金属元素铅或镉的溶出。铅中毒可引起血色素缺少性贫血、腰肢疼、失眠、疲倦、体重减轻、高血压等病症。镉中毒会导致骨骼软化萎缩、骨折，使人虚弱疼痛而死亡，并会引起肾脏等器官病变，因此卫生质量不合格的产品不能上市。

三、金属、玻璃、搪瓷和陶瓷包装材料及其制品的管理

（一）金属包装材料及其制品的管理

我国卫生部颁布了铝制食具容器卫生管理办法，规定必须按照 GB/T 5009.72—2003《铝制食具容器卫生标准的分析方法》进行检测，并规定凡回收铝不得用来制作食具，如必须使用时应仅供制作铲、瓢、勺，同时应符合 GB 11333—1989《铝制食具容器卫生标准》。各生产加工单位要严格执行生产工艺，建立健全产品卫生质量检测制度，检测合格后方可出厂。各生产加工单位采用新原料、新工艺时，应由生产单位或其主管部门向当地食品卫生监督机构申请并提供生产工艺、配方及有关资料，经审查同意后方可投产，产品经检验符合卫生标准后方可出厂销售。另外，国家对不锈钢食具容器也制定了严格的有害金属的控制标准。

（二）玻璃包装材料及其制品的管理

目前，我国对玻璃包装材料及其制品的管理主要集中在对玻璃包装废物的回收，而对于玻璃包装材料及其制品的规定主要是 SN/T 1888.12—2007《进出口辐照食品包装容器及材料卫生标准　第 12 部分：玻璃制品》和 SN/T 1891.6—2007《进出口微波食品包装容器及包装材料卫生标准　第 6 部分：玻璃制品》。

（三）搪瓷和陶瓷包装材料及其制品的管理

我国卫生部颁布了 GB 4804—1984《搪瓷食具容器卫生标准》和 GB/T 13484—2011《接触食物搪瓷制品》，规定了搪瓷食具容器产品必须经检验合格后方可出厂，凡不符合卫生标准的不得收购、销售和使用。生产单位使用新原料、采用新工艺、生产新产品在投产前必须提出该产品卫生评价所需的资料和样品，未经食品卫生监督机构审查批准，不得作为食品容器使用。对于使用钛白和锑白混合涂搪原料加工而成的各种食具、容器的搪瓷成型品规定了几种有毒金属的最高限量标准。此外，我国卫生部颁布了 GB 13121—1991《陶瓷食具容器卫生标准》，规定了食品生产经营者不得使用不符合卫生标准的陶瓷食具、容器。陶瓷卫生标准以铅、镉的溶出量为控制要求。

第六节　复合包装材料的食品安全性

复合包装材料是指一切双（或多）组分形成的结构体，即多层经有效（物理、化学、机械等）结合而成的。

一、复合包装材料的组成、分类及包装性能

（一）复合包装材料的组成

复合包装材料一般由基材、层合黏合剂、封闭物及热封合材料、印刷与保护性涂料组成。

（1）基材　主要包括纸张、玻璃纸、铝箔及镀铝材料、双向拉伸聚丙烯薄膜、双向拉伸聚酯薄膜和共挤塑包装材料，起美观、印刷、阻湿等作用。

（2）层合黏合剂　是将两层材料黏合为一体的胶黏剂，使被层合材料具有"可润湿性"。分为溶剂型及乳液型、热塑型及热固型、挤塑黏合剂（黏合剂与层合材料）、蜡及蜡混合型（表面上光及自黏层）、其他黏合剂——预制型（热压 PVDC、蜡涂铝箔）。

（3）封闭物及热封合材料　是有形的热黏合胶材。封闭方法包括热封合、冷封合和黏合剂封合。热封合是利用多层结构中的热塑性内层组分，加热时软化封合，移掉热源就固化。封闭物及封闭材料指在层合中具有一定形状和厚度的材料，如塑料热合层。常见的有过塑复合或覆膜，起适应性、耐渗透性、良好的热封性以及透明性等功能。

（4）印刷与保护性涂料　主要有油墨、上光剂及印后的覆膜层，起保护印刷表面、防止卷筒粘连、光泽、控制摩擦系数、热封合性和阻隔性等功能。

（二）复合包装材料的分类

根据其复合基料的不同，复合包装材料可分为纸/塑、纸/铝箔/塑、塑/塑、塑/铝/塑等类型，其中的塑料和其他组分可以是一层或多层，可以是相同品种或不同品种。根据多层复合结构中是否含有加热时不熔化的载体（铝箔、纸等），可以将复合材料分为层合软包装复合材料和塑料复合薄膜。

（三）复合包装材料的性能

主要包括：均一性；互补性；气味阻隔；光线的阻隔；机械性能的稳定和持久。

二、复合包装材料的安全性

复合包装材料最突出的安全问题在于复合工艺中所用的黏合剂。目前，主要使用的是溶剂型双组分聚氨酯系黏合剂。芳香族型聚氨酯胶以甲苯二异氰酸酯（TDI）为固化剂，在复合薄膜袋装食品蒸煮时，TDI 发生水解生成芳香胺 2,4-氨基甲苯（TDA），迁移入食品中，芳香胺是一种致癌物质。聚氨酯胶黏剂使用时的稀释溶剂有丙酮、正丁酮、醋酸乙酯等，处理不当时，溶剂会残留在胶层里面，不仅影响包装袋质量，甚至影响人体健康。此外，复合包装材料要经过油墨的印刷、用胶黏剂复合，才能做成包装材料。还应注意复合包装材料在印刷中的油墨、有机溶剂等污染。

三、复合包装材料的管理

（一）加强质量监管和市场准入工作

为了保证食品的质量安全，具备规定条件的生产者才允许进行生产经营活动，具备规定条件的食品才允许生产销售的监督制度。实行食品质量安全市场准入制度是一种政府行为，

是一项行政许可制度。目前食品包装材料在许可范畴，作为产品质量监管的政府主管部门，要加大投入组织实施好这一市场准入制度，虽然国家对食品用塑料包装和纸包装已经实施市场准入，但相关实施细则应该及时修订更新，增加市场准入的产品种类，如竹木制品、金属制品等食品包装材料还没有实施市场准入等。只有通过加强质量监管，加强市场准入工作，才能不断提高生产管理能力，提高产品质量水平。

（二）加强科研投入，同时发挥科研院所及协会的作用

复合食品包装材料中很多的质量安全问题，必须依靠科研技术来解决，产品生产工艺、使用条件、有害物的评估、检测依据的解决等问题都要靠加强科研技术来攻关。在这些问题上必须发挥好科研院所的作用，要采取切实有效的办法和措施促使企业、科研机构、协会等有机结合，实行联合攻关，从而逐步解决食品包装材料带来的安全问题。

（三）企业应加强诚信，主动提高产品质量

企业不仅是经济组织单位，还是社会的重要组成部分。企业在考虑利润时，更重要的是要考虑到企业的社会责任。企业作为食品安全第一责任人，要切实承担起食品安全主体责任，理应加强诚信，主动提高产品质量，认真落实执行国家对食品质量安全的要求。诚实守信是市场经济的基础，也是保障食品质量安全的前提。在借鉴近年来社会信用建设工作实践做法的基础上，应推动食品工业企业诚信体系建设，以保障消费者的安全。

（四）加强引导，提高消费者质量安全意识

通过加强产品质量安全的宣传，提高消费者质量安全意识，使得消费者深刻体会到产品的质量安全关系到切身利益，使其转变传统的购买食品的观念，由原来的"价格优先"转向"质量与价格并重"，提高质量安全关注度，营造优胜劣汰的良好环境，从而促进企业不断提高生产管理和产品质量水平，保证食品包装行业的健康快速发展。

参 考 文 献

[1] Barnes K A，Sinclair C R，Watson D H 著. 食品接触材料及其化学迁移 [M]. 宋欢，林勤保译. 北京：中国轻工业出版社，2011.
[2] Coles R，McDowell D，Kirwan M J. 食品包装技术 [M]. 蔡和平译. 北京：中国轻工业出版社，2012.
[3] 车振明，李明元. 食品安全学 [M]. 北京：中国轻工业出版社，2013.
[4] 董同力嘎. 食品包装学 [M]. 北京：科学出版社，2015.
[5] 李大鹏. 食品包装学 [M]. 北京：中国纺织出版社，2014.
[6] 钟耀广. 食品安全学 [M]. 第 2 版. 北京：化学工业出版社，2010.

第六章　加工食品的安全性

第一节　油脂和油炸食品

油脂是指可供人类食用的动植物油。油脂原料作为贮存能量的物质，普遍存在于自然界的动植物体中。油脂是一种非常重要的食品原料，它具有独特的风味和工艺特性，这是其他食品成分所无法替代的。食品中油脂根据其来源可分为植物油和动物脂肪两大类。食品加工业中使用的油脂多为植物性油脂，因此在本节中主要就植物性油脂进行讨论。

一、油脂中天然有害物质

（一）芥酸

油菜、甘蓝、芥菜等十字花科植物的种子统称为菜籽，从中提取的油脂称菜籽油。传统菜籽油不饱和酸含量达90％以上，其脂肪酸组成与其他油脂不同的是有较大量的芥酸存在。芥酸即顺-13-二十二碳烯酸（22：1），在菜籽油中常存在于甘油三酯的1、3位上，2位很少发现。

动物试验表明，芥酸可使脂肪在多种动物心肌中聚积，导致心肌的单核细胞浸润和纤维化，另外，也有报道显示芥酸可影响多种动物的生长。但有关对人体毒性作用的报道较少见，芥酸对人体的毒性作用尚需进一步研究。从营养角度来看，芥酸分子链长，分解时多从双键处断裂，形成13个碳或9个碳的较大分子，在人体内不易消化，营养价值较低，且芥酸含量较高的油脂腥味较重，口感欠佳。

一般菜籽油中芥酸含量变化较大，从30％～60％不等，这与品种关系密切，同时也受生长季节影响。例如，白菜型油菜种子含芥酸量较低（38％～45％），甘蓝型油菜居中（43％～53％），芥菜型油菜较高（50％～55％）；冬性甘蓝型油菜的芥酸含量（46％～55％）一般又比春性品种的高（38％～51％）；早熟品种比晚熟品种的含量高；同一品种种植在低温冷凉地区比种植在高温干燥地区的含量高；施用含硫量多的肥料会增加芥酸的含量。

传统菜籽油这一潜在的安全隐患的存在促使国内外植物育种家在20世纪50年代开始致力于培育低芥酸菜籽。我国自20世纪80年代开始大力推广"双低"油菜的种植。目前在湖北、青海、新疆、甘肃、内蒙古以及江苏等省（自治区）实现了大面积种植。其中湖北省尤其突出，例如，2008年湖北省双低油菜种植覆盖率达94％以上，双低油菜籽产量超过200万吨。

目前我国菜籽油国家标准（GB 1536—2004）规定，低芥酸菜籽油的芥酸含量不超过脂肪酸组成的3％。

（二）棉酚

棉酚是一类复杂的多元酚类化合物，它存在于棉花全株中并主要集中在棉籽子叶。

棉籽的子叶上布满黑褐色圆形或椭圆形的色素腺体，腺体内除了油脂和树脂外，还含有大量的色素物质，其中以棉酚为主（占色素腺体质量的 20.6%～39%），此外还含有多种棉酚的衍生物。棉酚可分为游离棉酚和结合棉酚两类。棉酚中具有活性羟基、活性醛基的多元酚类化合物称为游离棉酚；而与蛋白质、氨基酸、磷酯等物质结合，没有活性羟基、醛基的棉酚称为结合棉酚。

游离棉酚（酚醛型）共有三种异构体，其分子式为 $C_{30}H_{30}O_8$，相对分子质量为518.57，纯品为黄色，其结构式如图 6-1 所示。

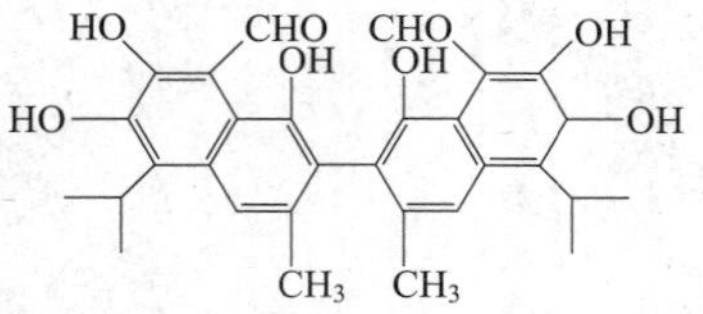

图 6-1　游离棉酚结构式

游离棉酚对人体及动物均具有毒性（棉酚的毒性参见第一章），结合棉酚一般不被人体和牲畜吸收，可以通过代谢排出体外，通常被人们认为是无毒的。但近年来，不少专家进行了深入的研究，认为结合棉酚进入人体后，在一定条件下可部分分解成游离棉酚，因此结合棉酚也具有一定的毒性。

未经处理的棉籽中含有 0.15%～2.8% 的游离棉酚。棉籽经过榨油加工后，其中一部分棉酚残留在饼粕中，另一部分则转入棉籽油中，转入量与加工工艺密切相关。当棉籽油中含游离棉酚量达 1% 以上时即可引起人体中毒。

传统的棉籽油加工过程中，通常采用油脂碱炼脱酸法除去棉酚，因而并不影响最终油品质量。但饼粕中残留棉酚较高，因而不能做饲料用，从而会造成蛋白质资源的浪费。也有学者尝试采用溶剂萃取法提油，以获得低棉酚含量的棉籽饼，但却容易造成成品棉籽油质量下降等问题。近年来，国内外已培育出无棉酚的棉花新品种。

（三）芥子苷

芥子苷又称葡萄糖异硫氰酸盐或硫代葡萄糖苷，是一类复杂的烃基硫代配糖体，它在甘蓝、萝卜、油菜、芥菜等十字花科植物植株各部分均普遍存在，种子中含量较多，比茎、叶高 20 倍以上。

菜籽中各种芥子苷以钾盐形式存在，它本身并无毒性。但油菜籽的皮壳中均含有芥子酶，在油脂加工过程中包裹有芥子酶的浓缩体破裂释放出芥子酶，同时，菜籽饼粕、动物肠道中的细菌以及外界微生物中均含有一定量的水解酶，在芥子酶或水解酶以及在酸、碱和高热蒸汽处理的条件下，芥子苷可发生水解反应形成多种容易引起甲状腺肿大和功能改变的有毒产物（参见第一章第一节）。

我国油菜籽所含的芥子苷总量以白菜型油菜较低，平均 4.04%；芥菜型油菜居中，平均 4.85%；甘蓝型油菜最高，平均 6.13%。三种油菜的春性类型所含芥子苷量均比冬性类型的低，白菜型春油菜为 3.67%、冬油菜为 4.09%，芥菜型分别为 4.21% 和 5.47%，甘蓝型则相应为 4.77% 和 6.17%。

在传统油菜籽加工过程中，少量芥子苷分解产物会转移到油脂。工业生产中以前曾采用高温（140～150℃）或 70℃加热 1h 的方法破坏菜籽饼中芥子酶的活性，但该法会造成干物质流失，易破坏营养成分。而以生物育种法优选的"双低"油菜籽不含或仅含微量芥子苷。

二、真菌毒素

真菌毒素是一些产毒素真菌（主要为曲霉属、青霉属及镰孢属）在生长繁殖过程中产生的易引起人和动物病理变化和生理变态的次级代谢产物，一般毒性很高。目前已知的有 300

种真菌代谢产物对人类和动物是有毒的，其中对人类危害较为严重的主要有 10 多种，包括黄曲霉毒素、赭曲霉素、展青霉素等。

油料种籽在高温、高湿条件下贮存，最容易受霉菌（尤其是黄曲霉毒素）的污染，导致成品油中残留有霉菌毒素。黄曲霉毒素通常存在于花生、花生油、玉米、高粱、小麦、大麦、燕麦、棉籽和大米中。其中花生和玉米最易受到污染，豆类受污染率则比较低。

霉菌毒素的脱除方法有碱炼法、吸附法等。按我国食品安全国家标准 GB 2761—2011《食品中真菌毒素限量》规定花生油和玉米油中黄曲霉毒素应小于 $20\mu g/kg$，其他植物油应 $\leqslant 10\mu g/kg$。

三、化学污染

植物油生产分为压榨法和浸出法两种工艺。压榨法是纯物理方法，对产品质量无大影响。浸出法处理不当时容易出现溶剂残留问题，残留的溶剂中可能含有己烷和庚烷等有害组分，而不纯的溶剂中含有多环芳烃等有害物质。另外，若使用被化学农药和工业三废污染的油料作物榨油，易使苯并 $[a]$ 芘的含量增加，从而对植物油脂造成潜在的安全隐患。具体参见相关章节。

四、油脂酸败

油脂长期贮存于不适宜的条件下时，可发生一系列的化学改变，导致油脂的感官性状发生不良变化，即为油脂酸败，俗称腺败。

油脂酸败的原因有两个：一是生物学方面的，即由于动植物组织残渣和微生物产生的酶引起的酶解过程；二是纯化学过程，即在空气、阳光、水等作用下发生的水解过程和不饱和脂肪酸的自身氧化。这两种过程通常会同时发生，但也可能由于油脂本身性质和贮存条件不同而主要表现于某一方面。油脂酸败会导致油脂分解出游离脂肪酸使油脂酸值升高，同时释放出酮、醛类等低分子氧化物，产生异味（俗称"哈喇味"）。

酸败油脂对食品的影响主要有以下几方面。

1. 感官品质下降

已经酸败的油脂会产生强烈的不愉快味道和气味，可使油脂感官性状受到不良影响，甚至完全不适于食用。

2. 营养成分尤其是脂溶性维生素遭到破坏，食用价值降低

酸败油脂即使感官性状改变尚未达到不能食用的程度，其营养价值业已降低。例如，维生素 E 在油脂开始酸败时首先被氧化；其他几种脂溶性维生素如维生素 A、维生素 D 等在酸败过程中也很快被氧化，因而失去功效。而且，其他食物中的维生素在接触酸败油脂时或摄入胃肠道后亦可遭受破坏，有实验证明长期摄入酸败油脂可加剧核黄素缺乏症。

3. 可能会产生对机体有毒害的成分

酸败的油脂具有一定的毒性，食后会产生不适症，如恶心、呕吐、腹痛等。此外，动物实验证实，若长期摄入酸败油脂，实验动物可出现体重减轻和发育障碍等问题。

五、油炸食品安全性问题

油炸食品除应考虑油脂本身的安全性问题之外，还应注意三方面的问题：一是油炸食品食品添加剂的安全问题，如膨松剂、护色剂等问题；二是油炸食品包装材料的安全性问题；三是高温油炸过程中产生的有害物质带来的安全问题。前两方面的问题可参见有关章节，下

面就第三方面问题进行阐述。

1．多环芳烃

多环芳烃是指分子中含有两个或两个以上苯环的碳氢化合物，主要来源于煤、石油的燃烧，食用植物油及其加热产物中也含有多环芳烃，而且油烟雾中含量更高。

目前已证实30余种多环芳烃具有不同程度的致癌性，如苯并蒽、二苯并蒽、苯并[a]芘等。例如，现代医学证实，食品中苯并[a]芘的含量与胃癌等多种肿瘤的发生有一定的关系。

2．杂环胺类化合物

杂环胺类化合物是一类带杂环的伯胺。杂环胺主要产生于富含蛋白质的食物在高温烤、炸、煎的过程。杂环胺的形成量主要受煎炸、烤的温度影响。富含蛋白质的食物在较高的煎烤温度（一般在200℃以上）便会分解产生杂环胺及多环芳烃类等。

杂环胺类化合物具有致突变性和致癌性。

3．丙烯酰胺

丙烯酰胺是聚丙烯酰胺合成中的化学中间体（单体）。食品中的丙烯酰胺产生于高碳水化合物、低蛋白质的植物性食物的高温加热烹调过程。一般认为，天冬酰胺和还原性糖在高温加热过程中通过美拉德反应生成丙烯酰胺的是丙烯酰胺产生的最重要的途径。油炸、烘烤的淀粉类食品中丙烯酰胺含量较高，其代表性食品为薯条。

目前已经有大量的动物试验数据表明，丙烯酰胺具有一定的神经毒性、生殖毒性、遗传毒性和致癌性，因此食品中丙烯酰胺的污染引起了各国卫生部门的高度关注。

4．反式脂肪酸

反式脂肪酸是分子中含有一个或多个反式双键的非共轭不饱和脂肪酸（美国食品和药物管理局定义）。该定义中特别指明反式脂肪酸不包括含有共轭双键的脂肪酸。FDA的大部分专家支持这个定义，因为共轭脂肪酸的代谢途径与其他含有双键的脂肪酸的代谢途径是不同的。食品中的反式脂肪酸90%左右是单不饱和脂肪酸，只有少部分为双烯和多烯不饱和脂肪酸。反式脂肪酸产生的途径有如下三个。

(1) 反刍动物（如牛、羊）的脂肪和乳与乳制品 天然的反式脂肪酸主要来自于反刍动物（如牛、羊）脂肪组织及其乳制品。反刍动物瘤胃中的丁酸弧菌属菌群在进行酶促生物氢化作用时会将饲料中一部分不饱和脂肪酸转化为反式脂肪酸。这类来源反式脂肪酸危害性目前尚无充分的佐证材料，一般认为其危害性较小。

(2) 食用油的氢化产品 天然油脂在很多方面无法满足食品工业中对油脂的要求（如易于酸败、加热过程中产生不良风味等），油脂氢化处理则可改善油脂的加工品质。但在此过程会有一部分双键发生位置异构或转变为反式构型，其中以反$C_{18:1}$为主，并以反$C_{18:1}^{\Delta 9}$（反油酸）、反$C_{18:1}^{\Delta 10}$和反$C_{18:1}^{\Delta 11}$这3种形式为主。

(3) 经高温加热处理的植物油 植物油在精炼脱臭工艺中，通常需要250℃以上高温和2h的加热时间。高温及长时间加热，有可能产生一定量的反式脂肪酸。因此要求油炸食品一般应控制温度在200℃以下，连续油炸时间不超过20h；多次炸制食物的油脂应该进行无害化处理后方能供人畜食用。

微量的反式脂肪酸对人体无害，但FDA研究了许多病例后发现，当摄入的反式脂肪酸含量达到摄入总脂热量的5%以上水平时会对人体产生明显的不良影响。反式脂肪酸的危害主要表现在以下四个方面：第一，增加心血管疾病的风险，反式脂肪酸特别是与冠心病密切相关，大量食用含这种油脂的食物易导致冠心病发病率的上升。第二，诱发Ⅱ型糖尿病，反式脂肪酸提高了人体内的胰岛素水平，降低了红细胞对胰岛素的反应，可导致增加患糖尿病的危险。第三，影响生长发育，反式脂肪酸能通过胎盘转运给胎儿，母乳喂养的婴幼儿会因母亲摄入人造黄油而被动摄入反式脂肪酸。母乳中反式脂肪酸的含量占总脂肪酸的1%～18%时，会使胎儿和新生儿比成人更容易患上必需脂肪酸的缺乏症，影响生长发育；同时还会对胎儿和新生儿中枢神经系统的发育产生不良影响。第四，造成大脑功能的衰退，美国的研究人员在动物实验以及对几百人的跟踪流行病学调查中发现，那些大量摄取反式脂肪酸的人，认知功能的衰退更快，原因是"由于血液中的胆固醇增加，不仅加速心脏的动脉硬化，还促使大脑的动脉硬化，因此容易造成大脑功能的衰退"。大量食用反式脂肪酸的老年人容易患老年痴呆症。

六、掺假、伪劣和非食用物质的恶意添加

近年来，有个别企业非法使用"地沟油"或"泔水油"代替食用油脂或在食用油中添加矿物油以谋取利益，这都将极大影响到油脂制品的食用安全性。

第二节　调味品

食品加工和烹饪中所需的调味品包括油、盐、酱、醋、糖及各种香料等。调味品可改善食品感官性质，促进食欲，提高消化吸收率。调味品消费量大，且用于佐餐及凉拌使用时常不经加热而直接食用，因此应防止有毒物质、微生物的污染，保证调味品安全质量。

一、酱油

酱油是以富含蛋白质的豆类和富含淀粉的谷类及其副产品为主要原料，在微生物酶的催化作用下分解熟成并经浸滤提取的调味汁液。酱油按工艺可分为酿造酱油和配制酱油两种。酿造酱油是以豆、谷类粮食为主要原料，经曲菌酶分解，使其发酵熟成的调味汁液，可供调味及复配用。配制酱油指以酿造酱油为基料，添加其他调味品或辅助原料进行加工再制的产品，有液态和固态两种，均供调味用。

酱油是我国消耗量最大的调味品，例如，2013年中国酱油产量达到758万吨，占调味品总产量的一半以上，因此酱油的安全问题尤其值得重视。

酱油的安全问题主要有以下几方面。

1. 氯丙醇污染

氯丙醇是甘油（丙三醇）结构上的羟基被氯原子取代的一类化合物，包括3-氯-1,2-丙二醇（3-MCPD）、2-氯-1,3-丙二醇（2-MCPD）、1,3-二氯-2-丙醇（1,3-DCP）和2,3-二氯-1-丙醇（2,3-DCP）。在20世纪70年代末由捷克斯洛伐克科学家Velisek首先在酸水解动植物蛋白中发现。1993年，WHO就曾对氯丙醇类物质的毒性提出警告。1995年，欧共体委员会食品科学委员会对氯丙醇类物质的毒性做出评价，认为它是一种致癌物。有研究指出摄入高剂量的3-MCPD对雄鼠生殖能力、肾脏功能和体重产生影响，但不会产生明显的潜在的基因毒性，即不会有遗传性。因此，世界上一些发达国家对食品中的氯丙醇含量做了限量规定。

多数研究表明，传统方法生产酿造酱油中并无氯丙醇产生，超标的氯丙醇主要存在于以

酿造酱油为主体，与酸水解植物蛋白调味液、食品添加剂等配制而成的配制酱油中。究其原因，我国酱油行业标准中是以氨基酸态氮的含量作为衡量其级别的主要依据，因此，部分生产商为了提升酱油鲜味，缩短发酵周期，提高利润，在产品中违法添加非食用植物蛋白调味液或动物蛋白调味液（这里统称 HP），导致氯丙醇污染。当采取浓盐酸水解蛋白的方法来生产水解蛋白时，如分解条件恰当，蛋白质可以全部水解为游离氨基酸，其他反应不会发生。但事实上，由于原料中除了蛋白质以外，还有脂质的存在（主要是三酰甘油酯与甘油磷脂），加工过程中为了确保高效的氨基酸转化，投入大量过剩或高浓度的盐酸，使得脂肪水解，在生成甘油和游离脂肪酸的同时，甘油的第三位可能被氯离子取代而生成氯丙醇。

因此很多学者建议在目前现行的酿造酱油标准中增加氯丙醇检验项目，以杜绝不良商家在酿造酱油中非法添加水解蛋白调味品。但也有工作者认为氯丙醇的检测存在一定的局限性，如部分厂家用化学方法处理配制酱油，加入氢氧化钠可将 3-MCPD 水解，从而使得酸水解蛋白调味液中 3-MCPD 的量减少甚至无法检出。这说明以氯丙醇作为鉴别酿造酱油和酸水解植物蛋白调味液的判定指标意义可能不大。

另外，李国基、武致等人通过对酱油常用的添加剂——焦糖色素中氯丙醇的检测发现，酿造酱油中加入焦糖色素后，很可能会引入氯丙醇，对酱油制品造成污染。

2. 微生物污染

酿造酱油一般以富含蛋白质的豆类和富含淀粉的谷类及其产品为主要原料，在微生物的作用下生产得到。如果这些原料的存贮条件不当，则容易发生霉变。黄曲霉、寄生曲霉等霉菌在生长繁殖的过程中，可能产生黄曲霉毒素，对人体健康造成严重危害。黄曲霉生长繁殖的最适宜温度为 $13 \sim 25 ℃$，最适宜的相对湿度为 $70\% \sim 90\%$ 或以上。南方地区黄曲霉污染的发生率高于北方，特别是在梅雨季节，黄曲霉容易生长。如果原料长时间仓储或仓库潮湿、漏雨，库存过多且不注意通风、干燥，打扫卫生不彻底，特别是粉碎的物料，由于颗粒小，容易吸收环境中的水分等，将为黄曲霉菌的生长和霉菌毒素的产生创造有利的条件。我国国标中规定酱油中黄曲霉素 B_1 不得超过 $5\mu g/L$。

另外，酱油酿造过程中，曲霉菌发酵形成酱油特殊风味成分——有机酸类，因此，酱油应有一定的酸度。但当酱油受微生物污染时，原料中的糖类会被微生物发酵形成过多的有机酸类，这将导致酱油酸度过度增加，即为酸败。酸败的酱油品质下降甚至失去食用价值。我国酱油的卫生标准中规定酱油的总酸度应 $\leqslant 2.5g/100mL$。

另外，在较高温度下，酱油易受到产膜性酵母菌的污染导致酱油表面生出一层白膜，使酱油食用价值降低。

3. 焦糖色素的安全问题

焦糖色素亦称焦糖，俗称酱色，是一种在食品中应用范围十分广泛的食品添加剂，一般用作酱油、糖果等食品的着色剂。传统焦糖色素是将食糖加热聚合获得的，是安全的。当前，焦糖色素的生产有四种生产工艺即普通法、苛性亚硫酸盐法、氨法和亚硫酸铵法。焦糖生产中如加铵盐作为催化剂可以加速反应。但现代研究发现铵盐催化不可避免地产生一种特殊的物质——4-甲基咪唑，该物质可引起人和动物惊厥并具有致癌性。这使得焦糖色素的发展受到了一定的阻碍。后来，联合国粮食与农业组织、世界卫生组织和国际食品添加剂联合专家委员会经过一系列的深入研究和实验后均认为，焦糖色素作为食用色素是安全的，但对4-甲基咪唑作了限量的规定。中国国家食品安全风险评估中心也表示低含量焦糖色素不会危害健康。但焦糖色的安全性在国内外依然备受争议，尤其是国内。这可能与三方面原因有关：第一，在铵盐法生产焦糖色素过程中，4-甲基咪唑产生量与工厂生产条件密切相关，而我国目前焦糖色素的生产还存在一定量条件简陋、卫生条件差、片面追求低成本的个体小作坊；第二，目前我国现行的食品添加标准中对焦糖色素的要求是"按需使用"，因此公众很担心焦糖色素的滥用；第三，4-甲基咪唑含量在食品中标签上并未公示。

4. 铵盐的安全问题

酱油中的铵盐来源有两方面：首先，发酵过程中由于细菌污染导致蛋白质异常发酵，生成的氨基酸会继续降解或失去 CO_2 生成胺类或同时进行脱氨基和脱羧基反应，放出游离 NH_3 和 CO_2。这种过度发酵导致酱油中游离氨及铵盐增加，产生异臭味。其次，着色剂焦糖色素会带入一定量铵盐。再次，生产商违法添加。一些不法生产者为了提高酱油中氨基酸态氮和全氮的含量非法添加低成本的铵盐以达到酱油卫生指标。

有研究证实，体内过高的铵盐在一定条件下可影响人体尤其是儿童的肝、肾功能，增加患肿瘤的危险性，并可诱发心脏病。

5. 防腐剂的安全问题

酱油是一种低酸性食品，pH 值在 $4.7\sim4.9$，而水分活度在 $0.78\sim0.85$ 之间，因而易于滋生微生物导致腐败。为了防止酱油被微生物污染变质，酱油产品中添加一定量的防腐剂是必要的。目前酱油产品一般使用苯甲酸及其钠盐、山梨酸及其钾盐作防腐剂，最常用的是苯甲酸钠。

苯甲酸钠在人体内能与甘氨酸反应生成马尿酸随尿液排出体外，对人体毒性小。但是如果长期摄入过量添加了苯甲酸钠的酱油，容易消耗人体内的甘氨酸，干扰正常代谢，对健康不利。

6. 非食用物质的恶意添加

食盐在酱油中是必不可少的，它不但起着调味作用还能抑制微生物及寄生虫的繁殖作用。为此我国酱油的卫生标准中规定酱油中食盐的含量不得低于 15%，所用食盐必须符合 GB 2721—2003《食用盐卫生标准》规定。但个别不良商家出于降低成本的要求，会用价格低廉的工业盐替代食用盐，2012 年就曾曝出某品牌酱油使用工业盐事件。

工业盐中可能含有致癌性亚硝酸钠及有毒重金属等。

二、食醋

食醋是以粮食、果实、酒类等含有淀粉、糖类、酒精的原料，经微生物酿造而成的一种液体酸性调味品。食醋按工艺可分为酿造食醋和配制食醋。酿造食醋是单独或混合使用各种含有淀粉、糖的物料或酒精，经微生物发酵酿制而成的液体调味品。配制食醋是以酿造食醋为主体（酿造食醋的添加量不得少 50%），与冰乙酸（食品级）、食品添加剂等混合配制而成的调味品。

我国是食醋生产和消费主要国。据中国调味品协会估算，2010 年我食醋总产量 300 万吨，总销售值近 90 亿元。

食醋目前可能存在的安全问题主要有以下几方面。

1. 微生物污染问题

我国规定食醋生产的卫生及管理按《食醋厂卫生规范》执行，符合《食醋卫生标准》的产品方可出厂销售。

食醋生产中为防止微生物污染应从以下几方面做起。

（1）原料　生产食醋的粮食原料贮存过程中谨防霉变，应符合《粮食卫生标准》。

（2）发酵菌种　食醋生产用发酵菌种应定期筛选、纯化及鉴定。菌种的移接必须按无菌操作规范进行，种曲应贮藏于通风、干燥、低温、洁净的专用房间，以防霉变。

（3）生产　食醋因具一定的酸度（3%～5%），对不耐酸的细菌有一定的杀菌能力。但生产过程可污染醋虱和醋鳗菌，耐酸霉菌也可在醋中生长而形成霉膜，故食醋中可适当添加防腐剂。生产过程中如发现这类污染情况，可将醋加热至72℃并维持数分钟，然后过滤，即可去除。

2．掺假、伪劣和非食用物质的恶意添加

多项研究证实酿造食醋除具有调味功效以外，还兼有医疗与食疗效果，例如，助消化、增进食欲、解酒保肝、调节酸碱平衡等。配制食醋则由于口感欠佳、保健功效弱而不易被消费者接受，因而销路不畅，价格难以提升。个别生产厂家便使用配制食醋冒充酿造食醋，更有甚者用工业冰醋酸勾兑食醋。直接用冰醋酸配制或勾兑的醋除不含有芳香味物质之外，还可能含有对人体有害的 NO_3^- 或 SO_4^{2-}，或含有过多的砷、铅等重金属毒物。我国卫生部门禁止生产和销售此类醋。

另外，食醋具有一定的腐蚀性，不能贮于金属容器或不耐酸的塑料包装材料中，以免溶出有害物质而污染食醋。

三、味精

味精（谷氨酸钠）是以碳水化合物（淀粉、大米、糖蜜等糖质）为原料，经微生物（谷氨酸棒杆菌等）发酵、中和、结晶精制而成的具有特殊鲜味的白色结晶或粉末。味精是目前市场上常见的增鲜产品，能够促进食欲，适量食用时有益人体健康。

关于味精的安全性，美国FDA、美国医学协会、联合国粮农组织和世界卫生组织的食品添加剂联合专家组（JECFA）、欧盟委员会食品科学委员会（EFSA）都进行过评估和审查。JECFA和EFSA都认为对味精不必有安全性方面的担心，因此在食品中的使用"没有限制"。美国FDA的一份报告认可"有未知比例的人群可能对味精有所反应"，但整体上，他们赞同JECFA的结论。但这并不意味着味精可以无限制食用。动物实验表明，摄入味精能促使实验动物摄入更多食物，间接地导致肥胖。翟凤英等调查显示，中国成年居民味精消费与超重有一定的关系，味精日均消费量超过1g的人群超重和肥胖的比例为37%，而低于1g的为28%，每天摄入味精累计超过2.2g，超重风险显著增加。美国北卡罗来纳州立大学的研究人员对中国1万名成人的饮食习惯进行了5.5年的跟踪调查。结果显示，与每天摄入味精量少于0.5g的人相比，摄入超过5g的人，5.5年后超重或肥胖的概率比前者要高30%。这个可能和味精能增加食品的鲜味，增强人们食欲有关。

另外，婴幼儿不宜食用味精。科学研究表明，味精对婴幼儿，特别是几周以内的婴儿生长发育有严重影响。它能使婴幼儿血中的锌转变为谷氨酸锌随尿排出，造成体内缺锌，影响宝宝生长发育，并产生智力减退和厌食等不良后果。我国 GB 2760—2014《食品添加剂使用标准》明确规定味精不得用于婴幼儿配方食品和婴幼儿辅助食品。

第三节　酒类

酒类一般指饮料酒，即酒精度在0.5%vol以上的酒精饮料，包括各种发酵酒、蒸馏酒及配制酒（酒精度低于0.5%vol的无醇啤酒也属于饮料酒）。

酒类按制造方法分为酿造酒、蒸馏酒和配制酒。酿造酒是以粮谷、水果、乳类等为主要原料，经发酵或部分发酵酿制而成的饮料酒。蒸馏酒是以粮谷、薯类、水果、乳类等为主要原料，经发酵、蒸馏、勾兑而成的饮料酒。配制酒是以酿造酒、蒸馏酒或食用酒精为酒基，加入可食用或药食两用的辅料或食品添加剂，进行调配、混合或再加工制成的，已改变了其原酒基风格的饮料酒。

下面将按照酒的制造方法对酿造酒、蒸馏酒及配制酒的安全问题进行介绍。

一、酿造酒

酿造酒通常包括啤酒、葡萄酒、发酵型果酒、黄酒、发酵型奶酒和其他发酵酒。其中，啤酒是用麦芽、啤酒花、水和酵母发酵而产生的含酒精的饮品的总称。葡萄酒主要以新鲜的葡萄为原料酿制而成的。目前中国市场上的酿造酒主要是啤酒，其次是葡萄酒，其他酒种份额很小。据统计2013年，我国啤酒产量5061万吨，葡萄酒产量为117万吨。下面将主要针对啤酒生产中可能存在的安全性问题进行论述。

（一）酿酒粮食的安全问题

制曲、酿造用粮、稻壳等如果发霉或腐败变质，将严重影响酿造及制曲过程中有益菌的生长繁殖，并可能产生如黄曲霉毒素等有害物，影响酒的风味和品质。因此，应根据不同酒类要求，选用相应优质原料，不使用霉变、生虫等发生了腐败变质的原料。

（二）酿酒过程中的可能存在的安全问题

1. 双乙酰

双乙酰（IUPAC系统命名：2,3-丁二酮）又称丁二酮，是一种邻二酮。其分子式为$C_4H_6O_2$，沸点是88℃，外观为微绿黄色液体，稀溶液有奶油气味。双乙酰天然品存在于月桂油、香旱芹子油、欧白芷根油、树莓、草莓、奶油、酿造酒等中。啤酒中的双乙酰是酵母和细菌的代谢产物并最终影响成品发酵酒风味。它也是白酒香味成分之一。在啤酒酿造过程中，作为啤酒发酵过程中生成的副产物，双乙酰含量的高低是啤酒质量优劣的重要标志，可以据此确定啤酒的成熟度及优劣。但当啤酒中双乙酰及其前驱体（α-乙酰乳酸）的含量超过口味阈值（$0.1\mu g/g$）时，会导致啤酒产生馊饭味，不适于饮用。另外，酵母细胞还会将双乙酰还原成乙偶姻，致使啤酒出现苦味及霉味。

双乙酰急性毒性较低，大鼠经口LD_{50}为1580mg/kg，但如果在啤酒中的含量较高，表现出刺激性，可引起接触者恶心、头痛和呕吐。据《毒物化学研究》报道，过多摄入含双乙酰的食物，有可能会增大老年痴呆症的风险。研究发现，双乙酰的结构类似于淀粉样蛋白，而这种物质会扰乱神经细胞传递，脑中堆积淀粉样蛋白是老年痴呆症的病症之一。

2. 甲醛

目前在啤酒中被检出的醛类物质有50余种，但对啤酒影响最大的醛类物质是乙醛和甲醛。

正常生产中啤酒中甲醛的来源有两种情况。一是食品及其原料中广泛存在微量"甲醛"。据中国酿酒工业协会啤酒分会研究，啤酒中的微量甲醛是细胞代谢的正常产物，在肉类、家禽、鱼和水果等食品中，均含微量"甲醛"，其数值范围为0.5～30mg/kg。二是啤酒酿造过程中，甲醛作为加工助剂的残留。啤酒是一种稳定性不强的胶体溶液，它含有糊精、β-葡聚糖、蛋白质及其分解产物、多酚、酒花树脂及酵母微生物等，在生产和贮存过程中容易产生浑浊沉淀现象，影响产品外观。啤酒胶体浑浊物的主要成分是来自原料大麦的蛋白质及其分解产物如多肽等与多酚类物质结合产生的聚合物，而高分子蛋白质、高分子多肽也是构成啤酒风味、泡沫性能等方面不可缺少的物质，因此啤酒透明是相对的，浑浊是绝对的。研究证明，在啤酒非生物浑浊中，主要是多酚-蛋白质形成的浑浊。在浑浊物测定中，蛋白质和多肽占 45%～75%，多酚占 20%～35%，此外还有 α-葡聚糖和 β-葡聚糖、戊聚糖、甘露聚糖以及铁、锰等金属离子。因此降低多酚含量是提高啤酒生物稳定性的一个重要途径。在 20 世纪 60 年代初，用甲醛提高非生物稳定性作为一项科技攻关成果开始应用于国内啤酒酿造业。这种工艺通常是在啤酒生产的糖化阶段添加适量甲醛，使之与麦芽中的酰胺生成类似酰胺树脂的化合物，在后续工艺中被有效吸附去除，从而防止非生物浑浊形成，使啤酒澄清透亮，同时也不会对啤酒风味产生不良影响。而且，由于甲醛价格低廉，使用方便，延长保质期的效果明显，所以曾被众多啤酒厂家看好而普遍使用。但残留甲醛具有强毒性，因此，目前大部分厂家已转而使用甲醛替代品。我国自 2011 年版食品安全国家标准《食品添加剂使用标准》中就已经将甲醛从加工助剂中除去。食品安全国家标准 GB 2758—2012《发酵酒及其配制酒》也规定发酵啤酒中甲醛含量不得超过 2.0mg/L。但目前尚有个别生产厂家违规使用甲醛作为加工助剂。

甲醛的危害参见有关章节。

3. 乙醛类

乙醛是无色、易挥发并具有刺激性气味的液体，沸点为 20.8℃，并可溶于水、乙醇及乙醚。

啤酒发酵中，乙醛在主发酵前期大量形成而后很快下降。它对啤酒口味成熟度至关重要。优质啤酒的含量则在 1.5～2.5mg/L 范围内；当乙醛的含量超过 10mg/L 时，啤酒会有不成熟的生青味口感；乙醛的含量超过 25mg/L 时，啤酒会有强烈的刺激性和辛辣感；若乙醛含量超过 50mg/L，啤酒口感粗糙、苦涩，难以下咽。

另外，乙醛属微毒物质。它的刺激作用虽比甲醛弱，但对中枢神经的抑制作用比甲醛强。高浓度乙醛蒸气可引起麻醉作用，并出现头痛、嗜睡、神志不清、支气管炎、肺水肿、腹泻、蛋白尿等，低浓度乙醛蒸气可引起眼、鼻、上呼吸道的刺激以及支气管炎、皮肤过敏、皮炎等；长期低浓度接触，可引起慢性中毒，表现为体重减轻、贫血、谵妄、视听幻觉、智力丧失和精神障碍。

4. 杂醇油

杂醇油是碳原子数大于 2 的高级醇类的总称，包括正丙醇、异丁醇、异戊醇、活性戊醇等。啤酒发酵中生成的高级醇中以异戊醇的含量最高，约占高级醇总量的 50% 以上，其次为活性戊醇（2-甲基丁醇）、异丁醇和正丙醇，此外，还有色醇、酪醇、β-苯乙醇和糠醇等。杂醇油是由蛋白质、氨基酸和糖类分解而形成的，特别与氨基酸代谢密不可分，它也是构成酒中芳香气味的组成成分。生产过程有多种因素影响杂醇油的产量和其组成比。例如，酵母细胞数多、温度高或发酵过程染菌，均可促使杂醇油的生成量增加。

作为啤酒发酵的主要代谢副产物之一，杂醇油是构成啤酒风味的重要物质，这其中对啤酒风味影响较大的是异戊醇和 β-苯乙醇，它们与乙酸乙酯、乙酸异戊酯、乙酸苯乙酯等共同构成啤酒香味。适宜的杂醇油组成及含量，有助于啤酒的协调性和醇厚性口感的形成。但超量的杂醇油存在会给啤酒带来负面作用。例如，当啤酒中高级醇含量超过 120mg/L，特别是异戊醇含量超过 50mg/L，异丁醇含量超过 10mg/L 时，饮后就会出现"上头"现象。导致这种现象的主要原因是由于高级醇在人体内的代谢速度要比乙醇慢，对人体的刺激时间长。

5. 硫化物

酵母的生长和繁殖离不开硫元素。啤酒中的硫化物分为非挥发性硫化物和挥发性硫化物。前者占 94％，对啤酒风味影响较小，但它们却是啤酒中挥发性硫化物的来源；后者占 6％，对啤酒风味影响较大。存在于啤酒中的挥发性硫化物主要有硫化氢（H_2S）、二甲基硫（$CH_3—S—CH_3$，简称 DMS）、硫醇（$R—SH$）、二氧化硫（SO_2）以及某些硫代羰基化合物。其中硫化氢和二甲基硫对啤酒风味影响最大。

硫化物对啤酒风味的影响是双重的，即微量存在时，是构成啤酒风味某些特点的必要条件，过量则不利。如过量的硫化氢会带来生青味和臭味，硫醇含量高时会带来日光味。

另外，挥发性硫化物对啤酒口味产生的不利影响也可能是污染了耐热细菌所致，它们也形成同样的副产物。

因此啤酒生产工艺中会采用各种措施以控制硫化物的含量在适宜范围内。

6. 掺假、伪劣和非食用物质的恶意添加

在近代啤酒酿造技术中二氧化碳是必不可少的重要成分，啤酒中含有饱和溶解的二氧化碳。这些二氧化碳或是在发酵过程中产生的，或通过人工充入酒中。二氧化碳在啤酒中的作用包括三方面。首先，二氧化碳有利于啤酒的起泡性，啤酒中的二氧化碳直接决定着啤酒的起泡高度、泡沫附着力和泡持性。其次，二氧化碳能够赋予啤酒入口舒适的刺激感觉，即所谓杀口力。再则，二氧化碳可以掩盖啤酒口味上的一些缺陷并有利于防止酒的氧化和防止杂菌感染。因此，二氧化碳对啤酒独特口感的形成是必不可少的。但需要注意的是啤酒生产中二氧化碳的使用必须符合我国 GB 2760 标准规定，外加的二氧化碳如果是啤酒工业自己产生的二氧化碳回收或外购食品型二氧化碳是安全的、允许使用的。但却有个别生产商（尤其是小型扎啤生产销售者）使用价格低廉的工业二氧化碳充入啤酒中。工业二氧化碳的毒性在于它所含多种有害成分以及啤酒中二氧化碳浓度过大带来的健康危害。

二、蒸馏酒

蒸馏酒的制造过程一般包括原材料的粉碎、发酵、蒸馏及陈酿四个过程。这类酒因经过蒸馏提纯，故酒精含量较高

（一）酿酒粮食的安全问题

我国现行的 GB 2757《蒸馏酒及配制酒卫生标准》要求蒸馏酒原料污染物限量应符合 GB 2762 的规定，真菌毒素限量应符合 GB 2761 的规定。

（二）酿酒过程中的可能存在的安全问题

1. 甲醇

甲醇是有机物醇类中最简单的一元醇，最初是从木材干馏制取，故又称木酒精、木醇。甲醇无色，有微弱的酒精气味，可与水、乙醇任意混合，是一种常用的有机溶剂。

蒸馏酒中甲醇主要来源于以下两方面。

（1）酿酒原料及辅料的植物细胞壁和细胞质的果胶 果胶质是植物细胞壁的组成成分，其化学成分是半乳糖醛酸甲酯。半乳糖醛酸甲酯中含有甲氧基（—OCH$_3$），在酸、酶和加热的条件下，甲氧基还原可生成甲醇，反应式如下：

$$(RCOOCH_3)_n + H_2O \longrightarrow (RCOOH)_n + nCH_3OH$$

半乳糖醛酸甲酯　　　　　　　半乳糖醛酸　　　甲醇

酿酒原料中果胶物质的含量与原料的品种、部位、种植条件、地区、收割季节、贮存方式等均有关。如薯干中含果胶3.36%，薯蔓中含5.81%，马铃薯皮层含4.15%，马铃薯除皮外仅含0.58%，麸皮中含1.22%，谷糠中含1.07%。因此，原料中果胶含量高者，生产出的酒甲醇含量则高，如薯类生成甲醇为干物质的0.28%～0.36%，谷物则为0.01%～0.04%。所以，水果（特别是腐烂水果）、薯类、糠麸等原料酿制出的酒，甲醇较高，一般不宜作食用酒精，可作为工业酒精使用。

（2）酿造的生产各个环节在原料蒸煮过程中压力、温度越高，持续时间越长，甲醇生成越多；在糖化过程中，糖化剂中含有果胶酶，可使果胶变为甲醇；因不同菌种产生的酶系不同，成品酒中的甲醇含量也不同。

甲醇是一种有毒物质，可经呼吸道、胃肠道和皮肤吸收，其中少部分随呼气排出，而大部分被血液和组织吸收，并分布于全身。进入人体的甲醇被运送至肝脏中，在肝中甲醇被醇脱氢酶代谢为甲醛，然后生成甲酸。若大量摄入甲醇后，生成的甲醛或甲酸会损害视神经，严重的甚至会导致失明。误食甲醇或饮用含甲醇浓度较高的酒精时会造成急性甲醇中毒。误服5～10mL的甲醇即可导致严重中毒，15mL可致失明，30mL左右可致死。甲醇中毒潜伏期常为8～36h，若有饮酒史，则潜伏期可延长。甲醇有蓄积毒性，所以连续饮用或者吸入蒸气时则会产生蓄积作用。工业上就曾有长期接触甲醇而导致的慢性中毒。我国GB 2757—2012《蒸馏酒及其配制酒》规定以谷物为原料的蒸馏酒及其配制酒中甲醇含量不超过0.6g/L（按100%酒精度折算），其他原料则不超过2.0g/L（按100%酒精度折算）。

2. 杂醇油

杂醇油虽是白酒的重要香味成分之一，但含量过高不仅有损酒体风味而且会对人体产生毒害作用。杂醇油在人体内氧化速度很慢，所谓饮酒"上头"，就是杂醇油引起的头晕、头痛。杂醇油的毒性随着其相对分子质量的增加而加剧。例如，丙醇的毒性为乙醇的8.5倍，异丁醇为乙醇的8倍，异戊醇为乙醇的19倍。

3. 氰化物

酒精中的氰化物主要来自原料，含有氰苷的木薯或果核是氰化物的主要来源。而一般以谷物为原料生产的酒，氰化物含量极低。木薯类原料中含有苦杏仁苷（氰苷），苦杏仁苷经水解产生剧毒的氰化物。

氰化物可经由口服、吸入及被皮肤黏膜吸收到体内而引起中毒。氢氰酸大部分在原料蒸煮过程中，通过排气挥发驱除，但仍有少部分以结合态存在而残留在成品酒精中。因此以木薯为原料生产的酒精在生产过程中务必采取措施去除酒体中的氰化物。

我国GB 2757—2012《蒸馏酒及其配制酒》规定不超过8.0mg/L（按100%酒精度折算）。

4. 铅

酒中的铅全部来自镀锡的蒸馏器和贮酒容器。蒸馏酒在发酵过程中可产生少量的有机酸，如丙酸、丁酸、酒石酸和乳酸等，含有机酸的高温酒蒸气能使蒸馏器壁中的铅溶出。总酸含量高的酒，铅含量往往也高。故对酒中的铅含量必须严加限制。我国规定蒸馏酒及配制酒铅含量（以 Pb 计）应≤1mg/L。

5．锰

酒中不应含有锰。然而，在以高锰酸钾处理甲醛含量高的白酒或有铁浑浊白酒时，若不经重蒸馏常使酒体残留较高的锰。尽管锰属于人体必需微量元素，但是因其安全范围窄，长期过量摄入仍有可能引起健康安全问题。

6．塑化剂

参见第五章第二节。

（三）食品添加剂的安全问题

食品添加剂是为改善食品品质以及为防腐和加工工艺的需要而加入食品中的化学合成或者天然物质。食品添加剂的使用在符合《食品添加剂新品种管理办法》中的规定前提下，所用的食品添加剂还应当符合相应的产品质量标准。

目前我国有多种类型的蒸馏酒，它们相应的添加剂使用标准也有所不同。以白酒为例，除液态法和固液法白酒产品标准中允许使用 GB 2760 规定的食品添加剂外，其他标准中均规定产品中不得添加食用酒精和非白酒发酵产生的呈香、呈味物质，即不得外加食品添加剂。

目前白酒行业食品添加剂使用有不规范之处，其中较为突出的是甜味剂的滥用。美国、日本等发达国家经过膳食风险评估后，制定饮料酒中不同甜味剂允许添加限量。但在世界范围内对蒸馏酒类产品添加甜味剂安全性尚未定论，也未形成相关标准法规，因此，中国目前现行的食品安全国家标准 GB 2760《食品添加剂使用标准》未允许甜味剂使用于蒸馏酒中。但尚有部分企业在违反 GB 2760 及《食品添加剂新品种管理办法》的要求，在蒸馏酒中违规添加甜味剂，例如，糖精钠的滥用。

三、配制酒

配制酒主要有两种配制工艺：一种是在酒和酒之间进行勾兑配制；另一种是以酒与非酒精物质包括液体、固体和气体进行勾调配制，即以发酵酒、蒸馏酒或食用酒精为酒基，加入可食用的花、果、动植物或中草药，或以食品添加剂为呈色、呈香及呈味物质，采用浸泡、煮沸、复蒸等不同工艺加工而成的。中国有许多著名的配制酒，如虎骨酒、参茸酒、竹叶青等。

配制酒的安全问题主要来自于酒基。

第四节　非热力加工食品的安全性

为了更好地保存产品，一般在食品加工包装前或包装后要进行杀菌，其目的是杀死食品中所污染的致病菌、腐败菌，并破坏酶，使食品能长期保存。这其中热力杀菌技术是食品工业中普遍采用的杀菌技术。热力杀菌法是利用高温使微生物的蛋白质和酶变性或凝固，使其结构改变导致功能丧失，新陈代谢受到阻碍而死亡，从而达到灭菌的目的。热力杀菌包括巴氏杀菌、高温杀菌、超高温瞬时灭菌、微波杀菌和电阻加热杀菌等方法。这类杀菌方法相对来说比较成熟，易于控制因而更安全可靠。但它们也存在严重的缺陷，即食品受热后，常会发生物理或化学性质的变化，导致热敏性产品的色、香、味、功能性和营养成分有一定破坏作用，不但降低了产品的新鲜度，甚至还产生了蒸煮味，严重影响产品质量。近年来随着人们对食品的新鲜度、营养及安全品质等方面的要求越来越高，非热加工技术的研究开发逐渐成为食品科学研究的热点。

食品非热力杀菌（也称冷杀菌）是指食品在杀菌过程中不引起食品本身温度有较大增加的杀菌方法。与传统热力杀菌方法相比，这类杀菌方法是依靠电子射线能、压力能、电场能、磁场能等物理能形式作用于食品并达到杀菌的目的。目前，食品非热力杀菌方法有辐照杀菌、超高压杀菌、高压脉冲电场杀菌和电磁场杀菌等方法。这其中辐照杀菌、超高压杀菌技术已广泛地应用于食品的商业化生产中。

非热力杀菌最大的优点是在杀菌的同时能较好地保持食品的感官品质和营养品质，尤其是能较好地保留食品中的热敏性成分，如香气成分、维生素和其他非营养功能成分等。最近几十年，日本、欧洲、美国、中国、加拿大等国在食品非热力杀菌技术研究和应用方面发展很快，并已成为食品非热力加工技术领域研究和应用的主要推动者。

一、超高压食品

食品超高压杀菌，即将包装好的食品物料放入液体介质（通常是食用油、甘油、油与水的乳液）中，在 $100\sim1000MPa$ 压力下处理一段时间使之达到灭菌要求，同时能较好地保持食品的色、香、味和营养品质的一种物理杀菌方法。

（一）超高压杀菌的原理

1. 勒夏特列 （Le Chatelier） 原理

它是指系统的反应平衡总是朝着减小施加于系统外部作用力的方向进行。对超高压处理而言，目标之一是将食品体积减小，包括食品各组分的体积和结构的压缩。

2. 帕斯卡原理

指液体物料的压力能够瞬间均匀地传递到物料的各个部位，而与食品的体积、尺寸无关。

超高压处理能够压缩微生物的细胞膜，并使细胞膜破坏，导致细胞内的 DNA、酶、蛋白质等大分子物料产生压力变性而被压缩，生物物质的高分子立体结构中非共价键结合部分（氢键、离子键和疏水键等相互作用）发生变化，其结果是食品中的蛋白质呈凝固状变性，淀粉呈胶凝状糊化，酶失活，微生物死亡，或使之产生一些新物料改性和改变物料某些理化反应速度，故食品可长期保存而不变质。

（二）超高压杀菌食品的特点

与热力灭菌处理的食品相比，超高压食品处理技术具有下列明显优点。

1. 营养成分受影响小、淀粉无回生现象

高压处理只有物理变化，没有化学变化，不会产生副作用，营养价值不受或很少受影响，因此对食品中维生素等营养成分和风味物质没有任何影响，最大限度地保持了其原有的营养成分，并容易被人体消化吸收。

热力杀菌时淀粉糊化后在保存期内会慢慢失水，发生 α 淀粉 β 化现象，即淀粉回生或称淀粉老化。超高压处理后食品中的淀粉属于压致糊化，不存在热致糊化后的回生现象。

2．能较好地保持食品的原有色、香、味，并可产生新的组织结构

超高压处理的范围只对生物高分子物质立体结构中非共价键结合产生影响，由于超高压不会使食品的共价原子键破裂，因而超高压过程对食品中的风味物质、维生素、色素及各种小分子物质的天然结构几乎没有影响。例如，超高压生产草莓果酱时可保持原果的特有风味，不仅不影响果酱营养价值和感官质量，而且能避免苦味物质的生成，从而使果汁具有原果风味、色泽及营养。在柑橘类果汁的生产中，加压不仅可以避免加热异味产生，同时还可抑制榨汁后味。

3．工艺较简单，污染少

超高压处理过程是一个纯物理过程，瞬间压缩，作用均匀，操作安全，耗能低，有利于生态环境的保护和可持续发展战略的推进。该过程从原料到产品的生产周期短，生产工艺简洁，污染机会相对减少。

（三）超高压杀菌食品安全性

1．微生物及酶的残存问题

超高压技术尽管对微生物有杀灭作用，使酶失活，但对 pH 值高的食品来说，容易导致芽孢菌的残存。因为一些产芽孢的细菌，需在 70℃ 以上加压到 600MPa 或加压到 1000MPa 以上才能杀死。另外，酶因其分子量和分子结构不同，超高压下活性变化也不一样。若允许残存酶时，为防止流通中质量下降需采用低温流通的方法。因此，必须进一步研究超高压技术对微生物、酶的作用机理，并相应调整超高压灭菌技术。

2．色泽及气味变化

有些食品可通过热加工处理达到理想风味，如美拉德反应产生的香气，而超高压技术则很难达到这种效果。

另外，超高压食品的风味和色泽在贮藏过程中要受光、氧气和温度等条件的影响，而且比新鲜状态更易变化。因此，必须研究合适的包装材料贮藏及运输条件等问题。

3．超高压加工设备问题

超高压处理法需要加压装置，但目前这种设备价格较贵，且属于间歇式加工，工作容量也比较小，所以在应用范围和规模上受到一定限制。

4．农药残留问题

传统热力杀菌产品在加热杀菌的同时可使部分残存的农药因热分解及挥发作用而得以消除，从而降低了农药在产品中的残留，而高压杀菌处理一般情况下并不能去除农药的残留成分，所以，原料在进行超高压处理前清洗掉残留的农药是非常必要的。

5．其他方面存在的问题

超高压杀菌是利用帕斯卡定律对食品主成分水压缩而达到杀菌目的的，因此它并不适用于干燥食品、粉状或粒状食品以及像香肠一样两端扎结的食品。

另外，日本学者高桥曾指出：采用超高压技术对果汁进行杀菌，果汁浓度越高，加压杀菌的效果越差。所以对浓缩果汁加压杀菌效果不够理想。

二、辐照食品

20 世纪 70 年代，辐照食品的卫生安全性得到国际权威机构的确认。目前，全世界已有

42个国家和地区批准辐照农产品和食品240多种，年市场销售辐照食品的总量达到40多万吨。我国也在2001年制定的《食品辐照通用技术要求》，为辐照食品的规范生产确立了总体标准。截至2010年，据《科学时报》报道，我国辐照食品总量已经达20万吨以上，约占世界辐照食品的一半。

食品辐照是利用电离辐射在食品中产生的辐射化学与辐射生物学效应而达到抑制发芽、延迟或促进成熟、杀虫、杀菌、防腐或灭菌等目的的辐照过程。

辐照食品是为了达到某种实用目的按辐照工艺规范规定的要求经过一定剂量电离辐射辐照过的食品。

（一）食品辐照的特点

1. 对食品品质的不良影响较小

与传统的加工保藏技术（如加热杀菌）相比，辐照处理属于非热作用，可以在常温、低温甚至冷冻下进行。辐照处理过程食品内部温度一般不会变化或增加很小，故有"冷杀菌"之称。据测定，用γ射线2kGy剂量辐照食品，食品内部温度最高上升0.5℃，即使用高达250kGy剂量处理食品，温度最高也只上升6℃。因此，经适当辐照处理的食品可保持原有色、香、味和质构，有利于保证食品的质量，有的甚至可提高食品的工艺质量。例如，辐照白兰地酒可以加速酒的陈化，减轻辣喉感，提高酒的醇香度；蚕茧辐照杀蛹后，可提高蚕丝的强韧度和解舒率；牛肉经辐射后更滑嫩可口；大豆制品辐照后更易消化吸收等。

2. 无化学残留

传统的化学防腐保藏技术面临着化学残留及污染问题，而辐照是一个物理加工过程，其过程可以进行精确控制，无须添加化学物质，因此也不会产生化学残留物。

3. 能耗小

与热处理、干燥和冷冻保藏相比，辐照食品能耗降低。

（二）辐照食品的安全性

1. 感生放射性污染问题

一种元素若在电离辐射下，辐射能量将传递给元素中的一些原子核，在一定条件下会造成激发反应，引起这些原子核的不稳定，由此而发射出中子并产生γ辐射，这种电离辐射使物质产生放射性（是由电离辐射诱发出来的），称为感生放射性或者诱导放射性。有关辐射研究表明，辐射能级达到一定的阈值后，会使被照射物质产生感生放射性。试验证明，5MeV的γ射线或10MeV电子束辐照是促使被辐照物质产生感生射线能的能量阈值。研究也显示，碎牛肉或牛肉碎屑经7.5MeV电子产生的X射线照射后，虽能检测到感生放射性，但其能值却远低于食物的天然放射性，相应的辐射剂量也比环境中的辐射量要低几个数量级。因此，即使食物经能量高达7.5MeV电子产生的X射线照射后，对人类来说食用风险也是极低。国际原子能机构的研究也显示，如以平均剂量低于60kGy的^{60}Co或^{137}Csγ射线、10MeV的电子束或能量低于5MeV电子束产生的X射线照射食物，人类食用这些辐照食物，所引起的本底辐射量上升幅度很微小，其数值接近于零。

按我国《食品辐照通用技术要求》，目前应用于食品辐照的放射源有三种：一是^{60}Co、^{137}Cs等放射性核素产生的γ射线（^{60}Co射线的能量为1.17MeV或1.33MeV，^{137}Cs射线能量为 0.66MeV）；二是加速器产生的 5MeV 或 5MeV 以下的 X 射线；三是加速器产生的 10MeV 或 10MeV 以下的电子束。它们所放出的射线能量均在产生感生射线能的能量阈值以下。

食品法典委员会根据世界卫生组织、联合国粮食及农业组织和国际原子能机构的实验结果，制定食物的最高辐射吸收剂量不得超过 10kGy，并把机械源产生的 X 射线和电子的最高能量水平分别定为 5MeV 和 10MeV，订出这个限量水平的原因之一是避免辐照食物产生感生放射性。

因此，目前所允许的辐照源，若规范使用，不足以诱发放射性，所以在推荐剂量范围内处理食品，辐照安全性有充分保障。

2. 辐射食品的微生物学安全性

辐照通过直接或间接作用引起生物体 DNA、RNA、蛋白质、脂类等有机分子中化学键的断裂、蛋白质与 DNA 分子交联、DNA 序列中的碱基的改变，可以抑制或杀灭细菌、病毒、真菌、寄生虫，从而使食品免受或减少导致腐败和变质的各种因素的影响，延长食品贮藏时间。在辐照的具体实施过程中，可以选择不同的剂量达到不同的目的。在不严重影响食品营养元素损失的前提下，选择合适的辐射剂量可有效控制生物性因素对食品安全造成的危害。但是，以辐照方法处理食物的微生物存在一定的隐患，即可能会由此产生耐辐射的菌种突变体。有研究者担心一些病原微生物或病毒可能会因辐照受伤而变异，从而产生毒性更强的病原体。尽管现有的研究尚未发现有这种情况，但这种可能性是存在的。已有实验证明，在完全杀菌剂量以下，微生物出现耐放射性，而且反复照射，其耐性成倍增高。随着非杀灭性辐照的广泛应用，会诱变出新的抗性菌株，抗性菌株的抗性基因可能通过质粒和转座子进行横向转移，进入其他微生物而导致致病菌株产生抗性。微生物的这种变化，可能会带来新的有害物质，造成新的危害。这方面的结论还有待研究确认。

3. 辐射食品的毒理学评价

食品接受辐照后，可以产生辐照产物，其中包括一些有毒物质如醛类。为了更好地评价辐照食品的安全性，应做毒理学评价，从辐照食品问世起，许多国家都开展了辐照食品的毒理学实验。大量的动物实验和人体实验结果都证实了经 10kGy 以下剂量辐照的食品是安全的，不存在毒理性问题。联合国粮农组织（FAO）、国际原子能机构（IAEA）、世界卫生组织（WHO）共同组成的国际食品辐照卫生安全评价联合专家委员会（JECFI），根据长期的毒理学研究结果，于 1980 年在日内瓦正式宣告：用 10kGy 以下剂量处理的任何食品，不会产生毒理学上的问题，不需要对经过该剂量辐照处理的食品再做毒理实验，在微生物学和营养学上都不存在问题。1997 年，世界卫生组织高剂量辐照食品专家研究小组也得出结论：在当前技术所能达到的剂量范围内的辐照食品都是安全的，不存在毒理学、营养学和微生物学问题，甚至高达 75kGy 的辐照食品也可以放心食用。这两个文件对辐照食品的安全性给出了权威性的说明。我国也曾进行过人体食用辐照食品的试验。最终试验结果发现，食用辐照食品对人体未产生任何有害的影响。但长期食用辐照食品对人体尤其是对婴儿健康的影响并未曾进行过。也有辐照食品的反对者指出，现有的人体实验中，最长的实验时间是 15 周，这并不能证明长期食用辐照食品对人体尤其是对婴儿的健康没有不良影响。因此，关于辐照食品的安全性问题尚需进一步研究。

4. 辐照食品管理问题

目前，我国辐照食品在生产加工过程中存在诸多问题，主要有以下几方面：一是监管部门管理不到位，相关法规标准未得到很好落实，甚至违法辐照现象比较突出。部分企业盲目追求灭菌或保鲜效果，随意加大辐照剂量，大大超过限定标准。由于缺乏强制性标准，且辐照具有良好的灭菌效果，很多企业甚至放松了对中间过程的卫生控制，以超剂量的辐照完成最终的灭菌过程。二是生产商对食品作辐照处理后，忽视对标识的要求，不按规定进行标识。我国 GB 7718—2011《预包装食品标签通则》规定：经电离辐射线或电离能量处理过的食品，应在食品名称附近标示"辐照食品"；经电离辐射线或电离能量处理过的任何配料，应在配料表中标明。但是，目前在我国市场上很难看到有标识的辐照食品，很少有企业主动在经辐照处理的食品包装上加贴辐照食品标识。陈彦长、罗祎曾对市场上三大类可能辐照食品（方便食品类、香辛料类、干制食用菌类）进行调查。结果显示，360 项送检样品中，70 项样品经过辐照，但基本都没有辐照食品的标识，只有两种品牌的方便面在外包装上标注了"本产品脱水菜香辛料采用国际惯用辐照杀菌技术处理"。由此可见，我国辐照食品企业对辐照食品的标识使用并没有按照国家管理办法的要求执行，这也可能与我国消费者接受程度有关。另外，近年来我国因辐照不符合输入国标准要求而遭退货并造成不良影响的事件频见报道。四是辐照食品缺乏在大众媒体上的宣传，其公众接受性较差。消费者对辐照食品普遍存在恐惧心理。

第五节 其他加工食品的安全性

一、肉制品

肉制品以禽畜肉或其可食副产品等为主要原料，添加或不添加辅料，经腌、腊、卤、酱、蒸、煮、熏、烤、烘焙、干燥、油炸、成型、发酵、调制等有关工艺加工而成的生或熟的肉类制品。按加工工艺的不同，肉制品可分为腌腊肉制品、酱卤肉制品、熏烧焙烤肉制品、干肉制品、油炸肉制品、肠类肉制品、火腿肉制品、调制肉制品和其他类肉制品。

（一）肉的自溶和腐败变质

肉类食品从屠宰后开始，从新鲜到腐败变质一般要经过僵直、后熟、自溶、腐败四个阶段的变化。

1. 肉的僵直

畜禽屠宰后，由于肌肉中肌凝蛋白凝固、肌纤维硬化所产生的肌肉僵硬挺直的过程称为肉的僵直。

新屠宰过鲜肉呈弱碱性（pH 值为 7.0～7.4）。此后，肌肉中的糖原和含磷有机化合物在组织酶的作用下分解为乳酸和游离磷酸，肉品的酸度也随之逐渐增高。当 pH 值达到 5.4 左右时，即达到肌凝蛋白等电点，肌凝蛋白开始凝固，肌细胞硬化导致肉制品变得僵直。这一阶段的畜禽肉虽然新鲜可食但感官品质欠佳，表现为口感发柴，风味寡淡，汤汁浑浊。

2. 肉的后熟

僵直后的肉品在内糖原分解酶继续活动，糖原减少，乳酸增加，pH 值进一步下降，肌肉结缔组织逐渐变软多汁并具有一定弹性，这一过程称后熟，俗称排酸。

肉制品后熟过程与畜肉中温度、糖原含量有关。温度越高，成熟越快，温度在 4℃时，通常宰后经 1～3d 可完成后熟过程。疲劳牲畜肌肉中糖原减少，其后熟过程相应延长。后熟后的肉制品最适宜食用：首先，此阶段肉制品制作时会变得松软多汁，味道鲜香；其次，后熟肉中的乳酸具有一定的杀菌作用，如患口蹄疫病畜肉通过后熟产酸可达到无害化处理；另外，后熟肉表面有一层硬膜，也具有阻止微生物侵入内部的作用。

后熟后的肉品若保藏不当会发生自溶进而腐败变质影响到食用功能。

3. 肉的自溶

肉的自溶是指肌肉在内源性酶的作用下，出现肌肉松弛、色泽发暗、变褐、弹性降低、气味和滋味变劣的现象。

宰后肉制品如未经冷却即行冷藏，或相互堆叠无散热条件，使肉长时间保持较高温度，即使组织深部没有细菌存在，也会引起组织自体的分解。这是由于肉品长时间保持较高温度时，组织蛋白酶活性增高而发生的组织蛋白强烈分解现象。一般内脏肉组织更易发生自溶。这是由于内脏中组织酶丰富，其组织结构也适合于酶类活动，故内脏比肌肉类更易发生自溶。

肉的自溶特征是：①具有强烈的酸臭气味且硫化氢呈阳性反应，此时，肉品除产生多种氨基酸外，还释放出硫化氢和硫醇等不良气味的挥发性物质；②肌肉组织暗淡无光，呈红褐色、灰绿色或绿色，肉品释放的硫化物与肌红蛋白结合生成硫化肌红蛋白，使肌肉出现暗绿色斑；③肌肉弹性减退，指压痕恢复缓慢，有时不能完全恢复；④氨反应为阴性，自溶阶段一般没有氨或氨的含量极微。

因此，禽畜屠宰后应及时挂晾降温或冷藏；在进行肉制品加工时，加工前不能堆放。自溶肉相当于次新鲜肉，若发现肉有自溶现象后，应马上处理。肉品自溶程度较轻时，可将肉品切成小块，放在通风好的地方，散发不良气味，除去变色部位，可供食用；若自溶程度重，除采取上述措施外，应经高温处理后才可食用。

自溶为细菌的侵入、繁殖创造了条件，容易导致肉的腐败。

4. 肉的腐败

发生自溶的肉在腐败菌和组织酶的作用下蛋白质的分解进一步进行，可生成胺、氨、硫化氢、酚、吲哚、粪嗅素、硫化醇，即为蛋白质的腐败；同时，脂肪的酸败和糖的酵解也引起肌肉组织的破坏和色泽变化。腐败肉的特征是：①肉表面发枯，肉质软糜或变得脆弱；②肉组织和脂肪变色，由于微生物的种类不同，腐败肉所呈现的颜色各异，最常见的是变绿；③异味，最常见的是腐败的恶臭，还可见于酸臭味、苦味道和其他不愉快的难闻气味；④霉菌在肉上生长形成霉斑；⑤腐败肉煮沸后的肉汤污浊，有酸败气味，肉汤表面几乎无脂肪滴。

肉类腐败变质主要由微生物引起，其原因如下：①健康牲畜在屠宰、加工、运输、销售等环节中被微生物污染；②病畜宰前就有细菌侵入，并蔓延至全身各组织；③牲畜因疲劳过度，宰后肉的后熟力不强，产酸少，难以抑制细菌生长繁殖，易导致肉的腐败变质。

引起肉类腐败变质的细菌有多种，最初在需氧条件下皮层出现各种球菌，以后为大肠埃希菌、普通变形菌、化脓性球菌、兼性厌氧菌（如产气夹膜杆菌、产气芽孢杆菌），最后是厌氧菌。因此，根据菌相的变化，可确定肉类腐败变质的阶段。

（二）人禽畜共患传染病

禽畜的疾病很多，其中有很多疾病对人有传染性，这类疾病称为人禽畜共患传染病，如炭疽、布鲁菌病、口蹄疫以及近年来发生的禽流感等（参见第二章）。人畜共患传染病是最严重的食源性疾病，因此，应做好畜禽屠宰前后的检疫与检查工作，剔除患病畜禽，对食物彻底加热等。

（三）常见人畜寄生虫病

人畜寄生虫病指在脊椎动物与人之间自然传播的寄生虫病。动物的寄生虫病，有些可通过肉品传染给人，有些不通过肉品而通过其他途径感染人，还有的虽不感染人，但可感染其他动物，因而造成经济损失。

常见人畜共患寄生虫病包括囊虫病、华支睾吸虫病、弓形虫病、旋毛虫病、蛔虫病等（参见第二章第四节）。

（四）细菌污染

肉制品在生产、加工中因灭菌不彻底，往往会引起厌氧菌的繁殖，同时在保藏、运输和销售中也很容易污染致病菌，可造成食物中毒（参见第二章第一节）。肉类食品是引起细菌性食物中毒最多的食品。

（五）添加剂的滥用问题

食品添加剂是伴随现代食品加工技术发展而兴起的行业。添加剂的使用给食品行业的发展带来巨大的变化，在改善食品感官性能、降低加工成本和延长货架期等方面，起到了很大的作用。但食品添加剂使用不当，会危害人体健康。GB 2760 对食品添加剂的使用范围和添加量做出了严格的规定（参见第四章第二节相关内容）。

（六）掺伪、掺假和非食用物质的恶意添加问题

肉制品常见的掺假问题为注水肉，它是指在宰前向猪、牛、羊、鸡、鸭、鹅等动物活体内，或屠宰加工过程中向屠体及肌肉内注水所得到的肉。注入肉体的水有自来水、屠宰场血水、食盐水、明矾水、漂白粉水等，更有甚者往肉中注入卤水。

我国食品卫生法规定："禁止生产经营下列食品……掺假、掺杂、伪造、影响营养卫生的"。

近年来非食用物质的恶意添加问题屡见报道，这其中肉制品表现最为突出。这里既有食品产业监管的问题也有肉制品自身特点的原因。肉制品产品种类繁多，加工工艺复杂，需要添加的辅材较多，产品与原料在各方面相差较大，并且肉制品价格高于其他类型食品，非食用物质的恶意添加能给加工者带来更高的利润。例如"三腺肉"问题。早在 1959 年由农业部、卫生部、对外贸易部、商业部联合颁发的《肉品卫生检验试行规程》中就强调，在家畜屠宰加工过程中必须摘除甲状腺、肾上腺、病变淋巴腺，以保障人身健康和防止畜禽疫病的传播；现行的农业部制定的《生猪屠宰检疫规程》和商务部制定的《生猪屠宰产品品质检验规程》也都明令指出在家畜屠宰检疫时，必须摘除甲状腺、肾上腺、病变淋巴腺这"三腺"。但由于屠宰过程不规范，使少量"三腺"未被剔除干净混入市场或被一些不良商家低价收购，剁成肉末出售。一旦误食，便可能造成食物中毒。

肉制品还容易出现安全问题的是兽药残留、激素残留、农药残留等问题，具体可参见有关章节。因此应充分重视肉及肉制品的安全问题。

二、乳制品

乳制品是以生鲜牛（羊）乳及其制品为主要原料，经加工制成的产品，包括液体乳类

（杀菌乳、灭菌乳、酸牛乳、配方乳）、乳粉类（全脂乳粉、脱脂乳粉、调味乳粉、婴幼儿配方乳粉）、炼乳类、乳脂肪类（奶油）、干酪类等。

近年来中国乳源性事件也频有发生。影响乳品安全的有害物质包括微生物、化学物质（主要是农药、兽药、重金属等）等。有害物质可能来源于乳牛的饲养过程、鲜乳生产过程以及乳制品生产过程。

（一）乳的腐败变质

鲜乳中含有多种抑菌或杀菌物质，如乳烃素、溶菌酶等，可使鲜乳保持一定的新鲜度并延缓乳的变质。鲜乳的抑菌作用的时间与乳中存在的细菌数和存放的温度有关，具体参见表6-1。

表6-1　鲜乳温度对保鲜时间的影响

乳温/℃	抑菌特性作用时间/h	乳温/℃	抑菌特性作用时间/h
37	<2	5	<36
30	<3	0	<48
25	<6	−10	<240
10	<24	−25	<720

注：资料来源于《奶牛健康高效养殖》，王杏龙。

但乳及乳制品由于含丰富的营养成分并且有一定的水分，也非常适合微生物生长繁殖。鲜乳的腐败变质主要是由细菌引起的。导致鲜乳的细菌污染的原因有多种。每克土壤或牛粪中存在的细菌数通常为100万～1000万个，挤奶时若加垫草或喂粗饲料时，则空气中的尘埃增加，鲜乳中的尘埃及细菌也相应增加。细菌进入鲜乳后，在乳中繁殖并分解乳糖，产生乳酸，使酸度上升。当酸度达到蛋白质的等电点（乳球蛋白及清蛋白的 $pI=5.19$，酪蛋白的 $pI=4.7$）时，乳中蛋白质开始凝固，并有明显的酸味。变质乳也可因营养成分被分解而产生恶臭味，如蛋白质分解后，可产生吲哚、硫醇、粪臭素和硫化氢等。

（二）致病菌对乳制品的污染

乳制品的致病菌主要指人畜共患传染病（如结核、布鲁菌病、炭疽、口蹄疫等）的病原体。这些病原体可通过乳腺排出，使鲜乳受到污染。此外，在挤奶时和挤奶后到食用前的各个环节中，乳制品也可能被致病菌等污染。若人们经常饮用这种没有经过卫生处理的乳制品会被感染患病。致病菌产生的毒素，也容易导致食物中毒或其他食源性疾病。

（三）农药残留

农药残留是影响乳品质量安全的主要因素之一。

在食物营养链中乳制品处于较高级层次，所以乳制品含有的农药残留量相对较高。国内外毒理学专家经过大量的试验研究证明，牛奶中农药残留污染对人体健康的危害属于长时期、微剂量、慢性细微毒性效应。因此应对乳制品中农药残留予以重视。

（四）兽药残留或使用禁用兽药

兽药残留对人体健康有较大危害作用，主要表现为变态反应、过敏反应、细菌耐药性、致畸作用和致癌作用等。

1. 抗生素残留

对于乳品来说，主要问题之一就是抗生素残留。首先，这与奶牛这种大型经济家畜的病理特点、生产特性、产品特性有关。奶牛的常见感染性疾病主要有乳房炎、子宫炎、气管炎、肺炎、细菌性胃肠炎（包括创伤性网胃炎）、肾炎、蜂窝组织炎、腱鞘炎、蹄病及创伤感染等等。这些都是必须用抗生素治疗的疾病，而且发病率和抗生素治疗率均很高。其次，在我国，奶牛仍以农、牧民个体养殖为主，奶牛饲养管理技术水平较低，使得奶牛乳房炎和其他感染性疾病都显著高于发达国家。最后，监管不力也对部分超抗奶流入市场起推波助澜的作用。

2. 激素残留

激素残留超标是乳制品使用兽药产生的另一严重问题。乳制品激素包括内源性和外源性激素两种，前者指奶牛本身产生的雌激素，后者是应用于奶牛生产的激素。这些激素可被人体吸收，是环境雌激素的一种。环境雌激素可通过食物链或直接接触等途径进入体内，模拟内源性激素或拮抗正常的内源性激素，干扰内分泌功能，主要表现为雌激素样作用。有研究证实，近20年来青少年性发育异常、人类精子数量减少及生殖系统肿瘤发病率的升高等问题都与环境激素或动物性食物摄取量有关。因此，为减少乳源性激素对食品的污染及进而对人体造成的危害，应加强乳制品市场的监督。

由于目前我国奶牛的饲养主要以小规模、分散型的农户饲养为主，奶源质量控制难度较大，尤其在激素使用方面，在规范使用兽药和严格执行停药期规定等方面监控较难。这直接导致乳制品市场原奶良莠不齐，生产的乳制品激素含量范围变化也较大。

（五）掺伪、掺假和非食用物质的恶意添加

为提高经济效益，个别生产商使用复原乳粉冒充鲜乳销售，再添加香精、色素、防腐剂等食品添加剂后生产调味乳，但其包装标识上仍注明原料为鲜乳。有的企业为了降低生产成本，使用即将过保质期或已过期乳粉生产"回锅乳"。

在添加剂的使用上也有个别企业未能严格把关，甚至滥用添加剂。例如，中央电视台2004年5月25日报道披露，食品添加剂市场销售的蛋白质粉，绝大多数为水解蛋白，有的甚至是制革过程中的下脚料。

另外，一些乳品收购商或奶牛户受利益驱动对原料乳进行掺伪、掺假。由于我国目前原料乳掺假的现场检测箱制度尚不健全，无法对一些掺伪、掺假行为产生有效的监督与管理。

尤其要指出的是，有个别厂商为降低原料奶用量，采用添加过多的糊精、乳清粉、棕榈油、色拉油甚至劣质水解蛋白的方法，如前所述的三聚氰胺奶粉和阜阳劣质奶粉事件。这些物质不但起不到牛乳的营养作用，某些物质甚至具有毒副作用，危害人体健康。

（六）过敏问题

乳制品也是较易引起过敏（尤其是婴幼儿）的食物之一。婴儿及儿童的牛乳过敏发生率为2%～6%，成人的发生率则较小，为0.1%～0.5%。这是由于婴儿免疫系统相对未发育成熟，易受环境过敏原的影响。牛奶中含有抗原蛋白成分，当这些蛋白质进入未发育成熟的新生儿胃肠时，就会产生抗原抗体的结合，引起过敏反应。理论上，绝大多数的牛乳蛋白都具有潜在的致敏性，但目前普遍认为酪蛋白、β-乳球蛋白（β-LG）及α-乳白蛋白（α-LA）是主要的过敏原，而牛血清白蛋白（BSA）、免疫球蛋白（LGS）及乳铁蛋白（Lf）是次要过敏原。乳制品蛋白质过敏症状，主要表现为恶心、呕吐、腹痛、腹泻等与食物摄入相关联的胃肠道症状。降低乳品过敏风险的方法可从三方面考虑：第一，优选经过特殊处理的乳品

原料；第二，利用水解法获得低敏乳源蛋白；第三，对乳品进行发酵处理。

（七）乳糖不耐症

乳糖在人乳及牛乳中的平均含量分别为 7.0% 和 4.8%，是人体尤其是婴幼儿的重要营养源。乳糖进入人体后在乳糖酶的催化下被水解成葡萄糖和半乳糖进而被吸收利用。但是在亚洲和非洲人群中，特别是我国成人中约有 55.1% 的人体内乳糖酶较为缺乏，这将导致进入人体消化系统的乳糖因不能及时吸收而在大肠中积累，成为肠道微生物的异质性发酵基质，结果引起腹泻、腹胀、腹部疼痛和肠胃胀气等不适症状，这种现象被称为乳糖不耐症。乳糖不耐症解决方法有以下几条途径：婴儿可用无乳糖的乳制品；幼儿可选用发酵型乳制品（其中的乳糖已被乳酸菌转变为乳酸）；成人则应避免空腹时大量饮用牛乳，也可先进食一定量其他食物，降低乳糖在肠道中的相对浓度，使细菌分解缓慢进行，分解产物逐渐被吸收。

三、水产品

水产品是指所有适合人类食用的淡、海水水生动植物及两栖类动物以及以其为特征组分制成的食品。我国水产品安全性问题主要有以下几个方面。

（一）腐败变质

与其他肉类相比，鱼类营养价值丰富，含有较多的水分和蛋白质，易受微生物污染，且自身组织酶的活性高，更易发生腐败变质。

（二）食品污染

水产养殖环境的内、外源污染加剧使得水产品体内含有较多的重金属，同时还会受到农药、微生物以及寄生虫的污染。

1. 重金属污染

水体中重金属可在水产品中累积，例如，布多曾报道浮游生物富集重金属的量是水体的 7.3 万倍，小鱼则增长到 14.3 万倍，大鱼是小鱼的 858 万倍，到达人体后就变成 1000 万倍。这些重金属累积到一定程度，就会影响鱼体的正常生长，甚至致其死亡。

2. 微生物污染

水产品中常见的致病微生物有副溶血弧菌、沙门氏菌、志贺氏菌、大肠杆菌、霍乱弧菌以及肠道病毒等。它们不仅会引起水产品的腐败变质而导致其食用品质下降甚至完全丧失，更严重的是很可能引起食物中毒事件。

3. 农药污染

水产品还可能受到有机磷、有机氯等农药以及氯霉素、硝基呋喃等鱼药的污染，淡水鱼受污染程度通常高于海水鱼。此外，寄生虫在鱼体内也极为常见，我国常见的鱼类寄生虫有华支睾吸虫、肺吸虫等。当人生食含有感染性幼虫的鱼类及其水产品时，寄生虫可感染人类。

（三）天然毒素

许多水产品含有天然毒素，如几乎全身都含有毒素的河豚，肝脏含有毒素的鲨鱼、旗鱼、鳕鱼等，被人误食后能引起食物中毒（参见第二章）。

四、谷物制品

谷物主要指禾本科植物谷类作物的种子，包括大米、小麦、燕麦、大麦、玉米等。谷类制品是指以谷物为主要原料，加工制成的食品。谷类蛋白质含量总体不高，一般在 7.5%～15%之间，所含必需氨基酸不够完全，一般容易缺乏赖氨酸。但谷类食品糖类含量丰富，是人体最理想、最经济的热能来源，另外，谷类还是 B 族维生素的重要来源。

谷物制品的安全性问题一方面源自原粮，另一方面源自制品的加工过程。谷物制品的安全问题有以下几方面。

（一）霉菌与霉菌毒素的污染

谷物中富含蛋白质、脂肪、矿物质及维生素等营养成分，这些丰富的营养物质为粮食中微生物的生长、繁殖提供了物质基础。粮食中存在的微生物主要有细菌、酵母菌和霉菌三大类群。就危害粮食的严重程度而言，以霉菌最为突出，细菌次之，酵母较为轻微。据联合国粮农组织资料显示，世界上每年约有 25%的谷物受到霉菌毒素不同程度的污染。在我国，污染谷类及其制品的霉菌毒素主要是黄曲霉毒素和镰刀菌毒素，其次是赭曲霉毒素 A 和杂色曲霉毒素。

1. 黄曲霉毒素

该毒素主要由黄曲霉和寄生曲霉产生。目前已鉴定的黄曲霉毒素有 20 余种，其中以黄曲霉毒素 B_1 的毒性最大，它具有很强的毒性和致癌性。在我国长江沿岸及其以南的高温、高湿地区，粮食受黄曲霉毒素 B_1 污染较为普遍，随着纬度增加，黄曲霉毒素 B_1 的污染逐渐减少。黄曲霉毒素主要污染玉米和花生。在进口粮食中，黄曲霉毒素 B_1 的污染情况也较为严重，尤其是玉米、花生。

近年来由于普遍重视粮食的存贮条件，黄曲霉毒素的污染率和污染程度有所下降。

2. 镰刀菌毒素

镰刀属的禾谷镰刀菌、串珠镰刀菌等是粮食类作物的常见病原菌。镰刀菌毒素是镰刀菌在粮食作物或粮食类食品上产生的有毒代谢产物。目前已知与人类健康关系密切的代谢产物主要有单端孢霉烯族化合物、玉米赤霉烯酮、串珠镰刀菌素、伏马菌素、丁烯酸内酯等。它们也是谷类饲料和青贮料中普遍存在的菌毒素，与动物的健康关系密切。在我国，从粮食、饲料中检出镰刀菌毒素的现象屡有报道。近年来的研究表明，大骨节病的病因之一可能是病区产的谷物内单端孢霉烯族化合物的 T-2 毒素含量过高，地方性乳腺增生症的病因可能是小麦中高含量的玉米赤霉烯酮。此外，镰刀菌毒素也可能引起心脑血管疾病、老年性骨关节病、肿瘤等疾病。

3. 其他

粮食中常见的橘青霉、产黄青霉、黄绿青霉和岛青霉等也能在粮食中产生毒素，如黄变米中毒就是由以上几种真菌产生的毒素引起。

除了霉菌毒素外，在国外也曾发现粮食中含有魏氏梭菌和肉毒梭菌及其产生的毒素。

（二）农药残留

粮食中的农药残留直接来源是控制病虫害及杀菌、除草时喷洒的农药，间接来源则为水、空气、土壤等。用于农田杀虫、杀菌除草和粮仓杀虫灭鼠的化学药物品种繁多，残留在谷类制品中的农药也随着农药的广泛长期使用而呈逐渐增加的趋势。

（三）仓储害虫

谷类仓储害虫有 50 余种，主要有甲虫（大谷盗、米象、谷囊和黑粉虫等）、螨类（粉螨）及蛾类（螟蛾）等。仓储害虫的繁殖与温度、湿度的关系密切。当库温为 18℃ 以上，相对湿度在 65％ 以上时，害虫易于繁殖；当库温降至在 10℃ 以下时，仓储害虫活动能力大为降低。

仓储害虫在原粮和半成品粮豆上都能生长，害虫分泌物及粪便可促使粮豆发热霉变，降低或失去食用价值，危害人体健康。世界范围内因仓储害虫造成的粮食损失量占总量 5％～30％，因此应予积极防治。目前，最为有效和经济的防治害虫的手段是化学药剂熏蒸法和施用防护剂法。

（四）掺伪、掺假和非食用物质的恶意添加问题

个别企业或个人为获得较高利润，在粮食、豆类食物中掺伪掺假或加入禁用物质。如为了掩盖霉变，将陈小米洗后染色冒充新小米；在大米中掺入少量霉变米、陈米；在米粉、粉丝、面粉中加入有毒的荧光增白剂、滑石粉、吊白块等；在粮食中掺入沙石；糯米中掺入大米；藕粉中掺入薯干淀粉等。

（五）杂质

泥土、砂石和金属是粮食中主要的无机杂物，可来自田间、晒场、农具和加工机械，亦不乏人为混入。它们不仅会影响感官性状，同时也会损伤牙齿和胃肠道组织。粮谷加工过程中可通过过筛、清洗和吸铁装置去除无机夹杂物。

（六）有毒种子污染

谷物在种植收获过程中有时容易被一些有毒的植物污染，导致谷物夹杂有毒作物种子，对人体造成毒害作用。

1. 毒麦

毒麦为黑麦属的一年生草本植物，是混生于在麦田中的一种恶性杂草，繁殖力和抗逆性很强，因此对作物生长影响较大。毒麦成熟籽粒极易脱落，通常有 10％～20％ 落于田间。毒麦种子颖果内种皮与淀粉层之间容易寄生真菌毒麦菌（*Stromatinia temulenata*）的菌丝，产生毒性较强的毒麦碱，对人畜具有很大的毒性。未成熟或多雨潮湿季节收获的种子毒力最强。人、畜食用毒麦碱后轻者引起头晕、昏迷、呕吐、痉挛等症，重者则会使中枢神经系统麻痹以致死亡。

2. 麦角

麦角是麦角菌侵入谷壳内形成的菌核，通常寄生于黑麦上，小麦、大麦、水稻、谷子、玉米、高粱等也可被侵害。通常人若食用含 1％ 以上麦角的粮食即可引起食物中毒，含量达 7％ 即可引起致命性食物中毒。其原因在于麦角中含有麦角毒碱、麦角胺和麦角新碱等多种有毒生物碱。麦角碱类可直接作用于血管使其收缩，导致血压升高，使迷走神经兴奋，引起心动过缓。麦角的毒性稳定，可保持数年不受影响，焙烤加工对其毒性影响很小。

另外，麦仙翁籽、槐籽、曼陀罗籽、苍耳子等也是易于混入粮食中的有毒作物种子。

（七）食品添加剂的滥用

食品添加剂的滥用造成的谷物制品安全问题也较多。以含铝添加剂为例，2015年1月北京市食药监局公布的16种不合格下架停售食品中就有6批铝超标的粉条，而现行国标中是不允许米粉中添加含铝食品添加剂。2011年6月，在食品添加剂联合专家委员会（JECFA）的第74次大会上，委员会将铝的暂定每周耐受摄入量修订为每周每千克体重2mg。这相当于一个60kg重的成年人每周吃进去120mg铝不会导致铝的蓄积并引起健康损害。中国食品风险评估中心的评估结果显示，我国居民吃进去的铝按平均值计算，低于这一参考值；然而14岁以下儿童以及一些经常食用铝含量较高食物的消费者，吃进去的铝较多，有一定的健康风险。其中馒头、油条和面条等面制品是铝的主要来源，7～14岁儿童铝暴露则主要来自膨化食品。另外，因为喜爱面食的缘故，北方居民铝的摄入量比南方高4倍多。

因此，谷物制品中添加剂滥用问题也不容忽视。

参 考 文 献

[1] 杨曙明，张辉．饲料中有毒有害物质的控制与测定［M］．北京：北京农业大学出版社，1994.
[2] 王清连，王林嵩．食品化学［M］．郑州：河南科学技术出版社，1996.
[3] 贡汉坤．食品生物化学［M］．北京：科学出版社，2010.
[4] 欧阳万坤．优势传统产业知识（下册）［M］．武汉：湖北人民出版社，2011.
[5] 曲径．食品安全控制学［M］．北京：化学工业出版社，2011.
[6] 王兴国．金青哲．油脂化学［M］．北京：科学出版社，2012.
[7] 于殿宇．油脂工艺学［M］．北京：科学出版社，2012.
[8] 陈辉等．食品安全概论［M］．北京：中国轻工业出版社，2011.
[9] 陈洁．油脂化学．［M］．北京：化学工业出版社，2004.
[10] 纪瑛，胡虹文．种子生物学［M］．北京：化学工业出版社，2009.
[11] 中国酿酒工业协会，《中国酿酒工业年鉴》编委会．中国酿酒工业年鉴［M］．北京：中国轻工业出版社，2011.
[12] 中国轻工业联合会．中国轻工业年鉴2011［M］．北京：中国轻工业年鉴社，2011.
[13] 李云．食品安全与毒理学基础［M］．成都：四川大学出版社，2008.
[14] 冯志哲．食品冷藏学［M］．北京：中国轻工业出版社，2001.
[15] 张文正．肉制品加工技术［M］．北京：化学工业出版社，2007.
[16] 谢明勇，陈绍军．食品安全导论［M］．北京：中国农业大学出版社，2009.
[17] 周家春．食品工艺学［M］．北京：化学工业出版社，2008.
[18] 新华网．江西5商贩在面粉中掺硼砂制成馄饨皮出售．［2015-06-30］．http://news.xinhuanet.com/local/2014-05/02/c_1110501782.htm.
[19] 孔保华．畜产品加工储藏新技术［M］．北京：科学出版社，2007.
[20] 陈彦长，罗祎．辐照食品与放射性污染食品［M］．北京：中国质检出版社，2012.
[21] 刘大森，强继业．核农学［M］．北京：中国农业大学出版社，2006.

第七章 转基因食品的安全性

转基因食品（genetically modified foods，GMF），又称基因修饰食品，作为一种新兴的食品类型，是基因技术的产物。目前，转基因食品在提高抗除草剂能力、抗害虫能力和增加食品性状等方面表现出了极大的优越性，从 1983 年诞生最早的转基因作物（烟草），到美国孟山都研制的延熟保鲜转基因西红柿 1994 年在美国批准上市，产品品种及产量成倍增长，为解决人类面临的食品短缺、能源危机以及传统农业对环境的污染等问题提供了新的思路和途径。然而，转基因作为一种新兴的生物技术，由于其技术的不成熟和不确定性，使得转基因食品的安全性成为人们关注的焦点。

与传统食品（traditional food）相比，转基因食品独特之处就在于物种发生本质性转变。传统食品是通过自然选择或人为的杂交育种来进行，而转基因技术虽与传统的以及新近发展的亚种间杂交技术无实质差别，但转基因技术着眼于从分子水平上，在不同类物种间进行基因操作（通过重组 DNA 技术做基因的修饰或转移）。然而，由于转基因作物对环境造成的影响未知，且在环境中生长很难控制，因此，转基因食品从诞生之日起就受到包括遗传生物学专家在内多领域学者的争议。为确保其食用的安全性，转基因食品应首先进行活体过敏试验和毒理测试。

第一节 转基因食品概述

随着生物技术的不断发展和日趋成熟，转基因作物给人类带来了巨大的社会和经济效益。然而，转基因技术与任何一项新技术一样，在实际应用中有利有弊，转基因食品作为利用生物技术改造的非传统食品具有一定的风险性，特别是由于目前的科学水平还难以准确预测该技术所造成的生物变化对人体健康和环境的影响，尤其是长期效应。因此，转基因食品的安全性问题已越来越受到各国政府、消费者和国际组织的关注。

转基因生物范围很广，包括转基因植物、转基因动物和转基因微生物，由此而来的转基因食品也相应地分为转基因植物源食品、转基因动物源食品和转基因微生物源食品。

转基因植物源食品的研究重点包括培育延缓成熟、耐极端环境、抗虫害、抗病毒、抗枯萎等性能的作物；培育不同脂肪酸组成的油料作物、多蛋白质的粮食作物等。转基因植物食品是目前研究最多和商业化最广的转基因食品。根据转基因植物的类型，转基因植物食品又可分为抗除草剂转基因食品、抗虫转基因食品、抗病毒转基因食品、抗真菌转基因食品和抗环境胁迫的转基因食品等。而且，转基因植物也是高效、便宜、可食用疫苗的来源。

抗除草剂转基因食品：农达（Roundup，草甘膦 glyphosate 的商品名）除草剂由孟山都公司生产，为推广其销售，该公司开发了一系列 RR 转基因植物，如 RR 大豆、RR 玉米、RR 小麦、RR 油菜等，其中 RR 大豆商业化种植面积最广。

抗虫转基因食品：Bt 转基因的抗虫玉米、马铃薯、油菜等已投入商业化生产。

抗病毒转基因食品：依据 Sanford 和 Johnston（1985）提出的病原衍生抗性原理，人们已从毒原病毒开发出了许多抗病毒基因和抗病毒转基因植物。病毒基因已成为当前植物抗病毒基因工程的重要来源。病毒的衣壳蛋白（CP）基因是植物抗病毒基因工程研究的重点。美国农业部（1995）批准第一个转衣壳蛋白基因南瓜品种"Freedom Ⅱ"投入商业应用。该品种可以不用杀虫剂就可消灭传播病毒的昆虫，确保品种产量。

20 世纪 80 年代末，科学家们开始把 10 多年分子研究的成果运用到转基因食品上，1995 年成功地生产出抗杂草黄豆，并在市场上出售。现在转基因技术已批量生产出抗虫害、抗病毒、抗杂草的转基因玉米、黄豆、油菜、土豆、西葫芦等。目前，转基因食品的主要产地是美国、加拿大、欧盟、南非、阿根廷等。植物源转基因食品涉及的食品或食品原料包括大豆、玉米、番茄、马铃薯、油菜、番木瓜、甜椒、西葫芦等。从 1994 年美国第一例转基因番茄被批准商业化以来，转基因作物的商业化进程发展很快，截至 1998 年 6 月，国外批准商业化应用的各类转基因作物近 90 种，仅美国和加拿大就超过 50 种。在美国，已经有超过 60％ 的加工食品含有转基因成分；在英国，与转基因有关的食品达 7000 种，包括婴儿食品、巧克力、冷冻甜品、面包、人造奶油、香肠、肉类及代肉类产品等。

我国目前已批准了 5 例两种转基因食品作物的商品化生产，分别是耐贮藏番茄和抗病甜椒与番茄。有资料显示，过去 10 年，转基因作物的种植面积在世界范围内飞速"壮大"，1995 年种植面积 $120×10^4 hm^2$，1999 年 $3990×10^4 hm^2$，2000 年 $4420×10^4 hm^2$。其中美国的转基因作物种植面积最大，达到 $3030×10^4 hm^2$，占 68％；其次为阿根廷达到 $1000×10^4 hm^2$，占 23％；加拿大 $300×10^4 hm^2$，占 7％；我国为 $50×10^4 hm^2$，占 1％。

1997 年，我国种植转基因食品植物开始，到 1999 年共批准商业化种植的转基因食品植物有番茄、马铃薯、棉花和甜椒等 4 种作物共 26 项。此外，我国接受了更多的国外转基因食品。1998 年，从生物技术食品生产大国美国和加拿大进口了较大数量的粮油，其后每年都保持了不小的进口数量。2002 年以后，我国转基因大豆的进口基本维持在 2000 万吨左右。转基因大豆主要用做加工原料，生产豆油、豆腐、豆奶等制品。其中，在国内用转基因大豆生产的大豆色拉油比例相当高，可能高达 80％ 以上，而大豆油是食品加工最基本的原料之一。目前，我国对进口转基因食品原料已发放转基因生物安全证书的有转基因大豆、转基因油菜、转基因棉花和转基因玉米。

转基因动物食品：自从 1980 年美国耶鲁大学 Gordon 成功完成转基因小鼠的转基因工作后，转基因动物研究得到迅速发展。目前，生长速度快、抗病力强、肉质好的转基因兔、猪、鸡、鱼均已问世。1988 年，研究人员成功地利用转基因羊在羊乳中表达了人的凝血因子Ⅸ。近十年来，已经有几十种不同的蛋白质在泌乳家畜的乳中得到表达，其中 11 种蛋白质的表达量达到 1g/L 以上。采用基因重组的猪生长激素，注射至猪体内，可使猪肉瘦型化，有利于改善肉的品质。在肉的嫩化方面，可利用生物工程技术对动物体内的生长发育基因进行调控，通过基因工程获得嫩度好的肉质。

转基因微生物源食品：将编码动植物活性蛋白和营养功能成分的基因或调控基因导入微生物细胞中，利用微生物的快速繁殖来改造有益微生物，用以生产食用酶和天然活性物质等。如将人类母乳中存在的微量活性蛋白——乳铁蛋白的基因克隆到工程菌酵母中，使之稳定表达，获得人乳铁蛋白。美国 Bio Technica 公司将黑曲霉的葡萄糖淀粉酶基因克隆入啤酒酵母，用以生产低热量啤酒。第一个采用基因工程改造的食品微生物为面包酵母。由于把具有优良特性的酶基因转移至该菌中，使该菌含有的麦芽糖透性酶及麦芽糖酶的含量比普通酵母高，面包加工中产生的二氧化碳的量较多，从而使制得的面包制品具有膨发性能良好、松软可口的特点。在工业发酵上，采用基因工程技术，将大麦中的 α-淀粉酶基因转入啤酒酵母中并实现高效表达，这种酵母便可以直接利用淀粉进行发酵，不需要淀粉酶再进行液化，可缩短生产流程，简化工序，导致啤酒生产的革新。20 世纪 80 年代中期，猪、牛等胰岛素、干扰素、生长素基因克隆入微生物，开创了微生物生产高等动物基因产物的新途径。现在，基因工程已能将许多酶、蛋白质、香精以及其他多种物质的基因克隆入合适的微生物宿主细胞中，利用细菌的快速繁殖来大量生产，这使得人们对于自然界"微量"产品的依赖性有所下降。例如牛胃蛋白酶的基因克隆入微生物体内，解决了奶酪工业受制于牛胃蛋白酶来源不足的问题。

转基因食品的发展简要历程如下。

1946 年，科学家首次发现 DNA 可以在生物间转运。

1983 年，世界上第一例转基因植物——含有抗生素药类抗体的烟草在美国成功培植。

1992 年，我国首先在大田生产种植抗黄瓜花叶病毒转基因烟草，成为世界上第一个商品化种植转基因作物的国家。

1994 年，美国食品和药物管理局允许转基因番茄在市面销售。此后，抗虫棉花、玉米、大豆和油菜等 10 余种转基因植物获准商品化生产并上市销售。

2000 年，黄金大米的诞生，体现了转基因食品在营养学上的价值。

2012 年，全球转基因作物种植面积达到约 1.7 亿公顷。按照种植面积统计，全球约 81％的大豆、35％的玉米、30％的油菜和 81％的棉花是转基因产品。

一、转基因食品基础

（一）转基因食品的定义

基因工程（gene engineering）指利用 DNA 体外重组或 PCR 扩增技术，从某种生物基因组中分离出感兴趣的基因，或通过人工合成的方法获取，然后经过一系列切割、加工修饰、连接反应形成重组 DNA 分子，再将其转入适当的受体细胞，以期获得基因表达的过程。这种工程所使用的分子生物技术通常称为转基因技术。

转基因食品（genetically modified foods，GMF），就是指利用现代基因工程技术，将某些生物的基因转移到其他物种中去，改造它们的遗传物质，使动物、植物或微生物具备或增强某种特性，使其在性状、营养品质和消费品质等方面向人们所需要的目标转变，可以降低生产成本，增加食品或食品原料的产量或价值，这种以转基因生物为直接食品或为原料加工生产的食品就是转基因食品，又称基因工程食品或基因修饰食品。转基因食品含有用 DNA 重组技术构建的外源基因，包括目的基因和标记基因。目的基因含有人们期望宿主生物获得的某一或某些性状的遗传信息，标记基因是帮助对转基因生物体进行筛选和鉴定的一类外源基因，包括选择标记基因和报告基因。

转基因食品有诸多优点：第一，成本低、产量高，成本虽然只有传统产品的 50％，但产量至少增加 20％，甚至有的可以增加几倍或几十倍；第二，具有抗草、抗虫、抗逆境等特征，一方面可以降低农业生产成本，另一方面可以提高农作物的产量；第三，食品的品质和营养价值提高，如通过转基因技术提高谷物中赖氨酸含量，增加营养价值；第四，保鲜性能增强，例如，利用反义 DNA 技术抑制酶活力，延迟成熟和软化，延长贮藏和保鲜时间。

（二）转基因技术的基本步骤与方法

图 7-1 标示了转基因技术的基本步骤与方法。

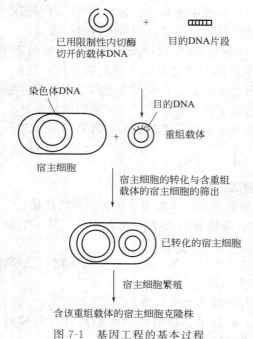

已用限制性内切酶切开的载体DNA + 目的DNA片段

染色体DNA

宿主细胞 + 目的DNA → 重组载体

宿主细胞的转化与含重组载体的宿主细胞的筛出

已转化的宿主细胞

宿主细胞繁殖

含该重组载体的宿主细胞克隆株

图 7-1　基因工程的基本过程

（1）首先从复杂的生物有机体基因组中分离出带有目的基因的 DNA 片段。通常把转化到载体内的非自身 DNA 片段称为"外源基因（foreign gene）"，又称目的基因（object gene）或靶基因（target gene），它含有一种或几种遗传信息的全套密码（code）。目前常用方法有鸟枪法、化学合成法、酶促逆转录合成法（cDNA 法）和 PCR 扩增法等几种。

（2）体外，将含有目的基因的外源 DNA 片段连接到能够自我复制并具有选择标记的载体分子上，形成重组 DNA 分子。

载体（vector）是细胞中能够自主复制的 DNA 分子所构成的一种遗传成分，可使其他 DNA 片段连接其上进行复制。基因工程载体必须具备以下性能：①分子较小，可携带较大的 DNA 片段；②独立于染色体进行自主复制且高效；③有多种限制酶的切割位点，每一种限制酶要最少的切割位点，即多克隆位点（multiple cloning sites，MCS）；④适合标记，易于选择；⑤有时还要求载体能启动外源基因转录及表达，并且尽可能高效；⑥从安全角度考虑，载体不能随便转移，仅限于在某些实验室内特殊菌种内才可复制等等。目前，常用的基因克隆载体有质粒载体、科斯质粒载体、噬菌体（常用的如 λ 噬菌体、M13 噬菌体）载体和真核细胞克隆载体。

将目的基因与载体重组的方法有如下几种。

① 依据外源 DNA 片段末端的性质，同载体上适当的酶切位点相连，从而实现基因的体外重组。外源 DNA 片段通过限制性内切酶酶解后其所带的末端有三种可能：a. 形成带有非互补突出端的片段，用两种不同的限制酶进行酶解分离出的外源基因片段，在其两端可以产生非互补突出端，当这个片段同特定载体上相匹配的切点相互补，经 DNA 连接酶连接后即产生定向重组体。b. 形成带有相同突出端的片段，当带有相同末端的外源 DNA 片段同与其相匹配的酶切载体相连接时，在连接反应中外源 DNA 和载体都可能发生环化或形成串联寡聚物。在这种情况下要想提高正确连接效率，一般要将酶切过的线性载体双链 DNA 的 5′端经碱性磷酸酶处理去磷酸化，防止载体 DNA 自身环化。同时调整连接反应混合物中两种 DNA 的浓度比例，使连接产物数量达到最佳水平。c. 形成带有平端的片段，外源 DNA 片段带有平端时，其连接效率比带有突出互补末端的 DNA 要低得多。因此，涉及平端分子的有效连接时，所需要的 DNA 连接酶及外源、载体 DNA 的浓度要高得多，加入适当浓度的聚乙二醇可以提高平端的连接效率。

② 同聚物加尾法是指利用末端转移酶分别在载体酶切位点处和外源 DNA 片段的 3′端加上相互补的同聚尾。该法常用于双链 cDNA 的分子克隆。

③ 多聚酶链反应（polymerase chain reaction，PCR）法，根据载体上的克隆位点设计 PCR 引物，使其带有与载体克隆位点相匹配的限制性内切酶识别序列。通过 PCR 或反转录 PCR（reverse transcription-PCR，RT-PCR）直接产生可用于重组的外源基因片段。

（3）将重组 DNA 分子转移到适当的受体细胞（寄主细胞），并与之一起增殖。受体细胞即宿主细胞，能摄入外源 DNA（基因）并使其稳定维持和表达，可分为原核受体细胞

（最主要的是大肠杆菌）、真核受体细胞（最主要是酵母菌）、植物细胞、动物细胞和昆虫细胞（其实也是真核受体细胞）等。由于外源基因与载体构成的重组 DNA 分子性质不同，宿主细胞不同，将重组 DNA 导入宿主细胞的具体方法也不相同。将重组 DNA 分子转移到受体细胞的方法主要有如下几种。

① CaCl$_2$ 处理。受体细胞的细菌经一定浓度的冰冷 CaCl$_2$（50～100mmol/L）溶液处理后变成感受态细胞（competent cells），感受态菌体具有摄取各种外源 DNA 的能力。这是将重组的质粒或噬菌体 DNA（如 λ 噬菌体 DNA）导入细菌中所用的常规方法，前者叫转化（transformation），后者叫转染（transfection）。如果感受态细胞做得好，每微克的超螺旋质粒 DNA 可以得到 $5 \times 10^7 \sim 1 \times 10^8$ 个转化菌落。

② 高压电穿孔法。该法通过调节外加电场的强度、电脉冲的长度和用于转化的 DNA 浓度可将外源 DNA 导入细菌或真核细胞。用电穿孔法实现基因导入比 CaCl$_2$ 法方便，对细菌而言其转化效率可达 $10^9 \sim 10^{10}$ 转化体$/\mu g$ DNA。

③ 聚乙二醇介导的原生质体转化法。例如，活跃生长的细胞或菌丝体用消化细胞壁的酶（如 driselase）处理变成球形体后，在适当浓度的聚乙二醇 6000（PEG6000）的介导下将外源 DNA 转化入受体细胞中。常用于转化酵母细胞以及其他真菌细胞。

④ 磷酸钙或 DEAE-葡聚糖介导的转染。这是将外源基因导入哺乳类细胞中进行瞬时表达的常规方法。磷酸钙法是将被转染的 DNA 同溶液中形成的磷酸钙微粒共沉淀后，可能通过内吞作用进入受体细胞。对于 DEAE-葡聚糖作用的机理尚不清楚，可能是其与 DNA 结合，抑制核酸酶作用或与细胞结合促进 DNA 内吞作用。

⑤ 基因枪介导转化法。利用火药爆炸或高压气体加速，将包裹了带目的基因的 DNA 溶液的高速微弹直接送入完整的植物组织和细胞中。优点是不受受体植物范围的限制，载体质粒构建简单，因此也是转基因研究中应用较为广泛的一种方法。

⑥ 原生质体融合。通过有多拷贝重组质粒的细菌原生质体同培养的哺乳细胞直接融合。经过细胞膜融合，细菌内容物转入动物细胞质中，质粒 DNA 被转移到细胞核中。

⑦ 脂质体法。将 DNA 或 RNA 包裹于脂质体内，然后进行脂质体与细胞膜融合将基因导入。

⑧ 细胞核的显微注射法。将目的基因重组体通过显微注射装置直接注入细胞核中。

(4) 从大量的细胞繁殖群体中筛选出获得了细胞重组 DNA 分子的受体细胞克隆。目前较常用的筛选方法有以下几种。

① 重组质粒的快速鉴定。根据有外源基因插入的重组质粒同载体 DNA 之间大小的差异来区分哪个是重组体。这种方法直观快捷，对于双酶酶解后定向插到载体中的重组体尤为方便。当转化体克隆在平板上长到直径为 2mm 大小时，将菌落挑入 $50\mu L$ 的细菌裂解液（50mmol/L Tris-HCl pH6.8，1% SDS，2mmol/L EDTA，400mmol/L 蔗糖，0.01% 溴酚蓝）中悬浮，37℃ 15min 保温后 12000r/min 离心（4℃），立即吸取 $30 \sim 35\mu L$ 的上清液，进行 1% 琼脂糖（含 $0.5 \sim 1\mu g/mL$ 溴化乙锭）凝胶电泳。紫外线（254nm）下观察质粒的迁移距离，选出重组体。

② 通过 α 互补使菌落产生的颜色反应来筛选重组体。常用的是蓝白斑试验（IPTG/X-gal 试验）。当使用的载体（如 pUC 质粒等）含有 β-半乳糖苷酶基因（*lacz*）的调控序列和 N 端 146 个氨基酸的编码序列时，这个编码区中插入了一个多克隆位点，它并不破坏阅读框，但可使少数几个氨基酸插入到 β-半乳糖苷酶的氨基端而不影响功能。当这种载体以含有可为 β-半乳糖苷酶 C 端序列编码的细胞作为受体菌时，此酶的 N 端序列和 C 端序列通过

α互补产生具有酶活性的蛋白质从而使宿主菌在含 IPTG/X-gal 的培养基上呈蓝色。当在多克隆位点有外源基因插入时，破坏此酶 N 端的阅读框，产生无 α 互补功能的 N 端片段，因此带重组质粒的细菌在上述培养基上形成白色菌落。

③ 重组质粒的限制酶酶解分析。当载体和外源 DNA 片段连接后产生的转化菌落比任何一组对照连接反应（如只有载体或外源 DNA 片段）都明显得多时，从转化菌中随机挑选出少数菌落后通过快速提取质粒 DNA，然后用限制酶酶解，凝胶电泳分析来确定是否有外源基因插入。

④ 外源 DNA 片段插入失活。如果载体带有两个或多个抗生素抗性基因并在其上分布适宜的可供外源 DNA 插入的限制性内切酶位点时，当外源 DNA 片段插入到一个抗性基因中去时可导致此抗性基因失活。这样可通过含不同的抗生素的平板对重组体进行筛选。如 pBR322 质粒上有两个抗生素抗性基因（*Amp*r 和 *Tet*r）。

⑤ 分子杂交筛选法。利用碱基配对的原理进行分子杂交是核酸分析的重要手段，也是鉴定基因重组体最通用的方法。其分析方法有：原位杂交、点杂交及 Southern 杂交等。

⑥ 利用 PCR 方法来确定基因重组体。

(5) 将目的基因通过克隆到表达载体上，导入寄主细胞，使其在新遗传背景下实现功能表达，对表达产物进行鉴定，从而获得需要的物质。表达产物一般可以通过直接测定其活性功能来鉴定，将其与目的产物进行电泳图比较，最精确的鉴定方法是进行蛋白质的氨基酸序列测定。

（三）转基因食品的种类

1. 转基因植物

① 转基因抗病虫害植物　大多数转基因作物的目的在于通过导入抗病毒、抗真菌性或抗细菌性疾病的基因、抗害虫基因，提高作物产量或使作物便于管理。目前主要应用于棉花、玉米、大豆、番茄等植物，我国已将抗黄瓜花叶病毒的基因导入青椒和番茄中，并获得良好的抗病效果。

② 转基因耐受除草剂植物　如将耐除草剂基因导入植物内，使植物耐受除草剂，方便植物生产管理。

③ 转基因改善食物成分植物　转入作物中生产高营养价值的作物，避免营养素缺乏症，如黄金米、不同脂肪酸组成的油料作物、多蛋白质的粮食作物等，主要品种有小麦、玉米、大豆、蔬菜、水稻、土豆、番茄等。

④ 转基因改善农业品质植物　如转入与产量相关的基因或抗逆境基因（耐热或耐寒和抗旱以及耐盐碱等的基因），使植物能更好地适应环境。

⑤ 转基因延长食品货架期植物　如利用基因工程技术抑制成熟基因，从而达到推迟果蔬成熟衰老、保鲜的目的。目前，国内外都已有商品化的转基因耐贮番茄生产，其相关研究也已扩大到草莓、香蕉、芒果、桃、西瓜等。

2. 转基因动物

转基因动物性食品主要应用于鱼类、猪、牛等，主要以提高动物的生长速度、瘦肉率、饲料转化率、产奶量和改善奶的组成成分为主要目标。此外，转基因技术也可将人类所需的各种生长因子的基因导入动物体内，使转基因动物能够分泌出人类所需的各种生长因子。如 1997 年英格兰罗斯林（Roslin）研究所克隆的携带有人凝血因子Ⅸ基因的绵羊；1999 年上海医学遗传研究所培育的中国第一头转基因牛携带有人体白蛋白；2002年中国科学院水生生物研究所首次亮相的"转基因黄河鲤鱼"等。

二、转基因技术在食品工业中的应用

在21世纪，为了提高农产品营养价值，更快、更高效地生产食品，满足日益增长的人口需求，转基因食品应运而生。转基因食品是利用现代分子生物技术手段，将某些生物的基因转移到其他物种中去，从而改造生物的遗传物质，使其在形状、营养品质、消费品质等方面向着人们所需要的目标转变。我国《转基因食品卫生管理办法》中将转基因食品定义为：利用基因工程技术改变基因组构成的动物、植物和微生物生产的食品和食品添加剂。

转基因技术优点：①选育优良品种，传统育种需要时间长，杂交品种难控制，目的性差，需要不断地选育。而转基因技术不同，可以选择任何一个目的基因转进去，就可得到一个相应的新品种，大大缩短筛选时间。通过转基因技术可培育高产、优质、抗病毒、抗虫、抗寒、抗旱、抗涝、抗盐碱、抗除草剂等特性的作物新品种，减少对农药化肥和水的依赖，降低农业成本，大幅度提高单位面积的产量，改善食品质量，缓解世界粮食短缺的矛盾。例如，马铃薯植入天蚕素的基因后，抗清枯病、软腐病的能力大大提高，过去这两种病每年会带来一定量的减产；一种抗科罗拉多马铃薯甲虫的马铃薯，可使美国每年少用 37×10^4 kg 的杀虫剂；阿根廷播种转基因豆种后，大豆抗病和抗杂草能力大为增加，使用农药和除草剂的量减少，生产成本比原来下降了 15%。②防治疾病，利用转基因技术生产有利于健康和抗疾病的食品。如杜邦和孟山都公司即将推出多种可榨取有益心脏的食用油的大豆和味道更鲜美且更容易消化的强化大豆新品种。艾尔姆公司与其他公司合作，正在研究高产量抗癌物质的西红柿，生产血红蛋白的玉米和大豆。此外，含疫苗的香蕉和马铃薯也正在加紧研究中；日本科学家利用转基因技术成功培育出可减少血清胆固醇含量、防止动脉硬化的水稻新品种；欧洲科学家新培育出了米粒中富含维生素 A 和铁的转基因稻，这一成果有可能帮助降低全球范围内、特别是以稻米为主食的发展中国家缺铁性贫血和维生素 A 缺乏症的发病率。③提高产量与质量，转基因食品可以摆脱季节、气候的影响，让人们一年四季都可吃到新鲜的瓜菜。同时，人们还发现转基因作物结出的果实，无论外形还是味道都别具风味。英国的科学家还将一种可以破坏叶绿素变异的基因移植到草中，可以使之四季常青，除了具有绿化功能之外，由于青草的营养比干草高，可使肉的质量提高，使畜牧业受益。

目前转基因技术在食品工业中的应用主要表现在以下几个方面。

（一）酶制剂的生产

酶的传统来源是动物脏器和植物种子，随着发酵工程的发展，逐渐出现了以微生物为主要酶源的格局。近年来，由于基因工程技术的发展，更使我们可以按照需要来定向改造酶，甚至创造出自然界从未发现的新酶种。蛋白酶、淀粉酶、脂肪酶、糖化酶和植物酶等均可利用基因工程技术进行生产。

利用基因工程技术改善酶制剂的生产菌株、酶制剂的质量和品质，在酶制剂工业上得到广泛应用。如利用基因工程菌生产凝乳酶，实现高效表达，表达率可达 1mg/g 湿菌体，解决了凝乳酶供不应求的状况。1990年美国食品和药物管理局（FDA）已批准使用在干酪生产中。采用基因工程生产 α-淀粉酶的产量提高了 7～10 倍。目前利用基因工程菌发酵生产的酶制剂已有几十种。应用于食品工业的酶制剂见表 7-1。

表 7-1　应用于食品工业的酶制剂

酶种类	用　途
蛋白酶	乳酪生产,啤酒去浊,浓缩鱼胨,制酱油,制蛋白胨
脂肪酶	鱼片脱脂,毛皮脱脂等
淀粉酶	麦芽糖生产,醇生产等
纤维素酶和半纤维素酶	用于乙醇生产、植物抽提物的澄清和将纤维素转化为糖
糖化酶	酶法制糖
果胶酶	用于葡萄酒和果汁的澄清及减少其黏度
植酸酶	可将饲料中的植酸盐降解成无机磷类物质
葡萄糖异构酶	制造高果糖浆

（二）改良微生物菌种性能

最早采用基因工程改造的微生物是面包酵母菌（*Saccharomyces cerevisiae*）。人们把具有优良特性的酶基因转移至该菌种，使经基因工程改良的面包酵母含有的麦芽糖透性酶（maltose permease）及麦芽糖酶（maltase）含量大大提高，在面包加工中产生 CO_2 气体的量高，从而使得面包膨发性能好、松软可口。此外，采用基因工程技术，将大麦中的 α-淀粉酶基因转入啤酒酵母中并高效表达，这种酵母可以直接利用淀粉进行发酵，既节省了原材料，又缩短了生产流程、简化工序，推进了啤酒技术的革新。

（三）改善食品原料的品质

利用基因工程技术对动植物品种进行改良可获得高品质的食品加工原料。

1. 动物食品性状的改良

基因工程动物生长激素对于改善饲养动物的效率，加速动物生长，改变畜产品和鱼类的营养品质等方面具有广阔的应用前景。例如，将基因工程化的牛生长激素注射到母牛上，可以提高其产奶量；而将基因工程猪生长激素注射到猪上，可使猪瘦肉型化，改善肉食品质。

2. 改造植物性食品原料

主要是通过提高植物性食品氨基酸含量、增加食品甜味（环化糊精）、改造油料作物、改良植物食品蛋白质品质、改良园艺产品的采后品质等来改善植物性食品原料品质。

（1）蛋白质的改良　由于植物蛋白含量不高或氨基酸的比例不恰当或优质蛋白质缺乏等原因，可能导致食用者蛋白质营养不良。采用转基因的方法可以改善植物性食品中蛋白质的质量。例如，通过将谷类植物基因导入豆类植物，获得蛋氨酸含量高的转基因大豆；我国学者把玉米种子中克隆得到的富含必需氨基酸的玉米醇溶蛋白基因导入马铃薯中，使转基因马铃薯块茎中的必需氨基酸提高了 10% 以上。

（2）油脂的改良　油脂的酸败是导致油脂品质下降的主要原因，目前已知豆类中的脂氧合酶在酸败过程中扮演重要角色。对油脂品质的改善主要集中在两个方面：控制脂肪酸的链长和饱和度。美国 DuPont（杜邦）公司通过反义抑制和共同抑制油酸酯脱氢酶，成功开发了高油酸含量的大豆油。这种新型油具有良好的氧化稳定性，很适合用做煎炸油和烹调油。另有研究结果显示，导入硬脂酸-ACP 脱氢酶的反义基因油菜种子中，可使转基因作物中的饱和脂肪酸（软脂酸、硬脂酸）的含量下降，不饱和脂肪酸（油酸、亚油酸）的含量增加，其中油酸的含量可增加 7 倍。

（3）碳水化合物的改良 高等植物体中，淀粉合成的酶类主要有淀粉合成酶（SS）、ADPP葡萄糖焦磷酸酶（ADP-GPP）和分支酶（BE）。通过反义基因技术抑制淀粉分支酶可获得只含直链淀粉的转基因马铃薯。Monsanto（孟山都）公司开发了淀粉含量平均提高20%～30%的转基因马铃薯，油炸后的产品更具马铃薯风味且吸油量较低。

（4）改良园艺产品的采后品质 采用基因工程方法在延缓蔬果成熟、控制果实软化、提高抗病抗冻能力、延长保藏期均得到较广泛应用。果实的成熟是一个复杂的发育过程，是由一系列基因相继活化而控制的，且乙烯是果实成熟过程中调节基因表达的最重要、最直接的指标。目前，日本学者通过控制产生乙烯的基因表达，减慢乙烯的合成速度，从而减缓果蔬衰老，达到保鲜效果。此外，国外研究发现，番茄后熟过程中细胞成分变化受基因控制，番茄"不熟种"缺少衰老基因，后熟慢。因此，可以利用基因工程技术从内部控制果蔬后熟，或修饰遗传信息，或抑制成熟基因，从而达到延迟果蔬成熟、衰老，达到果蔬保鲜的目的。

（四）改进食品生产工艺

1. 改良啤酒大麦的加工工艺

采用基因工程技术，降低大麦中醇溶蛋白的含量，解决了啤酒生产过程中易产生浑浊、过滤困难的难题。

2. 改进果糖和乙醇的生产方法

以谷物为原料生产乙醇和果糖时，要使用造价高且只能使用一次的淀粉酶来分解原料中的糖类物质。然而，利用基因工程技术改变这些酶的编码基因，可大大降低果糖和乙醇的生产成本。

利用基因工程技术将霉菌的淀粉酶基因转入 $E.coli$，并将此基因进一步转入酵母单细胞中，使之直接利用淀粉产生酒精，不需要高压蒸煮工序，可节约60%的能源，缩短了生产周期，降低了成本。

（五）生产食品添加剂及功能性食品

食品添加剂如氨基酸、维生素、增稠剂、有机酸、乳化剂、表面活性剂、食用色素、食用香料及调味料等都可以利用基因工程菌发酵生产，同时还可以利用基因工程技术开发得到新的优良的食品添加剂。例如，将酵母甘油醛磷酸脱氢酶启动子导入的 SOD 基因在酵母中高效表达。

为了改变传统保健食品中有效成分主要来源于动、植物的状况，在动、植物或细胞中，采用转基因技术，能够通过基因表达而制造出有益于人类健康的保健成分或有效因子，如人的血红素基因，具有实际应用价值。

三、转基因食品的发展现状与发展趋势

20世纪80年代，转基因技术逐渐渗入到农业、医药等领域，并先后取得重大突破。其中利用转基因技术生产的转基因食品也因此应运而生。

1983年，第一例转基因作物烟草问世。

1986年，首批转基因作物获准田间试验。

1989年，美国政府批准在奶牛中使用重组牛生长激素（rBST），以增加奶牛的产奶量。

1992年，中国成为第一个商品化种植转基因作物烟草的国家。

1994 年，美国在世界上第一个批准商业化转基因食品（延熟保鲜转基因番茄）问世。随后又产生转基因大豆、玉米、大米、土豆、棉花、油菜等。目前已有上百种转基因植物问世，其中有以抗真菌、抗病毒、抗虫害、抗逆、抗除草剂为目的的转基因植物；有以增加果实颗粒营养成分或生产药用成分为目的的转基因植物，如 β-胡萝卜素含量较高的"金稻米"。

然而，在美国，转基因食物不被允许作为食物，其中的大多数都被用来喂养动物或作为原料用来制作其他食物。关于超市中的水果和蔬菜，美国食品和药物管理局（Food and Drug Administration，FDA）认可经过基因改造工程的李子、哈密瓜、木瓜、南瓜、西红柿和土豆等。转基因农作物消费非常普遍，如用转基因大豆做动物饲料、豆油，用转基因玉米做乙醇、饲料和加工食品等。据统计，2000 年，美国食品和药物管理局确立的转基因品种就有 43 个。目前，转基因食品无论在数量上，还是在品种上都已具备了相当的规模。从 1999—2004 年，美国基因工程农产品和食品的市场规模已从 40 亿美元扩大到 200 多亿美元，到 2019 年预计将达到 750 亿美元。有资料显示，2014 年美国种植的大豆和玉米 90％以上是转基因品种。

在俄罗斯，目前正式注册的转基因食品有 67 种，其中 20 种以植物为原料，47 种以微生物为原料，这些转基因食品主要包括大豆、玉米、土豆、面粉、进口巧克力、饮料、香肠、肉类、奶制品以及食品调料等。

在澳大利亚，1996 年转基因棉花开始大规模商业化种植，其中从这些转基因棉花籽中提炼的棉籽油广泛被用于烹饪。2008 年，转基因油菜的大规模商业种植，目前维多利亚州、新南威尔士州和西澳大利亚州都有种植。菜籽油被用于生产人造奶油或罐装食品及零食，油菜籽粕和棉籽粕都被用来饲养牲畜。澳大利亚食品安全局允许食品厂商在进口食品中大范围采用转基因材料，其中包括转基因黄豆、玉米、大米、土豆和甜菜等。其中，转基因黄豆用于生产多种食品的原料，例如面包、点心、巧克力、薯片、人造奶油和蛋黄酱等；大豆卵磷脂在酱料、蛋糕和糖果食品中被用做黏合剂。

在欧盟，强烈抵制转基因食品进入，并采取一系列措施限制转基因农产品的进口，并要求转基因成分超过 0.9％的产品必须贴上"产自转基因生物体"的标签，审批过程极其复杂，形成事实上的限制。

在韩国，截至 2013 年 6 月，食品医药品安全处发布材料显示，通过安全检查且获得许可的转基因农副产品有大豆、玉米、棉花、油菜、甜菜、马铃薯和苜蓿等 7 种。

生物技术作物不仅能增加粮食产量，还在环境友好型土地开发方面也起到很大的作用，如节约耕地、减缓环境影响等。据统计报道，1996—2007 年间，生物技术作物的种植使粮食产量提高了 1.41 亿吨，传统方式则需额外增加 $4300 \times 10^4 \mathrm{hm}^2$ 耕地。截至 2008 年，全球有 25 个国家（包括 15 个发展中国家和 10 个发达国家）批准种植转基因作物，1330 万农户有种植转基因作物，其中 710 万来自中国。30 个国家批准进口转基因的粮食和饲料。总共有 24 种农作物的 144 个转化体获得 670 项批准。对于发展中国家和处于经济转型期的国家而言，农业占 GDP 的比重很大，生物技术能够明显提高农业生产率，有助于消除贫困。

目前，大豆、玉米、油菜以及棉花等作为全球的四大基因改造作物，已得到大面积商品化种植。转基因大豆 2008 年种植面积达 $6580 \times 10^4 \mathrm{hm}^2$（占全球转基因面积的 53％），其次是玉米、棉花，以及油菜。小面积种植的作物有番茄、马铃薯、甜椒、西葫芦、木瓜等。1996—2008 年，全球转基因作物的累计效益约为 500 亿美元。其中，2008 年转基因作物的全球市场价值约为 75 亿美元。

美国是生产基因作物最多的国家，自美国批准基因改造作物商业化生产以来，越来越多的转基因作物被批准在不同国家和地方（如加拿大、阿根廷、巴西、中国、印度、南非、西班牙和澳大利亚等）商业化种植。1996—2008 年间，全球转基因作物的种植面积扩大了 74倍，累计约为 $8 \times 10^8 \, hm^2$。目前，我国已颁发 22 种国外转基因作物进口许可证，分别是转基因大豆 GTS-40-3-2、转基因玉米（10 种）、转基因油菜（7 种）和转基因棉花（4 种）。2001—2008 年，我国进口转基因大豆累计超过 2 亿吨。在我国市场上 70% 的大豆制品中含有转基因成分，进入我国消费者生活的转基因食品主要是使用转基因大豆加工的食用油和豆制品。在市场上还发现了转基因米粉、饼干、咖啡等。到 2008 年年底，我国已批准棉花、番茄、烟草和牵牛花 4 种转基因作物进行商业化生产，国产的转基因产品最主要的是棉花。我国转基因植物研究涉及的植物种类 50 多种，各种功能基因有 120 多种。另外，我国共有48 种转基因作物进行中间试验，其中水稻、玉米、大豆、马铃薯、西红柿、甜椒和线辣椒为转基因食品。在转基因动物源食品研究方面，1999 年，我国首例转基因试管牛"陶陶"诞生；2000 年，克隆出山羊"阳阳"；2002 年，克隆出奶牛"科科"。此外，我国政府已经批准包括烟草、棉花、马铃薯、甜椒和矮牵牛花等作物在内的 31 例转基因作物进行商业化生产，批准进行田间试验和环境释放的包括 17 例微生物、2 例转基因鱼和 18 例转基因作物。

第二节　转基因食品的安全性

对转基因生物安全评价主要集中在环境安全性和食用安全性两个方面。其中食用安全性主要包括营养成分、抗营养因子、毒性和致敏性等。

以重组 DNA 技术为代表的转基因技术为农业生产、人类生活和社会进步带来巨大的利益。虽然目前转基因技术可以准确地将 DNA 分子切断和拼接，进行基因重组，但是异源DNA 片段对受体基因的影响程度不能事先完全地、精确地预测，因此，受体基因的突变过程及对人类的危害同样无法预料。

一、转基因食品安全问题的产生

20 世纪 80 年代后期，随着第一例基因重组转基因食品——牛乳凝乳酶的商业化生产，转基因食品的安全受到了越来越广泛的关注。1990 年，第一届联合国粮农组织/世界卫生组织（FAO/WHO）专家咨询会议，在对转基因食品安全性评价方面迈出了第一步。之后，国际上相关组织先后开展了各项会议讨论转基因食品的安全性评价问题，其中包括"实质等同性原则"的提出和认可。20 世纪 90 年代中期，一些研究结果对转基因食品的安全性提出了严峻的考验，更是增加了各国对转基因食品安全性的关注，转基因食品安全性的相关研究工作也理性化地展开。

1998 年，英国普兹泰（Pusztai）在"Nature"上发表了其对转有雪花莲植物凝集素的转基因马铃薯饲养大鼠的研究论文。研究结果发现，大鼠胃黏膜、腔肠绒毛及肠道的小囊长度均有不同的变化。饲喂转基因马铃薯的大鼠结肠、空肠和部分小肠黏膜变厚，实验鼠肾脏、胸腺和脾脏生长异常或萎缩或生长不当，多个重要器官也遭到破坏，脑部萎缩，免疫系统变弱。然而，英国皇家协会组织的评审指出 Pusztai 的试验存在六方面的错误：①不能确定转基因和非转基因马铃薯的化学成分有差异；②对食用转基因土豆的大鼠未补充蛋白质以防止饥饿；③供试验用的动物数量少，饲喂的几种不同食物都不是大鼠的标准食物，无统计学意义；④试验设计差，未做双盲测定；⑤统计方法不当；⑥试验结果无一致性。虽然该实验的准确性在后来因其实验设计存在缺陷而被推翻，但由此产生的对转基因食品安全性的怀疑却无法从人们心中抹去。

蝴蝶对化学物质十分敏感，被认为是重要的环境"检测仪"。1999年5月，美国康奈尔大学Losey等人研究报道，在一种植物马利筋的叶片上涂上转基因Bt玉米花粉后喂养帝王蝶，发现4d后帝王蝶幼虫死亡率为44%。该研究引发了转基因植物对生态环境是否安全的争论是，抗虫玉米花粉在田间对帝王蝶并无威胁，其原因是：①玉米花粉大而重，扩散不远，在田间，所有花粉只落在10m以内，在距玉米5m的马利筋杂草上，每1cm²叶子上只发现一粒玉米花粉；②帝王蝶通常并不吃玉米花粉，它们在玉米撒完粉后才大量产卵；③在经调查的美国中西部转Bt基因玉米占玉米面积的25%，但田间的帝王蝶数量却很大。美国环境保护局报告中指出，评价转基因作物对非目标昆虫的影响应以野外实验为准，而不能仅仅依靠实验室的数据。这一事件的发生，加剧了人们对转基因食品安全性的疑虑。

此外，2001年11月的墨西哥玉米事件，以及2003年6月绿色和平组织发布的《转Bt基因抗虫棉花环境影响的综合报告》等此类事件的相关报道，使人们产生了对转基因技术所带来的未知事物的担忧和对新技术的不信任感；同时，科学家们也提出了需要对转基因食品的安全性给予更多的研究和关注。

事实上，由于转基因技术用来改造食品的基因通常来源于完全无关的物种，很多是人类极少食用的物种，因此，相对于传统的自然食品而言，存在着不确定的因素和未知的长期效应，其安全性尚有待于进一步的检验。①过敏性反应，据报道，有些转基因生物产品可能含有有毒物质和过敏原，会对人体健康产生不利影响，严重的甚至可以致癌或导致某些遗传疾病。然而，到目前为止，尚无有力证据表明这些改良品种有毒，但一些学者认为，对于基因的人工提炼和添加，可能会增加和积聚食物中原有的微量毒素，这种毒素的积累是个相当长的过程。因此，目前谁也不能确保这些改良品种没有毒。英国科学家普斯陶教授研究发现，经过基因改造的马铃薯对实验老鼠的肝、胃和免疫系统都会造成伤害。虽然他的实验结果有待于进一步证实，但仍可提示人们转基因食品可能有损于人类的健康。针对过敏反应问题，对于一种食物过敏的人，有时还会对一种以前他们不过敏的食物产生过敏，原因就在于这种食品中含有了导致过敏的蛋白质。例如，科学家将玉米的某一段基因加入到核桃、小麦和贝类动物的基因中，那么，以前吃玉米过敏的人就可能对核桃、小麦和贝类食品过敏。②改变营养成分；有研究者认为，外来基因会以一种人们目前还不甚了解的方式破坏食物中的营养成分。例如，美国伦理和毒性中心的实验报告指出，与一般大豆相比，耐除草剂的转基因大豆中，防癌的成分异黄酮减少了。③污染环境，大量的转基因生物进入自然界后很可能会与野生物种杂交，造成基因污染，这种污染对环境及生态系统造成的危害一般难以消除，影响到生物多样性的保护和持续利用。例如，抵抗除莠剂的转基因油菜会使野生芥菜受到传染，致使野生芥菜对除杂草措施不敏感。④改变生态，有些作物插入抗虫或抗真菌的基因可能对其他非目标生物起到作用，从而杀死了环境中有益的昆虫和真菌。有科学家用抗虫转基因的玉米分别饲喂玉米钻心虫和草蛉，实验结果表明，在钻心虫的死亡率高达60%的同时，草蛉的成熟期也比正常时间晚了3d。草蛉是一种益虫，被农民大量繁殖以防治棉铃虫和蚜虫等农业虫害。由此可见，抗虫转基因玉米没有识别益虫和害虫的能力，它在毒杀害虫的同时，也损害了益虫。若大规模地种植抗虫作物可能意味着减少有益昆虫的种群。1999年5月，美国康奈尔大学Losey发现，抗虫害转基因"Bt玉米"的花粉含有毒素，蝴蝶幼虫啃食撒有这种花粉的菜叶后会发育不良，死亡率特别高。因此，科学家认为，植入Bt基因使玉米能够产生杀伤害虫的物质，但也由此有了毒性，可能对生态环境造成不利影响。

二、转基因食品潜在的安全问题

目前，转基因食品的安全性问题主要有两方面：转基因植物的环境安全性和转基因食品的食用安全性。转基因食品的潜在问题有：转基因食物的过敏性，转基因食品的毒性，营养品质改变问题，转基因生物的环境安全性以及转基因技术中存在的伦理道德问题。与之相应的安全性评价的内容包括：外源基因的安全性、基因载体的安全性、转基因过程、基因插入引起的副作用、基因重组的非预期效应、新表达物质的毒性和致敏性、转基因动物的健康状况、转基因食品营养成分分析、转基因食品在膳食中的作用和暴露水平、食品加工过程对食物的影响、对人体抗病能力的影响以及售后去向和消费人群的流行病学调查。

（一）转基因植物的环境安全问题

生态环境是人类可持续发展的物质基础。外来生物入侵，这是一个传统的生物危害问题。目前，绿色产业已经成为各行业的发展方向，环保问题日益重视，转基因食品也不例外。环境安全性评价的核心问题是转基因生物是否会破坏生态环境，打破原有生物种群的动态平衡。

1. 破坏生态系统中的生物种群

生态系统是一个有机的整体，任何部分遭到破坏都会危及整个系统。转基因生物具有较强的生存能力或抗逆性，一旦进入环境中，就会间接伤害生态系统中的其他生物。如植入抗虫基因的农作物会比一般农作物耐病虫的侵扰，长此下去，必将取代原来作物，造成部分物种灭绝，这种问题一般需要经过长期时间才能显现。

2. 转基因生物对非目标生物的影响

释放到环境中的抗虫和抗病类转基因植物，不仅对害虫和病菌致毒外，而且对环境中的许多有益生物也会产生直接或间接的不利影响，甚至导致一些有益生物死亡。此外，转基因生物将增强目标害虫的抗性。例如，转基因抗虫棉对第 1~2 代棉铃虫有很好的抵抗作用，但第 3~4 代棉铃虫已对转基因棉产生抗性，若这种具有转基因抗性的害虫变成具有抵抗性的超级害虫，就需要喷洒更多的农药才能将它们消灭，因此将会对农田和自然生态环境造成更大的危害。1997 年，人们在玉米原产地——墨西哥山区的野生玉米内检测到转基因成分，但转基因玉米的栽培地却是在远离山区几百里之遥的美国境内。另外，如美国的星联（Star link）玉米事件，1998 年美国环保局批准用做动物性饲料的商业化生产，不用于人食用，因为它对人体有致敏性，可能产生皮疹、腹泻。但是 2000 年，在市场上 30 多种玉米食品当中发现了这种玉米的成分，致使美国政府下令把所有的这种转基因玉米收回。

3. 影响生物多样性的问题

保持生物多样性是减少生物遭受疫病侵袭的重要方式。由于转基因作物的优良特性，很多人选择种植，致使某些作物的多样性大大降低。1864 年，爱尔兰马铃薯枯死病造成 100 多万人死亡，数百万人流离失所，究其原因就是当地人只种植 2 个脆弱的土豆品种，一旦发生意外则无法挽救。

4. 基因漂移产生不良后果

转基因作物可能将其抗性基因杂交传递给其野生亲缘种，从而使原本是杂草的野生亲缘种变为无敌杂草。基因漂流的过程很难人为控制，其后果也难以预测。如加拿大用于试验的油菜，起初只具有抗草甘膦、抗草胺膦和抗咪唑啉酮功能中的 1 种功能，后来发现了兼具 3 种功能的油菜，说明这 3 种油菜之间产生了杂交，而这种油菜对周围的植物造成了很大影响。

5. 对天敌产生的影响

自然界本身具有优胜劣汰规则，物种之间也有天然的相互依存关系。由于病虫害的泛滥而不得不借助农药，但是在杀灭害虫的同时这些害虫的天敌也被杀灭，使得病虫害问题日益严重。如今转基因技术虽然解决了病虫害的问题，但不知道是否会给这些害虫的天敌带来不利的影响。

（二）转基因食品的食用安全问题

1. 营养品质和代谢改变

转基因食品中导入的外源基因可能以难以预料的方式改变食品的营养价值和不同营养素的含量，甚至可能引起抗营养因子的改变。例如，美国生产的一种耐除草剂的转基因大豆中的异黄酮就比一般大豆低 12%～14%。此外，由于转基因引起的基因结构、基因产物和基因在功能上的变化，还有基因沉默等基因层次的改变，最后都会部分地影响到代谢水平的改变，从而产生在营养因子和表型上的变化。

2. 抗生素抗性

抗生素抗性标志基因（antibiotic resistance marker genes）在转基因技术中是必不可少的，主要应用于对已转入外源基因生物体的筛选，即转基因植物基因组在插入外源基因时，通常连接了标志基因用于帮助转化子的选择。人类食用了带有抗生素抗性标志基因的转基因食品后，在体内可将抗生素抗性标志基因插入肠道微生物中，并在其中表达，使这些微生物转变为抗药菌株，可能影响口服抗生素的药效，对健康造成危害。如氨基丁卡霉素抗性基因，一旦在环境中释放，该基因就有可能产生突变，出现氨基丁卡霉素抗性失效，影响人类健康。转基因食品中的抗生素抗性标记基因也可能引发人类的医疗风险，是人体健康的潜在威胁。2002 年，英国进行了转基因食品 DNA 的人体残留试验，7 名做过切除大肠组织手术的志愿者，食用过用转基因大豆做成的汉堡包之后，在其小肠肠道的细菌中检测到了转基因 DNA 的残留物。由于在转基因的时候，是用抗生素做标记的。所以认为如果吃了含有这种标记基因的食物，可能使肠道细菌或者是口腔细菌对抗生素产生一种抗性。

3. 潜在毒性

一些研究学者认为，对于基因的人工提炼和添加，可能在达到人们想达到的某些效果的同时，也增加和积聚了食物中原有的微量毒素，此外，抗虫作物残留的毒素和蛋白酶活性抑制剂的叶片、果实和种子等，既然能使咬食其叶片的昆虫的消化系统功能受到损害，就有对人畜产生类似伤害的可能性。转基因食品可能产生毒性主要有以下两种原因。

① 提供基因的生物很可能是不能作为食物的有毒生物，其基因转入作为食品的生物后，产生有毒物质。自然界中任何生物的存在与繁衍都不是以作为人类食物为目的的，而是根据生存的需要和规律生长及代谢。现在已知的植物毒素约 1000 种，绝大部分是植物次生代谢产物。其中，最重要的是生物碱和萜类植物。如千里光碱等双稠吡咯烷、金雀儿碱等双稠哌啶烷类生物碱具有强烈的肝脏毒性和致癌、致畸作用。

② 新基因的转入打破了原来生物基因的"管理体制"，使一些产生毒素的沉默基因启

动，产生有毒物质。

4. 潜在的过敏原

转基因食品引起食物过敏的可能性是人们关注的焦点之一。转基因食品产生过敏的原因可能是：转基因操作将供体过敏原的特性转移到受体动植物体内；许多转基因植物以微生物为基因供体，这些供体是否具有过敏性尚不清楚；一些非食物源的基因或新的基因组合可能产生过敏原；转基因食品本身中含有的一些过敏原如花生、小麦、鸡蛋、牛奶、坚果、豆类、鱼等所含有的蛋白质。上述因素均会激发一些易感消费者出现过敏反应。全世界约有2%的人群对某些事物成分过敏。

转基因食品可能产生过敏性的情况有：①已知所转外源基因能编码过敏蛋白质。②外源基因转入后能产生过敏蛋白质。例如，巴西坚果中有一种蛋白质富含甲硫氨酸和半胱氨酸，1996年，美国先锋种子公司将该基因转到大豆中进行品质改良。然而，研究发现，对巴西坚果有过敏反应的人因为含有这一蛋白质，将其转基因到大豆中检验，发现对巴西坚果过敏的人对这种转基因大豆也过敏。③转基因食品产生的蛋白质与过敏蛋白质的氨基酸序列有明显的同源性。④转基因表达蛋白质为过敏蛋白质的家族成员。

三、转基因食品安全性的争论

目前，国际上对转基因食品的安全性问题尚无定论。关于转基因食品对人类健康是否有不良影响，转基因技术对环境、物种的进化是否有影响等仍存在争议。

转基因食品的支持派认为，迄今为止并未发现转基因食品危害人体健康和环境的确切证据，有关它们的长远影响还只能做推论。反对者则认为其具极大的潜在危险；可能损害人类的免疫系统；可能产生过敏综合征；可能对人类有毒性；对环境生态系统有害，对人类和人体存在未知的危害等。在转基因食品最发达的美国，曾有些大食品公司也因其产品被检出含有转基因食品配料（转基因大豆和转基因玉米）而遇到麻烦。

从目前来看，转基因技术的任何所谓不良影响都仅限于理论和可能性，而它的诸多优势及前景已经展示在人们面前。然而，针对转基因食品安全性的争论，除了对转基因作物安全性的认识不同外，国家之间、经济组织之间和商家之间的经济利益冲突等也是重要的影响因素。

参 考 文 献

[1] Pechan P，de Vries G E. 转基因食品．[M]. 北京：中国纺织出版社，2008.
[2] 陈有容，王华．基因工程和转基因食品的安全性问题[J]. 食品科学，2002，23（12）：145-149.
[3] 丁晓雯，柳春红．食品安全学．[M]. 北京：中国农业大学出版社，2011.
[4] 邵学良，刘志伟．基因工程在食品工业中的应用[J]. 生物技术通报，2009，（7）：1-4.
[5] 李顺．对转基因食品安全性的探讨[J]. 魅力中国，2013，（6）：34-35.
[6] 秦伟闻，邢莲莲．转基因食品安全性问题研究进展[J]. 内蒙古农业科技，2006，（1）：51-54.

第二篇　食品安全评价方法

第八章　食品安全性评价

20 世纪 90 年代以来，国外不断发生食品安全恶性事件。首先是英国暴发疯牛病、口蹄疫，迅速席卷欧洲，并传入拉丁美洲、海湾地区和亚洲；后是比利时二噁英污染畜禽产品。21 世纪初，英国、泰国、越南等国又暴发口蹄疫、禽流感等。发展中国家每年因食品安全问题有 300 万人死亡，发达国家有 30％ 的人口受到食源性疾病的困扰。

就我国而言，由于受主、客观等多种因素的影响，食品安全事件也时有发生，如广东河源的"瘦肉精"事件、南京汤山的"毒鼠强"事件、海城豆奶事件、阜阳奶粉事件、龙口粉丝事件、广州假酒案和"苏丹红Ⅰ号"事件等；2006 年下半年，暴发的福寿螺致病案、人造蜂蜜事件、毒猪油事件、"口水油"、"沸腾鱼"事件、"瘦肉精"中毒、"苏丹红"鸭蛋、"嗑药"的多宝鱼和有毒的桂花鱼事件、毒烧烤和陈化粮事件等；2007 年，肯德基"滤油粉"事件等。这些食品安全问题的发生，已成为社会舆论关注的热点。

食品安全性评价（assessment on food safety）是指对食品及其原料进行污染源、污染种类和污染量的定性、定量评定，确定其食用安全性，并制定切实可行的预防措施的过程，在食品安全性研究、监控和管理上具有重要意义。评价体系包括各种检验规程、卫生标准的建立和对人体潜在危害性的评估。常用的卫生指标有安全系数、最高残留限量、日许量、休药期、细菌数量、大肠菌群最近似数、致病性微生物和食品安全风险性评估等，通过这些指标可以有效地评价食品对人体的安全性。

现代食品安全性评价除了必须进行传统的毒理学评价外，还需要进行人体研究、残留量研究、暴露量研究、膳食结构和摄入风险性评价等。1995 年，国际食品法典委员会（CAC）在食品安全性评价中提出了风险分析（risk analysis）的概念，并将风险分析分为风险性评价（risk assessment）、风险控制（risk management）和风险信息交流（risk communication）。其中，风险性评价在食品安全性评价中占中心位置。

食品中具有的危害通常称为食源性危害（foodborne hazards）。食源性危害主要分为物理性、化学性以及生物性危害 3 类。食品安全性评价主要目的是评价某种食品是否可以安全食用。具体而言，就是评价食品中有关危害成分或者危害物质的毒性以及相应的风险程度，这就需要利用足够的毒理学资料确认这些成分或物质的安全剂量。食品安全性评价在食品安全性研究、监控和管理方面具有重要的意义，是风险分析的基础。

食品安全的评价体系以及相应的判定指标是判别某类食品是否安全的首要条件。内容包括有害物质的种类，有害物质在各类食品中的分布状况，对于一般人群每日摄入大量的某类食品不会造成不良影响或者不良影响微弱等，而这些都要进行深入的毒理学研究才能确定。

第一节　食品安全性评价的发展历程

为了保证人类健康、生态平衡，早在几千年前人类就懂得运用法律手段来维护公共卫生以及自身的健康和安全。例如，公元前18世纪，古巴比伦王国第六代国王汉谟拉比颁布了著名的《汉谟拉比法典》，其中有涉及水源、空气污染、食品清洁等方面的条文。

随着新的食品资源的不断开发，食品品种不断增加，生产规模逐渐扩大，运输等环节增多，消费方式趋于多样化，人类食物链变得更为复杂。食品安全可能存在于食物链的各个环节，主要表现在以下几个方面：①生物性危害，主要是由细菌和病毒引起的食源性疾病。此外，自然疫源性寄生虫污染也是造成食品不安全的因素之一；②化学性危害，主要是重金属、农药、兽药及其他化学物质（如食品添加剂和化肥）等污染食品；③营养不平衡，因过多摄入能量、脂肪、蛋白质、糖、盐和低摄入膳食纤维、某些矿物质和维生素等，引起患高血压、冠心病、肥胖症、糖尿病和癌症等疾病人数增加；④加工、贮藏和包装过程，如食品烹饪过程中因高温而产生毒性极强的致癌物质多环芳烃、杂环胺。食品加工使用的机械管道、橡胶管、铝制容器及各种包装材料等，都有可能将有毒物质带入食品；另外，食品贮藏过程产生的过氧化物、龙葵素和醛、酮类化合物等，也给食品带来了很大的安全性问题。

目前，世界各国对食品安全日益重视，相关的法律、法规日益严格。对发生食品安全事故的卫生行政执法和处罚要以法律、法规为准绳，而安全毒理学评价则是做出这些裁决的基础。例如，1999年，欧洲四国发生了二噁英污染食物事件，包括我国在内的许多国家做出拒绝进口可疑污染食品的决定，这个决定即是以安全性毒理学评价资料为依据做出的裁决。

食品安全性评价是在人体试验和判断识别的基础上发展起来的，经历了从观察到科学分析的转变。早期科学家由于缺少有效检测食品物质对人体是否有害的方法手段，因此，主要是通过观察来进行。然而，在对食品安全性化学和生物影响的进一步认识中，科学家们发现单从观察得出正确的结论存在一定的困难。传统毒理学试验只能从急性毒性试验到慢性毒性试验，从定性到定量解决化学物质的安全性评价，这也是早期的食品中化学污染物的定量评价，却解决不了食品安全性评价所要求的全部问题。

随着现代基因工程技术应用于食品以及新的动植物食品物种的发展，人们开始认识到非定量现象对评价的应用，如行为、情感等。因此，建立一种有别于添加剂等化学物质评价的评价食品安全性的方法显得更为重要，一种区别于化学物质评价的途径随之提出（见表8-1）。

表 8-1　食品安全性试验策略

序　号	项　　目	内　　容
1	化学分析	识别化合物 类型确认
2	体外模型	非哺乳动物系统(即致突变试验) 哺乳动物组织模型,包括标准物质的代谢改变

続表

序 号	项 目	内 容
3	计算机模拟	活性-结构关系（SAR） 动力学模型
4	传统的安全性试验	对标准试验物质的影响 对应激系统的影响
5	人体研究	比较分子学、药物动力学和药物动态学模型 对标准试验物质的影响 对应激系统的影响

由表 8-1 可见，现代食品安全性评价除了进行传统的毒理学评价外，还需有人体研究、残留量研究、暴露量研究、消费水平（膳食结构）和摄入风险评价等。把化学物质评价、毒理学评价、微生物学评价和营养学评价统一起来是目前食品安全性评价的发展趋势。

食品安全性评价工作是一个新兴的领域。由于政治、经济、历史、文化的差异，世界各国虽对食品安全性评价的要求有所不同，但对化学、生物毒物进行安全性评价却是各国相应的法律、法规的基本要求。列入食品安全性评价的物质范围将会大大拓宽，各类法律、法规随着社会的发展将不断得到修订和完善，因此，进行食品安全性评价必须严格遵照最新的法律、法规。各国对食品中化学、生物物质进行安全性评价均以人类食用相对安全为前提。在我国，对不同物质进行安全性评价中，对安全性的要求是指我国法律、法规、食品安全标准允许下的安全，指我国社会发展到现阶段所能接受的危险度水平。

第二节　食品中危害成分的毒理学评价

为了确保食品安全和人体健康，研究食品污染因素的性质和作用，检测其在食品中的含量水平，控制食品质量，需要对食品进行安全性评价。食品安全性评价主要是阐明某种食品是否可以安全食用，食品中有关危害成分或物质的毒性及其风险大小，利用毒理学评价、人体研究、残留量研究、暴露量研究、膳食结构和摄入风险评价等，确认该物质的安全剂量，以便通过风险评估进行风险控制。食品安全性评价是一个新兴的领域，评价标准和方法将会不断发展和完善。

食品安全性毒理学是应用毒理学方法研究食品中可能存在或混入的有毒、有害物质对人体健康的潜在危害及其作用机理的一门学科；包括急性食源性疾病以及具有长期效应的慢性食源性危害；涉及从食物的生产、加工、运输、贮存及销售的全过程的各个环节，食物生产的工业化和新技术的采用，以及对食物中有害因素的新认识。研究的外源化学物，除包括工业品及工业使用的原材料、食品色素与添加剂、农药等传统的物质外，近来又出现了二噁英、氯丙醇、丙烯酰胺、疯牛病、兽药（包括激素）残留、霉菌毒素污染等新的毒理学问题。在食品加工过程中，有时可以形成多种污染物。另外，还须指出的是维持人类正常生理所必需的营养素，如各种维生素、必需微量元素，甚至脂肪、蛋白质和糖等的过量摄取也可以引发某些毒副作用，尤其是一些微量元素，因此，在食品毒理学领域研究外源化学物的同时，也应研究必需营养素过量摄入所引起的毒性作用。

传统的毒理学评价一般是以实验动物为模型，研究实验动物接触外源化学物质后所发生的毒性效应，然后将动物试验的结果外推至人进行评价。随着科学技术的进步和科研水平的提高，一些新技术如基因重组、克隆技术、核酸杂交技术、PCR 技术、DNA 测序技术和一系列突变检测技术，以及近年来发展的荧光原位杂交技术、流式细胞技术、单细胞凝胶电泳以及转基因动物等用于环境致癌物引起的 DNA 损伤、基因突变、加合物的形成、与抑癌基因的检测等已广泛应用于我国的各项食品安全性毒理学评价中。

一、食品毒理学及其安全性评价程序

（一）食品毒理学的概念与研究内容

食品毒理学（food toxicology）是借用基础毒理学的基本原理和方法，研究食品中外源化学物的性质、来源与形成，以及它们的不良作用与机制，并确定这些物质的安全限量和评定食品的安全性的科学。食品毒理学是毒理学的基础知识和研究方法在食品科学中的应用，研究食品中有毒有害物质的性质、来源及对人体损害的作用与机制，评价其安全性并确定这些物质的安全限量以及提出预防管理措施，是现代食品卫生学的一个重要组成部分。

食品毒理学的研究对象是食品中的外源化学物。外源化学物是指在人类生活的外界环境中存在，可能与机体接触并进入机体，在体内呈现一定的生物学作用的一些化学物质。它既包括在食品生产、加工中人类使用的物质，如农药、除草剂、食品添加剂、各种环境污染物、动物用抗生素等，也包括食物本身生长中存在的物质，如动物毒素和植物毒素。与外源化学物相对的概念是内源化学物，内源化学物是指机体内原已存在的和代谢过程中所形成的产物或中间产物。

食品毒理学是食品安全性评价的基础，研究的是食品中的外源化学物及其与机体相互作用的一般规律，它的作用就是从毒理学的角度研究食品中可能含有的外源化学物至对食用者的致毒作用和机理，检验和评价食品（包括食品添加剂）的安全性或安全范围，制定相应的安全标准。研究内容主要包括以下几个方面。

（1）食品中外源化学物的性质、来源和分类。理化性质包括溶解度、解离度、旋光度等。食品中外源化学物根据其来源分为天然物、衍生物、污染物和添加剂等四大类。天然物是动、植物本身固有的；衍生物是食物在贮存和加工烹调过程中产生的；污染物和添加剂都属于外来的。

（2）食品中的外源化学物与机体相互作用的一般规律。包括外源化学物进入机体的途径、机体对外源化学物的处置（吸收、分布、代谢、排泄）、外源化学物对机体的毒性作用和机制、毒性作用的影响因素等。

（3）食品中的外源化学物在体内的代谢过程、对机体的损害机理。研究各种有代表性的主要外源化学物（如动植物食品中天然毒素、生物毒素、食品工业中的污染物、农药残留、食品添加剂、食品加工过程中的有毒产物）在机体的代谢过程和对机体毒性危害及其机理。

（4）食品中的外源化学物安全性毒理学评价程序和方法。

（二）食品安全性毒理学评价程序

食品安全性毒理学评价，是利用规定的毒理学程序和方法，从毒理学角度对食品中某种物质对机体的毒性和潜在的危害进行安全性评价。实际上是在了解食品中某种物质的毒性及危害性的基础上，全面权衡其利弊和实际应用的可能性，从而确保该物质的最大效益、对生态环境和人类健康最小危害性，对该物质能否生产和使用作出判断或寻求人类的安全接触条件。

我国对食品毒理学评价是按照食品安全国家标准 GB 15193.1—2003《食品安全性毒理

学评价程序》执行的。该标准从受试物的要求、食品安全性毒理学评价试验内容、对不同受试物选择毒性试验的原则、食品安全性毒理学评价试验的目的和结果判定、进行食品安全性评价时需要考虑的因素等方面规定了食品安全性毒理学评价的程序，适用于评价食品生产、加工、保藏、运输和销售过程中所涉及的可能对健康造成危害的化学、生物和物理因素的安全性，检验对象包括食品及其原料、食品添加剂、新资源食品、辐照食品、食品相关产品（用于食品的包装材料、容器、洗涤剂、消毒剂和用于食品生产经营的工具、设备）以及食品污染物。

1. 受试物的要求

① 应提供受试物的名称、批号、含量、保存条件、配制方法、原料来源、生产工艺、质量规格标准、人体推荐（可能）摄入量等有关资料。

② 对于单一的化学物质，应提供受试物（必要时包括其杂质）的物理、化学性质（包括化学结构、纯度、稳定性等）。对于配方产品，应提供受试物的配方，必要时应提供受试物各组分成分的物理、化学性质（包括化学名称、化学结构、纯度、稳定性、溶解度等）有关资料。

③ 受试物是配方产品，应是规格化产品，其组成成分、比例及纯度应与实际应用的相同。

2. 食品安全性毒理学评价试验内容及其目的

食品安全性毒理学评价试验分四个阶段，目的是以最短的时间、最经济的方法取得最可靠的结果。

① 急性经口毒性试验：指一次给予受试物或在短期内多次给予受试物所产生的毒性反应，包括霍恩氏法、限量法、上-下法、寇氏法、概率单位-对数图解法、急性联合毒性试验法。试验目的是了解受试物的急性毒性强度、性质和可能的靶器官，测定 LD_{50}（半数致死量），为进一步进行毒性试验的剂量和毒性观察指标的选择提供依据，并根据 LD_{50} 进行急性毒性剂量分级。LD_{50} 是指受试动物经口一次或在 24h 内多次染毒后，能使受试动物中有半数（50％）死亡的剂量，单位为 mg/kg 体重。LD_{50} 是衡量化学物质急性毒性大小的基本数据。

② 遗传毒性试验：了解受试物的遗传毒性以及筛查受试物的潜在致癌作用和细胞致突变性。试验内容包括细菌回复突变试验、体内哺乳动物红细胞微核试验、哺乳动物骨髓细胞染色体畸变试验、小鼠精原细胞/精母细胞染色体畸变试验、体外哺乳类细胞 HGPRT 基因突变试验、体外哺乳类细胞 TK 基因突变试验、体外哺乳动物细胞染色体畸变试验、啮齿动物显性致死试验、哺乳动物细胞 DNA 损伤修复/非程序性 DNA 合成体外试验、果蝇伴性隐性致死试验。遗传毒性试验组合一般应遵循原核细胞与真核细胞、体内试验与体外试验相结合的原则。

③ 28d 经口毒性试验：初步评价受试物的安全性。在急性毒性试验的基础上，进一步了解受试物毒作用性质、剂量-反应关系和可能的靶器官，得到 28d 经口未观察到有害作用剂量，为下一步较长期毒性和慢性毒性试验剂量、观察指标、毒性终点的选择提供依据。

④ 90d 经口毒性试验：观察受试物以不同剂量水平经较长期喂养后对实验动物的毒作用性质、剂量-反应关系和靶器官，得到 90d 经口未观察到有害作用剂量，为慢性毒性试验剂量选择和初步制定人群安全接触限量标准提供科学依据。

⑤ 致畸试验：了解受试物是否具有致畸作用和发育毒性，并可得到致畸作用和发育毒

性的未观察到有害作用剂量。

⑥ 生殖毒性试验/生殖发育毒性试验：了解受试物对实验动物繁殖及对子代的发育毒性，如性腺功能、发情周期、交配行为、妊娠、分娩、哺乳和断乳以及子代的生长发育等。得到受试物的未观察到有害作用剂量水平，为初步制定人群安全接触限量标准提供科学依据。

⑦ 毒物动力学试验：了解受试物在体内的吸收、分布和排泄速度；为选择慢性毒性试验的合适实验动物种系提供依据；了解代谢产物的形成情况。

⑧ 慢性毒性试验和致癌试验：了解经长期接触受试物后出现的毒性作用以及致癌作用；确定未观察到有害作用剂量，为受试物能否应用于食品的最终评价和制定健康指导值提供依据。

3. 对不同受试物选择毒性试验的原则

① 凡属我国首创的物质，特别是化学结构提示有潜在慢性毒性、遗传毒性或致癌性或该受试物产量大、使用范围广、人体摄入量大，应进行系统的毒性试验，包括急性经口毒性试验、遗传毒性试验、90d 经口毒性试验、致畸试验、生殖发育毒性试验、毒物动力学试验、慢性毒性试验和致癌试验（或慢性毒性和致癌合并试验）。

② 凡属与已知物质（指经过安全性评价并允许食用者）的化学结构基本相同的衍生物或类似物，或在部分国家和地区有安全食用历史的物质，则可先进行急性经口毒性试验、遗传毒性试验、90d 经口毒性试验和致畸试验，根据试验结果判定是否需进行毒物动力学试验、生殖毒性试验、慢性毒性试验和致癌试验等。

③ 凡属已知的或在多个国家有食用历史的物质，同时申请单位又有资料证明申报受试物的质量规格与国外产品一致，则可先进行急性经口毒性试验、遗传毒性试验和 28d 经口毒性试验，根据试验结果判断是否进行进一步的毒性试验。

4. 食品安全性评价时需要考虑的因素

① 试验指标的统计学意义、生物学意义和毒理学意义：对实验中某些指标的异常改变，应根据试验组与对照组指标是否有统计学差异、其有无剂量反应关系、同类指标横向比较、两种性别的一致性及本实验室的历史性对照值范围等，综合考虑指标差异有无生物学意义，并进一步判断是否具毒理学意义。

② 人的推荐（可能）摄入量较大的受试物：应考虑给予受试物量过大时，可能影响营养素摄入量及其生物利用率，从而导致某些毒理学表现，而非受试物的毒性作用所致。

③ 时间-毒性效应关系：对由受试物引起实验动物的毒性效应进行分析评价时，要考虑在同一剂量水平下毒性效应随时间的变化情况。

④ 特殊人群和易感人群：对孕妇、乳母、或儿童食用的食品，应特别注意其胚胎毒性或生殖发育毒性、神经毒性和免疫毒性等。

⑤ 人群资料：由于存在着动物与人之间的物种差异，在评价食品的安全性时，应尽可能收集人群接触受试物后的反应资料，如职业性接触和意外事故接触等。在确保安全的条件下，可以考虑遵照有关规定进行人体试食试验，并且志愿者受试者的体内毒物动力学/代谢资料对于将动物试验结果推论到人具有很重要的意义。

⑥ 动物毒性试验和体外实验资料：各项动物毒性试验和体外试验系统是目前毒理学评价水平下所得到的最重要的资料，也是进行安全性评价的主要依据，在试验得到阳性结果，而且结果的判定涉及受试物能否应用于食品时，需要考虑结果的重复性和剂量-反应关系。

⑦ 不确定系数：即安全系数。将动物毒性试验结果外推到人时，鉴于动物与人的物种和个体之间的生物学差异，不确定系数通常为100，但可根据受试物的原料来源、理化性质、毒性大小、代谢特点、蓄积性、接触的人群范围、食品中的使用量和人的可能摄入量、使用范围及功能等因素来综合考虑其安全系数的大小。

⑧ 毒物动力学试验的资料：毒物动力学试验是对化学物质进行毒理学评价的一个重要方面，因为不同化学物质、剂量大小，在毒物动力学/代谢方面的差别往往对毒性作用影响很大。在毒性试验中，原则上应尽量使用与人具有相同毒物动力学/代谢模式的动物种系来进行试验。研究受试物在实验动物和人体内吸收、分布、排泄和生物转化方面的差别，对于将动物试验结果外推到人和降低不确定性具有重要意义。

⑨ 综合评价：在进行综合评价时，应全面考虑受试物的理化性质、结构、毒性大小、代谢特点、蓄积性、接触的人群范围、食品中的使用量与使用范围、人的推荐（可能）摄入量等因素，对于已在食品中应用了相当长时间的物质，对接触人群进行流行病学调查具有重大意义，但往往难以获得剂量-反应关系方面的可靠资料；对于新的受试物质，则只能依靠动物试验和其他试验研究资料。然而，即使有了完整和详尽的动物试验资料和一部分人类接触的流行病学研究资料，由于人类的种族和个体差异，也很难做出能保证每个人都安全的评价。

食品安全性是相对的，在进行最终的食品安全性毒理学评价时，应在受试物可能对人体健康造成的危害以及其可能的有益作用之间进行权衡。安全性评价的依据不仅仅是安全性毒理学试验的结果，而且与当时的科学水平、技术条件以及社会经济、文化因素有关。因此，随着时间的推移，社会经济的发展，科学技术的进步，有必要对已通过评价的受试物需要进行重新评价。

二、保健食品安全性毒理学评价

（一）保健食品及其安全性

保健食品（health food）是指不以治疗疾病为目的，具有特定保健功能或者以补充维生素、矿物质为目的的食品，适宜于特定人群食用，具有调节机体功能，对人体不产生任何急性、亚急性或者慢性危害。不同国家对保健食品的称谓不同：美国称营养增补剂，日本称功能性食品，欧盟称健康食品。

营养素补充剂是保健食品的一种，科学合理利用营养素补充剂可明显降低医疗费用开支，对于处于亚健康状态的中老年人，可提高其生存质量。目前我国规定的营养素补充剂仅限于维生素类和矿物质。由于市售的产品质量缺乏监管，企业用于报批的送检产品与最终市场销售的定型产品不一致，造成产品的营养素含量不稳定，故应特别关注长期过量补充微量营养素产生的蓄积作用和毒性，尤其是同时长期服用多种营养素产品时，过量的危险性明显增大。

保健食品按照食用目的分为两类：一类是以调节人体机能为目的的功能类产品；另一类是以补充维生素、矿物质为目的的营养素补充剂类产品。

保健食品具有食品和功能双重属性。首先，保健食品必须是食品，符合普通食品的基本要求，对人体不产生任何急性、亚急性或慢性危害；其次，保健食品应有特定的保健功能，可满足部分特定人群的特殊生理机能的调节需要。保健食品应通过科学实验（功效成分定性、定量分析，动物或人群功能试验），证实确有有效的功效成分和有明显、稳定的调节人体机能机体的作用。所以，保健食品不是药品，不能以治疗疾病为目的，不能取代药物对病人的治疗作用。《中华人民共和国食品安全法》（简称《食品安全法》）规定，国家对声称具有特定保健功能的食品实行严格监管。

目前，我国保健食品原料的安全性是建立在长期食用、药用经验基础上，缺少系统全面的毒理学研究资料，尤其是改变了传统食用方式的产品。在注重对保健食品原料的安全评估时需要考虑"三致"（致癌、致畸、致突变）问题和慢性毒性。应该对配伍的模式进行毒性研究，加强原料中有害成分的鉴定与毒研究，权衡与判定其有益与有害作用。但目前我国缺乏对保健食品原料成分安全性评价的方法体系，因此，保健食品主要原料的安全性已成为十分重要的食品安全问题。

（二）保健食品安全性毒理学评价程序和方法

对于保健食品安全性毒理学评价，应遵循《保健食品安全性毒理学评价规范》和《保健食品安全性毒理学评价规范》，由评价程序和评价方法两部分组成。

1. 评价程序

保健食品安全性毒理学评价程序规定了毒理学评价的统一规程。主要内容包括对受试物的要求、对受试物处理的要求、保健食品安全性毒理学评价试验的四个阶段和内容、不同保健食品选择毒性试验的原则要求、保健食品安全性毒理学评价试验的目的和结果判定、保健食品安全性毒理学评价时应考虑的问题等。

保健食品安全性毒理学评价时，要求对受试物进行不同的试验时应针对试验的特点和受试物的理化性质进行相应的样品处理，针对不同情况采取不同的处理方法。

① 介质的选择：介质是帮助受试物进入试验系统或动物体内的重要媒介。应选择适合于受试物的溶剂、乳化剂或助悬剂。所选溶剂、乳化剂或助悬剂本身应不产生毒性作用，与受试物各成分之间不发生化学反应，且保持其稳定性。一般可选用蒸馏水、食用植物油、淀粉、明胶、羧甲基纤维素等。

② 人的可能摄入量较大的受试物处理：如受试物人的可能摄入量较大，在按其摄入量设计试验剂量时，往往会超过动物的最大灌胃剂量或超过掺入饲料中的规定限量（10%，质量分数），此时可允许去除既无功效作用又无安全问题的辅料部分（如淀粉、糊精等）后进行试验。

③ 袋泡茶类受试物的处理：可用该受试物的水提取物进行试验，提取方法应与产品推荐饮用的方法相同。如产品无特殊推荐饮用方法，可采用以下提取条件进行：常压，温度80～90℃，浸泡时间30min，水量为受试物重量的10倍或以上，提取2次，将提取液合并浓缩至所需浓度，并标明该浓缩液与原料的比例关系。

④ 膨胀系数较高的受试物处理：应考虑受试物的膨胀系数对受试物给予剂量的影响，依此来选择合适的受试物给予方法（灌胃或掺入饲料）。

⑤ 液体保健食品需要进行浓缩处理时，应采用不破坏其中有效成分的方法。可使用温度60～70℃减压或常压蒸发浓缩、冷冻干燥等方法。

⑥ 含乙醇的保健食品的处理：推荐量较大的含乙醇的保健食品，在按其推荐量设计试验剂量时，如超过动物最大灌胃容量时，可以进行浓缩。乙醇浓度低于15%（体积分数）的受试物，浓缩后的乙醇应恢复至受试物定型产品原来的浓度。乙醇浓度高于15%的受试物，浓缩后应将乙醇浓度调整至15%，并将各剂量组的乙醇浓度调整至15%。当进行

Ames 试验和果蝇试验时应将乙醇去除。在调整受试物的乙醇浓度时，原则上应使用该保健食品的酒基。

⑦ 含有人体必需营养素等物质的保健食品的处理：如产品配方中含有某一毒性明显的人体必需营养素（如维生素 A、硒等），在按其推荐量设计试验剂量时，如该物质的剂量达到已知的毒作用剂量，在原有剂量设计的基础上，则应考虑增加去除该物质或降低该物质剂量（如降至最大未观察到有害作用剂量，NOAEL）的受试物剂量组，以便对保健食品中其他成分的毒性作用及该物质与其他成分的联合毒性作用做出评价。

⑧ 益生菌等微生物类保健食品处理：益生菌类或其他微生物类保健食品在进行 Ames 试验或体外细胞试验时，应先将微生物灭活后再进行。

⑨ 以鸡蛋等食品为载体的特殊保健食品的处理：在进行喂养试验时，允许将其加入饲料，并按动物的营养需要调整饲料配方后进行试验。

不同保健食品选择毒性试验的原则要求如下：

① 以普通食品和卫生部规定的药食同源物质以及允许用做保健食品的物质以外的动植物或动植物提取物、微生物、化学合成物等为原料生产的保健食品，应对该原料和用该原料生产的保健食品分别进行安全性评价。

② 以卫生部规定允许用于保健食品的动植物或动植物提取物或微生物（普通食品和卫生部规定的药食同源物质除外）为原料生产的保健食品，应进行急性毒性试验、三项致突变试验和 30d 喂养试验，必要时进行传统致畸试验和第三阶段毒性试验。

③ 以普通食品和卫生部规定的药食同源物质为原料生产的保健食品，分情况确定试验内容。

④ 用已列入营养强化剂或营养素补充剂名单的营养素的化合物为原料生产的保健食品，如其原料来源、生产工艺和产品质量均符合国家有关要求，一般不要求进行毒性试验。

⑤ 针对不同食用人群和（或）不同功能的保健食品，必要时应针对性地增加敏感指标及敏感试验。

2. 评价方法

保健食品安全性毒理学评价方法规定了安全性毒理学评价试验的项目和方法。评价试验的项目包括急性毒性试验、鼠伤寒沙门氏菌/哺乳动物微粒体酶试验、骨髓细胞微核试验、哺乳动物骨髓细胞染色体畸变试验、小鼠精子畸变试验、小鼠睾丸染色体畸变试验、显性致死试验、非程序性 DNA 合成试验、果蝇伴性隐性致死试验、体外哺乳类细胞基因突变试验、TK 基因突变试验、30d 和 90d 喂养试验、致畸试验、繁殖试验、代谢试验、慢性毒性和致癌试验、每日容许摄入量（ADI）的制定、致突变物致畸物和致癌物的处理方法等。

现代毒理学研究认为，传统的毒理学安全评价指标有一定局限性，保健食品含有功效成分，采用一套方法难以评价结构和功能不同的物质，应引入个案评估的原则，了解其作用的机制将有助于安全评价。

三、新资源食品安全性毒理学评价

（一）新资源食品及其安全性

根据 2007 年 12 月 1 日施行的《新资源食品管理办法》的有关规定，新资源食品包括：在我国无食用习惯的动物、植物和微生物以及从中分离出来的食品原料；在食品加工过程中使用的微生物新品种；因采用新工艺生产导致原有成分或者结构发生改变的食品原料等。

新资源食品的安全性主要涉及微生物来源的新资源食品的安全性、膳食纤维的安全性、食品工业用菌种的安全性等。

1. 微生物来源的新资源食品的安全性

① 单细胞蛋白（single-cell protein，SCP）：即细菌、真菌和某些低等藻类生物在其生长过程中制造的丰富的微生物菌体蛋白，是一种工业上生产并用于人类食品或动物饲料的菌体蛋白，菌的病原性、感染性、遗传毒性等均需要经过长期而充分的评价。

② 微生物油脂（microbial oil）：通常微生物细胞含有 2%～3% 的油脂，称为单细胞油脂（single cell oil，SCO）。有些菌类（如分枝细菌、棒状菌、诺卡氏菌等）存在潜在的有毒物质，必须保证利用它们批量生产单细胞油脂的安全性。

2. 膳食纤维的安全性

膳食纤维（dietary fibre，DF）是一种具有多种生理功能的多糖类物质，对预防某些疾病和保障人体健康起着极其重要的作用。但是，过量摄入膳食纤维会产生一些副作用，如腹胀、腹泻、腹痛，较少见的副作用如肠道内形成纤维粪石而引起肠梗阻。同时，摄入过多的膳食纤维还可能影响维生素和微量元素的吸收。

3. 食品工业用菌种的安全性

食品工业用菌种的安全性关系到消费者的生命安全。食品工业用菌的安全性评价应包括两方面内容：①菌种本身对人和动物有无致病性；②是否产生对人和动物健康造成危害的有毒代谢产物或活性物质。二者缺一不可。中国疾病预防控制中心营养与食品安全研究所综合微生物学、毒理学和分析化学等研究结果，不定期提出可安全使用的食品工业用菌菌种名单，并由卫生部正式公布，成为利用微生物生产食品的评价依据。

食品工业用微生物酶制剂也存在安全问题。酶制剂常含有培养基残留物、无机盐、防腐剂、稀释剂等；在生产过程中还可能受到沙门氏菌、金黄色葡萄球菌等的污染；酶制剂还可能含有生物毒素；培养基中添加无机盐时可能混入汞、铜、铅、砷等有毒元素，也会给酶制剂产品的安全性带来隐患。另外，通过基因重组等高新技术改造的基因工程菌种，虽开拓了酶制剂的发展空间，但由于这项技术及其应用尚未十分完善，对菌种的安全性评价问题尚待解决，酶制剂产品使用的安全性也无法在短期内确证。所以，利用基因重组甚至转基因技术改造菌种生产酶制剂时，要充分评价该技术的安全性和可靠性，由此而产生的对人体健康的影响也要经长期的考察。

（二）新资源食品安全性毒理学评价程序

我国《食品安全法》对新资源食品的安全性评价有明确的规定。申请利用新的食品原料从事食品生产或者从事食品添加剂新品种、食品相关产品新品种生产活动的单位或者个人，应当向国务院卫生行政部门提交相关产品的安全性评估材料。《新资源食品管理办法》规定：卫生部建立新资源食品安全性评价制度，制定和颁布新资源食品安全性评价规程、技术规范和标准、卫生部新资源食品专家评估委员会负责新资源食品安全性评价工作；新资源食品安全性评价采用危险性评估和实质等同原则。

毒理学试验是评价新资源食品安全性的必要条件，根据申报新资源食品在国内外安全食用历史和各个国家的批准应用情况，并综合分析产品的来源、成分、食用人群和食用量等特点，开展不同的毒理学试验，新资源食品在人体可能摄入量下对健康不应产生急性、慢性或其他潜在的健康危害。

(1) 国内外均无食用历史的动物、植物和从动物、植物及其微生物分离的以及新工艺生产的导致原有成分或结构发生改变的食品原料，原则上应当评价急性经口毒性试验、三项致突变试验（Ames试验、小鼠骨髓细胞微核试验和小鼠精子畸形试验或睾丸染色体畸变试验）、90d经口毒性试验、致畸试验和繁殖毒性试验、慢性毒性和致癌试验及代谢试验。

(2) 仅在国外个别国家或国内局部地区有食用历史的动物、植物和从动物、植物及其微生物分离的以及新工艺生产的导致原有成分或结构发生改变的食品原料，原则上评价急性经口毒性试验、三项致突变试验、90d经口毒性试验、致畸试验和繁殖毒性试验；但若根据有关文献资料及成分分析，未发现有毒性作用和有较大数量人群长期食用历史而未发现有害作用的新资源食品，可以先评价急性经口毒性试验、三项致突变试验、90d经口毒性试验和致畸试验。

(3) 已在多个国家批准广泛使用的动物、植物和从动物、植物及微生物分离的以及新工艺生产的导致原有成分或结构发生改变的食品原料，在提供安全性评价资料的基础上，原则上评价急性经口毒性试验、三项致突变试验、30d经口毒性试验。

(4) 国内外均无食用历史且直接供人食用的微生物，应评价急性经口毒性试验/致病性试验、三项致突变试验、90d经口毒性试验、致畸试验和繁殖毒性试验。仅在国外个别国家或国内局部地区有食用历史的微生物，应进行急性经口毒性试验/致病性试验、三项致突变性试验、90d经口毒性试验；已在多个国家批准食用的微生物，可进行急性经口毒性试验/致病性试验、三项致突变试验。作为新资源食品申报的细菌应进行耐药性试验。申报微生物为新资源食品的，应当依据其是否属于产毒菌属而进行产毒能力试验。大型真菌的毒理学试验按照植物类新资源食品进行。

(5) 根据新资源食品可能潜在的危害，必要时选择其他敏感试验或敏感指标进行毒理学试验评价，或者根据新资源食品评估委员会评审结论，验证或补充毒理学试验进行评价。

(6) 毒理学试验方法和结果判定原则按照国家标准 GB 15193—2003《食品安全性毒理学评价程序和方法》的规定进行。

(7) 进口新资源食品可提供在国外符合良好实验室规范（GLP）的毒理学试验室进行的该新资源食品的毒理学试验报告，根据新资源食品评估委员会评审结论，验证或补充毒理学试验资料。

四、辐照食品安全性毒理学评价

（一）辐照食品及其安全性

食品辐照技术是20世纪发展起来的一种灭菌保鲜技术，是以辐射加工技术为基础，运用X射线、γ射线或高速电子束等电离辐射产生的高能射线对食品进行加工处理，在能量的传递和转移过程中，产生强大的物理效应和生物效应，达到杀虫、杀菌、抑制生理过程、提高食品卫生质量、保持营养品质及风味、延长货架期的目的。目前，全世界已有42个国家和地区批准240多种辐照食品（含食用农产品），年市场销售辐照食品的总量达20多万吨。食品辐照技术已成为传统食品加工和贮藏技术的重要补充和完善。

然而，辐照食品的安全性，是人们最为关心的问题，主要包括辐射安全、微生物安全性、对营养成分的影响、毒理学安全性等方面。

(1) 辐射安全　在辐照过程中，食物按设定速度通过辐照区，借以控制食物吸收的能量或辐射剂量。在受控环境下，食物绝对不会直接接触辐射源。研究显示，碎牛肉或牛肉碎屑经能量高达 7.5MeV 电子产生的 X 射线照射后，虽能检测到感生放射性，但其含量远低于食物的天然放射性。相应的年剂量比环境中的辐射量要低几个数量级，对人类来说食用风险极低。

1999 年 10 月，联合国粮农组织（FAO）、世界卫生组织（WHO）、国际原子能机构（IAEA）联合在土耳其安地他尼亚市召开了"采取辐照加工以确保食品安全和质量国际大会"和"国际食品辐照咨询组（ICGFI）第十六次会议"。这两次会议公报中都重申了 1997 年 FAO/IAEA/WHO 高剂量研究小组宣告的结论：不超过 10kGy（1 百万特拉）的辐照剂量处理的食品是安全的和具有营养适宜性。食品法典委员会（CAC）据此制定食物的最高辐射吸收剂量不得超过 10kGy，制出这个限量水平的原因之一是避免辐照食物产生感生放射性。

（2）微生物安全性 以辐照方法处理食物的微生物安全性问题，目的是了解天然微生物菌群减少对致病菌存活的影响，以及产生耐辐射突变体的可能性。

电离辐射会大幅度减少食物中原生微生物菌群数目，对致病细菌的拮抗作用会下降，若食物经辐照后受到污染，会更容易滋生食源性致病菌。经对辐照鸡肉和碎牛肉的研究显示，无论是沙门氏菌（鸡肉及牛肉）抑或 O157：H7 大肠杆菌（牛肉），在辐照和非辐照肉类的滋生速度相同。由此可见，无论肉类是否经过辐照处理，其原生微生物群一般不会影响这两种细菌的生长参数。

由于多年前已发现电离辐射能诱发突变，所以辐照突变的问题备受关注。有研究表明，培养菌经多轮辐照后，能诱发耐辐射微生物群的出现。虽然辐照食物理论上可能会引致新致病菌的产生，但没有报告指出食物经辐照后出现这种情况。

（3）对营养成分的影响 辐照处理会使食物发生营养成分变化，与烹煮、焙烤、装罐、巴氏消毒及其他加热处理方式类似。辐照引起食物的营养价值改变取决于多项因素：辐照剂量、食物种类、辐照时的温度及空气环境、包装和贮存时间等。辐照食品营养成分检测表明，低剂量辐照处理不会导致常量营养素（蛋白质、脂质和碳水化合物）和矿物质的明显损失。维生素在辐照过程中流失的情况较复杂，维生素对辐照的敏感性受维生素的种类、食物的复杂性、维生素属水溶性还是脂溶性以及辐照时的空气环境等因素的影响。

如核黄素和维生素 D 的耐辐照性相当高，而维生素 A、维生素 B_1、维生素 E 和维生素 K 则对辐照较敏感。低剂量辐照（<1kGy）对食物的营养价值影响甚微，高剂量辐照（>10kGy）可能会使对辐照敏感的维生素（如维生素 B_1）大量流失。不过，若采取保护措施，例如在低温和真空的环境加工处理和贮存食物，可减少维生素流失。

2011 年 4 月 6 日，欧盟食品安全局发布公告更新了关于食品辐照安全性的科学建议。欧盟食品安全局生物性危害专家组（BIOHAZ Panel）（主要关注辐照的功效及其微生物安全性）认为，使用食品辐照的方法虽不存在微生物学的风险，但是也不能单一依靠该方法，而应该将其作为多种降低食品中病原菌方法中的一种。专家组表示辐照应该属于以保护消费者健康为目的的食品安全综合管理程序的一部分，这些管理程序还包括良好农业、生产和卫生规范。食品接触材料、酶、调味料和加工助剂专家组（CEF Panel）（主要关注食品辐照所形成的一些化学物质的安全风险）认为，关于辐照食品和辐照剂量的决定不仅应考虑食品的种类，还需要考虑如微生物种类、需要将微生物减少到何水平、食物的状态（是否生鲜、冷冻、干制）以及食物的脂肪或蛋白质含量等其他条件。

（二）辐照食品的毒理学安全性

目前，对辐照食品的毒理学安全性评价是从化学毒理学、动物毒性和人体临床三个方面开展研究的。

（1）化学毒理学研究　辐照食物含有多种化合物，其中以 2-烷基环丁酮和呋喃的安全性最令人关注。

在辐照过程中，辐照会使含脂肪食物的三酸甘油酯分解为 2-烷基环丁酮。研究发现，2-烷基环丁酮只在经辐照的含脂肪食物中存在，以其他食物加工方式处理的非辐照食物则检测不到。因此，该化合物被视为辐照食物的独有物质。辐照食物的 2-烷基环丁酮含量，与其脂肪含量和辐照吸收剂量成正比，每克脂肪 0.2～2μg 不等。

通过研究，每日让老鼠服用高纯度 2-烷基环丁酮溶液，并为老鼠注射致癌物质——氧化偶氮甲烷。结果在注射 6 个月后，发现同时服用 2-烷基环丁酮的老鼠结肠肿瘤总数，比只注射氧化偶氮甲烷一组老鼠多出 3 倍，而且只有同时服用 2-烷基环丁酮和注射氧化偶氮甲烷的老鼠体内才检测到中型和较大的肿瘤。这一点证明，只在脂肪的辐照食物中出现的 2-烷基环丁酮可能会使注射化学致癌物质的动物较易患上结肠癌。但也发现，单纯 2-烷基环丁酮不会引发结肠癌。值得注意的是，这项研究所用的 2-烷基环丁酮剂量，远高于一个人从日常含辐照食物的膳食中摄取的 2-烷基环丁酮的量。

呋喃是在辐照食物过程中产生的另一种受人关注的化学物质，其是国际癌症研究机构认为可能会致癌的物质。有关方面已进行多项研究，探讨 γ 辐照对食物内呋喃含量的影响。结果显示，食物的呋喃含量会随着辐照剂量增加而按比例上升，而且食物的酸碱度和底物浓度会影响辐照产生的呋喃量。研究还发现，单糖含量高而酸碱度低的水果（例如葡萄和菠萝）经辐照后会产生少量呋喃。不过，检测从超级市场购买的辐照食物中的呋喃含量，普通远比一些经加热处理的食物含量低。

（2）以动物进行毒性研究　自 20 世纪 50 年代以来，食用辐照食物可能产生的毒性影响一直被广泛研究。为了进行辐照食物的毒理学安全性评价，研究机构把不同的实验膳食和食物成分给人和多种动物（包括大鼠、小鼠、狗、鹌鹑、仓鼠、鸡、猪和猴子）进食做喂饲测试。

动物喂饲试验包括对动物进行终生和多代的研究，以确定动物是否会因进食不同种类的辐照食物而出现生长、血液化学、组织病理学或生殖方面的变化。由 FAO/IAEA/WHO 共同组成的辐照食物卫生安全联合专家委员会评估过多项研究数据后，于 1980 年得出结论："用低于 10kGy 以下剂量辐照处理的任何食品，不会引起毒理学上的危害，因此用这样的剂量所照射的食品不再需要做毒理学测试。"近年来，对辐照消毒的膳食进行的试验研究也证实，辐照食物是安全的。以辐照剂量介于 25～50kGy（远高于辐照人类膳食所用的剂量）的食物饲喂数代试验动物，这些动物的身体并没有因进食辐照食物而出现基因突变、畸形及肿瘤等症状。由于受多种复杂因素的影响，目前从人体临床研究方面对辐照食品的毒理学安全性评价所做的工作相对较少。

五、纳米食品的安全性评价

（一）纳米食品（nanofood）概况

在食品生产、加工或包装过程中采用纳米技术手段或工具的食品称为纳米食品，即采用纳米技术手段改变食品及相关产品的质量、结构、质地等，改变食品的性状或特性，改善食品风味和营养，大大提高食品的生物利用率，再通过一些传输方式的改进，食品包装的改善，延长食品货架期。目前我国纳米技术在食品工业中的运用还处于初级阶段，但是已渗透到食品工业中的诸多领域，其中以纳米食品和纳米保鲜技术尤为突出。纳米技术在食品领域的研究开发将给整个食品行业带来新的挑战和机遇。

现今在食品工业中采用的纳米技术主要有超细粉碎法、高压均质法、喷雾干燥法、脂质体包埋法、微乳液法、溶剂挥发法以及超临界方法等。现阶段的纳米食品主要有纳米胶囊，纳米化食品营养成分和食品添加剂等。目前市面上已以商品形式出现的有钙、硒等矿物质制剂，添加营养素的钙奶与豆奶，维生素制剂等各种纳米功能食品。

（二）纳米食品加工技术

1. 微乳化技术和纳米胶囊制备技术

微乳化技术即两种互不相溶的液体在表面活性剂的作用下，形成热力学稳定、各向同性、外观透明或半透明、粒径在 1～100nm 之间分散体系的微乳液。自 20 世纪 80 年代以来，微乳化技术已较成熟地应用于制备微胶囊、纳米颗粒和纳米胶囊。

1978 年，Narty 等首先提出纳米微胶囊概念。纳米微胶囊的特点是颗粒微小（粒径一般在 10～1000nm），易于分散和悬浮在水中，形成透明或半透明的胶体溶液。纳米微胶囊具有一定的靶向性，只有当外界条件达到时才会释放，能改变所载的药物或食品功能因子的分布状态，浓集于特定的靶组织，从而达到提高治疗效果的目的。此外，纳米微胶囊由于以聚乳酸、明胶、树胶、阿拉伯胶等生物降解聚合物为壁材料，因此，纳米微胶囊的生物相容性较好，能体内降解，毒副作用小。现有制备纳米微胶囊主要有乳液聚合法、界面聚合法、单凝聚法以及干燥浴法等制备方法。

在食品工业中，纳米微胶囊技术常被用于香精香料、固体饮料、粉末油脂及生物活性物质的生产。通过纳米微胶囊技术制备固体饮料，产品具有液相中颗粒分布均匀，香味持久浓郁，在冷、热水中均有良好的溶解性，色泽鲜亮与新鲜果汁相似，产品能长期保存的特点。纳米微胶囊技术也具有提高粉末油脂的稳定性，延长产品货架期，便于运输、保存等优点。其主要原理是将原液状油脂包裹在微胶囊中，使其与空气、光线隔绝。在澳大利亚，有公司已成功利用纳米微胶囊技术将富含 ω-3 不饱和脂肪酸的金枪鱼鱼油加入到面包产品，使得鱼油要到达食用者胃部时才会释放，避免了鱼油在口腔中散发令人不愉快的异味。

2. 纳滤膜分离技术

纳滤是一种膜分离技术，它介于超滤与反渗透，纳滤膜所截留物的相对分子质量为200～1000，孔径仅为几纳米，其是一层均匀的超薄脱盐层，它比反渗透膜要疏松，而且过滤所需要的操作压要比反渗透低。纳米过滤膜主要可以应用于一些生物活性较高的蛋白质、维生素、肽类物质及矿物质等，同时也可以结合超临界流体萃取技术和酶技术从食品或天然物质中分离制备多种营养和功能性成分，如回收大豆低聚糖、提取免疫球蛋白等。目前纳滤在食品行业中主要运用于浓缩乳清及牛乳、调味液的脱色、调节酿酒发酵液组分、浓缩果汁等。

3. 纳米催化剂技术

纳米无机材料 TiO_2 由于具有很强催化能力，且其量子尺寸非常微小，使得原来准连续的能级变为离散的能级，能级与能级之间的间隙变宽，出现禁带变宽的现象，空穴或者电子的氧化电位增大，从而促进果酒中的酯化和氧化反应的进行，大大缩短了果酒的陈酿过程，生产效率可以得到保障。与此同时，通过纳米级处理过的果酒能较快成熟，解决了果酒陈酿时间过长的问题。

4. 纳米微粒制备技术

利用纳米粉碎技术手段对物质进行纳米化，物质经过超细化处理后，比表面积增大，这使得物质在加入到食品中或人体食用后显示出独特的理化性质。目前，最常用的制备方法为超细碾磨法。利用超微技术制备超细绿茶粉，研究表明，每克约 1000nm 的超细绿茶粉比每克一般绿茶粉清除活性氧的能力提高了约 100 倍。可能是由于超微粉碎的机械外力大量切碎细胞，破坏分子间的结合力，使结合态存在的大分子茶多酚物质之间的化学键减弱或破坏，提高了游离茶多酚的浸出率，增强了茶粉的抗氧化能力。

（三）纳米食品的安全性评价

纳米技术加工处理的食品在带来新的特性和活性的同时也伴随着安全隐患。纳米颗粒极其微小，容易被人体消化吸收，进入人体血液和各个组织器官；虽然化学组分未发生变化，但由于比表面积增大，表面结合力和化学活性增加，使其在机体内的生物活动性、靶器官和暴露途径发生改变，从而产生的生物效应会被放大，这使得纳米颗粒对人体健康存在潜在危害，同时，粒径减小使得食品原料自身所带的毒素、残留农药和重金属成分更易被吸收，增加了纳米技术在食品工业中应用的风险一般来说，纳米颗粒的毒副作用与其颗粒的尺寸大小密切相关。随着纳米技术在食品工业中应用的不断深入扩大，这就急切地需要一些实际可行的安全风险评估方案。

然而，纳米食品的安全性评价和危险度评估在技术上，如理化特性的鉴定、剂量标准、暴露评估、试验方案等还存在很多问题。2009 年 2 月，欧盟食品安全局（EFSA）对纳米技术在食品和饲料中应用的安全隐患讨论研究报告中指出，有限的信息提供造成了纳米材料风险评估的不确定性，对于纳米材料在食品或生物组织中的理化特性以及毒物代谢动力学、毒理学的分析检测信息极度缺乏，研究人员无法指定一套有效、完整的评估方案。纳米颗粒危害鉴定需要建立健康指导值，例如，每日可接受摄入量、最高摄入量、适宜摄入量等，这需要以动物毒理学研究数据资料为基础，而其关键效应的无可见有害作用水平或基准剂量形成风险评估的起始点。在确定指导值时，应特别考虑纳米传导系统中生物活性物质（纳米尺度生物活性物质）生物利用率的增加。

六、我国食品安全性毒理学评价

（一）制定《食品安全性毒理学评价程序》的意义

现代食品工业的发展使食品的种类和产量日益增加，直接应用于食品的化学物质（如食品添加剂）及混入食品的化学物质（污染物、农药残留、兽药残留）也日益增多，食品安全已成为我国面临的重要问题。

为了保障广大消费者的健康，根据目前我国的具体情况，制定一个统一的食品安全性毒理学评价程序，将有利于推动此项工作的开展，也便于将彼此的结果进行比较，随着科学技术和事业的发展，此程序将不断得到修改和完善，为我国食品安全性毒理学评价工作提供一个统一的评价程序和各项实验方法，为制定食品添加剂的使用限量标准和食品中污染物及其他有害物质的允许含量标准等提供毒理学依据。

（二）制定《食品安全性毒理学评价程序》的背景

我国自 20 世纪 50 年代开始食品毒理学研究，60 年代初开始从事农药残留量标准及水果保鲜的工作。70 年代末、80 年代初我国对农药残留量进行了一系列的毒理学试验，为制定农药标准提供了重要依据。在污染物的研究过程中，特别是对污水灌溉粮的研究，首次发现污水灌溉粮对胎鼠的胚胎毒性，为农业部制定农田水质灌溉标准提供了重要参考。另外，与其他学科密切配合起草了一系列农药、污染物、添加剂、塑料包装材料和辐照食品等的卫生学标准，开创了危险性评价在食品卫生标准制定中应用的先河。80 年代，国家科委下达辐照保藏食品的安全性和应用卫生标准的研究，全国组成大规模的协作组，在大量的动物试验和人体试食试验的基础上，除分别制定了辐照食品管理办法、人体试食试验管理办法和15 项单种食物的辐照卫生标准外，还制定了 6 大类食物（谷类、水果类、蔬菜类、干果类、禽肉类和调味品）的辐照卫生标准。

1980 年，我国食品添加剂标准化技术委员会首次提出毒性评价问题。原卫生部（81）卫防字第 11 号文件将制定"食品安全性毒理学评价程序和方法"列入《1981—1985 年全国食品卫生标准科研规划》，以此"程序"得到政府立项。经过多次讨论、修改，《食品安全性毒理学评价程序和方法》作为《中华人民共和国食品卫生法》（1983 年 7 月发布、试行）的配套法规之一于 1983 年由卫生部颁布、在全国试行，1985 年经过修订后公布。1994 年 8 月10 日《食品安全性毒理学评价程序和方法》由中华人民共和国卫生部批准通过，正式发布实施 GB 15193—1994《食品安全性毒理学评价程序和方法》。又经过近十年的实施后，于2003 年对国标进行了第一次修订并发布 GB/T 15193—2003 代替 GB 15193—1994。从 20 世纪 90 年代开始，国内外保健食品迅猛发展，为了保障消费者的食用安全，卫生部针对保健食品的特点制定了《保健食品安全性毒理学评价规范》（2003）。

（三）我国食品安全性毒理学评价程序的主要内容

1. 评价程序的适用范围

我国《食品安全性毒理学评价程序和方法》适用于评价食品生产、加工、保藏、运输和销售过程中使用的化学物质、生物物质、物理因素，以及在这些过程中产生和污染的有害物质及食品中的其他有害物质的安全性。该评价程序也适用于对食品添加剂（包括营养强化剂）、食品新资源及其成分、新资源食品、保健食品（包括营养素补充剂）、辐照食品、食品容器与包装材料、农药残留、兽药残留、食品工业用微生物、食品及食品工具与设备用洗涤消毒剂等的安全性评价。

2. 毒理学试验前有关资料的收集

在对待评价物质进行毒理学试验前，必须尽可能地收集其相关资料，以预测其毒性并为毒理学试验设计提供参考。对于单一的化学物质，应提供受试物（必要时包括杂质）的名称、化学结构、分子量、纯度、熔点、沸点、蒸气压、溶解度、杂质含量，受试物及其代谢产物在环境中的稳定性与定性定量检测方法，可能的用途、使用范围、使用数量和方式、接触人群及可能的人群流行病学资料。用于毒理学试验的受试物一般很少为纯品，必须是符合既定的生产工艺和配方的规格化产品，其组成成分、比例及纯度应与人类实际接触的工业化产品或市售品实际应用的相同，在需要检测高纯度受试物及其可能存在的杂质的毒性或进行特殊试验时可选用纯品，或以纯品及杂质分别进行毒性检测。对于配方产品，应收集受试物的原料组成和比例，尽可能收集受试物各组成成分的物理、化学性质等有关资料，受试样品应注明其生产批号和日期等。

3. 不同阶段的毒理学试验项目

食品安全性毒理学评价的试验项目划分为 4 个阶段，需依次进行；试验时应先选择周期短、费用少、预测价值高的项目，根据前一阶段试验结果判断是否需要进行下一阶段的试验。某些待评价物质在进行部分毒理学试验后，未出现或只表现出轻微的毒性，即可对其做出评价；而有些物质在某阶段表现出很强的毒性，即可放弃使用或食用，不必进行下一阶段的试验。这样可以在最短的时间内、用最经济的办法取得可靠的结果。下面是我国现行的食品安全性毒理学评价程序的基本内容和试验目的。

（1）第 1 阶段：经口急性毒性试验。

经口一次性给予或 24h 内多次给予受试物后，在一段时间内观察动物所产生的毒性反应，包括致死的和非致死的指标参数，致死剂量通常用半数致死剂量 LD_{50} 来表示。目的是测定 LD_{50}，了解受试物的毒性强度、性质和可能的靶器官，为进一步进行毒性试验的剂量和毒性观察指标的选择提供依据，并根据 LD_{50} 进行毒性分级。常用的急性毒性试验方法有：霍恩氏（Horn）法、寇氏（Korbor）法、概率单位-对数图解法、限量法和联合急性毒性试验。

（2）第 2 阶段：遗传毒性试验、传统致畸试验和 30d 喂养试验。

遗传毒性试验的目的是判断受试物是否具有致突变性，进而估测其致癌的危害性。遗传毒性试验的组合必须考虑原核细胞和真核细胞、体内试验和体外试验相结合的原则，需要几个试验联合使用以观察不同的遗传学终点。遗传毒性试验包括：①细菌致突变试验，鼠伤寒沙门氏菌/哺乳动物微粒体酶试验——Ames 试验为首选项目，必要时可另选其他试验；②小鼠骨髓细胞微核试验或哺乳动物骨髓细胞染色体畸变试验；③V79/HGPRT 基因突变试验或 TK 基因突变试验；④小鼠精子畸形分析或睾丸染色体畸变分析。其他备选遗传毒性试验包括显性致死试验、果蝇伴性隐性致死试验、程序外 DNA 修复合成（UDS）试验。

传统致畸试验：目的是了解受试物是否有致畸作用。母体在孕期收到可通过胎盘屏障的某种有害物质作用，影响胚胎的器官分化与发育，导致结构和机能的缺陷，出现胎仔畸形。因此，在受孕动物的胚胎着床后，开始进入细胞及器官分化期时投与受试物，可检出该物质对胎仔的致畸作用。

30d 喂养试验：对只需进行第 1、2 阶段毒性试验的受试物，在急性毒性试验的基础上，通过 30d 喂养试验，进一步了解其毒性作用，观察对生长发育的影响，并可初步估计最大未观察到有害作用剂量，提供靶器官和蓄积毒性资料，为慢性毒性试验设计提供依据。如受试物需进行第 3、4 阶段毒性试验，可不进行本试验。

某些受试物在结束第 1、2 阶段的试验后，即可根据试验结果判断是否进行下一阶段的试验。

（3）第 3 阶段：90d 喂养试验、繁殖试验、代谢试验。

90d 喂养试验：观察以不同剂量水平经较长期喂养受试物后对动物引起有害作用的剂量、毒作用性质和靶器官，初步确定最大未观察到有害作用剂量，为慢性毒性和致癌试验的剂量选择提供依据。

繁殖试验：了解受试物对动物繁殖及对子代的发育毒性，观察对生长发育的影响。

代谢试验：了解受试物在体内的吸收、分布和排泄速度以及蓄积性，寻找可能的靶器官；为选择慢性毒性试验的合适动物提供依据，了解代谢产物的形成情况。

（4）第 4 阶段：慢性毒性试验和致癌试验。

了解经长期接触受试物后出现的毒性作用性质、靶器官以及致癌作用，预测长期接触可能出现的毒作用；最后确定最大未观察到有害作用剂量，为受试物能否应用于食品的最终评价提供依据。

4. 对不同受试物进行食品安全性毒理学评价时选择毒性试验的原则

（1） 凡属我国创新的物质一般要求进行 4 个阶段的试验，特别是对其中化学结构提示有慢性毒性、遗传毒性或致癌性可能者或产量大、使用范围广、摄入机会多者，必须进行全部 4 个阶段的毒性试验。

（2） 凡属与已知物质（指经过安全性评价并允许食用者）的化学结构基本相同的衍生物或类似物，则根据第 1、2、3 阶段毒性试验结果判断是否需进行第 4 阶段的毒性试验。

（3） 凡属已知的化学物质，世界卫生组织已公布每人每日容许摄入量（ADI，以下简称日许量）者，同时申请单位又有资料证明我国产品的质量规格与国外产品一致，则可先进行第 1、2 阶段毒性试验，若试验结果与国外产品的结果一致，一般不要求进行进一步的毒性试验，否则应进行第 3 阶段毒性试验。

（4） 食品添加剂（包括营养强化剂）、食品新资源和新资源食品、食品容器和包装材料、辐照食品、食品及食品工具与设备用洗涤消毒剂、农药残留及兽药残留的安全性毒理学评价试验的选择。

1）食品添加剂

① 食品添加剂——香料　由于食品中使用的香料品种很多，化学结构很不相同，而且用量很少，在评价时可参考国际组织和国外的资料和规定，分别决定需要进行的试验。

a. 凡属世界卫生组织（WHO）已建议批准使用或已制定日许量者，以及香料生产者协会（FEMA）、欧洲理事会（COE）和国际香料工业组织（IOFI）4 个国际组织中的两个或两个以上允许使用的，参照国外资料或规定进行评价。

b. 凡属资料不全或只有一个国际组织批准的先进行急性毒性试验和本程序所规定的致突变试验中的一项，经初步评价后，再决定是否需进行进一步试验。

c. 凡属尚无资料可查、国际组织未允许使用的，先进行第 1、2 阶段毒性试验，经初步评价后，决定是否需进行进一步试验。

d. 凡属用动、植物可食部分提取的单一高纯度天然香料，如其化学结构及有关资料并未提示具有不安全性的，一般不要求进行毒性试验。

② 其他食品添加剂

a. 凡属毒理学资料比较完整，世界卫生组织已公布日许量或不需规定日许量者，要求进行急性毒性试验和二项致突变试验，首选 Ames 试验和骨髓细胞微核试验。但生产工艺、成品的纯度和杂质来源不同者，进行两阶段试验后，根据试验结果考虑是否进行下一阶段试验。

b. 凡属有一个国际组织或国家批准使用，但世界卫生组织未公布日许量，或资料不完整者，在进行第 1、2 阶段毒性试验后作初步评价，以决定是否需进行进一步的毒性试验。

c. 对于由动、植物或微生物制取的单一组分，高纯度的添加剂，凡属新品种需先进行第 1、2、3 阶段毒性试验，凡属国外有一个国际组织或国家已批准使用的，则进行第 1、2 阶段毒性试验，经初步评价后，决定是否需进行进一步试验。

d. 进口食品添加剂：要求进口单位提供毒理学资料及出口国批准使用的资料，由国务院卫生行政主管部门指定的单位审查后决定是否需要进行毒性试验。

2）食品新资源和新资源食品　食品新资源及其食品，原则上应进行第 1、2、3 阶段毒性试验，以及必要的人群流行病学调查。必要时应进行第 4 阶段试验。若根据有关文献资料及成分分析，未发现有毒或毒性甚微不至构成对健康损害的物质，以及较大数量人群有长期食用历史而未发现有害作用的动、植物及微生物等（包括作为调料的动、植物及微生物的粗提制品）可以先进行第1、2阶段毒性试验，经初步评价后，决定是否需要进行进一步的毒性试验。

3）食品容器与包装材料　鉴于食品容器与包装材料的品种很多，所使用的原料、生产助剂、单体、残留的反应物、溶剂、塑料添加剂以及副反应和化学降解的产物等各不相同，接触食品的种类、性质，加工、贮存及制备方式不同（如加热、微波烹调或辐照等），迁移到食品中的污染物的种类、性质和数量各不相同，在评价时可参考国际组织和国外的资料和规定，分别决定需要进行的试验提出试验程序及方法，报国务院卫生行政主管部门指定的单位认可后进行试验。

4）辐照食品　按《辐照食品卫生管理办法》要求提供毒理学试验资料。

5）食品及食品工具设备用洗涤消毒剂　按卫生部颁发的《消毒管理办法》进行。重点考虑残留毒性。

6）农药残留　按 GB 15670—1995 进行。

7）兽药残留　按 GB 15670—1995 进行。

5. 各项毒理学试验结果的判定

(1) 急性毒性试验　如 LD_{50} 小于人的可能摄入量的 10 倍，则放弃该受试物用于食品，不再继续其他毒理学试验。如大于 10 倍者，可进入下一阶段毒理学试验。

(2) 遗传毒性试验

① 如 3 项试验（Ames 试验或 V79/HGPRT 基因突变试验，骨髓细胞微核试验或哺乳动物骨髓细胞染色体畸变试验，TK 基因突变试验或小鼠精子畸变试验或小鼠睾丸染色体畸变试验的任一项）中，体内、体外各有一项或以上试验阳性，则表示该受试物很可能具有遗传毒性和致癌作用，一般应放弃该受试物应用于食品。

② 如 3 项试验中一项体内试验为阳性或两项体外试验阳性，则再选两项备选试验（至少一项为体内试验）。若再选的试验为阴性，则可继续进行下一步的毒性试验；若其中有一项试验阳性，则结合其他试验结果，经专家讨论决定，再作其他备选试验或进入下一步的毒性试验。

③ 如 3 项试验均为阴性，则可继续进行下一步的毒性试验。

(3) 30d 喂养试验　对只要求进行第 1、2 阶段毒理学试验的受试物，若短期喂养试验未发现有明显毒性作用，综合其他各项试验结果可做出初步评价；若试验中发现有明显毒性作用，尤其是有剂量-反应关系时，则考虑进行进一步的毒性试验。

(4) 90d 喂养试验、繁殖试验、传统致畸试验　根据这 3 项试验中的最敏感指标所得最大未观察到有害作用剂量进行评价，原则如下：

① 最大未观察到有害作用剂量小于或等于人的可能摄入量的 100 倍表示毒性较强，应放弃该受试物用于食品。

② 最大未观察到有害作用剂量大于 100 倍而小于 300 倍者，应进行慢性毒性试验。

③ 大于或等于 300 倍者则不必进行慢性毒性试验，可进行安全性评价。

(5) 慢性毒性和致癌试验

1）根据慢性毒性试验所得的最大未观察到有害作用剂量进行评价的原则如下：

① 最大未观察到有害作用剂量小于或等于人的可能摄入量的 50 倍者，表示毒性较强，应放弃该受试物用于食品。

② 最大未观察到有害作用剂量大于 50 倍而小于 100 倍者，经安全性评价后，决定该受试物可否用于食品。

③ 最大未观察到有害作用剂量大于或等于 100 倍者，则可考虑允许使用于食品。

2）根据致癌试验所得的肿瘤发生率、潜伏期和多发性等进行致癌试验结果判定的原则如下：

凡符合下列情况之一，并经统计学处理差异有显著性者，可认为致癌试验结果阳性。若存在剂量反应关系，则判断阳性更可靠。

① 肿瘤只发生在试验组动物，对照组中无肿瘤发生。

② 试验组与对照组动物均发生肿瘤，但试验组发生率高。

③ 试验组动物中多发性肿瘤明显，对照组中无多发性肿瘤，或只是少数动物有多发性肿瘤。

④ 试验组与对照组动物肿瘤发生率虽无明显差异，但试验组中发生时间较早。

（6）新资源食品等受试物　对新资源食品等受试物进行试验时，若受试物掺入饲料的最大加入量（超过 5％时应补充蛋白质等到与对照组相当的含量，添加的受试物原则上最高不超过饲料的 10％）或液体受试物经浓缩后仍达不到最大未观察到有害作用剂量为人的可能摄入量的规定倍数时，综合其他的毒性试验结果和实际食用或饮用量进行安全性评价。

6. 进行食品安全性评价需要注意的问题

（1）试验指标的统计学和生物学意义　在分析试验组与对照组指标统计学上差异的显著性时，应根据其有无剂量反应关系、同类指标横向比较及与本实验室的历史性对照值范围比较的原则等来综合考虑指标差异有无生物学意义。此外，如在受试物组发现某种肿瘤发生率增高，即使在统计学上与对照组比较差异无显著性，仍要给以关注。

（2）区分生理作用与毒性作用　对实验中某些指标的异常改变，在结果分析评价时要注意区分是生理学表现还是受试物的毒性作用。

（3）人的可能摄入量较大的受试物　应考虑给予受试物量过大时，可能影响营养素摄入量及其生物利用率，从而导致动物某些毒理学表现，而非受试物本身的毒性作用所致。

（4）时间-毒性效应关系　对由受试物引起的毒性效应进行分析评价时，要考虑在同一剂量水平下毒性效应随时间的变化情况。

（5）人的可能摄入量　除一般人群的摄入量外，还应考虑特殊和敏感人群（如儿童、孕妇及高摄入量人群）。对孕妇、乳母、或儿童食用的食品，应特别注意其胚胎毒性或生殖发育毒性、神经毒性和免疫毒性。

（6）人体资料　在评价食品的安全性时，应尽可能收集人群接触受试物后的反应资料，如对环境中已存在的外源性化学物可以利用流行病学方法研究暴露因素与人群中某种疾病的关系，包括职业性接触和意外事故接触对人体健康的影响等。志愿受试者的体内代谢资料对于将动物试验结果推论到人具有很重要的意义。在确保安全的条件下，可以考虑遵照有关规定进行人体试食实验，如辐照食品进行大规模的人体试食试验。

（7）动物毒性试验和体外试验资料　本程序所列的各项动物毒性试验和体外试验系统虽然仍有待完善，却是目前水平下所得到的最重要的资料，也是进行评价的主要依据，在试验得到阳性结果，而且结果的判定涉及受试物能否应用于食品时，需要考虑结果的重复性和剂量-反应关系。

（8）安全系数　由动物毒性试验结果推论到人时，鉴于动物、人的种属和个体之间的生物学差异，一般采用安全系数的方法，以确保对人的安全性。安全系数通常为 100 倍，但可根据受试物的理化性质、毒性大小、代谢特点、接触的人群范围和人的可能摄入量、食品中的使用量及使用范围等因素，综合考虑增大或减少安全系数。

（9）代谢试验的资料 代谢研究是对化学物质进行毒理学评价的一个重要方面，因为不同化学物质、剂量大小，在代谢方面的差别往往对毒性作用影响很大。因此，研究受试物在实验动物和人体内吸收、分布、排泄和生物转化方面的差别，对于将动物试验结果比较正确地推论到人具有重要意义。在毒性试验中，原则上应尽量使用与人具有相同代谢途径和模式的动物种系来进行试验。

（10）安全性评价要逐步与国际接轨 对于外源性化学物进行的毒理学安全性评价，为避免评价结果存在差异，因此，需要合理的试验方法并按照规范的实验要求进行试验。近年来，世界各国已认识到，各项毒理学试验方法和操作技术的标准化对于评价结果的可靠性至关重要，因此，必须制定合适的评价程序和严格的操作规范。我国的《食品安全性毒理学评价程序和方法》在修订过程中就考虑到这些因素，参考欧洲经济合作与发展组织（OECD）、美国食品和药物管理局（FDA）和美国环境保护局（EPA）对"食品毒理学实验室操作规范"及各试验方法中的内容进行了适当的修改。

（11）综合评价 在进行最后评价时，必须综合考虑受试物的理化性质、毒性大小、代谢特点、蓄积性、接触的人群范围、食品中的使用量与使用范围、人的可能摄入量等因素。评价的依据与当时的科学水平、技术条件以及社会因素有关，因此，随着科学技术的进步和研究工作的不断进展，有必要对已通过评价的化学物质进行重新评价，做出新的结论。

对于已在食品中应用了相当长时间的物质，对接触人群进行流行病学调查具有重大意义，但往往难以获得剂量-反应关系方面的可靠资料；对于新的受试物质，则只能依靠动物试验和其他试验研究资料。然而，即使有了完整和详尽的动物试验资料和一部分人类接触者的流行病学研究资料，由于人类的种族和个体差异，也很难做出能保证每个人都安全的评价。因此，最终评价应全面权衡和考虑实际可能，确保发挥该受试物的最大效益以及对人体健康和环境造成最小危害的前提下做出结论。

第三节 食品安全性风险评估

食品安全风险评估产生于 20 世纪 90 年代，是指对食品、食品添加剂中生物性、化学性和物理性危害对人体健康可能造成的不良影响所进行的科学评估。面对严峻的食品安全形势，如何科学、合理、全面地分析和评价食品的安全性，并制定有效食品质量安全管理措施，降低食品安全风险，将食品风险控制在可接受的水平，从而确保消费者的身体健康和国际贸易的顺利进行，已经成为每个食品行业的管理者和工作者面临的一个重要问题。食品安全风险分析理论是国际上针对食品安全问题应运而生的一种食品质量安全管理方法理论，它为食品安全问题提供了一整套科学有效的宏观管理模式和风险评价体系，并且为制定我国食品安全预警体系、控制体系和检测标准体系奠定了基础，为保证公平的食品贸易和消费者健康提供科学依据。

一、风险评估的原则与原理

FAO/WHO 食品添加剂联合专家委员会（JECFA）和 FAO/WHO 农药残留联席会议（JMPR）在开展化学物风险评估时都遵循相同的基本原则和方法。食品安全风险评估在食品安全中的应用涉及方方面面，食品可能接触到的各类可能危害人体健康的因素都可以应用风险评估的方法。食品安全风险评估包括以下几方面：①对重金属、持久性有机污染物等化学污染物的评估，确定人体的每日耐受摄入量，结合人群的膳食消费量确定食品中的最大限量。②对食品添加剂、食品包装材料等食品相关产品新品种的风险评估。目的是评估具体某种化学物质或天然提取物是否适合作为食品添加剂或包装材料，并通过评估建立人体每日允许摄入量，规定在食品中的允许使用量。③对农药、兽药等农业投入品的评估，建立食品中农药、兽药的最大残留量。④对食源性致病菌的定性或定量风险评估，评估致病菌可能造成的致病风险，建立食品中致病菌含量水平的限值。⑤评估食品中营养素含量水平对人体健康造成的影响。

（一）风险评估的原则

风险评估应遵循以下原则，但在实施时需要根据评估任务的性质作具体调整。

（1）风险评估应该是客观的、透明的、记录完整的和接受独立审核/查询的。

（2）尽可能地将风险评估和风险管理的功能分开。一方面要强调功能分开，另一方面要保持风险评估者和风险管理者的密切配合和交流，使风险分析成为一个整体，而且有效。

（3）风险评估应该遵循一个有既定架构的和系统的过程，但不是一成不变的。

（4）风险评估应该基于科学信息和数据，并要考虑从生产到消费的全过程。

（5）对于风险估算中的不确定性及其来源和影响以及数据的变异性，应该清楚地记录，并向管理者解释。

（6）在合适的情况下，对风险评估的结果应进行同行评议。

（7）风险评估的结果需要基于新的科学信息而不断更新。风险评估是一个动态的过程，随着科学的发展和评估工作的进展而出现的新的信息有可能改变最初的评估结论。

（二）风险评估的原理

食品安全风险评估以食品安全风险监测和监督管理信息、科学数据以及其他有关信息为基础，遵循科学、透明和个案处理的原则进行。食品安全风险评估包括危害识别、危害特征描述、暴露评估和风险特征描述等四个基本步骤，要求对相关资料作评价，包括毒理学数据、污染物残留数据分析、统计手段、暴露量及相关参数等，并选用合适模型对资料做出判断。同时要明确认识其中的不确定性，在某些情况下承认根据现有资料可以推导出科学上合理的不同结论。

危害识别采用的是定性的方法，其余3步可以采用定性方法，但最好采用定量方法。

国际食品法典委员会（CAC）对风险评估的理念在于：①对风险评估首先要求对有害物的定性、定量分析和确定，这是基础；②特别强调要对有害物进行毒理学和生物学评估，这是核心；③对风险评估的每一个环节都强调要做出量化的评估，包括相关的不确定性，这是要求立论有据；④最终为制定食品安全标准奠定科学依据。

二、风险评估的应用

食品中的致病性微生物引起人体疾病一般有两种机制：第一种机制是致病性微生物产生的毒素，即所谓的"食源性中毒"；第二种机制是因摄入能够感染寄生的活体生物而产生病理反应，即所谓的"食源性感染"。食源性危害风险评估是人体暴露于食源性危害后对人体健康产生负面影响和潜在不良作用的科学评价。以食源性致病微生物为例，风险评估包括以下四个步骤：危害识别、危害描述、暴露评估和风险描述。

（一）危害识别

危害识别是一个相对直接的提供所收集的病原性微生物信息的过程，其是识别可能存在于某种或某一类特定食品中，并可能对人体健康造成不良作用的生物因子过程，目的是对该种病原性微生物进行与食品相关的评价，如奶酪中的 *Listeria monocytogenes* 或肉中的 enterohaemorrhagic *Escherichia coli*（EHEC）。

在进行危害识别时，风险评估者需要收集审查微生物的临床监控数据以及流行病学研究信息，包括审核以前风险评价和评估，研究国际相关的暴发数据，收集流行病学统计结果等，当然在做这些数据收集时需要充分考虑国内的情况。

危害识别主要是决定应当考虑某一具体食品或一类食品中的哪一种病原菌，倘若致病菌和对人体的负面健康作用资料是比较完善的，就无需进行详细评估。因此，这些信息应当侧重在对危害物情况介绍和提供为下一步评估做整体性参考的框架信息上。

危害识别的报告应根据评估者的不同而不同，在行文上没有统一的模式。危害识别简明、扼要，重点突出，包括以下几个部分。

（1）微生物特性，即发现地点，生长生存的最适条件和环境因素等。

（2）食源性疾病作为危害暴露的结果，简要叙述其对人体的负面健康影响。易感人群和亚健康人群应当提及，更具体详细地描述负面健康作用将在危害描述中进行。

（3）传播模式，即简明阐述微生物如何影响宿主。

（4）发生（频率）和暴发数据，文献记载的发生和暴发数据必须是可信的，并通过充分的调研确保数据质量。

（5）微生物危害在食品中的含量，需要简述存在此种微生物危害的食品种类以及典型的污染水平。

危害识别和危害描述是协同进行的。对于病原菌与食品而言，危害识别将重点放在病原菌上，而危害描述将考虑食品的特性以及消费者的摄入剂量。

例如，以 *Listeria monocytogenes* 为例的危害识别过程。

1. 描述

革兰氏阳性，适冷，兼性厌氧无芽孢杆菌，在环境中分布广泛，存在于土壤、蔬菜、粪便、下水道、青贮饲料，在食品加工环境中亦经常发现，在人体小肠内有短时间残留，2%～10%的带菌者，在一定的环境条件下，能够在各种食品中生长和生存，生长温度−1～45℃，最适生长温度 35～37℃。

2. 食源性疾病

肠道中可以引起低烧，当侵入到内部组织后，*L. monocytogenes* 可以扩散到血液、孕妇的子宫或中央神经系统。李斯特氏杆菌病的症状：低度腹泻、脑膜炎、败血病、流产和死产。这种中毒事件不经常发生，但对于易感人群而言，20%～30%会死亡；致病只与几个高毒性的致病菌种有关；主要风险因素包括免疫缺陷人群、孕妇和老年人。

3. 传播模式

食源性暴露是主要的传播路径，包括垂直传播（母婴传播）、由动物传播，以及通过医院感染。

4. 发生（频率）和暴发数据

李斯特氏杆菌病相对较少，如澳大利亚每年约出现此类病例 3 次/百万人口。在美国、瑞士和法国，奶酪是引起此类疾病的主要食品。对于严重病患者应及时就医。

5. 食品中含量

在即食食品、海产品和乳制品中发现（尤其是软的乳酪中）。

（二）危害描述

危害描述是具体的阐述致病微生物进入人体后所导致的负面健康作用、严重性和耐受性，并尽量找到剂量-反应关系，目的是对食品中病原体的存在所产生不良作用的严重性和持续时间进行定性或定量评价。

微生物可以对宿主的影响依靠微生物的毒力和宿主的易感性等。基于此，可以采用剂量-反应描述人体对微生物的各种反应和依赖于宿主易感性的剂量范围间的关系。剂量-反应关系需要依赖于动物实验、饲养研究以及从暴发事件调查中获得的流行病学信息。当一种新的病原菌出现时，危害描述需要通过额外地测试和快速地获取各种数据，这类信息可以采取类似化学危害物数据收集方式，如临床数据、流行病学以及实验动物研究等。然而，具体的调查可能涉及生态学、生理学、生长特性、检测方法和识别存在问题的食品中微生物的种属。

危害描述所要提供的信息是对消费了带有病原菌食品的人口中发生负面健康作用的可能性估计。这一估计描述了人患病的水平、微生物的毒力和传染性、宿主的易感性以及与食品相关的各种因素的影响。

以 *Listeria monocytogenes* 为例的危害描述过程。

从调查已经识别的传染媒介物的流行病学证据得出：食品中污染 *L. monocytogenes* 的水平<100CFU/g，对普通人口来讲是不可能致病的。然而必须注意的是，在消费之前李斯特氏菌是否在食品中继续生长。

L. monocytogenes 的人体试验剂量-反应数据是不可获得的，由于影响剂量-反应的因素很多，包括菌株致病性的变异、食品的作用和个体差异等，因此，这种剂量-反应关系需要综合专家观点、流行病学数据、实验动物数据等结合评估而获得。

（三）暴露评估

暴露评估是对一个个体（或人口）将暴露于微生物危害的可能性以及可能摄入的量如频率和摄入量的估计。微生物危害在食品中的负面作用是不考虑其累积效应的，这一点同许多的化学危害物不同。因此，对被污染的每一餐，在不考虑消费者消费食品频率的前提下，其风险水平都是一致的。风险评估者搜集消费食品的数量和频率的数据，需将这些数据与食品中发生的可能性和病原菌的数量相结合进行暴露估计。

如以单核细胞增生李斯特氏菌·（*Listeria monocytogenes*）为例的暴露评估过程：澳大利亚国家营养监控数据表明，亚人口消费虾的水平属于风险状态，见表8-2。

表 8-2 亚人口消费虾的水平

人 口 组	平均消费量/(g/餐)	消费者百分比
消费者(15～64 岁)	73.9	1.6%(9471)
老年人(65 岁以上)	96.0	1.1%(1960)
妇女(16～44 岁)	49.7	1.6%(3178)

（四）风险描述

生物病原体的风险描述需要根据危害识别、危害描述和暴露评估等步骤中所描述的观点和资料来进行描述。风险描述是特定危害因子对特定人群产生不良作用的潜在可能性和严重性的一个定性或定量估计（包括对伴随的不确定性），该描述可以理解为个人风险性或每餐的风险性。当建立一个对风险的估计时，如果没有多少流行病学资料和/或发生数据证明这种危害与食源性疾病有无关联，这种情况下，可以认定这种风险是较低的。然而，对于一种危害并不是很大的危害物，但如果有充足的流行病学证据和发生数据说明它与食源性疾病有很大的关联性，则其风险性会大大增加。

在风险描述时，还需要考虑其他重要因素，如微生物危害在特殊食品中的生长特性，包括消费者在食用前所做的最终处理步骤；多少致病菌可以引起疾病，即低量的病原菌暴露能否致病；病原菌是否需要达到一个高的浓度（如＞106CFU/g）时，才会致病。

（五）风险评估中的不确定性和变异性

在评估风险的过程中，风险最终评估结果的置信水平将依赖于评估过程中所使用数据的有效性及数据是否充足。因此，数据的充分性和专家的认知情况是很重要的。在风险估计中，缺乏重要数据造成的不确定性，需要在风险评估报告中与生物固有的变异性一起加以说明。在定量模型中还要进行敏感度分析，这样有助于风险管理者采取措施降低风险。

变异性是与生物系统、食品加工技术、食品保存方式、人们的消费行为以及其他一些固有的特性有关。不确定性则与假设有关，这是由于缺少信息造成的。如果在评估过程中存在较大的不确定性，评估者就需要在进行风险描述前尽可能地继续收集和整理必要的信息来完善相关内容。

参 考 文 献

[1] 韩占江，王伟华．食品安全性评价的关键因素 [J]．广东农业科学，2008，(2)：104-106.

[2] 刘安然，李宗军．纳米食品加工技术及安全性评价 [J]．河南工业大学学报：自然科学版，2014，35（6）：103-108.

[3] 王际辉．食品安全学 [M]．北京：中国轻工业出版社，2013.

[4] 严卫星，丁晓雯．食品毒理学 [M]．北京：中国农业大学出版社，2009.

[5] 罗祎，姚李四，储晓刚．食品安全微生物风险评估 [J]．食品工业科技，2005，(6)：18-24.

第九章　转基因食品的安全评价及检测方法

　　基因工程（gene engineering）是指利用 DNA 体外重组或 PCR 扩增技术，从某种生物基因组中分离或人工合成获取感兴趣的基因，后经切割、加工修饰、连接反应形成重组 DNA 分子，再转入适当的受体细胞，以期获得基因表达的过程。这种工程所使用的分子生物技术通常称为转基因技术。

　　转基因食品（genetically modified food，GMF），又称基因修饰食品，是指以转基因生物为直接食品或为原料加工生产的食品。该食品利用转基因技术，将某些生物的基因转移到其他物种中去，改造它们的遗传物质，使其在形状、营养品质、消费品质等方面向人们所需要的目标转变。狭义上讲，利用分子生物学技术，将某些生物（包括动物、植物及微生物）外源性基因（指生物体中不存在或存在不表达基因）转移到其他物种中表达与原物种不同的性状或产物，以转基因生物为原料加工成的食品就是转基因食品。广义上是指一种生物体新表现型的产生，除可采用转基因技术外，也可对自身基因修饰获得，在效果显著上等同于转基因。转基因生物的优势表现为：产量高，营养丰富和抗病能力强。

　　1989 年，瑞士批准了第一例重组 DNA 基因工程菌生产凝乳酶在奶酪工业上的应用，标志着转基因食品的诞生。1993 年，Calgene 公司转反义 PG 基因的延熟番茄 Flavr-Savr 在美国批准上市，因此，转基因植物源食品原料的种植面积迅速增加。在转基因食品的种类和数量急剧增加的同时，转基因食品安全性问题目前已得到世界各国的普遍关注，正确分析和评价转基因食品安全性非常迫切。评价转基因食品的安全性实验方法主要有：体外（in vitro）和体内（in vivo）试验。体外试验：加热评估转基因生物蛋白的稳定性；饲料加工贮藏过程中转基因生物蛋白的稳定性；胃肠中酶消化后转基因生物蛋白的稳定性；研究证实转基因 DNA 可转移到环境或肠道细菌中。在生物物理和生物化学分析过程中，体外模拟适合细胞生存的机体内环境，评价转基因可能对食用者组织细胞核活性带来的影响或转基因生物的可能毒性。为评价转基因在整个生物体水平上对健康的影响，需进行体内试验。体内试验主要是通过先饲喂动物转基因产品，然后研究实验动物身体各方面功能参数来评价转基因产品的安全性。

　　安全性评价是加强对转基因食品安全管理的核心和基础。目前，国际上对转基因食品安全评价遵循以科学为基础、个案分析、实质等同性和逐步完善的原则。评价的主要内容包括毒性、过敏性、营养成分、抗营养因子、标记基因转移和非期望效应等。

　　转基因食品安全性评价的目的是从技术上分析该产品的潜在危险，以期在保障人类健康和生态环境安全的同时，也有助于促进生物技术的健康、有序和可持续发展。因此，对转基因食品安全性评价的意义：①提供科学决策的依据；②保障人类健康和环境安全；③回答公众疑问；④促进国际贸易；⑤促进生物技术的可持续发展。

第一节　转基因食品的安全评价

目前，很多大型禽畜如牛、羊、猪、鸡等均用于转基因食品的安全评价。根据研究目的筛选适合的大型禽畜，如猪的亲缘关系、器官大小和人接近，适合营养、代谢等方面的研究；奶牛、羊等用来研究转基因食品对动物乳产量和成分的影响；鸡、鹌鹑等用来研究转基因食品对动物产蛋的影响。评价转基因食品对肉质的影响，经常用鸡做实验动物。

第一代转基因产品是通过基因工程手段来提高产量，改善品质。比如为了抗虫，植物中转入了抗虫蛋白；最著名是由自然界土壤细菌苏云金芽孢杆菌（Bt）的某些亚种产生的晶体蛋白 Cry 毒素，该毒素对欧洲玉米螟幼虫或某些其它鳞翅目幼虫有选择毒性。对于除草剂耐受性，转基因植物转入了高水平耐受除草剂——草甘膦，它是除草剂草甘膦的活性成分。这些基因修饰手段主要用于作物以及进行畜禽的喂养（主要是玉米大豆）研究。

第二代转基因食品通常是通过提高某一有益成分的含量，改善有益的营养成分或降低不良成分的含量来改善植物的营养品质。如已研制出富含高赖氨酸的转基因玉米，高油酸含量的转基因大豆等。禽畜也被用来研究第二代转基因植物。

与大型禽畜相比，用小型啮齿类动物操作相对简单，成本低，寿命短，易于检验。因此，有大量实验是通过饲喂小型啮齿类动物（如鼠、兔子等）来研究转基因食品对健康的影响。在长期研究中，大量个体在统一的标准条件下生长，易于用多种方法评价饲喂转基因食品产生的任何影响。

转基因食品的安全性评价应着重从宿主、载体、插入基因、重组 DNA、基因表达产物及其对食品营养成分的影响等方面来考虑，主要内容包括：基因修饰产生的"新"基因产物的营养学、毒理学评价；由于新基因的编码过程造成现有基因产物水平的改变，新基因或已有基因产物水平发生改变后，对作物新陈代谢效应的间接影响；转基因食品和食品成分摄入后基因转移到胃肠道微生物引起的后果；转基因生物的生活史及插入基因的稳定性。

由于转基因食品对人体健康和生态环境存在潜在危害性，采用传统毒理学的食品安全评价方法已无法对其进行正确的安全评估。因此，世界各国都在制定转基因食品安全性评价的法规政策。为促进制定转基因食品安全性评价的国际条例和国际贸易评价原则，1990 年，国际粮农组织和世界卫生组织联合召开了"食品安全性与生物技术的专家咨询会议"，并出版了《生物技术食品安全性分析的策略》咨询报告。1993 年，经济合作与发展组织在《现代生物技术食品的安全性评价要领和原则》中提出"实质等同性"（substantial equivalence）的原则，转基因食品与传统食品的实质等同性比较包括表型性状、分子特性、关键营养成分及有毒物质或过敏原等内容。1995 年，世界卫生组织将实质等同性原则用于现代生物技术产生植物食品的安全性评价。1996 年，FAO/WHO 第二次专家咨询会议就评价基因食品安全性的方法和标准达成一致意见。1998 年，国际事务生物技术委员会和国际生命科学研究院提出"树状决策法"原则与方法，对转基因食品的安全性再次进行了评价。2001 年，在日本千叶市举行的政府间特别工作组第二次会议上，对转基因植物食品安全性评价提出了新的要求，并做出了详细具体的介绍。

目前，转基因食品的安全性评价主要从环境和食品安全性两方面进行评价。环境安全性主要包括：转基因后引发植物致病的可能性，生存竞争性的改变，基因漂流至相关物种的可能性，演变成杂草的可能性，以及对非靶生物和生态环境的影响等。而对转基因食品的安全性评价，主要从以下四个方面进行。

① 营养含量评价，食物的营养成分也有它内在的规律，否则可能打破了整个食物的营养平衡。通过插入确定的DNA序列来为宿主生物提供一种特定的目的性质，称为"预期效应"，也有一些生物可能获得额外的品质或使原始的品质丧失，这就是"非预期效应"，对转基因食品的营养评价应该包括这类"非预期效应"。

② 毒理学评价，转基因食品中的遗传修饰可能提高了天然的植物毒素或者产生新的有毒物质。

③ 过敏反应的安全性评价。不能排除转基因技术引入新过敏物质的可能性而引起的过敏反应。蛋白质结构比较和热稳定性测试是遗传工程食物过敏原性评价的两种基本方法。

④ 抗性标记基因评价。转基因植物中的标记基因可能会在肠道中水平转移至微生物，从而影响抗生素治疗的效果。因此，在评估任何潜在的人类健康问题时，都应该考虑人体或动物抗生素的使用以及胃肠道微生物对抗生素产生的抗性。

一、评价转基因食品安全性的基本原则

基因工程生产的食品不管是用微生物制作的食品，还是植物性或动物性食品，其安全性具体要求如下：①供体和受体必须明确其在生物学上的分类和基因型及表型；②改造用的基因材料的片段大小与序列必须清楚，不能编码任何有害物质；③为避免基因改造食品携带的抗生素抗性基因在人体肠道微生物转化使之产生耐药性，要求尽量减少载体对其他微生物转移的可能性；④导入外源基因的重组DNA分子应稳定；⑤转基因食品若含有转基因微生物活体，该种活微生物不应对肠道正常菌群产生不利影响；⑥对含有致敏原的转基因食品，必需标明它可能引起过敏反应。对含有潜在过敏性蛋白质的转基因食品，有关机构必须采取措施进行人群摄入后程序的健康检测。

转基因食品的安全性评价原则有：实质等同性原则、个案评价原则、遗传特性分析原则和危险性评价原则等。1993年，经济合作与发展组织（OECD）首次提出了"实质等同性原则"。即"在评价生物技术产生的新食品和食品成分的安全性时，现有的食品或食品来源生物可以作为比较的基础"。实质等同性比较主要包括生物学特性和营养成分比较。欧盟国家采用"过程评价法"，即采用严格的毒性、过敏性、抗性标记基因的实验并对其应用与发展采取严格的过程检测作为安全评价的方法。目前，国际上对转基因食品安全性评价基本遵循以科学为基础、实质等同性、个案分析以及逐步完善等原则。在实际检测过程中综合运用结果评价法、过程评价法和个案分析等。

（一）遗传工程体特性分析

转基因食品评价第一个要考虑的问题是对遗传工程体的特性进行分析，即安全性分析。这样有助于判断某种新食品与现有食品是否有显著差异。分析的主要内容如下。

① 供体来源、分类、学名，与其他物种的关系；作为食品食用的历史，有无有毒史、过敏性、传染性、抗营养因子、生理活性物质；供体的关键营养成分等。

② 被修饰基因及插入的外源DNA介导物的名称、来源、特性和安全性。基因构成与外源DNA的描述，包括来源、结构、功能、用途、转移方法、助催化剂的活性等。

③ 受体与供体相比的表型特性和稳定性，外源基因的拷贝量，引入基因移动的可能性，引入基因的功能与特性。

（二）转基因食品安全性的评价原则

评价原则：实质等同性原则、预先防范原则、个案评估原则、逐步评估原则、风险效益平衡原则以及熟悉性原则。其中实质等同性原则应用最为广泛。

1. 实质等同性原则

1993 年，经济合作与发展组织（OCED）提出对现代生物技术食品采用实质等同性的评价原则。目前，国际上普遍采用的是以实质等同性原则为依据的安全性评价方法。

实质等同性原则的含义：在评价生物技术产生的新食品和食品成分的安全性时，现有的食品或食品来源生物可以作为比较的基础。该原则认为，如果导入基因后产生的蛋白质安全，或者转基因作物和原作物在主要营养成分（脂肪、蛋白质、碳水化合物等）、形态和是否产生抗营养因子、毒性物质、过敏性蛋白等方面没有发生特殊变化，则可以认为转基因作物在安全性上和原作物是等同的。实质等同性可以证明转基因产品并不比传统产品不安全，但并不能证明它是绝对安全的。此外，食品成分的改变并非是决定食品是否安全的唯一因素。只有对这种差异的各方面进行综合评价，才能确定食品是否安全。因此，实质等同性原则是一个指导原则，并不能代替安全性评价。

1996 年，联合国粮食及农业组织（FAO）/世界卫生组织（WHO）将转基因食品的实质等同分为 3 类：①转基因食品和传统食品具有实质等同性；②转基因食品与传统食品除引入的新性状外具有实质等同性；③转基因食品与传统食品不具有实质等同性。

2. 预先防范原则

由于转基因技术的特殊性，必须对转基因食品采取预先防范作为风险性评估的原则。例如，20 世纪 60 年代末，世界第一例重组 DNA 由斯坦福大学教授 P. Berg 用来自细菌的一段 DNA 与猴病毒 SV40 的 DNA 连接获得。但这项研究受到了其他科学家的怀疑，因为 SV40 病毒是一种小型动物的肿瘤病毒，可以将人的细胞培养转化为类肿瘤细胞。如果研究中的相关材料扩散开来，对人类造成的灾难将无法想象。因此，对转基因食品进行评估必须结合其他评价原则，防患于未然。

3. 个案评估原则

目前，已有 300 多个基因被克隆用于转基因研究，这些基因来源和功能各不相同，受体生物和基因操作也不同，因此，必须采取的评价方式是针对不同转基因食品逐个地进行评估。

4. 逐步评估原则

转基因生物及其产品的研发经历了实验室研究、中间实验、环境释放、生产性实验和商业化生产等几个环节。每个环节对人类健康和环境所造成的风险是不同的。逐步评估的原则就是要求在每个环节上对转基因生物及其产品进行风险评估，并且下一阶段的开发研究要以前一步的试验结果作为依据来判定。例如，转入巴西圣果 2S 清蛋白的转基因大豆，1998 年在对其进行评价时，发现这种转基因大豆对某些人群是过敏原，因此终止了进一步的开发研究。

5. 风险效益平衡原则

转基因技术虽然可以带来巨大的经济和社会效益，但是该技术可能带来的风险也不容忽视。因此，在对转基因食品进行评估时，应采用风险和效益平衡的原则，综合进行评估，以获得最大利益的同时，将风险降到最低。

6. 熟悉性原则

转基因食品的评估是在短期内完成或者需要长期的监控，取决于人们对转基因食品背景的了解和熟悉程度。在风险评估时，应该掌握这样的概念：熟悉仅仅意味着可以采用已知的管理程序；不熟悉也并不能表示所评估的转基因食品不安全，而仅意味着对此转基因食品熟悉之前，需要逐步地对可能存在的潜在风险进行评估。

二、转基因食品安全性评价的内容

安全性评价主要包括环境安全性评价和食品安全性评价两方面。食品安全性评价主要包括转基因食品外源基因表达产物的营养学评价；毒理学评价，如免疫毒性、神经毒性、致癌性、繁殖毒性以及是否有过敏原等；外源基因水平转移而引发的不良后果，如标记基因转移引起的胃肠道有害微生物对药物的抗性等；未预料的基因多效性所引发的不良后果，如外源基因插入位点及插入基因产物引发的下游转录效应而导致的食品新成分的出现，或已有成分含量减少乃至消失等。

转基因食品安全性评价的程序包括以下五个方面：①新基因产品特性的研究；②分析营养物质和已知毒素含量的变化；③潜在致敏性的研究；④转基因食品与动物或人类的肠道中的微生物群进行基因交换的可能及其影响；⑤体内和体外的毒理和营养评价。通过安全性评价，可以为转基因生物的研究、试验、生产、加工、经营、进出口提供依据。

（一）营养学评价

评价内容包括主要营养素（蛋白质、脂类、矿物质）和抗营养素的评价，营养素利用率问题等。进行营养学评价时，首先检测转基因食品及其加工产品的主要营养成分、抗性因子等，然后与其非转基因亲本进行比较，若存在显著差异，需要进一步进行生物学评价。在此基础上还需进行动物营养学评价，通过生长指标和代谢指标等进行分析。根据实质等同性原则发现，转基因作物和转基因食品与其对照除了预期营养性状改变而致的生物利用率改变以外，基本上实质等同。营养学评价包括营养成分和抗营养因子的安全性评价。

① 转基因食品营养成分的评价须遵循"实质等同性原则"，还应充分考虑与历史上或现在世界栽培品种近似的营养成分比较。即如果转基因作物预期对应的非转基因亲本作物在近似营养成分上出现显著差异时，并不能认为转基因作物加工的食品在营养方面会对人类的营养健康产生不利影响，而需要与文献报道或历史上已有的同种类型食品进行比较，分析转基因食品中的主要营养成分是否在这些已知近似营养成分的范围之内。如果在范围内，就可以认为转基因食品的主要营养成分具有与传统食品营养价值等效。例如，某转基因玉米的主要营养成分与非转基因玉米亲本进行比较发现，转基因玉米的蛋白质含量为7%，与非转基因玉米亲本的蛋白质含量5.6%存在显著差异，但历史已有数据的玉米蛋白质含量为4.5%～8.9%，即转基因玉米的蛋白质含量在历史已有数据的范围内，说明该转基因玉米的蛋白质含量与传统玉米一样。

② 当转基因食品中抗营养因子超过一定量时则有害。因此，对抗营养因子进行安全性评价是有必要的。目前，已知的抗营养因子主要有蛋白酶抑制剂、植酸、凝集素、单宁等。对抗营养因子的评价与营养成分的评价一致，既要遵循"实质等同性原则"，也要与历史数据相比较，还要根据不同食品的具体情况来决定，即符合"个案评估"的原则。

（二）过敏性评价

转基因食品的过敏性是人们关注的焦点之一。对转基因食品过敏性的安全性评价首先应了解被评价食品的遗传学背景与基因改造方法。如果评价程序不能提供潜在的过敏性证据，则要对食品中可能存在的毒素进行检测。若仍得不到满意结果，可采用毒理学实验进行评价，评价其在所有情况下潜在的致敏性。

食物过敏（food allergy）是指食品中的某些抗原分子（主要是蛋白质）能引起人产生不适应的反应。成人和儿童的过敏反应有90％以上是由蛋、甲壳纲、鱼、奶、花生、大豆、坚果和小麦等8类食物引起的。1996年，国际食品生物技术委员会（IFBC）和国际生命科学学会（ILSI）最早提出转基因食品致敏性评价方法——决定树分析法。重点分析基因的来源、目标蛋白与已知过敏原的序列同源性，目标蛋白与已知过敏病人血清中IgE能否发生反应，以及目标蛋白的理化特性。2001年，FAO/WHO提出了新的过敏原评价决定树，评价主要分两种情况：①在转基因食品中外源基因来自已知含过敏原的生物，在这种情况下，新的决定树主要针对氨基酸序列的同源性和表达蛋白对过敏病人潜在的过敏性。②转基因食品外源基因来自未知含有过敏原的生物，应考虑与环境和食品过敏原的氨基酸同源性；用过敏原病人的血清做交叉反应；胃蛋白酶对基因产物的消化能力；动物模型实验。

对转基因食品过敏性评价，目前主要遵循IFBC/ILSI制定的一套分析遗传改良食品过敏性树状分析法，见图9-1。

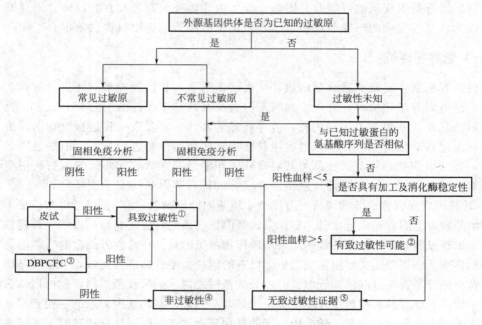

图9-1　转基因食品致敏性评价流程

① 在血清和人体试验中，任何一个试验结果中出现阳性，都表明该外源基因编码蛋白为过敏原或潜在过敏原，含有此类外源基因编码蛋白的转基因食品必须加以标识，防止对此类蛋白质有过敏反应的人群误食。

② 对已知的过敏蛋白无氨基酸序列相似性，或外源基因供体为不常见过敏原并且外源基因编码蛋白与过敏人群血清IgE免疫反应为阴性，供试血样＜5，并且外源基因编码蛋白具有加工和消化酶稳定性的转基因食品，应视为"具有致过敏可能"。FAO/WHO认为对此类食品的致过敏性需按"个案处理"（case-by-case）的原则进一步试验确认。

③ 双盲无效物对照试验。

④ 通过一系列的血清和人体试验，结果皆为阴性，表明含有此类外源基因表达蛋白的转基因食品，可视为"无致敏性"。

⑤ 对已知过敏蛋白无氨基酸序列无相似性，并且外源基因表达蛋白不具有加工和消化酶稳定性的转基因食品，应视为"无过敏性证据"。同样，对外源基因供体为不常见过敏原，外源基因编码蛋白与过敏人群血清IgE免疫反应为阴性，且供试血样＞5的转基因食品，也视为"无致过敏性证据"。但是仅靠上述两个标准来评判此类转基因食品致过敏性的结果可信度一般，FAO/WHO建议将其他一些因素，如外源基因表达水平、编码蛋白的功能同时作为转基因食品致过敏性评价的依据。

（三）毒性评价

判断转基因食品与现有食品是否为实质等同，对于关键营养素、毒素及其他成分应进行重点比较。若受体生物具有潜在毒性，还应检测其毒素成分有无变化，插入基因是否导致毒素含量的增加或产生了新的毒素。

简单地讲，毒性物质即是那些由动物、植物和微生物产生的对其他种生物有毒的化学物质。①保证转基因食品的安全性，需要对外源基因表达蛋白进行毒性测验检测指标有利用生物信息学对已知毒性蛋白进行核酸和蛋白质氨基酸序列的同源性比较，在加热和胃肠道中外源基因表达产物的稳定性，以及急性经口毒性试验。②对于全食品的毒理学检测，需进行动物喂养试验。包括急性毒性试验、亚慢性毒性试验、慢性毒性试验、代谢试验等来判断转基因食品的安全性。此外，为确保评价的准确性，评价时还应考虑人的摄入量、安全系数（由动物、人的种属和个体差异决定）、体外模拟人的代谢系统和志愿者的参与得到的数据等。

首先，应分析比较转基因食品及产品与现有食品的化学组分，进一步检测包括 mRNA 分析、基因毒性和细胞毒性分析。如在玉米中插入产生苏云金芽孢杆菌（Bt）杀虫毒素蛋白 Bt 基因的转基因 Bt 玉米，该转基因玉米除含有 Bt 杀虫蛋白外，与传统玉米在营养物质含量等方面具有实质等同性。目前已有实验证明，Bt 蛋白质对少数目标昆虫有毒，对人畜绝对安全。

当一种物质或一种密切相关的物质作为食品可安全食用时，考虑到暴露水平等原因，则不需要考虑传统的毒理学试验。在其他情况下，对引入的新物质有必要进行传统的毒理学试验。在这种情况下，该物质必须在结构和功能等方面与 DNA 生物所产生的物质具有实质等同性。引入物质的安全性评价应确定其在重组 DNA 中可食用部分的含量，包括其变异范围和均值。同时，也应考虑其在不同人群当前膳食中的暴露和可能产生的效应。以蛋白质为例，对其潜在毒性的评价应集中于待测蛋白与已知蛋白毒素和抗营养因子的氨基酸序列相似性，其对热加工的稳定性以及对适宜、典型的胃肠模型降解的稳定性。

生物机体免疫系统对周围环境变化（包括环境化学物质的毒性作用）极为敏感，其反应要远早于组织、器官出现明确的病理损害之前。因此，免疫安全性评价是评价外来化合物毒性的敏感指标，是转基因食品安全性评价必不可少的组成部分。免疫安全性评价作为转基因食品安全性评价中极为敏感、有效的评价手段，是转基因食品安全性评价体系的重要组成部分。免疫安全性评价一般是利用免疫毒理学方法评价外源性化学物对免疫系统的作用及细胞和分子水平上的作用机制，包括组织病理学观察、免疫器官指数分析、常规非特异性免疫功能分析、特异性体液免疫分析、细胞免疫分析和肠道黏膜免疫分析等六个方面。免疫毒理学（immunotoxicology）是研究化学性、物理性和生物性等外来因素对机体免疫系统的不良影响及其作用机理的一门交叉学科。免疫毒性即某化学物质作用于免疫系统后，造成免疫系统功能或结构的损害，或化学物作用于机体其他系统后引起免疫系统的损害。免疫毒理学的主要任务就是要从分子细胞水平研究外来物（可以是转基因食品）对机体的免疫毒性，并对其提供安全性评价依据。

免疫器官的发育状况直接影响机体免疫应答水平和抵抗外来物感染和入侵的能力，其绝对质量和相对质量增加或降低，表明机体的细胞免疫和体液免疫功能增强和降低。常规病理观察对于评价化学物的免疫毒性是十分有用的，如果免疫器官出现病理改变，则表明免疫功能受到影响。病理学观察主要观察胸腺、肾脏、淋巴结和骨髓等常见免疫器官与组织的结构。免疫器官指数（immune organ index）是反映动物免疫器官发育状况的重要指标。免疫器官的脏器指数、器官质量的变化可以直观地反映动物脏器发育情况并及早发现包括实物在内的外环境所产生的不良影响。血液学指标是生物重要的生化指标之一，是判断健康动物状态的标准，也是病理学、毒理学研究的重要参考。正常健康的实验动物，其血常规值和血清生化指标均维持在一定的变化范围内，而病理状态时这些指标会发生显著变化。血液中参加机体免疫功能的成分，主要是白细胞中的粒细胞、单核细胞、淋巴细胞，以及血浆中的蛋白质。同时，反映机体肝脏、肾脏及血脂、血糖代谢等健康水平的转氨酶、磷酸酶、尿酸、葡萄糖、总胆固醇等指标也是血生化检查中对免疫功能评价极具意义的检测项目。全血（whole blood）是动物体内一种极其重要的组织，与机体的代谢、营养状况及疾病有着密切的关系。关于全血及血液生化指标的相关分析，大部分集中在转基因稻谷的安全性评价上。常规非特异性免疫功能分析包括全血及血清生化指标分析、NK 细胞和巨噬细胞功能分析、溶菌酶、抗氧化酶、血清免疫因子等。

（四）抗生素标记基因的安全分析

抗生素抗性标记基因在遗传转化技术中是不可缺少的，其原理是把选择剂加入到选择性培养基中，使其产生一种选择压力，导致未转化细胞不能生长发育，而转入外源基因的细胞因含有抗生素抗性基因，可以产生分解选择剂的酶来分解选择剂，因此可以在选择培养基上生长。该标记基因的安全分析主要应用于对已转入外源基因生物的筛选。由于抗生素对人类疾病的治疗意义重大，因此，对抗生素抗性标记基因的安全性评价是转基因食品安全性评价的主要问题之一。

在评价抗生素抗性标记基因的转基因食品的安全性时，应考虑到以下因素：①抗生素在临床和兽医上使用的重要性，不应使用对这类抗生素有抗性的标记基因；②食品中被抗生素抗性标记基因标记的酶或蛋白质是否会降低口服抗生素的治疗效果；③基因产品的安全应作为其他基因产品的实例。如果评价数据和信息表明抗生素抗性基因或基因产品对人类安全存在危险，那么食品中不能出现这类标记基因或基因产品。

当前，培育无抗性标记基因的转基因植物已成为基因工程育种的重要目标。美国食品和药物管理局（FDA）食品顾问委员会（1994）认为番茄中的卡那霉素抗性基因极不可能在消化道中转移到微生物，不会引起安全性问题。欧盟委员会的食品科学委员会（SCF）和动物科学委员会（SCAN）也认定氨苄西林抗性基因不会引起安全性问题。

第二节　转基因食品的检测方法

转基因食品的检测是指对食品原料和深加工食品中的转基因成分进行检测。目前，国际市场出现越来越多的转基因食品，对其进行检测是保证其质量和安全的必要手段。转基因食品的安全性检测，第一步是对受检产品进行鉴定，以区别转基因食品与非转基因食品，筛选出在遗传分化过程中已失去转基因特性的产品；第二步是对受检产品中导入的基因重组体构成的变异情况进行检测，以确定其表达的忠实性及外源基因对受体生物原基因组表达的影响。

随着转基因技术的不断发展，转基因的检测技术也随之不断发展、改进。转基因生物与相应的非转基因生物相比，具有特有的 DNA、RNA、蛋白质和代谢产物等成分，通过分子生物学技术可以快速、准确地进行是否含有这些转基因成分的分析。每一个转基因作物品系也都有自己唯一的特征，对这些特征检测，可以准确地进行身份鉴定。当前国际社会对转基因食品检测有两种方法：一是核酸的检测（检测是否有外源基因），该检测方法常针对调控元件序列、标记基因序列和外源结构基因序列等 3 类外源特定序列。主要采用的检测方法有 PCR（polymerase chain reaction）法和基因芯片（gene chip）技术，另有 Southern 印迹、凝胶电泳等；即通过 PCR 和 Southern 杂交的方法检测基因组 DNA 中的转基因片段，或者用 RT-PCR 和 Northern 杂交检测转基因植物 mRNA 和反义 RNA，主要检测 CaMV35S 启动子和农杆菌 Nos 终止子、标记基因（主要是一些抗生素抗性基因，如卡那霉素、新潮霉素抗性基因等）和目的基因（抗虫、抗除草剂、抗病和抗逆等基因）等。二是蛋白质的检测（检测是否有外源基因表达的蛋白质），多利用抗原抗体的高度特异性，包括酶联免疫吸附测定（ELISA）方法、"侧流"型免疫测定（lateral flow）、Western 印迹法以及检测表达蛋白生化活性的生化检测法。这些免疫学方法主要是应用单克隆、多克隆或重组形式的抗体成分，可定量或半定量地检测，方法成熟可靠且价格低廉，用于转基因原产品和粗加工产品的检测。三是检测插入外源基因对插入位点附近基因影响及对其代谢产物的影响，该方法被认为重要性较低，已较少涉及。

转基因食品分析主要关注于转基因样品与非转基因样品之间的显著性差异分析，它强调的是两者成分和代谢物等方面体现的规律与特征。目的是验证待检样品的转基因性质，它强调的是检验。

一、核酸检测技术

转基因技术从各种生物体中克隆出来的基因片段插入到靶向受体中时，一般要构建启动子、终止子、选择标记基因、报告基因等。从基因水平进行转基因的检测就是要检测受体的核酸序列、目的片段的整合位点、基因多态性、目的片段的含量分析以及启动子、终止子、选择标记基因、报告基因等。

（一）核酸的提取

对食品中转基因成分的核酸检测首先要进行核酸的提取。由于食品成分复杂，除含有多种原料组分外，还含有盐、糖、油、色素等食品添加剂。另外，食品加工过程会使原料中的 DNA 受到不同程度的破坏，因此食品中转基因成分的核酸 DNA 的提取具有其特殊性，且其提取效果受转基因食品种类和加工工艺等的影响，所以选择适宜的核酸提取方法是进行转基因食品核酸检测的首要条件。

（二）PCR 技术

PCR 技术即聚合酶链反应技术，是目前转基因检测中最为成熟的技术，是指模拟体内 DNA 复制方式在体外选择性扩增 DNA 某个特殊区域的技术。它能短时间内准确地将目的序列大量复制，PCR 的基本要素包括模板、引物、合成 DNA 原料即 dNTP 和 DNA 聚合酶等合成条件，经过变性-退火-延伸三个反应的循环；PCR 既可做定性又可做定量分析。

1. 定性 PCR

PCR 技术是根据目的基因序列扩增，凝胶电泳分离，通过特异性条带的有无来判断是否含转基因成分，这是一种定性判断的方法。对生物体进行转基因要构建启动子、终止子、选择标记基因和报告基因等，可用作目的基因的种类繁多，绝大部分转基因作物体内含有 35S 启动子、NOS 终止子和抗生素抗性基因等，因此，通过 PCR 扩增这些特定基因元件的

DNA 序列，可成功鉴定出食品中是否含有转基因成分。但是，如果植物被病毒侵入过，检测结果可能造成假阳性现象。所以，定性 PCR 只能初步检测转基因食品。

2. 定量 PCR

确定食品中转基因成分的含有量是进行标识的基础，实时荧光定量 PCR 技术有效解决了传统定量的局限性，能够每一轮循环都检测一次荧光信号强度的能力，并记录在电脑中，通过对每一个样品 ct 值（即每个反应管中荧光信号到达设定的阈值时所经历的循环数）进行分析，再根据标准曲线获得定量的结果，实现对样品的定量检测。定量 PCR 检测技术是以参照物为标准，对 PCR 终产物进行分析或对 PCR 过程进行监测，从而评估样本中靶基因的拷贝数。用于转基因食品检测的定量 PCR 方法主要有半定量 PCR、实时荧光定量 PCR、多重定量 PCR 和技术竞争定量 PCR 等。

（1）竞争定量 PCR　基本原理是将构建含修饰过的内部标准 DNA 片段（竞争 DNA）与待测 DNA 共扩增，因竞争 DNA 片段和待测 DNA 大小不同，经琼脂糖凝胶可将其分开，通过竞争 DNA 扩增产物和转基因成分扩增浓度的比对进行定量分析。此方法也可用于定量检测，采用构建的竞争 DNA 与样品 DNA 在同一体系中相互竞争相同底物和引物，并根据电泳结果做工作曲线图，从而得到可靠的定量分析结果。该方法的特点是反应体系中含有内标物，可降低实验的检测误差，但该方法运用起来难度较高，构建理想的内标物是竞争性定量 PCR 法的关键。

（2）实时荧光 PCR　实时荧光 PCR 技术（real-time fluorescence quantitative PCR，RT-PCR）是近年来定量 PCR 技术中兴起的定量检测技术，是在常规 PCR 基础上，添加了一条标记了两个荧光基团的探针，利用荧光信号积累实时监测整个 PCR 进程，最后通过标准曲线对未知模板进行定量。其原理是在 PCR 反应的起始阶段，模板 DNA 的量与 PCR 产物的量之间存在线性关系。反应中要有能与目标 DNA 进行专一性结合的荧光探针，以便对反应管中的荧光度进行实时检测，确定反应出的 DNA 的量，然后给出样品中 DNA 的量。

这种检测方法采用独特全封闭反应，只需在加样时打开一次盖子，减少了污染，具有高度的灵敏性，其检测的灵敏度至少是竞争 PCR 的 10 倍，它可以检测到每克样品中含 2pg 转基因的 DNA 量，并且对加工、未加工和混合样品都可以进行检测，完全能够满足转基因产品检测的需要。但该方法检测设备价格昂贵，在一定程度制约了它的普及。

（3）多重 PCR　该技术可以在同一反应试管中同时针对多个靶位点进行 PCR 检测，具有更大的可靠性和适应性，且能降低成本。多重 PCR 法较常规 PCR 技术更为简便、快速和准确，有很好的应用前景。

（4）PCR-ELISA　PCR-ELISA 是一种将 PCR 的高效性与 ELISA 的高特异性结合在一起的检测方法，它利用地高辛或生物素等标记引物，将 PCR 扩增产物与固相板上特异的探针结合，再加入抗地高辛或生物素的酶标抗体-辣根过氧化物酶结合物，最后使底物显色，在酶标仪上读取数值。利用 PCR-ELISA 法进行转基因检测，灵敏度比欧盟推荐的 PCR 方法高 5～10 倍。优点是快速方便，既适合于快速地定性筛选又可进行准确的定量分析，同时避免了有毒物质 EB 的使用，适合大批量自动检测。

（5）PCR-Genescan　Genescan 是在 PCR 反应体系中加入荧光标记的单核苷酸进行扩增，扩增产物带有荧光标记，可在 DNA 遗传分析仪上进行大小、数量分析检测，即 PCR 反应后用 Genescan 扫描检测 PCR 产物。与琼脂糖凝胶电泳法比较，具有灵敏度高、重现性好、结果易判断等优点。缺点是由于 PCR 灵敏度高，很容易出现假阳性结果。因此在实验中必须设计多组对照：一组为阴性对照，是非转基因的同种作物的 DNA，PCR 反应结果应无任何产物；一组为阳性对照，可选购转基因食品标准品；一组为空白对照，即不加任何 DNA。另外，由于食品中可能同时含有几种转基因原料，为了确证食品中的组成成分还需要设定一个内源特异参照基因的检测，如玉米内常检测玉米醇溶蛋白（Zein）基因，而大豆中常检测凝集素（Lectin）基因。

（三）Southern 杂交

Southern 杂交法是通过对特异性探针结合的基因组片段内或其周围序列进行限制性内切核酸酶酶切位点作图来研究基因在基因组内部的组织排列，用于食品外源基因的检测，可检测出外源基因与内源基因有高度同源性的 DNA 片段。该方法准确可靠，但对样品纯度要求较高，费用也较高。被检的 DNA 分子用特定的限制性内切酶消化后分成若干片段，经琼脂糖凝胶电泳分离后转移到硝酸纤维素膜或尼龙膜上，然后将膜放置在含有同位素或其他标记的 DNA 探针溶液中进行分子杂交。杂交膜显影后如果有条带出现，则说明被检测 DNA 片段与核酸探针具有互补序列。在基因工程操作中，它可以检测重组 DNA 分子中插入的外源 DNA 是否为原来的目的基因，并验证插入片段的分子质量大小。在转基因食品检测中，要在知道该转基因食品转入外源基因片段的情况下使用 Southern 技术。该技术可检测出食品外源基因与内源基因有高度同源性的 DNA 片段，且准确可靠。该方法由于是对样品中的 DNA 进行杂交反应，对基因修饰有机体（genetically modified organisms，GMOs）特异调控序列或结构基因没有进行扩增反应，所以较 PCR 方法的灵敏度低。

（四）基因芯片技术

基因芯片（gene chip）又称 DNA 微阵列，是指将许多特定的寡核苷酸片段或基因片段作为探针，有规律地排列固定于支持物上形成的 DNA 分子阵列，这样就可以检测样品中那些与其互补的核酸序列，然后通过定性、定量分析得出待测样品的信息。转基因食品检测的基因芯片技术，实质上是高度集成化的反向斑点杂交技术。其最大的特点是高通量、灵敏度高、特异性高、自动化，能同时检测到成百上千个基因。通过广泛收集用于转基因技术的启动子、终止子、抗性基因、标记基因的特异序列制成的基因芯片，可实现同时检测出目前已经商品化的转基因产品的外源转基因成分。但由于其应用需要的相应设备造价高，使得基因芯片检测法应用未能普及。

（五）印迹法（blotting）

基本过程是将待测的核酸片段转印并结合到一定的固相支持物上，然后用标记的核酸探针检测待测核酸。印迹法具有操作快速简单、可同时检测多个样本的优点，但由于对待测样品未进行扩增，所以其敏感度较 PCR 检测低。

（六）多重连接依赖的探针扩增（multiplex ligation-dependent probe amplification，MLPA）

MLPA 利用简单的杂交、连接、PCR 扩增反应，在单一反应管内同时检测最多 40 个不同的核苷酸序列的拷贝数变化。其原理是针对不同检测序列设计多组转移的探针组进行扩增的检测方法。每组探针组总长度不同，可与目标序列杂交黏合。所有探针的 5′端都有通用引物结合区（primer binding sites，PBS），3′端都有与待扩增目标序列结合区，在 PBS 区与目标序列结合区之间插入不同长度的寡核苷酸，由此形成长度不一样的探针组。如果目标序列缺失、产生突变或是由于不同探针组的配对，则这组探针无法成功连接，也没有相应的扩增反应。如果这组探针可与目标序列完全黏合，则连接酶会将这组探针连接成为一个片段，并通过标记的通用引物对此连接在一起的探针组进行扩增，最终经过毛细管电泳和激光诱导的荧光来检测扩增产物。

二、蛋白质检测技术

大多数转基因植物都以外源结构基因表达出蛋白质为目的，因此可以通过对外源蛋白质的定性定量检测来达到转基因检测的目的。将外源结构基因表达的蛋白质制备抗血清，根据抗原抗体特异性结合的原理，以是否产生特异性结合来判断是否含有此蛋白质。该技术具有高度特异性，即便有其他干扰化合物的存在，特异性抗原抗体也能准确地结合。但由于未表达或表达低时，蛋白质检测方法也不适用。常用的外源蛋白检测方法有酶联免疫吸附测定（ELISA）和 Western 印迹法等。

（一）酶联免疫吸附实验（enzyme linked immunosorbent assay，ELISA）

ELISA 方法是以免疫学反应为基础的，将抗原、抗体的特异性反应与酶对底物的高效催化作用相结合起来的方法。ELISA 的技术条件要求低，特异性高、操作简单、成本低、稳定性好，常以试剂盒的形式出现，它已成为一种应用最为广泛和发展最为成熟的生物检测与分析技术。目前商品化的有转基因食品 ELISA 检测试剂盒，但只能检测少数几种转基因食品，且一种试剂盒只针对一种特定转基因产物，无法高通量、快速地检测具有多种混合成分的食品样品。现有的几种蛋白质检测试剂盒主要是美国 Prime 公司的 NPTEL Ⅱ ELISA 试剂盒、检测玉米粉中 Starlink Cry9c 蛋白的 Bt9 玉米检测试剂盒、检测大豆 Roundup Ready 表达 CP4-EP-SPS 蛋白的 Soya RUR 试剂盒、检测 Yield Gard 玉米中 Bt 蛋白的 MON810 试剂盒等。

ELISA 分析法也有一些弊端，如食品中被测蛋白质浓度较低时会出现假阴性。此外，食品加工过程也会使蛋白质变性导致假阴性。因此，该法只适用于原料性食品，难应用于加工品，因为外源基因表达的蛋白质会因加工而失活、分解或消失，增加了检测的不确定性和较差的重复性，同时也提高了假阴性率。

（二）试纸条法

试纸条法是 ELISA 方法的另一种形式，该法检测蛋白质也是根据抗原抗体特异性结合的原理，不同之处之一是以硝化纤维代替聚苯乙烯反应板为固相载体，用测试法代替了微孔板，试纸条法主要是将特异的抗体交联到试纸条上和有颜色的物质上，当纸上抗体和特异抗原结合后，再和带有颜色的特异抗体进行反应，就形成了带有颜色的"三明治结构"，并且固定在试纸条上，如果没有抗原，则没有颜色。试纸条法是一种快速简便的定性检测方法，将试纸条放在待测样品抽提物中，就可得出结果，不需要特殊仪器和熟练技能。该法不足之处是只能检测很少的几种蛋白质，不能区分具体的转基因品系，且检测灵敏度低，影响检测结果的准确性。当有些插入基因根本不表达或表达量很低时，就会影响检测结果。

（三）"侧流"型免疫测定（lateral flow）

与 ELISA 相似，这种测定方法也是基于"三明治夹心式"技术原理，但该方法是在一种膜支持物上，而不是在管子里进行；标识的抗原-抗体复合物侧向迁移，直至遇到在一种固定表面上的抗体。因此，整个操作相对简单。目前，市场上也出现了用于侧流分析并能用于野外测试的试剂盒。

（四）Western 杂交法

Western 杂交法是一种特异性较高的蛋白质检测方法，将蛋白质的电泳、印迹、免疫测定融为一体，不管样品中靶蛋白大于或小于设定的阈值，它都能提供定性的结果，适合样品定性检测，具有很高的灵敏性。此技术是利用 SDS-聚丙烯酰胺凝胶电泳分离植物中各种蛋白质，随后将其转移到固相膜上进行免疫学测定，据此得知目的蛋白质表达与否、大致浓度和相对分子质量。利用该方法可以从植物细胞总蛋白质中检出 50ng 的特异蛋白质。若是提纯的蛋白质，可检出 1～5ng，但其弊端是操作较繁琐，费用较高，不适于检验检疫机构快速、大量样品的检测。

（五）快速检测试剂盒法

试剂盒法不仅操作简易、使用方便，而且还具有如下特点：试剂不需要自行配制，批次间的质量能够得到保证；不解除氯仿等有机试剂；在仪器设备的要求上只需要台式离心机即可，比较单一。

目前，较为常见的国外产品主要有 Wizard Genomic DNA Purification Kit、Dneasy Plant Mini Kit（QIAGEN）、Wizard magnetic DNA Purification System 等试剂盒。试剂盒的缺点主要表现在本身价格较昂贵，取样量上用量较少，代表性不能保证，这将影响到检测结果的正确性。这些试剂盒可以单独使用，提取样品中的 DNA，也可作为其他方法的补充纯化步骤。

（六）蛋白质芯片

蛋白质芯片的操作过程与基因芯片是类似的，只是其原理是利用抗原抗体的特异性结合而不是碱基对的互补杂交。

三、其他检测技术

（一）色谱分析

当转基因产品的化学成分较非转基因产品有很大变化时，可以用色谱技术对其化学成分进行分析从而鉴别转基因产品。另有一些特殊的转基因产品，如转基因植物油，无法通过传统的外源基因或外源蛋白质检测方法来进行转基因成分的检测，但可以借助色谱技术对样品中脂肪酸或三酰甘油的各组分进行分析以达到转基因检测的目的。该法是一种定性检测方法，对转基因与非转基因混合的产品进行检验时准确性有限。

（二）SPR（surface plasmon resonance）生物传感器技术

SPR 生物传感器是将探针或配体固定于传感器芯片的金属膜表面，含分析物的液流过传感片表面，分子间发生特异性结合时可引起传感片表面折射率的改变，通过检测 SPR 信号改变而监测分子间的相互作用。SPR 生物传感器检测方法实时快捷，所需分析物量小且对分析物的纯度要求不高，因此，该方法正逐步应用在转基因检测领域。

（三）近红外光谱分析法

近红外光谱分析法的原理是有的转基因过程会使植物的纤维结构发生改变，通过对样品的红外光谱分析可对转基因作物进行筛选。有研究表明，用近红外光谱分析法成功区分了RR 大豆和非转基因大豆，对 RR 大豆的正确检出率为 84%。近红外光谱分析法的优点是不需要对样品进行前处理，并且简单快捷，但不足之处是它不能对转基因与非转基因混合的产品进行检测。

（四）多重 PCR-毛细管电泳-激光诱导荧光快速检测

利用多重 PCR 反应，同时扩增 CaMV35S 启动子、hsp70 introl 和 CryIA（b）基因之间序列以及 Invertase 基因，扩增产物用无胶筛分毛细管电泳-激光诱导荧光检测，从而建立了多重 PCR-毛细管电泳-激光诱导荧光快速检测转基因玉米的新方法。该方法能检出 0.05%MON810 转基因玉米成分，远低于欧盟对转基因食品规定标识的质量分数阈值（1%）。该方法对玉米及其制品的检测结果与实时荧光 PCR 方法的检测结果一致，与传统的琼脂糖凝胶电泳法相比，具有特异性高、快速及灵敏等优点，适用于玉米中转基因成分以及转基因玉米 MON810 品系的快速筛选、鉴定和检测，能满足我国实施转基因食品标签法规的要求。

（五）环介导等温扩增法（loop-mediated isothermal amplification method，LAMP）

LAMP 法的特征是针对目标 DNA 链上的六个区段设计四个不同的引物，然后再利用链置换反应在一定温度下进行反应。反应只需要把基因模板、引物、链置换型 DNA 合成酶、基质等共同置于一定温度下（60~65℃），经一个步骤即可完成。扩增效率极高，可在15min~1h 内实现 109~1010 倍的扩增。而且由于有高度特异性，只需根据扩增反应产物的有无即可对靶基因序列的存在与否做出判断。

第三节　转基因食品的安全性评价及加强转基因食品安全监管

关于转基因食品的安全问题，尤其是长期性安全问题，早就得到了世界各国的普遍关注。在日常生活中，看到的转基因食品都是经过了严格的科学实验和安全评价，包括一系列的食品安全评价等，最后才会推向市场。国际上普遍采用国际食品法典委员会制定的转基因食品安全评价标准开展食用安全评价，这套评价体系相对于传统食品而言更加严谨。

"绝对安全"在科学层面上并不成立。安全是一个相对的概念，即便是人们经常食用的传统食品，也不能说在任何情况下，对任何人都绝对安全。例如，水喝太多了会导致电解质失衡，盐吃多了会诱发高血压，糖吃多了会容易骨折，还会诱发一些诸如肥胖症和糖尿病之类的慢性疾病等。对转基因食品安全而言，同样不能用"绝对安全"作为标准，用现行"常规食品"作为安全评估参照标准是更为合理的。每一个转基因食品的诞生，都必须进行生物安全、环境安全和食品安全等一系列的检验、检测。只有通过了一系列的"安检"，产品才能被允许进入生产和销售。也就是说，转基因食品从实验室到大田、牧场或者工厂，到市场售卖，再端上我们的餐桌，是需要经过一系列的检查、检测，只有在实验室安全、生产检测、市场准入、食品标签等均获得认可，最终才会到达消费者面前。

随着对转基因生物食用安全性研究深度和广度的不断拓展，科学界对农业转基因生物的食用安全性问题有了更加全面和理性的认识。为防范农业转基因生物对人类健康可能的危害或者潜在风险，各相关国际组织和各国政府专门制定了农业转基因生物及产品食用安全的管理法规。但迄今为止，仍然缺乏较为统一、规范的标准体系来规定农业转基因生物的食用安全性要求与评价的标准。为了更好地适应全球农业转基因生物及其产品生产和贸易快速发展的要求，各相关的国际组织和国家都在努力致力于不断充实和完善转基因产品食用安全性的评价程序和方法，积极推进标准国际化的进程。

当前，在对转基因食品安全争论不休的情形下，最重要的不是继续争论转基因生物及其产品存在的合法性，而是切实加强在转基因研发过程中的监管、检查与评价，确保转基因食品的安全性。

参 考 文 献

[1] 丁晓雯，柳春红. 食品安全学 [M]. 北京：中国农业大学出版社，2011.
[2] 宋欢，王坤立，许文涛等. 转基因食品安全性评价研究进展 [J]. 食品科学，2014，35 (15)：295-303.
[3] 王际辉. 食品安全学 [M]. 北京：中国轻工业出版社，2013.
[4] 王晨光，许文涛，黄昆仑等. 转基因食品分析检测技术研究进展 [J]. 食品科学，2014，35 (21)：297-305.
[5] 钟耀广. 食品安全学 [M]. 第 2 版. 北京：化学工业出版社，2010.

第十章 食品包装材料化学污染物检测方法

食品包装材料对于食品安全有着双重意义：一是合适的包装方式和材料可以保护食品不受外界的污染，保持食品本身的水分、成分、品质等特性不发生改变；二是包装材料本身的化学成分会向食品中发生迁移，如果迁移的量超过一定界限，会影响到食品的卫生。包装材料作为食品的"贴身衣物"，其在原材料、辅料、工艺方面的安全性将直接影响食品质量，继而对人体健康产生影响。食品包装材料中有毒有害化学物质的迁移是污染食品的重要途径之一。食品包装材料迁移是指食品包装的材料接触食品时，材料本身含有的化学物质扩散至食品中，为此，在采取严格控制措施的情况下，还要对包装材料和容器中的有害物质以及"迁移"到食品中的有害物质进行监督和检测，为保证食品安全性提供依据。包装材料的有毒迁移包括荧光染色剂、多氯联苯、酚、可溶性有机物、挥发物、苯乙烯、氯乙烯以及重金属，其中重金属检测的方法见前面章节。

一、荧光染料的检测

(一)薄层色谱法

1. 原理

纸张中除了荧光染料外，还有荧光性的有色染料、维生素 B_2、石油类化合物等也能产生荧光。纸样经紫外灯照射如呈阳性，再置于弱碱性（pH7.5～9）水中，使荧光染料溶解，与水不溶性物质分离。调制弱酸性后，浸染纱布，在紫外灯照射下如产生荧光，再进一步应用薄层色谱法，使可能存在的维生素 B_2 分离。在紫外灯照射下，样液原点如有青色荧光，即可确定为荧光染料。

2. 操作方法

(1) 初步检验　将纸样在暗室于紫外灯下直接照射，观察有无荧光。

(2) 浸染检验　将盛有 100mL 氨水（pH7.5～9）的 200mL 烧杯内，放入初步检验含有荧光的方块纸样（5cm×5cm），搅拌 10min 后，用玻璃棉过滤，于滤液中滴加 1～2 滴 4％稀盐酸，调至 pH3.0～5.0 浸入 2cm×4cm 纱布一块，置于水浴上加热 30min，然后将纱布取出，用水洗净，拧干后置于暗室中，在紫外灯下照射，观察有无荧光。同时做空白及对照试验各两份。对照试验是指已经确定有荧光染料的纸与纸样同时进行测定。

(3) 确定检验（薄层板的制备）　称取纤维素粉 7.0g，置于 50mL 烧杯中，加水 20mL 搅拌均匀后，于研钵中研磨 1min。立即用涂布器将此浆液涂在两块 10cm×20cm 的玻璃板上，在空气中晾干或在 100℃ 干燥 5min 后备用。

3. 测定

(1) 样品处理　取一个 100mL 烧杯，放入 50mL 水，滴加 1％氨水使水溶液呈微碱性

（pH7.5～9），放入 5cm×5cm 纸样，置于水浴上加热 1h，不时搅拌，并使溶液保持 pH 7.5～9。用玻璃棉过滤，滤液供点样用。

（2）点样 吸取 2～5μL 样液在纤维素薄层上点样，同时分别取荧光染料 VBL 标准溶液（2.5μL/mL）和荧光染料 BC 标准溶液（5μL/mL）各 2μL。在此两标准点上再点加标准维生素 B₂（10μL/mL）各 2μL。

（3）展开 将薄层板放入层析槽中，用 10％氨水展开至 10cm 处，取出，自然干燥。

（4）检验 在暗室中将上述薄层板在紫外灯下照射，检查染料荧光和维生素 B_2 的分离状况，并鉴定样品溶液原点有无青色荧光，以确定纸样中是否存在荧光染料。

（二）荧光分光光度法

1. 原理

样品中荧光染料具有不同的发射光谱特性，将其发射光谱图与标准荧光染料对照，可以进行定性和定量分析。

2. 操作方法

（1）样品处理 将 5cm×5cm 纸样置于 80mL 氨水中（pH7.5～9.0），加热至沸腾后，继续微沸 2h，并不断补加 1％氨水使溶液保持 pH7.5～9.0。用玻璃棉滤入 100mL 容量瓶中，用水洗涤。如果纸样在紫外灯照射下还有荧光，则再加入 50mL 氨水，同上述处理。两次滤液合并，浓缩至 100mL，稀释至刻度，混匀。

（2）定性 样液按照薄层色谱法点样展开后，接通仪器及记录器电源，光源与仪器稳定后，将薄层板面向下，置于薄层色谱附件装置内的板架上，并固定之。转动手动轮移动板架至激发样点上，激发波长固定在 365nm 处，选择适当的灵敏度、扫描速度、纸速和狭缝，将测定样品点的发射光谱与标准荧光染料发射光谱相对比，鉴定出纸样中荧光染料的类型。

（3）定量 样液经点样、展开，确定其荧光染料种类后，用荧光分光光度计测定发射强度。仪器操作条件如下：光电压 700V；灵敏度粗调 0.1 挡；激发波长 365nm，发射波长 370～600nm；激发狭缝 10nm，发射狭缝 10nm；纸速 15mm/min，扫描速度 10nm/min。然后由荧光染料 VBL（$C_{36}H_{34}N_{12}Na_2O_8S$，荧光增白剂）或 BC（$C_{32}H_{26}N_{12}Na_2O_6S$，荧光增白剂）的标准含量测得发射强度，相应地求出样品中荧光染料 VBL 或 BC 的含量。

（三）液相色谱法

1. 原理

样品中的荧光染料 VBL 经甲醇浸泡超声提取后，通过高效液相色谱柱进行分离，采用荧光检测器进行检测，外标法定量。

2. 试剂和材料

（1）甲醇 分析纯、色谱纯。

（2）荧光增白剂 VBL 纯度不低于 99.0％。

（3）荧光增白剂 VBL 标准储备液 1.0mg/mL 准确称取荧光增白剂 VBL 标准物质 0.1g（精确至 0.1mg）于 25mL 烧杯中，用少量甲醇（色谱纯）溶解后完全转移至 100mL 容量瓶中，以甲醇（色谱纯）定容至刻度，摇匀，在 0～4℃条件下密封避光保存。

（4）荧光增白剂 VBL 标准工作溶液 根据需要，将标准储备液用甲醇（色谱纯）稀释成适当浓度的标准工作溶液。

3. 仪器和设备

（1）高效液相色谱仪 配有荧光检测器。

（2）分析天平 感量为 0.0001g；漩涡混合器；离心机：转速为 4000r/min 以上；超声波提取器：带温度控制（30～90℃）；氮吹仪；具塞三角瓶：50mL；离心管：50mL；容量瓶：5mL；可调微量移液器：10～100μL、100～1000μL。

4. 操作方法

（1）提取 选取代表样品，剪成 5mm×5mm 以下，混匀后从中称取 0.5g（精确至 0.1mg）于 50mL 具塞三角瓶中，加入 25mL 甲醇，于 50℃超声萃取 40min，萃取液完全转移至 50mL 离心管中，用氮吹仪浓缩至 2mL 左右，用甲醇转移至 5mL 容量瓶中，定容、摇匀后，取少量溶液放入离心机中以 4000r/min 离心 5min，取上层清液供色谱分析。

（2）测定

① 液相色谱参考条件　色谱柱：Diamonsil C$_{18}$，柱长 250mm，内径 4.6mm，粒度 5μm，或性能类似的分析柱。

柱温：30℃。

激发波长：358nm；发射波长 430nm。

流速：1.0mL/min。

进样量：20μL。

流动相及梯度洗脱条件见表 10-1。

表 10-1　流动相及梯度洗脱条件

时间/min	流动相 A（水）/%	流动相 B（甲醇）/%
0.00	75.0	25.0
3.00	35.0	65.0
4.00	35.0	65.0
5.00	5.0	95.0
10.00	5.0	95.0

② 液相色谱测定　根据样品溶液中荧光增白剂 VBL 含量情况，选定峰面积相近的标准工作溶液，标准工作溶液和样品溶液中荧光增白剂 VBL 响应值均在仪器检测线性范围内。标准工作溶液和样品溶液等体积交替进样测定。

5. 结果计算

（1）计算公式 样品中荧光增白剂 VBL 的含量按下式计算：

$$X = \frac{(A - A_0) \times c_s \times V}{A_s \times m}$$

式中　X——样品中荧光增白剂 BVL 含量，mg/kg；

$\quad$ A——试样提取液中荧光增白剂 VBL 峰面积；

$\quad$ A_0——空白中荧光增白剂 BVL 峰面积；

$\quad$ c_s——标准工作溶液中荧光增白剂 VBL 的浓度，mg/L；

$\quad$ V——试样定容的体积，mL；

$\quad$ A_s——标准工作溶液中荧光增白剂 VBL 的峰面积；

$\quad$ m——试样的质量，g。

（2）结果表示　取两次测定的平均值，结果保留三位有效数字。

（3）精密度　在重复性条件下获得的两次独立测定结果的绝对差值不得超过算术平均值的 10%。

二、多氯联苯的检测

（一）气相色谱法

1. 原理

多氯联苯具有高度的脂溶性，用有机溶剂萃取时，同时提取多氯联苯和有机氯农药，经色谱分离之后，可用带电子捕获检测器的气相色谱仪分析。

2. 试剂

（1）己烷　分析纯，于全玻璃蒸馏器中重蒸馏。

（2）无水硫酸钠　优级纯，经 550℃ 高温灼烧，干燥器中贮存。

（3）硅胶　色谱用，60～100 目，于 360℃ 加热处理 10～12h，冷却后加 3.0% 水，振摇 2h，干燥器中贮存。

（4）多氯联苯标准溶液　准确称取 10.0mg PCB3 和 PCB5 分别置于 2 个 100mL 容量瓶中，用正己烷稀释至刻度，混匀（100μg/mL），使用前用正己烷稀释成标准使用液，每毫升 PCB3 和 PCB5 各 0.02μg。

3. 色谱条件

色谱柱：硬质玻璃柱，长 6m、内径 2nm，内填充 100～120 目 Varaport 上的 2.5% OV-1 或 2.5% QF-1 和 2.5% DC-200；检测器：电子捕获检测器；温度：柱温 275℃，检测器为 230℃；氮气流速：60mL/min。

4. 操作方法

（1）样品处理

① 酸水解：将可食部分匀浆，用盐酸（1:1，体积比）回流 30min。酸水解液用乙醚提取原有的脂肪，将提取液在硫酸钠上干燥，于旋转蒸发器上蒸发至干。

② 碱水解：称取经提取所得的类脂 0.5g，加入 30mL 2% 乙醇-氢氧化钾溶液，在蒸汽浴中回流 3min，水解物用 30mL 水将其转移到分液漏斗中，并用 2mL 己烷振摇。合并己烷提取液于第一分液漏斗中，用 20mL 乙醇与水（1:1，体积比）溶液提取合并的己烷提取液两次，将己烷溶液在无水硫酸钠柱中干燥，于 60℃ 下用氮吹浓缩至 1mL。

③ 氧化：在 1mL 己烷浓缩液中加入 5～10mL 盐酸与过氧化氢（30:6，体积比）溶液，置于蒸汽浴上回流 1h，以稀 NaOH 溶液中和，用己烷提取两次，合并己烷提取液，用水洗涤，并用硫酸钠柱干燥。

④ 硫酸消解净化：称取经 130℃ 加热过夜的 10g 白色硅藻土载体 545（celite545），用 6mL 5% 发烟硫酸混合的硫酸液充分研磨，转移至底部收缩变细的玻璃柱中，此柱需预先用己烷洗涤过，将已经氧化的己烷提取液移至柱中，用 50mL 己烷洗脱，洗脱液用 2% NaOH 溶液中和，在硫酸钠柱上干燥，浓缩至 2mL，放在小型的有 5cm 高的弗洛里土吸附剂（经 130℃ 加热过夜）的柱中，用 70mL 己烷洗脱。在用气相色谱测定前，于 60℃ 温度下吹氮浓缩。

⑤ 过氯化：将上述己烷提取液置于玻璃瓶中，在 50℃ 蒸汽浴上用氮吹干，加入五氯化锑 0.3cm，将瓶子封闭，在 17℃ 下反应 10h，冷却启封，用 5mL 6mol/L 盐酸淋洗，转移至分液漏斗中，己烷提取液用 20mL 水、20mL 2% KOH 溶液洗涤，然后在无水硫酸钠柱中干燥，通过小型弗洛里土吸附柱，用 70mL 苯-己烷（1:1，体积比）洗脱，洗脱液浓缩至适当体积注入色谱仪中进行测定。

（2）定量 取相同体积的样品提取液和多氯联苯标准使用液，在同一色谱柱操作条件下注入色谱仪，采用 PCB3 和 PCB5 主要峰的峰高之和进行定量（PCB3 至少采用一个主峰，PCB5 至少采用三个主峰之和计算定量）。

5. 计算

$$X = \frac{H_1 \times c \times 1000}{H_2 \times M \times 1000}$$

式中 X ——样品中多氯联苯含量，mg/kg；

H_1 ——样品中多氯联苯的峰高之和，mm；

H_2 ——标准使用液中多氯联苯的峰高之和，mm；

c ——标准使用液中多氯联苯的浓度，μg/mL；

M ——进样体积（μL）相当于样品的质量（g）。

（二）稳定性同位素稀释的气相色谱-质谱法

1. 原理

应用稳定性同位素稀释技术，在试样中加入 $^{13}C_{12}$ 标记的 PCBs 作为定量标准，经过索氏提取后的试样溶液经柱色谱净化、分离，浓缩后加入回收内标，使用气相色谱-低分辨质谱联用仪，以四极杆质谱选择离子监测（SIM）或离子阱串联质谱多重反应监测（MRM）模式进行分析，内标法定量。

2. 试剂和材料

（1）试剂

① 正己烷（C_6H_{14}）、二氯甲烷（CH_2Cl_2）、丙酮（C_3H_6O）、甲醇（CH_3OH）、异辛烷（C_8H_{18}）农残级。

② 硫酸（H_2SO_4）含量 95%～98%，优级纯；氢氧化钠（NaOH）、硝酸银（$AgNO_3$）优级纯。

③ 无水硫酸钠（Na_2SO_4）：优级纯。将市售无水硫酸钠装入玻璃色谱柱，依次用正己烷和二氯甲烷淋洗两次，每次使用的溶剂体积约为无水硫酸钠体积的两倍。淋洗后，将无水硫酸钠转移至烧瓶中，在 50℃ 下烘烤至干，然后在 225℃ 烘烤 8～12h，冷却后干燥器中保存。

④ 色谱用硅胶（75～250μm）：将市售硅胶装入玻璃色谱柱中，依次用正己烷和二氯甲烷淋洗两次，每次使用的溶剂体积约为硅胶体积的两倍。淋洗后，将硅胶转移到烧瓶中，以铝箔盖住瓶口置于烘箱中 50℃ 烘烤至干，然后升温至 180℃ 烘烤 8～12h，冷却后装入磨口试剂瓶中，干燥器中保存。

⑤ 44%酸化硅胶：称取活化好的硅胶 100g，逐滴加入 78.6g 硫酸，振摇至无块状物后，装入磨口试剂瓶中，干燥器中保存。

⑥ 33%碱性硅胶：称取活化好的硅胶 100g，逐滴加入 49.2g 1mol/L 的氢氧化钠溶液，

振摇至无块状物后，装入磨口试剂瓶中，干燥器中保存。

⑦ 10%硝酸银硅胶：将5.6g硝酸银溶解在21.5mL去离子水中，逐滴加入50g活化硅胶中，振摇至无块状物后，装入棕色磨口试剂瓶中，干燥器中保存。

⑧ 碱性氧化铝：色谱用碱性氧化铝，660℃烘烤6h后，装入磨口试剂瓶中，干燥器中保存。

（2）标准溶液

① 时间窗口确定标准溶液：由各氯取代数的PCBs在DB-5ms色谱柱上第一个出峰和最后一个出峰的同族化合物组成，见表10-2。

② 定量内标标准溶液：见表10-3。

③ 回收率内标标准溶液：见表10-4。

④ 校正标准溶液：见表10-5。

⑤ 精密度和准确度实验标准溶液：见表10-6。

表10-2　GC-MS方法测定的指示性多氯联苯时间窗口确定标准溶液

化合物	氯原子数	浓度/(mg/L)
Biphenyl	0	2.5 ± 0.25
PCB1	1	2.5 ± 0.25
PCB3	1	2.5 ± 0.25
PCB10	2	2.5 ± 0.25
PCB15	2	2.5 ± 0.25
PCB30	3	2.5 ± 0.25
PCB37	3	2.5 ± 0.25
PCB54	4	2.5 ± 0.25
PCB77	4	2.5 ± 0.25
PCB104	5	2.5 ± 0.25
PCB126	5	2.5 ± 0.25
PCB155	6	2.5 ± 0.25
PCB169	6	2.5 ± 0.25
PCB188	7	2.5 ± 0.25
PCB189	7	2.5 ± 0.25
PCB194	8	2.5 ± 0.25
PCB202	8	2.5 ± 0.25
PCB206	9	2.5 ± 0.25
PCB208	9	2.5 ± 0.25
PCB209	10	2.5 ± 0.25

表10-3　GC-MS方法中指示性多氯联苯定量内标的标准溶液

化合物	氯原子数	浓度/(mg/L)
$^{13}C_{12}$-PCB28	3	2.0
$^{13}C_{12}$-PCB52	4	2.0
$^{13}C_{12}$-PCB118	5	2.0
$^{13}C_{12}$-PCB153	6	2.0
$^{13}C_{12}$-PCB180	7	2.0
$^{13}C_{12}$-PCB202	8	2.0
$^{13}C_{12}$-PCB206	9	2.0
$^{13}C_{12}$-PCB209	10	2.0

表 10-4　GC-MS 方法中指示性多氯联苯回收率内标的标准溶液

化合物	氯原子数	浓度/(mg/L)
$^{13}C_{12}$-PCB101	5	2.0
$^{13}C_{12}$-PCB194	8	2.0

表 10-5　GC-MS 方法中指示性多氯联苯校正标准溶液

目标化合物		浓度/(μg/L)				
		CS1	CS2	CS3	CS4	CS5
天然化合物	PCB18	20	50	200	800	2000
	PCB28	20	50	200	800	2000
	PCB33	20	50	200	800	2000
	PCB52	20	50	200	800	2000
	PCB44	20	50	200	800	2000
	PCB70	20	50	200	800	2000
	PCB101	20	50	200	800	2000
	PCB118	20	50	200	800	2000
	PCB105	20	50	200	800	2000
	PCB153	20	50	200	800	2000
	PCB138	20	50	200	800	2000
	PCB128	20	50	200	800	2000
	PCB187	20	50	200	800	2000
	PCB180	20	50	200	800	2000
	PCB170	20	50	200	800	2000
	PCB199	20	50	200	800	2000
	PCB195	20	50	200	800	2000
	PCB194	20	50	200	800	2000
	PCB206	20	50	200	800	2000
	PCB209	20	50	200	800	2000
同位素标记的定量内标	$^{13}C_{12}$-PCB180	400	400	400	400	400
	$^{13}C_{12}$-PCB202	400	400	400	400	400
	$^{13}C_{12}$-PCB206	400	400	400	400	400
	$^{13}C_{12}$-PCB209	400	400	400	400	400
	$^{13}C_{12}$-PCB28	400	400	400	400	400
	$^{13}C_{12}$-PCB52	400	400	400	400	400
	$^{13}C_{12}$-PCB118	400	400	400	400	400
	$^{13}C_{12}$-PCB153	400	400	400	400	400
同位素标记的回收率内标	$^{13}C_{12}$-PCB101	400	400	400	400	400
	$^{13}C_{12}$-PCB194	400	400	400	400	400

表 10-6　GC-MS 方法中指示性多氯联苯精密度和准确度实验标准溶液

化合物	浓度/(μg/L)	化合物	浓度/(μg/L)	化合物	浓度/(μg/L)
PCB18	100	PCB118	100	PCB170	100
PCB28	100	PCB105	100	PCB199	100
PCB33	100	PCB153	100	PCB195	100
PCB52	100	PCB138	100	PCB194	100
PCB44	100	PCB128	100	PCB206	100
PCB70	100	PCB187	100	PCB209	100
PCB101	100	PCB180	100		

3. 仪器和设备

(1) 组织匀浆器、绞肉机、旋转蒸发仪、氮气浓缩器、超声波清洗器、振荡器、分析天平（感量为 0.1g）。

(2) 色谱柱：DB-5ms 柱，$30m \times 0.25mm \times 0.25\mu m$，或等效色谱柱。

(3) 气相色谱-四极杆质谱联用仪（GC-MS）或气相色谱-离子阱串联质谱联用仪（GC-MS/MS）。

(4) 玻璃仪器的准备：所有需重复使用的玻璃器皿应在使用后尽快认真清洗，清洗过程如下。

① 用该器皿最后接触的溶剂洗涤；

② 依次用正己烷和丙酮洗涤；

③ 用含碱性洗涤剂的热水清洗；

④ 依次用热水和去离子水冲洗；

⑤ 依次用丙酮、正己烷和二氯甲烷洗涤。

采用超声波清洗设备，加入碱性洗涤剂的热水有很好的清洗效果。如果使用刷子清洗，需特别注意不要划损玻璃器皿的内表面。

4. 分析步骤

(1) 试样制备

① 预处理　用避光材料如铝箔、棕色玻璃瓶等包装现场采集的试样，并放入小型冷冻箱中运输到实验室，-10℃以下低温冰箱保存。固体试样等可使用冷冻干燥或使用无水硫酸钠干燥并充分混匀。液体类可直接溶于正己烷中进行净化处理。

② 提取　提取前，将一空纤维素或玻璃纤维提取套筒装入索氏提取器中，以正己烷+二氯甲烷（50+50）为提取溶剂，预提取 8h 后取出晾干。

将预处理试样 5.0～10.0g 装入上述处理的提取套筒中，加入 $^{13}C_{12}$ 标记的定量内标，用玻璃棉盖住试样，平衡 30min 后装入索氏提取器，以适量正己烷+二氯甲烷（50+50）为提取溶剂，提取 18～24h，回流速度控制在 3～4 次/h。

提取完成后，将提取液转移到茄形瓶中，旋转蒸发浓缩至近干。如分析结果以脂肪计则需要测定试样的脂肪含量。

脂肪含量的测定：浓缩前准确称重茄形瓶，将溶剂浓缩至干后准确称重茄形瓶，两次称重结果的差值为试样的脂肪量。测定脂肪量后，加入少量正己烷溶解瓶中残渣。

③ 酸性硅胶柱净化

a.净化柱装填：玻璃柱底端用玻璃棉封堵后从底端到顶端依次填入 4g 活化硅胶、10g 酸化硅胶、2g 活化硅胶、4g 无水硫酸钠。然后用 100mL 正己烷预淋洗。

b.净化：将浓缩的提取液全部转移至柱上，用约 5mL 正己烷冲洗茄形瓶 3～4 次，洗液转移至柱上。待液面降至无水硫酸钠层时加入 180mL 正己烷洗脱，洗脱液浓缩至约 1mL。

如果酸化硅胶层全部变色，表明试样中脂肪量超过了柱子的负载极限。洗脱液浓缩后，制备一根新的酸性硅胶净化柱，重复上述操作，直至硫酸硅胶层不再全部变色。

④ 复合硅胶柱净化

a. 净化柱装填：玻璃柱底端用玻璃棉封堵后从底端到顶端依次填入 1.5g 硝酸银硅胶、1g 活化硅胶、2g 碱性硅胶、1g 活化硅胶、4g 酸化硅胶、2g 活化硅胶、2g 无水硫酸钠。然后用 30mL 正己烷＋二氯甲烷（97＋3）预淋洗。

b. 净化：将经过酸性硅胶柱净化后浓缩洗脱液全部转移至柱上，用约 5mL 正己烷冲洗茄形瓶 3～4 次，洗液转移至柱上。待液面降至无水硫酸钠层时加入 50mL 正己烷＋二氯甲烷（97＋3）洗脱，洗脱液浓缩至约 1mL。

⑤ 碱性氧化铝柱净化

a. 净化柱装填：玻璃柱底端用玻璃棉封堵后从底端到顶端依次填入 2.5g 经过烘烤的碱性氧化铝、2g 无水硫酸钠。15mL 正己烷预淋洗。

b. 净化：将经过碱性氧化铝柱净化后浓缩洗脱液全部转移至柱上，用约 5mL 正己烷冲洗茄形瓶 3～4 次，洗液转移至柱上。当液面降至无水硫酸钠层时加入 30mL 正己烷（2×15mL）洗脱柱子，待液面降至无水硫酸钠层时加入 25mL 二氯甲烷＋正己烷（5＋95）洗脱。洗脱液浓缩至近干。

⑥ 上机分析前的处理　将净化后的试样溶液转移至进样小管中，在氮气流下浓缩，用少量正己烷洗涤茄形瓶 3～4 次，洗涤液也转移至进样内插管中，氮气浓缩至约 50μL，加入适量回收率内标，然后封盖待上机分析。

(2) 仪器参考条件

① 色谱条件　色谱柱：采用 30m 的 DB-5ms（或相当于 DB-5ms 的其他类型）石英毛细管柱进行色谱分离，膜厚为 0.25μm，内径为 0.25mm。

采用不分流方式进样时，进样口温度为 300℃。

色谱柱升温程序如下：初始温度为 100℃，保持 2min；15℃/min 升温至 180℃；3℃/min 升温至 240℃；10℃/min 升温至 285℃并保持 10min。

使用高纯氮气（纯度＞99.999%）作为载气。

② 质谱参数

a. 四极杆质谱仪　电离模式：电子轰击源（EI），能量为 70eV。

离子检测方式：选择离子监测（SIM），检测 PCBs 时选择的特征离子为分子离子，见表 10-7。

表 10-7　四极杆质谱仪选择离子监测（SIM）的特征离子及同位素丰度比

同族物	特征离子	离子类型	理论丰度比	确证离子		
T_3CB	256/258	M/M+2	1.03	188[1]	326[2]	
T_4CB	290/292	M/M+2	0.78	222[1]	360[2]	326[3]
P_5CB	324/326	M/M+2	0.62	256[1]	396[2]	360[3]
H_6CB	358/360	M/M+2	0.52	290[1]	430[2]	394[3]
H_7CB	394/396	M+2/M+4	1.04	324[1]	464[2]	430[3]
O_8CB	428/430	M+2/M+4	0.8	358[1]	464[2]	
N_9CB	462/464	M+2/M+4	0.78	394[1]		
$D_{10}CB$	498/500	M+2/M+6	1.17	428[1]		

同族物	特征离子	离子类型	理论丰度比	确证离子
$^{13}C_{12}$-T_3CB	270	M+2	—	—
$^{13}C_{12}$-T_4CB	304	M+2	—	—
$^{13}C_{12}$-P_5CB	338	M+2	—	—
$^{13}C_{12}$-H_6CB	372	M+2	—	—
$^{13}C_{12}$-H_7CB	406	M+2	—	—
$^{13}C_{12}$-O_8CB	442	M+4	—	—
$^{13}C_{12}$-N_9CB	476	M+4	—	—
$^{13}C_{12}$-$D_{10}CB$	510	M+4	—	—

① 存在的碎片离子。

② 不能存在的碎片离子。

③ 这些离子为分子离子加一个氯的碎片（M+35），出现这些离子表明可能存在来自相邻族 PCBs 的干扰。

离子源温度为 250℃，传输线温度为 280℃，溶剂延迟为 10min。

b. 离子阱质谱仪　电离模式：电子轰击源（EI），能量为 70eV。

离子检测方式：多重反应监测（MRM），检测 PCBs 时选择的母离子为分子离子（M+2 或 M+4），子离子为分子离子丢掉两个氯原子后形成的碎片离子（M-2Cl），见表 10-8。

表 10-8　串联离子阱质谱仪多重反应监测（MRM）的特征离子及同位素丰度比

同族物	母离子（m/z）	子离子（m/z）	理论丰度比
T_3CB	258	186/188	2.00
T_4CB	292	220/222	1.00
P_5CB	326	254/256	0.67
H_6CB	360	288/290	0.50
H_7CB	396	324/236	1.00
O_8CB	430	358/360	0.80
N_9CB	464	392/394	0.67
$D_{10}CB$	498	426/428	0.55
$^{13}C_{12}$-T_3CB	270	198/200	8.00
$^{13}C_{12}$-T_4CB	304	232/234	1.00
$^{13}C_{12}$-P_5CB	338	266/268	0367
$^{13}C_{12}$-H_6CB	372	300/302	0.50
$^{13}C_{12}$-H_7CB	408	336/338	1.00
$^{13}C_{12}$-O_8CB	442	370/372	0.80
$^{13}C_{12}$-N_9CB	476	404/406	0.67
$^{13}C_{12}$-$D_{10}CB$	510	438/440	0.55

离子阱温度为 220℃，传输线温度 280℃，歧盒（manifold）温度 40℃。

(3) 灵敏度检查　进样 1μL（20pg）CS1 溶液，检查 GC-MS 灵敏度。要求 3～7 氯取代的各化合物检测离子的信噪比应达到 3 以上；否则，应重新进行仪器调谐，直至符合规定。

(4) PCBs 的定性和定量

① PCBs 色谱峰的确认要求：所检测的色谱峰信噪比应在 3 以上（图 10-1）。

② 监测的两个特征离子的丰度比应在理论范围之内，分别见表 10-7 和表 10-8。

③ 检查色谱峰对应的质谱图（图 10-2），当浓度足够大时，应存在丢掉两个氯原子的碎片离子（M-70），见表 10-7。

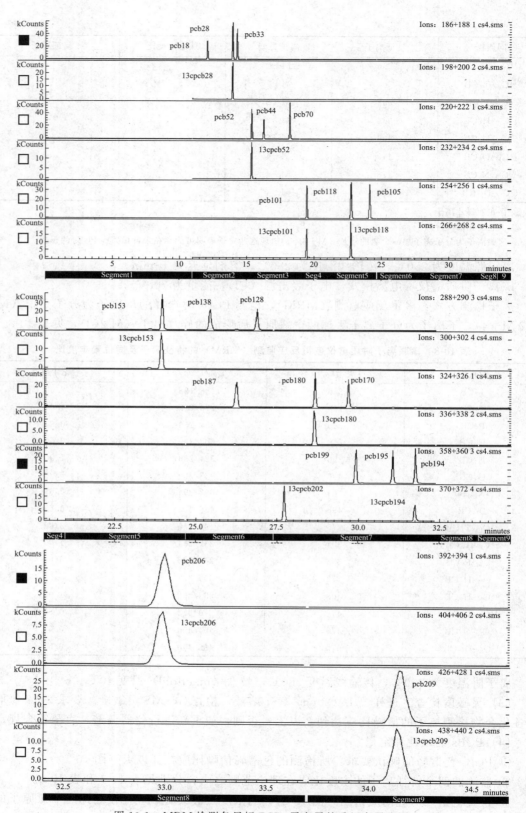

图 10-1　MRM 检测各目标 PCBs 子离子的重组离子流图

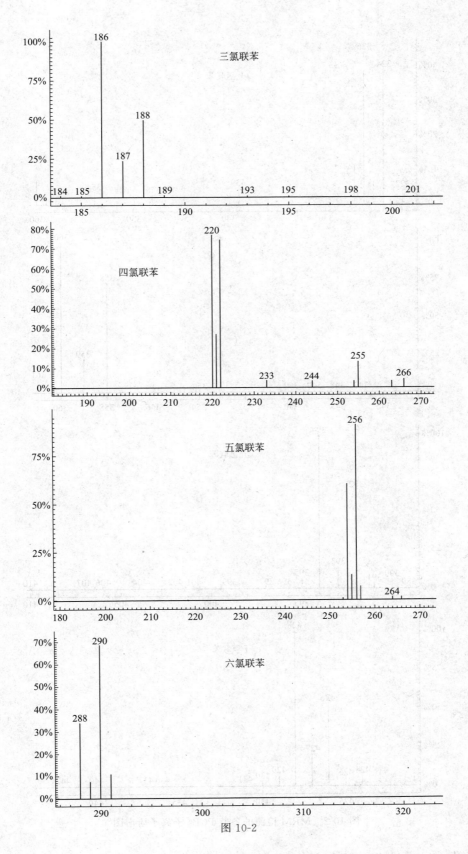

图 10-2

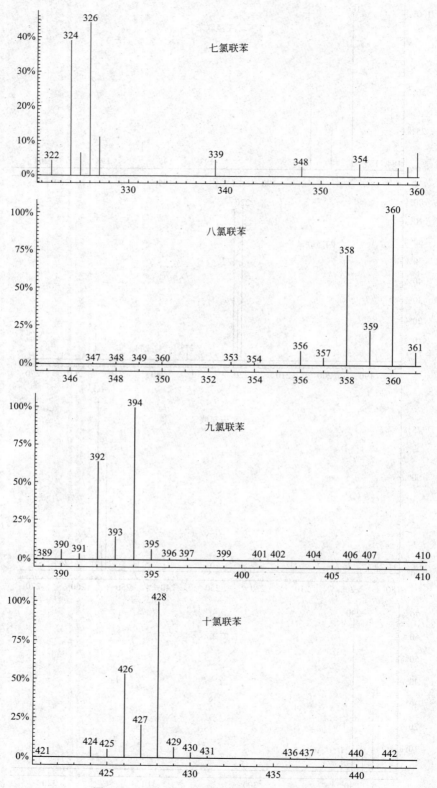

图 10-2　MRM 检测的各族 PCBs 子离子质谱图

④ 检查色谱峰对应的质谱图（图 10-2），对于三氯联苯至七氯联苯色谱峰中，不能存在分子离子加两个氯原子的碎片离子（M+70），见表 10-7。

⑤ 被确认的 PCBs 保留时间应处在通过分析窗口确定标准溶液预先确定的时间窗口内。时间窗口确定标准溶液由各氯取代数的 PCBs 在 DB-5ms 色谱柱上第一个出峰和最后一个出峰的同族化合物组成。使用确定的色谱条件、采用全扫描质谱采集模式对窗口确定标准溶液进行分析（1μL），根据各族 PCBs 所在的保留时间段确定时间窗口。由于在 DB-5ms 色谱柱上存在三族 PCBs 的保留时间段重叠的现象，因此在单一时间窗口内需要对不同族 PCBs 的特征离子进行检测。为保证分析的选择性和灵敏度要求，在确定时间窗口时应使一个窗口中检测的特征离子尽可能少。

(5) 分析结果的表述

① 该方法中对于 PCB28、PCB52、PCB118、PCB153、PCB180、PCB206 和 PCB209 使用同位素稀释技术进行定量，对其他目标化合物采用内标法定量；对于定量内标的回收率计算使用内标法。本标准所测定的 20 种目标化合物包括了 PCBs 工业产品中的大部分种类。从三氯联苯到八氯联苯每族三个化合物，九氯联苯和十氯联苯各一个。每族使用一个 $^{13}C_{12}$ 标记化合物作为定量内标。计算定量内标回收率的回收内标为两个。在计算定量内标的回收率时，$^{13}C_{12}$-PCB101 作为 $^{13}C_{12}$-PCB28、$^{13}C_{12}$-PCB52、$^{13}C_{12}$-1PCB18 和 $^{13}C_{12}$-PCB153 的回收率内标，$^{13}C_{12}$-PCB194 作为 $^{13}C_{12}$-PCB180、$^{13}C_{12}$-PCB202、$^{13}C_{12}$-PCB206 和 $^{13}C_{12}$-PCB209 的回收率内标。

② 相对响应因子（RRF）：该方法采用 RRF 进行定量计算，使用校正标准溶液计算 RRF 值。

$$RRF_n = \frac{A_n \times C_s}{A_s \times C_n}$$

$$RRF_r = \frac{A_s \times C_r}{A_r \times C_s}$$

式中　RRF_n——目标化合物对定量内标的相对响应因子；

A_n——目标化合物的峰面积；

C_s——定量内标的浓度，μg/L；

A_s——定量内标的峰面积；

C_n——目标化合物的浓度，μg/L；

RRF_r——定量内标对回收内标的相对响应因子；

A_r——回收率内标的峰面积；

C_r——回收率内标的浓度，μg/L。

各化合物五个浓度水平的 RRF 值的相对标准偏差（RSD）应小于 20%。达到这个标准后，使用平均 RRF_n 和平均 RRF_r 进行定量计算。

③ 含量计算：试样中 PCBs 含量的计算公式如下。

$$C_n = \frac{A_n \times m_s}{A_s \times RRF_n \times m}$$

式中　C_n——试样中 PCBs 的含量，μg/kg；

A_n——目标化合物的峰面积；

m_s——试样中加入定量内标的量，ng；

A_s——定量内标的峰面积；

RRF$_n$——目标化合物对定量内标的相对响应因子；

m——取样量，g。

④ 定量内标回收率计算：计算定量内标回收率（R）。

$$R = \frac{A_s \times m_r}{A_r \times RRF_r \times m_s} \times 100\%$$

式中　R——定量内标回收率，%；

A_s——定量内标的峰面积；

m_r——试样中加入回收率内标的量，ng；

A_r——回收率内标的峰面积；

RRF$_r$——定量内标对回收率内标的相对响应因子；

m_s——试样中加入定量内标的量，ng。

定量结果保留小数点后两位数字。

⑤ 检测限：该方法的试样检测限规定为当信噪比为 3 时，同位素丰度比符合要求的响应所对应的试样浓度。检测限的计算公式如下。

$$DL = \frac{3 \times N \times m_s}{H \times RRF_n \times m}$$

式中　DL——检测限，μg/kg；

N——噪声峰高；

m_s——加入定量内标的量，ng；

H——定量内标的峰高；

RRF$_n$——目标化合物对定量内标的相对响应因子；

m——试样量，g。

试样基质、取样量、进样量、定量内标的回收率、色谱分离状况、电噪声水平以及仪器灵敏度均可能对试样检出限造成影响，因此噪声水平应从实际试样谱图中获取。当某目标化合物的结果报告未检出时应同时报告试样检测限。

5. 质量控制和质量保证

(1) 初始精密度和准确度试验　在分析实际试样前实验室应达到可接受的精密度和准确度水平。通过对加标试样的分析，验证分析方法的可靠性。

取不少于 3 份基质与实际试样相似的空白试样，分别加入精密度和准确度实验标准溶液（表 10-6），再分别加入定量内标标准溶液。将制备好的加标试样按与实际试样相同的方法进行分析，计算目标化合物的回收率和定量内标的回收率。每份试样的目标 PCBs 的测定值应在加入量的 75%～120% 范围之内，RSD<30%。定量内标的平均回收率应在 50%～120% 之间，并且单个试样的定量内标回收率在 30%～130% 之间。

在进行实际试样分析之前，应达到上述标准。当试样的提取、净化方法进行修改后以及更换分析操作人员后，应重复上述试验并直至达到上述标准。实验室每 6 个月应进行上述试验并直至达到上述标准要求。

如果可以获得与试样具有相似基质的标准参考物，则可以用标准参考物代替加标试样精密度和准确度试验。

(2) 定量内标回收率　试样提取前加入定量内标以校正试样提取、净化过程中目标化合物的损失。定量内标的回收率应在 30%～130% 之间，如果试样分析结果的定量内标回收率没有达到上述要求则该试样应重新进行提取、净化和上机分析。

（3）方法空白　每个批次最多 15 个试样，需做一次方法空白试验。

（4）质控样品　每个批次最多 15 个试样，需带一个质控样品。质控样品可以是标准参考物，也可以是已知浓度的加标样品。目标化合物的测定值应在标准值的 75%～125% 范围之内。

（5）保留时间窗口　每周进行时间窗口确定标准溶液的分析，确定保留时间窗口的正确。当更换色谱柱、切割色谱柱或改变色谱参数后均应使用时间窗口确定标准溶液对保留时间窗口进行校准。

（6）校准标准溶液　初始校准使用 5 个浓度水平的校准标准溶液。RRF 的 RSD 小于 20% 表明校准成功。在分析过程中，每 12h 应进行一次确证试验。使用校正标准溶液中的 CS3 上机分析，分析结果应在其定值的 20% 范围之内，定量内标的回收率应为 75%～125% 范围之内。

（7）其他　各目标化合物定量限为 $0.5\mu g/kg$。

三、酚的测定

（一）比色法

适用于浸泡液中微量游离酚的测定。

1. 原理

在碱性溶液（pH9～10.5）的条件下，酚类化合物与 4-氨基安替吡啉经铁氰化钾氧化，生成红色的安替吡啉染料，颜色的深浅与酚类化合物的含量成正比，用有机溶剂萃取，以提高灵敏度，与标准比较定量分析。

2. 试剂

磷酸（1+9）；硫代硫酸钠标准溶液（0.025mol/L）；盐酸；硫酸铜溶液（100g/L）；铁氰化钾溶液（80g/L）；三氯甲烷；碘化钾；4-氨基安替吡啉（20g/L，贮存于冰箱保存一周）。

淀粉指示液：称取 0.5g 可溶性淀粉，加少量水调至糊状，然后倒入 100mL 沸水中，煮沸片刻，临用时现配。

溴酸钾-溴化钾溶液：准确称取 2.78g 经过干燥的溴酸钾，加水溶解，置于 1000mL 容量瓶中，加 10g 溴化钾溶解后，加水稀释至刻度。

缓冲溶液（pH9.8）：称取 20g 氯化铵于 100mL 氨水中，盖紧贮存于冰箱。

酚标准溶液：准确称取新蒸馏 182～184℃ 馏程的苯酚约 1g，溶于水中，移入 1000mL 容量瓶，加水稀释至刻度。

酚标准使用液：吸取 10mL 待测定的酚标准溶液，加入 250mL 碘量瓶中，加入 50mL 水、10mL 溴酸钾-溴化钾溶液，随即加 5mL 盐酸盖好瓶塞，缓缓摇动，静置 10min 后加入 1g 碘化钾，同时做空白试验，用硫代硫酸钠标准溶液（0.025mol/L）滴定空白和酚标准溶液，当溶液滴至淡黄色后加入 1mL 淀粉指示剂，继续滴至蓝色消失为终点，按下式计算酚含量。

$$X = \frac{(V_1 - V_2) \times c \times 15.68}{V_3}$$

式中　X——酚标准溶液中酚的含量，mg/mL；

V_1——空白滴定消耗硫代硫酸钠标准溶液的体积，mL；

V_2——酚标准溶液滴定消耗硫代硫酸钠标准溶液的体积，mL；

V_3——标定酚用标准使用液体积，mL；

c——硫代硫酸钠标准滴定溶液实际浓度，mol/L；

15.68——与 1.00mL 硫代硫酸钠（1.000mol/L）标准滴定溶液相当的酚的质量，mg。

根据上述计算的含量，将酚标准溶液稀释至 1mg/mL，临用时吸取 10mL，置于 1000mL 容量瓶中，加水稀释至刻度，使此溶液每毫升相当于 10μg 苯酚；再吸取此溶液 10mL，置于 100mL 容量瓶中，加水稀释至刻度，此溶液每毫升相当于 1.0μg 苯酚。

3. 仪器

分光光度计。

4. 操作方法

(1) 样品的采集和处理　按产量的 1％ 随机取样，小批量不得少于 10 件，容量少于 500mL 的取 20 件，根据样品的形状按 2mL/cm² 的用量加水，95℃ 浸泡 30min。

(2) 标准曲线的绘制　吸取 0.1mg/mL 苯酚标准溶液 0、0.2mL、0.4mL、0.6mL、0.8mL、1.0mL、2.0mL 和 2.5mL，分别置于 250mL 分液漏斗中，各加入无酚水 200mL，再分别加入 1mL 硼酸缓冲液（由 9 份 1mol/L NaOH 溶液和 1 份 1mol/L 硼酸溶液配制而成）、1mL 氨基安替吡啉溶液（20g/L）、1mL 铁氰化钾溶液（80g/L），每加入一种试剂，要充分摇匀，在室温下放置 1min，各加入 10mL 三氯甲烷，振摇 2min，静置分层后将三氯甲烷层经无水硫酸钠过滤于比色管中，用 2mL 比色杯，以 0 管调节零点，于波长 460nm 处测定吸光度，绘制标准曲线。

(3) 样品测定　量取 250mL 样品浸出液，置于 500mL 全磨口蒸馏瓶中，加入 5mL 硫酸铜溶液（100g/L），用磷酸（1+9，体积比）调节至 pH 值在 4 以下，加入少量玻璃珠进行蒸馏，在 200mL 或 250mL 容量瓶中预先加入 5mL NaOH 溶液（4g/L），接收管插入 NaOH 溶液液面以下接收蒸馏液，收集蒸馏液至 200mL。同时用无酚水按上述方法进行蒸馏，做试剂空白试验。

将上述全部样品蒸馏液及试剂空白蒸馏液分别置于 250mL 分液漏斗中，以下同标准曲线绘制中的方法，与标准曲线比较定量分析。

5. 计算

$$X = \frac{(m_1 - m_2) \times 1000}{V \times 1000}$$

式中　X——样品浸出液中酚的含量，mg/L；

m_1——测定样品浸泡液中游离酚的质量，μg；

m_2——试剂空白中酚的质量，μg；

V——测定时样品浸出液的体积，mL。

空罐浸泡液游离酚含量换算成 2mL/cm² 浸泡液游离酚含量的公式如下：

$$X = X_1 \times \frac{V}{S \times 2}$$

式中　X——测定样品水浸泡液中换算后游离酚含量，mg/L；

X_1——样品浸泡液中游离酚的含量，mg/L；

S——每个空罐内面总面积，cm²；

V——每个空罐浸泡液的体积，mL。

6. 注意事项

以上含水浸泡液以及分析用水不得含酚和氯，一般用活性炭吸附过的蒸馏水（蒸馏水加入1g色谱分析用的活性炭，充分搅拌，10min后静置，过滤待用）。

（二）滴定法

本法适用于树脂类食品包装的酚测定。

1. 原理

利用溴与酚结合成三溴苯酚，剩余的溴与碘化钾作用，析出定量的碘，最后用硫代硫酸钠滴定析出的碘，根据硫代硫酸钠溶液消耗的量，即可计算出酚的含量。

2. 试剂

盐酸；三氯甲烷；乙醇；饱和溴溶液；碘化钾溶液（100g/L）；溴标准溶液（0.1mol/L）；硫代硫酸钠标准滴定溶液（0.1mol/L）。

淀粉指示液：称取0.5g可溶性淀粉，加少量水调至糊状，然后倒入100mL沸水中，煮沸片刻，临用时现配。

3. 操作步骤

（1）样品的采集和处理 称取约1g树脂或环氧酚醛涂料样品（最好是现生产的），小心放入蒸馏瓶内，以20mL乙醇溶解（如水溶性树脂用20mL水），再加入50mL，然后用水蒸气加热蒸馏出游离酚，馏出溶液收集于500mL容量瓶中，控制在40～50min内馏出蒸馏液300～400mL，最后取少许新蒸出液样，加1～2滴饱和溴水，如无白色沉淀，证明酚已蒸完，即可停止蒸馏，蒸馏液用水稀释至刻度，充分摇匀，备用。

（2）滴定 吸取100mL蒸馏液，置于500mL具塞锥形瓶中，加入25mL溴标准溶液（0.1mol/L）、5mL盐酸，在室温下放在暗处15min，加入10mL碘化钾（100g/L），在暗处放置10min，加入1mL三氯甲烷，用硫代硫酸钠标准滴定溶液（0.1mol/L）滴定至淡黄色，加1mL淀粉指示液，继续滴定至蓝色消失为终点。同时用20mL乙醇加水稀释至500mL，然后吸取100mL进行空白试验（如水溶性树脂则以100mL水做空白试验）。

4. 计算

$$X = \frac{(V_1 - V_2) \times c \times 0.01568 \times 5}{m} \times 100$$

式中　X——样品中游离酚含量，g/100g；

　　V_1——试剂空白滴定消耗硫代硫酸钠标准滴定溶液体积，mL；

　　V_2——滴定样品消耗硫代硫酸钠标准滴定溶液体积，mL；

　　c——硫代硫酸钠标准滴定溶液的实际浓度，mol/L；

　　m——样品质量，g；

　0.01568——与1.0mL硫代硫酸钠标准滴定溶液（1.000mol/L）相当的苯酚的质量，g。

四、甲醛的测定

（一）碘量法

1. 原理

样品溶液中的甲醛使离子碘析出分子碘后，用标准硫代硫酸钠溶液滴定，然后求出样品溶液中甲醛的含量。

2. 操作方法

吸取塑料浸泡的水溶液 50mL，置于碘价瓶中，加入 25mL 0.1mol/L 1/2 I₂ 溶液、20mL 6mol/L NaOH 溶液（如果塑料使用 4％乙酸溶液进行浸泡时，加入 6mol/L NaOH 溶液 8mL），塞紧瓶塞后，摇匀，放置 2min，使分子碘完全析出。用 0.1mol/L 硫代硫酸钠溶液滴定，至微黄色，加入淀粉指示剂，再用硫代硫酸钠溶液滴至无色，同时做空白试验。

3. 计算

$$X = \frac{(V_1 - V_2) \times c \times 15}{V_3} \times 1000$$

式中　X——甲醛的含量，mg/kg；

　　　c——硫代硫酸钠标准溶液的浓度，mol/L；

　　　V_1——试剂空白消耗硫代硫酸钠标准溶液的体积，mL；

　　　V_2——样品浸泡水溶液消耗硫代硫酸钠标准溶液的体积，mL；

　　　V_3——测定时样品浸出液的体积，mL；

　　　5——1/2HCHO（甲醛）毫摩尔质量，mg/mmol。

（二）乙酰丙酮法

1. 实验原理

样品中的甲醛在 pH 值 5.5～7.0 条件下，与乙酰丙酮及铵离子，生成黄色的 3,5-乙酰基-1,4 二氢吡啶二碳酸，在 412nm 波长下有最大吸收，用标准曲线法定量。

2. 试剂与仪器

(1) 试剂　所用试剂均为分析纯；水为蒸馏水或同等纯度的水。

① 乙酰丙酮溶液：吸取 3.0mL 乙酰丙酮（AR），用水稀释至 200mL。

② 乙酸-乙酸铵缓冲溶液：称取 15.42g 乙酸铵（AR）溶于 300mL 水中，加入 2.3mL 冰醋酸，调 pH 值近 5.75，用水稀释至 400mL。

③ 硫酸钠溶液：称取 20g 无水硫酸钠（AR）溶于 250mL 烧杯中，加入 100mL 水溶解。

④ 乙酸锌溶液：称取 20g 乙酸锌（AR）加水溶解并稀释至 200mL。

⑤ 氢氧化钠溶液：称取 20g 氢氧化钠（AR）于 500mL 烧杯中，加水溶解并稀释至 500mL。

⑥ 甲醛标准溶液：10.0mg/mL。

⑦ 甲醛标准使用液：由甲醛标准溶液稀释成 10μg/mL 甲醛标准使用液。

(2) 仪器　UV-分光光度计等。

3. 操作步骤

(1) 标准曲线的制作　分别吸取 0、0.20mL、0.40mL、0.60mL、0.80mL 甲醛标准使用液（相当于甲醛含量为：0、2.0μg、4.0μg、6.0μg、8.0μg）于 10mL 比色管中，加入 2mL 乙酸-乙酸铵缓冲溶液和 1mL 乙酰丙酮溶液，加水至刻度，混匀，置 70℃ 水浴中放置 30min，取出冷却至室温后，用 1cm 比色杯，于 412nm 处以零号管调节零点，测定吸光度，以吸光度及甲醛的含量为纵坐标、横坐标，绘制标准曲线。

（2）样品测定　吸取上述样品处理液 5.0mL 于 10mL 比色管中，加入 2mL 乙酸-乙酸铵缓冲溶液和 1mL 乙酰丙酮溶液，加水至刻度，混匀，置 70℃ 水浴中放置 30min，取出冷却至室温后，用 1cm 比色杯，于 412nm 处以零号管调节零点，测定吸光度，同时做空白试验，根据测得的吸光度，从标准曲线上查出被测液中甲醛含量，从而计算出样品中甲醛的质量分数。

4. 计算

样品中甲醛的质量分数计算如下：

$$X = \frac{m_1 \times 1000}{m \times 5/50 \times 1000 \times 1000}$$

式中　X——样品中甲醛含量，g/kg；

m_1——从标准曲线上查出的被测液中的甲醛含量，μg；

m——样品的质量，g。

（三）示波极谱法

1. 原理

在 pH5.0 的乙酸-乙酸钠溶液中，甲醛与硫酸联氨反应生成质子化醛腙产物，在电位 -1.04V 处产生灵敏的吸附还原波，该电流的峰高与甲醛的浓度在一定范围内呈良好的直线关系。这样的峰高与甲醛标准曲线的峰高比较定量。

2. 试剂

试剂均为分析纯，水为蒸馏水或去离子水。

（1）氢氧化钾溶液（280g/L）　称取 28g KOH，加水溶解放冷并稀释至 100mL。

（2）硫酸联氨溶液（20g/L）　称取 2.0g 硫酸联氨 $[H_4N_2 \cdot H_2SO_4]$，用约 40℃ 热水溶解，冷却至室温后，在酸度计上用 KOH 溶液（280g/L）调节至 pH5.0，加水稀释至 100mL。

（3）乙酸-乙酸钠缓冲溶液　称取 0.82g 无水乙酸钠或 1.36g 乙酸钠，用水溶解，在酸度计上用 1mol/L 乙酸调节至 pH5.0，加水稀释至 100mL。

（4）甲醛标准溶液　吸取 10mL 甲醛（38%～40%）于 500mL 容量瓶中，加入 0.5mL 硫酸（1+35），加水稀释至刻度，混匀，吸取 5mL，置于 250mL 碘量瓶中，加 40mL 碘标准溶液（0.1mol/L）、15mL NaOH 溶液（40g/L），摇匀，放置 10min，加 3mL 盐酸（1+1）[或 20mL 硫酸（1+35）]酸化，再放置 10～15min，加入 100mL 水，摇匀，用硫代硫酸钠标准溶液（0.1mol/L）滴定至草黄色，加入 1mL 淀粉指示剂继续滴定至蓝色消失为终点，同时做试剂空白试验。

甲醛标准溶液的浓度计算如下：

$$c_1 = \frac{(V_1 - V_2) \times c \times 15}{5}$$

式中　c_1——甲醛标准溶液的浓度，mg/mL；

V_1——试剂空白滴定消耗硫代硫酸钠标准溶液的体积，mL；

V_2——试样滴定消耗硫代硫酸钠标准溶液的体积，mL；

c——硫代硫酸钠标准溶液的实际浓度，mol/L；

15——与 1.0mL 硫代硫酸钠滴定溶液 $[c(1/2I_2) = 1.0\text{mol/L}]$ 相当的甲醛质

量，mg；

　　5——标定用甲醛标准溶液的体积，mL。

　　(5) 甲醛标准使用液　精密吸取 10.0mL 甲醛标准溶液，置于 100mL 容量瓶中，用水稀释至刻度，此溶液为每毫升相当于 10.0μg 甲醛（使用时配制）。

3. 仪器

　　(1) MP-2 型溶出分析仪或示波极谱仪。

　　(2) 三电极体系：滴汞电极为工作电极，饱和氯化钾甘汞电极为参比电极，铂辅助电极。

　　(3) 10mL 容量瓶、微量进样器。

4. 操作步骤

　　(1) 标准曲线的制备　精密吸取 0、0.2mL、0.4mL、0.6mL、0.8mL、1.0mL 甲醛标准使用溶液（相当于 0、2.0μg、4.0μg、6.0μg、8.0μg、10.0μg 甲醛），分别置于 10mL 容量瓶内。加 2mL pH5.0 乙酸-乙酸钠缓冲溶液、0.6mL 硫酸联氨溶液（20g/L），加水至刻度，混匀，放置 2min，将试液全部移入电解池（15mL 烧杯）中，于起始电位 -0.80V 开始扫描，读取电位 -1.04V 处 2 次微分的峰高值，以甲醛浓度为横坐标、峰高为纵坐标绘制成标准曲线。

　　(2) 浸泡条件　根据样品的形状按 2mL/cm² 的用量加水，95℃浸泡 30min。

　　(3) 试样测定　4% 乙酸浸泡液用微量进样器吸取 0.01~0.03mL、水浸泡液 1.0~5.0mL 于 10mL 容量瓶内，按"标准曲线的制备"的操作方法操作。试样的峰高值从标准曲线上查出相当于甲醛的含量。

5. 结果计算

$$X = \frac{m \times 1000}{V \times 1000}$$

式中　X——试样浸泡液中甲醛的含量，mg/L；

　　　　m——测定时所取试样浸泡液中甲醛的质量，μg；

　　　　V——测定时所取试样浸泡液体积，mL。

6. 精密度

　　在重复性条件下获得的两次独立测定结果的绝对值不得超过算术平均值的 5%。

五、可溶性有机物质的测定

1. 原理

　　食品经浸泡液浸取后，用高锰酸钾氧化浸出液中的有机物，以测定高锰酸钾的消耗量来表示样品可溶出有机物质的情况。

2. 试剂

　　硫酸（1+2）；高锰酸钾标准滴定溶液（0.01mol/L）；草酸标准滴定溶液（0.01mol/L）。

3. 操作方法

　　(1) 取样方法　每批按 0.1% 取样品，小批时取样数不少于 10 只（以 500mL/只计；小于 500mL/只时，样品应相应加倍取量），样品洗净备用。用 60℃ 水保温浸泡。按每平方厘米接触面积加入 2mL 水；或在容器中加入水至 2/3~4/5 容积。

（2）锥形瓶的处理　取 100mL 水，放入 250mL 锥形瓶中，加入 5mL 硫酸（1+2）、5mL 高锰酸钾溶液，煮沸 5min，倒去，用水冲洗备用。

（3）滴定　准确吸取 1mL 样品浸泡溶液，置于锥形瓶中，加入 5mL 稀硫酸和 10mL 0.01mol/L 1/5KMnO₄ 标准溶液，再加入玻璃珠数粒，准确加热煮沸 5min 后，趁热加入 10mL 0.01mol/L 1/2H₂C₂O₄（草酸）标准溶液，再以 0.01mol/L 1/5KMnO₄ 标准溶液滴定至微红色，记录两次高锰酸钾的滴定量。

另取 1mL 水作对照，按照同样方法做试剂空白试验。

4. 计算

$$高锰酸钾消耗量(mg/L) = \frac{(V_1 - V_2) \times c \times 31.6}{100} \times 1000$$

式中　V_1——样品浸泡溶液滴定时所消耗 KMnO₄ 的体积，mL；

$\quad\quad V_2$——试剂空白滴定时消耗 KMnO₄ 的体积，mL；

$\quad\quad c$——1/5KMnO₄ 标准溶液的浓度，mol/L；

$\quad\quad 31.6$——1/5KMnO₄ 标准溶液的毫摩尔质量，mg/mmol。

六、挥发物的测定

1. 原理

样品于 138~140℃、真空度 85.3kPa 时，抽真空干燥 2h，将其失去的质量减去干燥失重即为挥发物的含量。

2. 检验方法

在已干燥准确称量的 25mL 烧杯内，称取 2.00~3.00g 20~60 目过筛的样品，加 20mL 丁酮，用玻璃棒搅拌，使完全溶解后，用电扇加速溶剂的蒸发，待至浓稠状态，将烧杯移入真空干燥箱内，使烧杯搁置成 45°，密闭真空干燥箱，开启真空泵，保持温度在 138~140℃，真空度为 85.3kPa，抽真空干燥 2h 后，将烧杯移至干燥器内，冷却 30min，称量。计算挥发物的含量，减去干燥失重后，不得超过 1%。

3. 计算

$$X = \frac{m_1 - m_2}{m_1 - m_0} \times 100$$

式中　X——样品于 138~140℃、85.3kPa 抽真空干燥 2h 失去的质量，g/100g；

$\quad\quad m_1$——样品加烧杯的质量，g；

$\quad\quad m_2$——抽真空干燥后样品加烧杯的质量，g；

$\quad\quad m_0$——烧杯的质量，g。

$$挥发物含量(g/100g) = X - X_1$$

式中　X——样品于 138~140℃、85.3kPa 抽真空干燥 2h 失去的质量，g/100g；

$\quad\quad X_1$——样品的干燥失重，g/100g。

七、聚苯乙烯塑料制品中苯乙烯的测定

1. 原理

样品经二硫化碳溶解，用苯作为内标物，利用有机物在氢火焰中的化学电离进行检测，

以样品的峰高与标准品峰高相比，计算样品相当的含量。

2. 试剂

（1）正十二烷、二硫化碳。

（2）苯乙烯标准溶液储备液。取一只 100mL 容量瓶放入约 2/3 体积二硫化碳，准确称量为 m_0，滴加苯乙烯约 0.5g，准确称量为 m_1，作为苯乙烯标准储备液。

$$苯乙烯浓度 C(g/mL) = \frac{m_1 - m_0}{100}$$

（3）标准使用液。取 1mL 标准储备液于 25mL 容量瓶中，加 5mL 正十二烷内标物后，再加二硫化碳至刻度作为标准使用液。

3. 仪器

气相色谱仪，附有 FID 的检测器。

4. 操作方法

（1）样品处理　称取 1.00g 聚苯乙烯，置于 25mL 容量瓶中，加二硫化碳溶解，并稀释至刻度。准确加入 5μL 正十二烷充分振摇，混合均匀。

（2）测定

① 固定液。聚乙二醇丁二酸酯。

② 釉化 6201 红色担体。取 60～80 目 6201 红色担体浸于硼砂溶液（20g/L）中两昼夜，溶液体积约为担体体积的 10 倍，浸泡期间应搅拌 2～3 次。将浸泡后的担体抽滤，并以水将母液稀释成 2 倍体积。用相当于担体体积的稀释母液在吸滤情况下淋洗，将抽滤后的担体于 120℃ 烘干，然后置马弗炉中灼烧，在 860℃ 保持 70min，再在 950℃ 保持 30min，经灼烧后的担体，用沸腾的水浸洗 4～5 次，每次所用水量约为担体体积的 5 倍，浸洗时搅拌不宜过猛，以免破损担体颗粒，形成新生表面而影响处理效果。洗涤后的担体烘干、筛分即可应用。

③ 色谱柱。不锈钢柱，内径 4mm，长 4m。内装涂有 20％聚乙二醇丁二酸酯的 60～80 目釉化 6201 红色担体。

④ 温度。柱温 130℃；汽化温度 200℃。

⑤ 气体流速。载气（氮气）柱前压力 176.5～196.13kPa；氢气流速 50mL/min；空气流速 700mL/min。

⑥ 定量方法。在上述色谱操作条件下，分别多次进样，量取内标物甲苯与苯、甲苯、正十二烷、乙苯、异丙苯、正丙苯和苯乙烯的峰高，并分别计算其比值，绘制峰高比与各组分浓度的标准曲线。

同时取 0.5μL 注入色谱仪，待色谱峰流出后，准确量取各被测组分与正十二烷的峰高，并计算其比值，按所得峰高比值，与注入 0.5μL 标准使用液求出的组分与正十二烷峰高比相比较定量。

尽可能采用内标法，若无内标物，可采用外标法，但各组分的配入量应尽量接近实际含量，以减小偏差。

标准溶液配制时，可称入不同量的主要杂质组分，均对 1g 聚苯乙烯样品计算。

5. 计算

$$X = \frac{F_i \times c}{F_s \times m}$$

式中　X——苯乙烯挥发成分含量，g/100g；

　　　　F_i——样品峰高和内标物比值；

　　　　F_s——标准物峰高和内标物比值；

　　　　c——苯乙烯的浓度，g/mL；

　　　　m——样品质量，g。

6. 色谱

色谱见图 10-3。

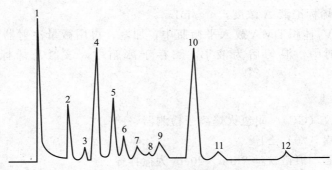

图 10-3　苯乙烯等挥发成分色谱图

1—二硫化碳；2—苯；3—甲苯；4—正十二烷（内标）；5—乙苯；6—异丙苯；7—正丙苯；
8—甲乙苯；9—叔丁苯；10—苯乙烯；11—α-甲基苯乙烯；12—β-甲基苯乙烯

八、聚氯乙烯塑料制品中氯乙烯的测定

1. 原理

根据气体定律，将样品放入密封平衡瓶中，用溶剂溶解。在一定温度下，氯乙烯单体扩散，达到平衡时，取液上气体注入气相色谱仪测定。

2. 试剂

(1) 液态氯乙烯　纯度大于 99.5%，装在 50～100mL 耐压容器内，并把其放于干冰保温瓶内。

(2) N,N-二甲基乙酰胺（DMA）　在相同色谱条件下，该溶剂不应检出与氯乙烯相同保留值的任何杂峰，否则曝气法蒸馏除去干扰。

(3) 氯乙烯标准液 A 的制备　取一只平衡瓶，加 24.5mL DMA，带塞称量（准确至 0.1g），在通风橱内，从氯乙烯钢瓶倒液体氯乙烯 0.5mL，于平衡瓶中迅速盖塞混匀后，再称量，贮存于冰箱中，按下式计算浓度：

$$c_A = \frac{m_2 - m_1}{V} \times 1000$$

$$V = \frac{m_2 - m_1}{d} + 24.5$$

式中　c_A——氯乙烯单体浓度，mg/mL；

　　　　V——校正体积，mL；

　　　　m_1——平衡瓶加溶剂的质量，g；

　　　　m_2——加氯乙烯的质量，g；

d——氯乙烯相对密度，0.9121g/mL（20/20℃）。

（4）氯乙烯标准使用溶液 B 的制备　用平衡瓶配制 25.0mL，依据液 A 浓度，求出欲加溶液的体积，使氯乙烯标准使用液 B 的浓度为 0.2mg/mL，按下式计算：

$$V_1 = 25 - V_2$$

$$V_2 = \frac{0.2 \times 25}{c_A}$$

式中　V_1——欲加 DMA 体积，mL；

V_2——取液 A 的体积，mL；

c_A——氯乙烯标准液 A 浓度，mg/mL。

依据计算先把 V_1 体积 DMA 放入平衡瓶中，加塞，再用微量注射器取 V_2 体积的液 A，通过胶塞注入溶剂中，混匀后为液 B，贮存于冰箱中，该氯乙烯标准使用液浓度为 0.20mg/mL。

3. 仪器

（1）气相色谱仪（GC）　附氢火焰离子检测器（FID）。

（2）恒温水浴锅　70℃±1℃。

（3）磁力搅拌器　镀铬铁丝 2mm×20cm 为搅拌棒。

（4）磨口注射器　1mL、2mL、5mL，配 5 号针头，用前验漏。

（5）微量注射器　10μL、500μL、100μL。

（6）平衡瓶　25mL±0.5mL，耐压 0.5kgf/cm² ❶，玻璃，带硅橡胶塞。

4. 分析步骤

（1）色谱参考条件　色谱柱：长 2m，内径 4mm 不锈钢柱，固定相 60～80 目 407 有机担体；检测器：氢火焰离子化检测器；温度：柱温 100℃，汽化 150℃；流速：氮气 20mL/min，氢气 30mL/min，空气 300mL/min。

（2）标准曲线绘制　准备六个平衡瓶，预先各加 3mL DMA，用微量注射器取 0.5μg、10μg、15μg、20μg、25μg 的溶液 B，通过塞分别注入各瓶中，配成 0～5.0μg 氯乙烯标准系列，同时放入 70℃±1℃水浴中，平衡 30min。分别取液上气 2～3mL 注入 GC 中，调整放大器灵敏度，测量峰高，绘制峰高与质量标准曲线。

注：曲线范围 0～50mg/kg，对聚氯乙烯树脂和成型品中氯乙烯含量是适用的。可以根据需求绘制不同含量范围的曲线。

（3）样品测定　将样品剪成细小颗粒，准确称取 0.1～1g 放入平衡瓶中，加搅拌棒和 3mL DMA 后，立即搅拌 5min，以下操作同标准曲线绘制的操作方法。量取峰高，在标准曲线上求得含量供计算。

5. 结果计算

$$X = \frac{m_1 \times 1000}{m_2 \times 1000}$$

式中　X——试样中氯乙烯单体含量，mg/kg；

m_1——标准曲线求出氯乙烯质量，μg；

m_2——试样质量，g。

---

❶　1kgf/cm² = 98.0665kPa。

计算结果保留两位有效数字。在重复性条件下获得的两次独立测定结果的绝对值不得超过算术平均值的 15%。

参 考 文 献

[1] 国家质量监督检验检疫总局食品生产监管司. 食品接触材料及制品监督法律法规选编 [S]. 北京：中国标准出版社，2007.

[2] 李晶. 食品包装检验 [J]. 包装工程，2006，27 (6)：331-333.

[3] 钱建亚，熊强. 食品安全概论 [M]. 南京：东南大学出版社，2006.

[4] 欧盟食品接触材料安全法规实用指南编委会. 欧盟食品接触材料安全法规实用指南 [S]. 北京：中国标准出版社，2005.

[5] 曲径. 食品安全控制学 [M]. 北京：化学工业出版社，2011.

[6] GB/T 5009.69—2008 食品安全国家标准　食品罐头内壁环氧酚醛涂料卫生标准的分析方法.

[7] GB 5009.190—2014 食品安全国家标准　食品中指示性多氯联苯含量的测定.

[8] GB 5009.178—2003 食品安全国家标准　食品包装材料中甲醛的测定.

[9] GB 5009.190—2014 食品安全国家标准　食品中指示性多氯联苯含量的测定.

[10] GB 5009.67—2003 食品包装用聚氯乙烯成型品卫生标准的分析方法.

[11] GB 5009.60—2003 食品包装用聚乙烯、聚苯乙烯、聚丙烯成型品卫生标准的分析方法.

[12] GB 5009.59—2003 食品包装用聚苯乙烯成型品卫生标准的分析方法.

[13] GB/T 23296.13—2009 食品接触材料　塑料中氯乙烯单体的测定　气相色谱法.

[14] 王世平. 食品安全检测技术 [M]. 北京：中国农业大学出版社，2009.

[15] 吴国华. 食品用包装及容器检测 [M]. 北京：化学工业出版社，2006.

[16] 吴晓萍，周存霞. 食品安全检验技和主编 [M]. 郑州：郑州大学出版社，2012.

[17] 杨福，吴龙奇. 食品包装实用新材料技术 [M]. 北京：化学工业出版社，2004.

[18] 尹章伟. 包装材料、容器与选用 [M]. 北京：化学工业出版社，2003.

[19] 张妍. 食品安全检测技术 [M]. 北京：中国农业大学出版社，2013.

[20] 张朝武. 现代卫生检验 [M]. 北京：人民卫生出版社，2010.

[21] 张双灵，赵空浩，郭康权等. 食品包装化学物迁移研究的现状及对策分析 [J]. 食品工业科技，2007，38 (9)：169-172.

[22] 中国包装标准汇编——食品包装卷 [S]. 北京：中国标准出版社，2006.

[23] SN/T 2896—2011 中华人民共和国出入境检验检疫行业标准　进出口食品接触材料　金属材料　表面涂层中苯酚的测定　高效液相色谱法.

[24] SN/T 2901—2011 中华人民共和国出入境检验检疫行业标准　进出口食品接触材料　纸和纸制品　荧光增白剂的测定　液相色谱法.

[25] 杨祖英. 食品安全检验手册 [M]. 北京：化学工业出版社，2008.

[26] SN/T 2183—2008 中华人民共和国出入境检验检疫行业标准　食品接触材料　高分子材料　食品模拟物中甲醛的测定　分光光度法.

[27] SN/T 3456—2013 中华人民共和国出入境检验检疫行业标准　食品接触材料　金属材料　食品容器内壁环氧树脂涂料中游离甲醛的测定　液相色谱法.

第三篇 食品安全法规与管理体系

第十一章 国内外法律法规

第一节 国外法律法规体系

为了保证食品的安全供给，很多国家都建立了涉及所有食品及其从生产到消费方方面面的食品安全法律体系，为有关食品安全方面的标准制定、产品的质量检测检验、质量认证、信息服务等纷纭复杂的工作提供了统一的法律规范。虽然各国有各自不同的食品安全法律体系，法律法规内容和具体的标准也有很大的差异，但各国的食品安全法律体系的目的都是为了保证食品链的安全，保护国民的健康。因此都包含了如下一些共同的原则。

① 危险性分析。食品安全法律应该是以科学性的危险分析为基础的。

② 从农田到餐桌。食品安全法律应该覆盖食品"从农田到餐桌"的食品链的所有方面，包括化肥、农药、饲料的生产与使用；农产品的生产、加工、包装、贮藏和运输；与食品接触工具或容器的卫生性；操作人员的健康与卫生要求，食品标签提供信息的充分性和真实性以及消费者的正确使用等。

③ 预防原则。由于科学的不确定性存在，对于一些新产品和技术的安全性不能确定，因此食品安全法律应该采取预防原则。

④ 食品安全责任。食品安全法律应规定饲料生产者、食品生产者和加工者应该对食品安全承担最主要的责任。

⑤ 透明性。

⑥ 信息可追溯性和食品召回。

⑦ 灵活性。食品安全法律是随着社会经济条件的发展而发展的，因此食品安全法律应该有充分的灵活性，为未来的技术进步、过程创新和消费者需求变化留有空间，可以通过调节满足新的需要。

一、美国食品安全法律制度

美国关于食品安全的法律法规非常繁多，既有综合性的，也有非常具体的。美国食品安全的主要法令包括联邦食品、药物和化妆品法令（FFDCA），联邦肉类检验法令（FMIA），禽类产品检验法令（PPIA），蛋产品检验法令（EPIA），食品质量保障法令（FQPA）和公共健康事务法令（PHAA）以及 2011 年新颁布的食品安全加强法案等。

1. 美国食品安全管理机构

美国涉及食品监督管理的机构比较多，其中最主要的有：美国联邦卫生与人类服务部（DHHS）下属的食品和药物管理局（FDA）、美国农业部（USDA）下属的食品安全检验局（FSIS）、动植物卫生检验局（APHIS）以及联邦环境保护署（EPA）。FDA 最重要的职责是执行《联邦食品、药品及化妆品法》以及食品安全加强法案（Food Safety Modernization Act，FSMA），预防走私食品进入，加强对膳食补充剂的管理等。美国 FDA 管辖的食品范围是除食品安全检验局（FSIS）管辖范围之外的所有食品，具体包括：所有国产和进口的州际贸易销售的食品（不包括肉类、禽肉类及蛋制品，但管辖带壳的蛋类）。

美国农业部（USDA）下属的食品安全检验局（FSIS）主要负责保证美国国内生产和进口消费的肉类、禽肉及蛋类产品供给的安全、有益，标签、标示真实性，包装适当。FSIS 管辖的食品包括国产和进口的肉、禽和不带壳蛋制品。

联邦环境保护署（EPA）负责监管食物中的农药及其他有毒物质的残留限量及饮用水的安全。负责制订饮用水标准、协助各州饮用水的品质监测；制定食品中农残限量标准，发布农药安全使用指南等。FDA 和 USDA 负责这些规定在食品供应环节中的实施。

2. 美国食品质量安全法律法规体系

美国联邦政府行政部门制定的完整的永久性法规收录在美国联邦法规（Code of federal regulation，CFR）中，分 50 卷，与食品有关的主要是第 7 卷（农业）、第 9 卷（动物和动物产品）、第 21 卷（食品和药品）和第 40 卷（环境保护）。这些法律法规涵盖了所有食品，为食品安全制定了非常具体的标准以及监管程序。

(1) 食品中污染物　根据联邦食品、药物和化妆品法（FFDCA）第 402 条（a）（1）中规定，含任何有毒或对身体健康有害的物质（如化学污染物）的食品被认为是掺假的。根据 FFDCA 的这一规定，美国 FDA 可对其国内以及进口的食品供应进行监管，一方面通过对食品中污染物（如天然毒素，农药及人为污染物）的监测以及对这些污染物潜在的暴露和风险进行评估。

FDA 为食品中不可避免的污染物规定限量标准，对于没有规定标准的情况，则按照污染物的最低检测水平进行监管，禁止将超过限量标准的食品混入其他食品中。FDA 为食品中添加的非食品添加剂的有毒有害物质的使用，按照不同的条件制定了容忍量、监管限制，或者行动水平三个不同风险等级的限量。

(2) 食品中微生物危害　美国对食品中微生物危害的管理通常和良好生产规范（GMP）、危害分析和关键控制点（HACCP）等结合起来管理，也就是说，在 GMP、HACCP 符合规定的情况下，认为生产出来的产品应该是安全的，因此，美国并未针对所有终产品均设定微生物限量标准。FSIS 制定的加工肉禽制品执行标准对所有即食（RTE）肉制品和部分热加工肉禽制品规定了执行标准。FSIS 在标准中对肉制品分成以下几类：干制品（如肉干）、盐腌制品（如乡村火腿）、发酵制品（如 salami 和 Lebanon bologna）、熟制和其他加工制品（如墨西哥牛肉卷、鸡肉卷，corned beef，pastrami，poultry rolls，以及 turkey franks），以及热加工商业无菌产品（如罐头产品）。标准中涉及的微生物包括：沙门氏菌、大肠杆菌 O157、肉毒梭菌以及单增李斯特氏菌等。

FDA 目前对瓶装水中大肠杆菌，乳制品中沙门氏菌、大肠杆菌 O157：H7、出血性大肠杆菌、空肠弯曲菌、小肠结肠炎耶尔森菌、肉毒梭状芽孢杆菌、肉毒梭状芽孢杆菌毒素、金黄色葡萄球菌肠毒素、蜡样芽孢杆菌，鱼和贝类产品中的大肠埃希氏菌、粪大肠菌群、需氧菌平板计数、沙门氏菌、肉毒梭状芽孢杆菌、创伤弧菌、单核细胞增生李斯特氏菌、霍乱弧菌、副溶血弧菌有具体规定。

（3）农兽药残留的管理　美国是世界上农药管理制度最完善、程序最复杂的国家，建立了一整套较为完善的农药残留标准、管理、检验、监测和信息发布机制。EPA 负责农药登记与最大残留限量（maximum residue limits，MRLs）制定，所有 MRLs 和豁免物质均列入 40CFR 第 180 部分中。EPA 已经设定了 9000 多种农药的允许残留量。而 FDA、USDA 则负责农残限量标准的具体执行，美国 USDA 还为落实、收集食品中农药残留数据规划，委托农业市场管理部门组建和实施农药数据规划并每年出版。

FDA 的兽药中心（CVM）负责制定兽药最高残留限量标准。美国批准使用的兽药及残留允许量在美国联邦法规上发布，未列入 CFR 但已批准的兽药在 CVM 的"新兽药应用"上发布。FSIS 的黄皮书《化学残留物分析方法》是检测、定量分析和确证动物性产品是否存在残留的方法依据。

二、欧盟食品安全法律制度

欧盟具有一个较完善的食品安全法规体系，涵盖了"从农田到餐桌"的整个食物链（包括农业生产和工业加工的各个环节）。由于在立法和执法方面欧盟和欧盟诸国政府之间的特殊关系，使得欧盟的食品安全法规标准体系错综复杂。欧盟食品安全法规体系以欧盟委员会1997 年发布的《食品法律绿皮书》为基本框架。2000 年 1 月 12 日欧盟又发表了《食品安全白皮书》，将食品安全作为欧盟食品法的主要目标，形成了一个新的食品安全体系框架。2002 年 1 月 28 日建立欧盟食品安全管理局（European Food Safety Authority，EFSA），颁布了第 178/2002 号法令，这也是欧盟食品安全方面的主要举措。到目前为止，欧盟已经制定了 13 类 173 个有关食品安全的法规标准，其中包括 31 个法令、128 个指令和 14 个决定，其法律法规的数量和内容在不断增加和完善中。在欧盟食品安全的法律框架下，各成员国如英国、德国、荷兰、丹麦等也形成了一套各自的法规框架，这些法规并不一定与欧盟的法规完全吻合，主要是针对成员国的实际情况制定的。

1.《食品安全白皮书》

欧盟《食品安全白皮书》包括执行摘要和 9 章的内容，用 116 项条款对食品安全问题进行了详细阐述，制定了一套连贯和透明的法规，提高了欧盟食品安全科学咨询体系的能力。白皮书提出了一项根本改革，就是食品法以控制"从农田到餐桌"全过程为基础，包括普通动物饲养、动物健康与保健、污染物和农药残留、新型食品、添加剂、香精、包装、辐射、饲料生产、农场主和食品生产者的责任，以及各种农田控制措施等。在此体系框架中，法规制度清晰明了，易于理解，便于所有执行者实施。同时，它要求各成员国权威机构加强工作，以保证措施能可靠、合适地执行。

白皮书中的一个重要内容是建立欧洲食品管理局，主要负责食品风险评估和食品安全议题交流；设立食品安全程序，规定了一个综合的涵盖整个食品链的安全保护措施；并建立一个对所有饲料和食品在紧急情况下的综合快速预警机制。欧洲食品管理局由管理委员会、行政主任、咨询论坛、科学委员会和 8 个专门科学小组组成。另外，白皮书还介绍了食品安全法规、食品安全控制、消费者信息、国际范围等几个方面。白皮书中各项建议所提的标准较高，在各个层次上具有较高透明性，便于所有执行者实施，并向消费者提供对欧盟食品安全政策的最基本保证，是欧盟食品安全法律的核心。

2. 178/2002 号法令

178/2002 号法令是 2002 年 1 月 28 日颁布的，主要拟订了食品法律的一般原则和要求、建立 EFSA 和拟订食品安全事务的程序，是欧盟的又一个重要法规。178/2002 号法令包含 5 章 65 项条款。范围和定义部分主要阐述法令的目标和范围，界定食品、食品法律、食品商业、饲料、风险、风险分析等 20 多个概念。一般食品法律部分主要规定食品法律的一般原则、透明原则、食品贸易的一般原则、食品法律的一般要求等。EFSA 部分详述 EFSA 的任务和使命、组织机构、操作规程；EFSA 的独立性、透明性、保密性和交流性；EFSA 财政条款；EFSA 其他条款等方面。快速预警系统、危机管理和紧急事件部分主要阐述了快速预警系统的建立和实施、紧急事件处理方式和危机管理程序。程序和最终条款主要规定委员会的职责、调节程序及一些补充条款。

3. 食品卫生条例（EC）852/2004 号条例

该法规规定了食品企业经营者确保食品卫生的通用规则，主要包括：①企业经营者承担食品安全的主要责任；②从食品的初级生产开始确保食品生产、加工和分销的整体安全；③全面推行危害分析和关键控制点（HACCP）；④建立微生物准则和温度控制要求；⑤确保进口食品符合欧洲标准或与之等效的标准。

4. 动物源性食品特殊卫生规则（EC）853/2004 号条例

该法规规定了动物源性食品的卫生准则，其主要内容包括：①只能用饮用水对动物源性食品进行清洗；②食品生产加工设施必须在欧盟获得批准和注册；③动物源性食品必须加贴识别标识；④只允许从欧盟许可清单所列国家进口动物源性食品等。

5. 人类消费用动物源性食品官方控制组织的特殊规则（EC）854/2004 号条例

该法规规定了对动物源性食品实施官方控制的规则，其主要内容包括：①欧盟成员国官方机构实施食品控制的一般原则；②食品企业注册的批准；对违法行为的惩罚，如限制或禁止投放市场、限制或禁止进口等；③在附录中分别规定对肉、双壳软体动物、水产品、原乳和乳制品的专用控制措施；④进口程序，如允许进口的第三国或企业清单。

6. 确保对食品饲料法以及动物卫生与动物福利法规遵循情况进行验证的官方控制（EC）882／2004 号条例

882/2004 条例是一部侧重对食品与饲料，动物健康与福利等法律实施监管的条例。它提出了官方监控的两项基本任务，即预防，消除或减少通过直接方式或环境渠道等间接方式对人类与动物造成的安全风险；严格食品和饲料标识管理，保证食品与饲料贸易的公正，保护消费者利益。官方监管的核心工作是检查成员国或第三国是否正确履行了欧盟食品与饲料法，动物健康与福利条例所要求的职责，确保对食品饲料法以及动物卫生与动物福利法规遵循情况进行核实。

7. 关于供人类消费的动物源性产品的生产、加工、销售及引进的动物卫生法规 2002/99/EC 号指令

该指令要求各成员国 2005 年前转换成本国法律。该指令提出了动物源性食品在生产、加工、销售等环节中的动物健康条件的官方要求。指令中还包括了相关的兽医证书要求、兽药使用的官方控制要求、自第三国进口动物源性食品的卫生要求等。

8. 饲料卫生要求（EC）183／2005 号条例

许多食品问题始于被污染的饲料。为了确保饲料和食品的安全，欧盟的第 183/2005 规

定对动物饲料的生产、运输、存贮和处理作了规定。和食品生产商一样，饲料商应确保投放市场的产品安全、可靠，而且负主要责任，如果违反欧盟法规，饲料生产商应支付损失成本，如产品退货以及饲料的损坏。

三、日本的食品安全法律制度

日本保障食品安全的法律法规体系由基本法律和一系列专业、专门法律法规组成。《食品卫生法》和《食品安全基本法》是两大基本法律。《食品卫生法》是在 1948 年颁布已经过多次修改，2003 年又进行了修订。在《食品卫生法》不断完善的同时，2003 年日本又制定出台了《食品安全基本法》，并在内阁府设立食品安全委员会，以便对涉及食品安全的事务进行管理。根据新的食品卫生法修正案，日本于 2006 年 5 月起正式实施《食品残留农业化学品肯定列表制度》，即禁止含有未设定最大残留限量标准的农业化学品且其含量超过统一标准的食品流通。

此外，在日本还有很多涉及食品安全的专业、专门法律法规，比如《农药取缔法》、《肥料取缔法》、《家禽传染病预防法》、《牧场法》、《农林产品品质规格和正确标识法》、《家畜传染病防治法》、《饲料添加剂安全管理法》等。这些法律文件分别对食品质量卫生、农产品质量、投入品（农药、兽药、饲料添加剂等）质量、动物防疫、植物保护等 5 个方面进行了详细而明确的规定。

在日本只有两个监管食品方面的机构——厚生劳动省和农林水产省。

《食品安全基本法》赋予厚生劳动省的职责是作为风险监管机构，全面负责食品安全和分配，制定食品法律和标准，包括食品标签标识、转基因食品和辐照食品的标准以及广告宣传的规定，每年制订进口食品监控指导计划，对进口食品进行监管和实施卫生检疫，要求企业注册以及对从业者进行业务指导检查，也可根据食品卫生法对从业者做出处罚。《食品卫生法》、《家畜传染病与方法》、《屠畜场法》、《食用禽类处理法》等法律的执行机构是厚生劳动省。

《食品安全基本法》赋予农林水产省的职责是风险监管，全面负责农产品的生产和控制质量，制定农林水产品的规格、管理政策和振兴农林水产品的生产，促进农产品质量的提高，管理农产品的消费和流通，保证粮食供应，促进国际合作和农产品出口，通过振兴农业促进国民经济的发展。进口加热禽肉食品以及进口动物和活鱼等需要通过农水省的许可、注册和检查指导。其内部设有综合食料局、生产局、经营局、农村振兴局。建立了农林水产技术会议，下属有各种实验室、研修教育机关 25 个，食料、农业、农林水产政策审议会、物资规格调查会等 8 个。设有地方分支局等机构，食粮厅、林业厅和水产厅也属于农水省管理。其执法法律依据是《JAS 法》、《农药取缔法》、《肥料取缔法》、《饲料安全法》、《植物防疫法》、《农畜产业振兴机构法案》、《渔业法》、《水产资源保护法》、《食品循环资源再生利用促进法》等相关法律。

日本对食品安全的监管需要中央管理部门、地方政府、业者、民间机构和消费者的共同参与，提倡共同参与，责任共担。形成了政府风险管理机构、地方、业者、公众"四位一体"的管理协调机制。

日本对食品安全管理强调"事前风险预测和预防"与"事后追查和防控"。强调食品的种植、养殖、生产、加工、贮存、流通、销售等各个环节，包括转基因食品和辐照食品等必须遵守日本食品卫生法的规定，不得使用指定外添加剂和进行虚假标识，必须遵守 JAS 法。2006 年，日本要求产品必须标注原产地标识，对食品原料的使用、生产、农兽药的使用、食品添加剂的使用以及贮存运输等，必须进行记录并保存 2 年以上。确立了食品生产流通的履历制度。日本政府要求企业引进 HACCP（危害分析和关键控制点），对建立了 HACCP 管理制度的企业确认其资质，资质每 3 年需要重新认定。

日本农水产省检验检疫的具体执行机构为植物防疫所和动物检疫所。在横滨、名古屋、神户、门司、那霸设有植物防疫所，在成田机场和东京设有支所，在 18 个城市有派出机构。动物检疫所总部设在横滨，除横滨外，在中部机场、成田机场、关西机场、神户、门司和冲绳设有支所。

日本的卫生检疫分为四个层面，首先是中央部门所属检测机构可以检测。通常地方都、道、府、县保健所也可以实施检测并对食品安全进行监控。一般来说，进口食品的检验检疫由厚生省负责，日本也允许经过政府注册的民间检测机构进行检测。事实上形成了国家、地方保健所、民间机构和企业 4 个层面的卫生检测机制，为确保食品安全夯实了检查基础。

第二节　国内法律法规体系

一、食品安全法律法规制定的依据

1. 宪法是食品安全法律法规制定的法律依据

宪法是国家的根本大法，具有最高法律效力，是其他法律法规的制定依据。宪法有关保护人民健康的规定是食品法律法规制定的来源和法律依据。

2. 保护人体健康是食品法律法规制定的思想依据

健康是人类自下而上与发展的基本条件，人民健康状况是衡量一个国家或地区的发展水平和文明程度的重要标志。国家的富强和民族的进步，饱含着健康素质的提高。增进人民健康，提高全民族的健康素质，是社会经济发展和精神文明建设的重要目标，是人民生活达到小康水平的重要标志，也是促进经济发展和社会可持续发展的重要保障。

食品是指各种供人食用或者饮用的成品和原料以及按照传统概念既是食品又是药品的物品，但是不包括以治疗为目的的物品。食品是人类生存和发展最重要的物质基础，食品的安全、卫生和必要的营养是食品的基本要求。防止食品污染和有害因素对人体的危害，搞好食品安全是预防疾病，保障人民生命安全与健康的重要措施。以食品生产经营和食品安全监督管理活动中产生的各种社会关系为调整对象的食品法律法规，必然要把保护和增进人体健康作为其制定法律法规的思想依据、制定法律法规的出发点和落脚点。

法律赋予公民的权利是极其广泛的。其中生命健康权是公民最根本权益，是行使其他权利的前提和基础。失去了生命和健康，一切权利都成空谈。以保障人体健康为中心内容的食品法律法规，无论其以什么形式表现出来，也无论其调整的是哪一特定方面的社会关系，都必须坚持保护和增进人体健康这一思想依据。

3. 食品科学是食品法律法规制定的理论依据

食品行业是以医学、生物学、化学、工程学、农学、畜牧学等为核心的科技密集型行业，现代食品行业是在现代自然科学及其应用工程技术高度发展的基础上展开的。因此食品安全法律法规的制定工作在遵循法律科学的基础上，必须遵循食品工作的客观规律，也就是必须把医学、化学、生物学、食品工程和食品技术知识等自然科学的基本规律作为食品法律法规制定的科学依据，使法学和食品科学紧密联系在一起，科学地制定各项法律法规，促进食品科技进步。只有这样才能达到有效保护人体健康的立法目的。

4. 社会经济条件是食品法律法规制定的物质依据

法律法规反映统治阶级的意志并最终由统治阶级的物质生活条件所决定。社会经济条件是食品法律法规制定的重要物质基础。改革开放以来，我国社会主义建设取得了巨大成就，生产力有了很大发展，综合国力不断增强，社会经济水平有了很大提高，为新时期的食品法律法规的制定工作提供了牢固的物质依据。不过我们也要看到，我国是发展中国家，与世界发达国家相比，我国的综合国力、生产力和人民生活水平都不高，地区间发展又严重不平衡。这些都是食品法律法规制定工作中的制约因素。因此食品法律法规的制定必须着眼于我国的实际，正确处理好食品安全的各项法律法规与现实条件、经济发展之间的关系，以适应社会主义市场经济的需要，达到满足人民群众不断增长的多层次的需求、保护人体健康、保障经济和社会可持续发展的目的。

5. 食品政策是食品法律法规制定的政策依据

食品政策是党领导国家食品工作的基本方法和手段。它以科学的世界观、方法论为理论基础，正确反映了食品科学的客观规律和社会经济与食品发展的客观要求，是对人民共同意志的高度概括和集中体现。食品立法以食品政策为指导，有助于使食品法律法规反映客观规律和社会发展要求，充分体现人民意志，使食品法律法规能够在现实生活中得到普遍遵守和贯彻，最终形成良好的食品法律秩序。因此，党的食品政策是食品法律法规的灵魂和依据，食品法律法规的制定要体现党的政策精神和内容。

二、现行的食品卫生法律体系

食品卫生法律体系属于卫生监督法律体系的重要组成部分，食品卫生法律规范是食品生产经营者从事食品生产经营活动必须遵守的行为准则，也是政府及相关部门实施食品卫生监督管理的法律依据。它是由食品卫生法律、行政法规、地方性法规、行政规章、食品卫生标准以及其他规范性文件有机联系构成的统一整体。建立科学的食品卫生法律规范体系是实现食品卫生法制化管理的前提。

据统计，1949 年至今，我国部级以上机关所颁布的有关食品卫生方面的法律、法规、规章、司法解释以及各类规范性文件等多达 840 多篇。其中基本法律法规 107 篇、专项法律法规 683 篇、相关法律法规 50 篇，基本形成了一个食品卫生的法律体系。依据食品卫生法律体系的具体表现形式及其法律效力层级，食品卫生法律体系由以下具有不同法律效力层级的规范性文件构成，即：①食品卫生法律；②食品卫生法规；③食品卫生规章；④食品卫生标准；⑤其他规范性文件。

1. 食品卫生法律体系

法律，从狭义上理解，是指由全国人民代表大会及其常务委员会依立法程序制定和颁布的涉及国家重大事务的规范性文件。在我国，法律依其内容及立法程序可分为宪法、基本法律和法律，其中宪法效力层级最高。基本法律和法律均渊源于宪法，基本法律和法律具有同等的法律效力，其法律效力层级低于宪法，属国家"二级大法"。所不同的是，基本法律是由全国人民代表大会制定的，而法律则是由全国人民代表大会常务委员会制定的。从广义上理解，法律则包括中央和地方权力机构以及政府依法制定和颁布的所有规范性文件，如宪法、基本法、法律、法规、规章以及其他规范性文件等。我国食品卫生法律体系的构成就是从法律的广义概念上去理解和把握的。

然而，这里所指的食品卫生法律，则是狭义概念上的法律，即指由第十一届全国人民代表大会常务委员会第七次会议审议通过的《食品安全法》。《食品安全法》在我国食品安全法律体系中的法律效力层级最高，它是制定从属性的食品安全法规、规章以及其他规范性文件的依据。

2．食品卫生法规体系

根据我国《宪法》、《地方各级人民代表大会和地方各级人民政府组织法》以及国务院发布的《法规、规章备案规定》，食品卫生法规体系有国务院制定的行政法规和地方性法规之分。食品卫生地方性法规是指省、自治区、直辖市以及省、自治区人民政府所在地的市和经国务院批准的较大的市的人民代表大会及其常务委员会根据本行政区的情况和实际需要，在不与宪法、法律、行政法规相抵触的前提下按法定程序所制定的地方性食品卫生法规体系的总称。省、自治区、直辖市的人民代表大会及常委会制定的地方性食品卫生法规应报全国人民代表大会常务委员会和国务院备案；省、自治区的人民政府所在地的市和经国务院批准的较大市的人民代表大会及常委会制定的地方性食品卫生法规，须报省、自治区的人民代表大会及常务委员会批准后施行。

食品卫生法规的法律效力层级低于食品卫生法律，高于食品卫生规章。

3．食品卫生规章

食品卫生规章，包括国务院卫生行政部门制定的部门规章和地方人民政府制定的食品卫生规章。根据国务院发布的《法规、规章备案规定》，部门规章是指国务院各部门根据法律和国务院的行政法规、决定、命令在本部门的权限内按照规定的程序所制定的规定、办法、实施细则、规则等规范文件的总称。

地方性规章指省、自治区、直辖市以及省、自治区人民政府所在地的市和经国务院批准的较大的市的人民政府根据法律和行政法规，按照规定程序所制定的适用于本地区行政管理工作的规定、办法、实施细则、规则等规范性文件的总称。根据《地方各级人民代表大会和地方各级人民政府组织法》第六十条的规定，制定地方性规章，须经各该级政府常务会议或者全体会议讨论决定。

4．食品卫生标准

（1）食品卫生标准的概念　食品卫生标准是指对食品中具有安全、营养和保健功能意义的技术要求及其检验方法和评价规程所作的规定。这些规定的形成必须通过以下程序，方可颁布实施。调查与技术研究—形成特殊形式的规范性文件—征求有关部门的意见—按照一定程序进行技术审查—由卫生主管部门批准—以特定的形式颁布。

食品标准是食品行业中的技术规范，它涉及食品领域的方方面面，包括食品产品标准、食品卫生标准、食品工业基础及相关标准、食品包装材料及容器标准、食品添加剂标准、食品检验方法标准、各类食品卫生管理办法等。因此，食品标准从多方面规定了食品的技术要求和品质要求，它与食品安全性有着不可分割的联系，是食品卫生法律体系中不可缺少的重要组成部分。

（2）食品卫生标准的意义　食品卫生标准对于保证国民身体健康，维护和促进我国社会与经济发展有着极为重要的意义，主要体现在如下方面。

① 食品卫生标准是食品卫生法律法规体系的重要组成部分。

《食品安全法》只能对调整的食品卫生与安全范围做出原则性规定，不可能对技术性要求做出具体规定，这就需要对法律未予明确的内容进行补充。因此，食品卫生与安全标准作为与《食品安全法》配套的技术规定，是食品卫生与安全法律法规体系的重要组成部分，它保证了食品卫生法律法规的系统性与完整性。

② 食品卫生标准保证了法制化食品卫生监督管理的顺利进行《食品安全法》规定：凡生产经营不符合卫生与安全要求的食品，都将根据《食品安全法》进行行政处罚。食品卫生标准是分析和判断是否符合有关卫生要求的主要技术手段和依据。所以，食品卫生标准保证了法制化食品卫生监督管理工作的顺利进行。

③ 食品卫生标准是维护我国主权与促进我国食品国际贸易的技术保障我国的食品进出口贸易日趋活跃，在复杂的国际食品贸易和市场竞争过程中，我国的食品卫生标准发挥了积极的作用。一方面，它对有效阻止国外低劣食品进入中国市场，防止我国消费者遭受健康和经济权益损害，维护国家的主权与利益，起到了重要的技术保障作用；另一方面，它对提高国内出口食品的卫生质量，增强国内食品的国际市场竞争力，起到了重要的技术支持作用。

世贸组织要求各成员国应遵守关贸总协定 1994 年乌拉圭回合谈判达成的"应减少农产品关税"的有关协议，但是基于对人类健康保护的需要，世贸组织又在其草拟的《卫生和植物卫生法规应用协议（SPS 协议）》和《贸易技术壁垒协议（TBT 协议）》中规定：各成员国有权根据各国国民的健康需要制定各自的涉及健康与安全的食品标准。

(3) 食品卫生标准的分类

① 国家食品卫生标准。对需要在全国范围内统一食品卫生技术要求的制定国家标准。根据《食品安全法》和《标准化法》的规定，国家食品卫生标准的审批权限属于国家卫生计生委，国家质量监督检验检疫总局的工作职责是负责国家食品卫生标准的编号。国家食品卫生标准的技术审查由"全国卫生标准化技术委员会食品卫生分技术委员会"（简称"食品分委会"）负责。

② 行业食品卫生标准。对没有国家食品卫生标准，而又需要由卫生部在全国范围内统一食品卫生技术要求所制定的行业标准。行业食品卫生标准的制定和审批与国家食品卫生标准相同。相应的国家食品卫生标准颁布实施后，行业标准即行废止。

③ 地方标准。对没有国家或卫生部行业食品卫生标准，而又需要在省、自治区、直辖市范围内统一的食品卫生技术要求所制定的标准。地方食品卫生标准的制定与审批权限属于省级卫生行政部门，但须报卫生部和国家质检总局备案。在国家或行业标准颁布实施后，该项地方标准即行废止。

④ 企业标准。在没有相应的国家或行业食品卫生标准或地方标准，由企业为其生产的产品制定的标准。已有国家或行业标准的，国家鼓励企业制定严于国家或者行业标准的企业标准。食品卫生监督管理部门对企业标准中涉及安全、营养与保健的内容进行技术审查。另外，企业标准还须报当地政府标准化行政主管部门和卫生行政部门备案。

(4) WTO 的有关规定 世界贸易组织要求各成员国应参照 WTO 的有关协议制定国家食品标准。WTO 在其草拟的 SPS 协议中规定，WTO 成员国应按照以下两种形式制定国家食品标准：一是按照食品国际法典委员会（CAC）的法典标准、导则和推荐要求制定国家食品标准，或等同采用进口国标准。无论食品的出口还是进口，其食品卫生质量都应符合国际标准或进口国的标准。二是出于对本国国民实施特殊的健康保护目的，自行制定本国食品标准时，WTO 要求标准制定国必须首先对以下两种危害进行评价：①某种疾病在本国的流行及其可能造成的健康和经济危害；②食品、饮料或饲料中的添加剂、污染物、毒素、致病菌对人或动物健康的潜在危害。WTO认为只有在上述评价的基础上才能制定既能确实保护本国国民身体健康又不致对食品国际贸易产生技术"壁垒"作用的食品标准。WTO把以上"评价"定义为"制定食品标准的危险性评价",并提出了评价的基本内容与步骤,包括:①危害鉴定;②确定危害特征;③暴露评估;④危险特征的确定。每一个WTO的成员国,都必须履行WTO有关食品标准制定和使用的各项协议和规定。要研究和分析食品卫生标准的制修订工作与WTO的有关规定和国际贸易之间的关系,并按照WTO的有关规定制定我国的食品卫生标准。

(5)其他规范性文件 在食品卫生法律体系中,还有一类规范性文件,它既不属于食品卫生法律、法规和规章,也不属于食品卫生标准等技术性规范的范畴,然而这类规范性文件同样是食品卫生法律体系中的重要组成部分,也是不可缺少的。如省、自治区、直辖市人民政府卫生行政部门制定的《食品卫生许可证发放管理办法》以及《食品生产经营者采购食品及其原料的索证管理办法》等。这两种规范性文件,尽管是由不具有规章以上规范文件制定权的省级人民政府卫生行政部门制定的,但它是依据《食品安全法》授权制定的,属于委任性食品卫生法律规范。

三、食品法律法规制定的程序

食品法律法规的制定程序是指有立法权的国家机关制定食品法律法规所必须遵循的方式、步骤、顺序等的总和。程序是立法质量的重要保证,是民主立法的保障。食品法律法规的制定必须依照全国人大常委会制定食品法律的程序进行。

1. 食品法律的制定程序

(1)食品立法的准备。主要包括编制食品立法规划、做出食品立法决策、起草食品法律草案等。

(2)食品法律草案的提出和审议。主要包括食品法律草案的提出和列入议程、听取食品法律草案说明、常委会会议审议或全国人大教科文卫委员会、法律委员会审议等。列入常委会会议议程的食品法律草案,全国人大教科文卫委员会、法律委员会和常委会工作机构应当听取各方面的意见。对于重要的食品法律草案,经委员长会议决定,可以将食品法律草案公布,向社会征求意见。

(3)食品法律草案的表决、通过与公布。食品法律草案提请全国人大常委会审议后,由常委会全体会议投票表决,以全体组成人员的过半数通过,由国家主席以主席令的形式公布食品法律。

2. 食品行政法规的制定程序

(1)立项。国务院的食品药品监督、卫生、检验检疫、农业等行政管理部门根据社会发展状况,认为需要制定食品行政法规的,应当向国务院报请立项,由国务院法制局编制立法计划,报请国务院批准。

(2)起草。起草工作由国务院组织,一般由业务主管部门具体承担起草任务。在起草过程中,应当广泛听取有关机关、组织和公民的意见。

(3)审查。业务主管部门有权向国务院提出食品行政法规草案,送国务院法制局进行审查。

(4)通过。国务院法制局对食品行政法规草案审查完毕后,向国务院提出审查报告和草案修改稿,提请国务院审议,由国务院常务会议或全体会议讨论通过或者总理批被。

（5）公布。食品行政法规由国务院总理签署国务院令公布。

（6）备案。食品行政法规公布后30日内报全国人大常委会备案。

3. 地方性食品法规、食品自治条例和单行条例的制定程序

（1）地方性食品立法规划和计划的编制。

（2）地方性食品法规草案的起草。享有地方立法权的地方人大常委会、教科文卫委员会或业务主管厅（局）负责起草地方性食品法规草案。

（3）地方性食品法规草案的提出。享有地方立法权的地方人大召开时，地方人大主席团、常委会、教科文卫委员会、本级人民政府以及10人以上代表联名，可以向本级人大提出地方性食品法规草案。人大闭会期间，常委会主任会议、教科文卫委员会、本级人民政府以及常委会组成人员5人以上联名，可以向本级人大常委会提出地方性食品法规草案。

（4）地方性卫生法规草案的审议。向地方人大提出的地方性食品法规草案由人大会议审议，或者先交教科文卫委员会审议后提请人大会议审议；向地方人大常委会提出的地方性食品法规草案由常委会会议审议，或者先交教科文卫体委员会审议后提请常委会会议审议。

（5）地方性食品法规草案的表决、通过、批准、公布与备案。地方性食品法规草案经地方人大、常委会表决，以全体代表、常委会全体组成人员的过半数通过，由有关机关依法公布，并在30日内报有关机关备案。

4. 食品规章的制定程序

（1）食品部门规章的制定程序

① 立项。

② 起草。食品部门规章的起草工作以国务院食品管理部门的职能司为主、法制与监督司或政策法规司参与配合。起草时可以请食品专家、法律专家参加论证。

③ 审查。食品部门规章草案一般由食品管理部门下属的业务主管司（局）在其职责范围内提出，送法制与监督司或政策法规司审核。

④ 决定。食品部门规章草案审核后，提交部（局）常务会议讨论，决定通过。

⑤ 公布。食品部门规章由部门首长签署命令予以公布。

⑥ 备案。食品部门规章公布后30日内报国务院备案。

（2）地方政府食品规章的制定程序

① 起草。地方政府食品规章由享有政府食品卫生规章制定权的地方食品行政部门负责起草。

② 审查。地方政府食品规章草案由地方食品行政部门在其职责范围内提出，送地方人民政府法制局审核。

③ 决定。地方政府食品规章草案经法制局审核后，提交政府常务会议或者全体会议讨论，决定通过。

④ 公布。地方政府食品规章由省长、自治区主席或者直辖市长签署命令予以公布，并在30日内报国务院备案。

四、现行食品安全法律法规

早在建国初期，我国政府就制定并实施了一系列旨在保证食品安全的卫生管理要求。

其后陆续制定并实施了《中华人民共和国食品卫生法》、《中华人民共和国产品质量法》等一系列与食品安全有关的法律法规，为我国食品质量安全的监督工作奠定了法律基础。2009 年 2 月 28 日，中华人民共和国第十一届全国人民代表大会常务委员会第七次会议表决通过了《中华人民共和国食品安全法》。经过长期的建设完善，我国食品安全法规体系日益完善，取得很大成绩。目前形成了以《中华人民共和国食品安全法》、《中华人民共和国产品质量法》、《中华人民共和国进出口商品检验法》等法律为基础，以《食品生产加工企业质量安全监督管理实施细则（试行）》、《食品添加剂卫生管理办法》以及涉及食品安全要求的大量技术标准等法规为主体，以各省及地方政府关于食品安全的规章为补充的食品安全法律法规。

1.《食品安全法》

《中华人民共和国食品安全法》（以下简称《食品安全法》）是由中华人民共和国第十一届全国人民代表大会常务委员会第七次会议审议通过的。最新的《食品安全法》已由中华人民共和国第十二届全国人民代表大会常务委员会第十四次会议于 2015 年 4 月 24 日修订通过，将于 2015 年 10 月 1 日起施行。《食品安全法》的立法宗旨是为了保证食品安全，保障公众身体健康和生命安全。

《食品安全法》共 10 章 104 条，包括总则、食品安全风险监测和评估、食品安全标准、食品生产经营、食品检验、食品进出口、食品安全事故处置、监督管理、法律责任和附则。

(1) 总则 总则共 10 条，原则规定了食品安全法涉及的一些重大问题。主要包括立法目的、使用范围、食品生产经营者的社会责任、食品安全监管体制、各部门之间的分工协作关系、行业自律、食品安全知识宣传、食品安全科学研究以及组织或个人举报、知情、监督建议权等内容。

(2) 食品安全风险监测和评估 食品安全风险监测和评估共 7 条。主要包括食品安全风险监测制度的建立、食品安全风险监测计划的制订实施、食品安全风险信息的通报与交流、食品安全风险评估制度的建立、食品安全风险评估专家委员会的组建、食品安全风险评估建议制度以及食品安全状况综合分析等内容。

(3) 食品安全标准 食品安全标准共 9 条，规定了食品安全标准的相关问题，主要包括以下内容。

① 规定了食品安全标准的制定原则，明确了食品安全标准为强制性标准；

② 对食品安全标准应包括的内容提出了具体要求；

③ 明确了国务院卫生行政部门负责制定和颁布食品安全国家标准，明确规定了食品安全国家标准的制定依据和制定程序；

④ 明确了对现行的各类食品安全标准予以整合，统一为食品安全国家标准；

⑤ 明确了食品安全地方标准的制定机关、制定依据和备案要求；

⑥ 明确了食品安全标准应公布，公众可以免费查阅；

⑦ 规定了食品生产企业食品安全标准的制定要求，国家鼓励食品生产企业制定严于食品安全国家标准的企业标准。

(4) 食品生产经营 食品生产经营共 30 条，主要包括以下内容。

① 规定了食品生产经营的各项要求和制度。如食品生产经营的必备条件和要求、食品生产经营的禁止性要求、食品生产经营许可和行政许可、食品生产经营企业安全管理和认

证、食品生产经营从业人员健康管理以及食品和食品添加剂的生产和销售等。

② 规定了食品添加剂的管理制度以及食品和食品添加剂的标签、说明书和警示说明的使用。如食品添加剂许可制度、食品添加剂使用范围和用量标准、食品添加剂以外的化学物质或其他可能危害人体健康物质的禁止性规定以及食品和食品添加剂标签等。

③ 规定了食品中添加药品的要求和保健食品管理制度。

④ 规定了食品召回制度和食品广告管理制度。

⑤ 规定了集中交易市场开办者等的食品安全管理义务和食品生产经营规模化。

(5) 食品检验　食品检验共 5 条，规定了食品检验制度。主要包括食品检验机构、食品检验要求、食品检验报告、监管部门开展食品检验以及食品生产经营企业开展食品检验等相关制度。

(6) 食品进出口　食品进出口共 8 条，规定了食品进出口制度。主要包括进口食品应经检验符合标准、首次进口的食品应取得许可、进口预包装食品的标签要求、进口商的食品进口和销售记录以及食品安全信息的收集汇总和通报等。

(7) 食品安全事故处置　食品安全事故处置共 6 条，规定了食品安全事故处置制度。主要包括以下五个方面的内容。

① 建立食品安全事故应急预案制度。

② 明确了发生食品安全事故的报告和通报制度。

③ 规定了发生食品安全事故的应急措施。

④ 及时开展食品安全事故的调查。

⑤ 确定了疾病预防控制机构的职责。

(8) 监督管理　监督管理共 8 条，规定了食品安全监管的具体内容。主要包括政府及其行政管理部门的监管和社会公众的监督。

(9) 法律责任　法律责任共 15 条，规定了违反食品安全法行为的行政责任、民事责任和刑事责任。

(10) 附则　附则共 6 条，规定了食品安全法的用语含义、食品生产经营许可证的效力、特定食品的安全管理、食品安全监管体制调整和法的实施日期等。

2.《中华人民共和国农产品质量安全法》

《中华人民共和国农产品质量安全法》（以下简称《农产品质量安全法》）是 2006 年 4 月 29 日中华人民共和国第十届全国人民代表大会常务委员会第二十一次会议审议通过的。《农产品质量安全法》的立法宗旨是为了保障农产品质量安全，维护公众健康，促进农业和农村经济发展。

《农产品质量安全法》共 8 章 56 条，包括总则、农产品质量安全标准、农产品产地、农产品生产、农产品包装和标识、监督检查、法律责任和附则。

(1) 总则　总则共 10 条，原则、概括地规定了农产品质量安全法的若干重要问题。主要包括立法目的、调整范围、管理体制、规划和经费、健全服务体系、风险评估制度、信息发布制度、发展优质农产品、科研与推广以及宣传引导等。

(2) 农产品质量安全标准　农产品质量安全标准共 4 条，主要包括农产品质量安全标准体系的建立、制定要求、修订要求和组织实施等。

(3) 农产品产地　农产品产地共 5 条。主要包括农产品产地安全管理和基地建设、产地要求、产地保护以及防止投入品污染等。

（4）农产品生产　农产品生产共 8 条。主要包括生产技术规范和操作规程制定、投入品许可和监督抽查、投入品安全使用制度、科研推广机构职责、生产记录、投入品合理使用、产品自检、中介组织自律与服务等。

（5）农产品包装和标识　农产品包装和标识共 5 条。主要包括包装标识管理规定、保鲜剂等使用要求、转基因标识、检疫标志与证明以及农产品标志等。

（6）监督检查　监督检查共 10 条。主要包括禁止销售要求、监测计划与抽查、检验机构管理、复检与赔偿、批发市场和销售企业责任、社会监督、现场检查和行政强制、事故报告、责任追究、进口农产品质量安全要求等。

（7）法律责任　法律责任共 12 条。主要包括监管人员责任、监测机构责任、产地污染责任、投入品使用责任、生产记录违法行为处罚、包装标识违法行为处罚、保鲜剂等使用违法行为处罚、农产品销售违法行为处罚、冒用标志行为处罚、行政执法机关处罚、刑事责任和民事责任等。

（8）附则　附则共 2 条。主要规定了生猪屠宰管理和法的实施日期。

3.《中华人民共和国产品质量法》

《中华人民共和国产品质量法》（以下简称《产品质量法》）是 1993 年 2 月 22 日颁布的，根据中华人民共和国第九届全国人民代表大会常务委员会第十六次会议《关于修改〈中华人民共和国产品质量法〉的决定》，《产品质量法》于 2000 年 7 月 8 日修正，2009 年 8 月 27 日第二次修订。《产品质量法》的立法宗旨是为了加强对产品质量的监督管理，提高产品质量水平，明确产品质量责任，保护消费者的合法权益，维护社会主义经济秩序。《产品质量法》共 6 章 74 条，主要内容有产品质量监督、产品质量义务和法律责任 3 部分内容。

（1）产品质量监督

① 产品质量监督体制　产品质量监督体制是指执行产品质量监督的主体，它确定了国家和行业在产品质量监督方面的权限和职责范围。《产品质量法》规定：国务院产品质量监督部门主管全国产品质量监督工作。国务院有关部门在各自的职责范围内负责产品质量监督工作。县级以上地方产品质量监督部门主管本行政区域内的产品质量监督工作。《产品质量法》对各级人民政府的产品质量监督职责也做出了规定。

② 产品质量标准制度　《产品质量法》规定：中国实行产品质量标准制度。

③ 企业质量体系认证制度　《产品质量法》对企业质量体系认证制度进行了原则的规定，主要遵循两个原则：一是坚持与国际惯例和国际通行作法相一致的原则；二是坚持企业自愿申请的原则。

④ 产品质量认证制度　产品质量认证是依据产品标准和相应的技术标准，经认证机构确认，并颁发认证证书和认证标志的活动。《产品质量法》规定：国家参照国际先进的产品标准和技术要求，推行产品质量认证制度。企业根据自愿原则可以向国务院产品质量监督部门认可的或者国务院产品质量监督部门授权认可的认证机构申请产品质量认证。经认证合格的，由认证机构颁发产品质量认证证书，准许企业在产品或者其包装上使用产品质量认证标志。

⑤ 产品质量监督检查制度　产品质量监督检查制度是指国家对产品质量采取行政强制监督检查管理措施的制度。《产品质量法》规定：国家对产品质量实行以抽查为主要方式的监督检查制度，对可能危及人体健康和人身、财产安全的产品，影响国计民生的重要工业产品以及消费者和有关组织反映的有质量问题的产品进行抽查。监督抽查工作由国务院产品质

量监督部门规划和组织。县级以上地方产品质量监督部门在本行政区域内也可以组织监督抽查。

（2）产品质量义务　产品质量义务又称为产品质量责任和义务，是指产品质量法律关系主体应当作出或不作出一定行为的约束，或者是产品质量法律关系主体行为的法定范围限度。按照义务人的不同，产品质量义务分为生产者的产品质量义务和销售者的产品质量义务。《产品质量法》规定：生产者应当对其生产的产品质量负责；销售者应当建立并执行进货检查验收制度，验明产品的合格证明和其他标识。

（3）法律责任　违反《产品质量法》的法律责任有民事责任、行政责任和刑事责任3种。

① 民事责任　产品质量民事责任主要包括生产者与销售者的产品瑕疵担保责任、产品缺陷损害赔偿责任以及相关单位的产品质量民事责任等。

② 行政责任　产品质量行政责任主要包括产品质量行政处分和产品质量行政处罚，其中产品质量行政处罚是最主要的产品质量行政责任。

③ 刑事责任　产品质量刑事责任是一种个人责任，也是产品质量法律责任中最严厉的一种，是对产品质量犯罪人进行的刑事制裁，而追究产品质量刑事责任的前提是存在着产品质量犯罪。《产品质量法》规定了9个方面的产品质量刑事责任。

4. 食品安全相关的法律法规

（1）《中华人民共和国消费者权益保护法》　《中华人民共和国消费者权益保护法》（以下简称《消费者权益保护法》）是1993年10月31日颁布的。2009年8月27日第十一届全国人民代表大会常务委员会第十次会议《关于修改部分法律的规定》进行第一次修正。2013年10月25日十二届全国人大常委第5次会议《关于修改的决定》第2次修正。2014年3月15日，由全国人民代表大会修订的新版《消费者权益保护法》（简称《新消法》）正式实施。《消费者权益保护法》的立法宗旨是为了保护消费者的合法权益，维护社会经济秩序，促进社会主义市场经济健康发展。

《消费者权益保护法》共8章55条，主要包括消费者的权利、经营者的义务、消费者合法权益的保护和法律责任4部分内容。

① 消费者的权利　消费者的权利是指国家法律规定赋予或确认的公民为生活消费所需而购买、使用商品或者接受服务时享有的权利。《消费者权益保护法》规定：消费者的权利有安全保障权、知悉真情权、自主选择权、公平交易权、损害求偿权、依法结社权、获取知识权、维护尊严权和监督批评权。

② 经营者的义务　消费者权利的实现，离不开经营者的义务的遵守，如果经营者违反了应尽的义务，就必然会侵犯消费者的权利。《消费者权益保护法》规定：经营者的义务包括接受监督的义务、保障安全的义务、不作虚假宣传的义务、表明真实名称和标记的义务、出具凭证的义务、保证质量的义务、保证公平交易的义务和维护消费者人身权的义务等。

③ 消费者合法权益的保护　消费者合法权益的保护包括国家对消费者合法权益的保护和消费者组织对消费者合法权益的保护两方面。国家对消费者合法权益的保护主要是立法保护、行政保护和司法保护。

④ 法律责任　违反《消费者权益保护法》的法律责任有民事责任、行政责任和刑事责任3种。

（2）《中华人民共和国标准化法》　《中华人民共和国标准化法》于1988年12月29日第

七届全国人民代表大会常务委员会第五次会议通过，1989年4月1日起施行。《中华人民共和国标准代法》对发展社会主义市场经济，促进技术进步，改进产品质量，提高社会经济效益，维护国家和人民的利益，使标准化工作适应社会主义现代化建设和发展对外经济关系等方面，有十分重要的意义。

《中华人民共和国标准化法》共5章，26条。

第一章是总则，需制定标准的情况有以下5类：工业产品的品种、规格、质量、等级或者安全、卫生要求；工业产品的设计、生产、检验、包装、储存、运输、使用的方法，或者生产、贮存、运输过程中的安全、卫生要求；有关环境保护的各项技术要求和检验方法；建设工程的设计、施工方法和安全要求；有关工业生产、工程建设和环境保护的技术术语、符号、代号和制图方法。重要农产品和其他需要制定的项目，由国务院规定。标准化工作的任务是制订标准、组织实施标准和对标准的实施进行监督，各级标准化行政主管部门负责本辖区内标准化工作。

第二章是标准的制定。标准依适用范围分为国家标准、行业标准、地方标准和企业标准；标准又可分为强制性标准和推荐性标准。标准的制定应遵循其制定的原则，由标准化委员会负责草拟、审查工作。

第三章是标准的实施，企业产品应向标准化主管部门申请产品质量认证。合格者授予认证证书，准许使用认证标志，各级标准化主管部门应加强对标准实施的监督检查。

第四章是法律责任，对于任何违反标准化法规定的行为，国家相关管理部门有权依法处理，当事人依法申请复议或向人民法院起诉。

第五章是附则。

(3)《中华人民共和国进出口商品检验法》《中华人民共和国进出口商品检验法》（以下简称《商检法》），1989年2月第七届全国人民代表大会常务委员会第六次会议通过。根据2002年4月28日第九届全国人民代表大会常务委员会第二十七次会议《关于修改〈中华人民共和国进出口商品检验法〉的决定》修正。

①《商检法》的立法目的。为了加强进出口商品检验工作，规范进出口商品检验行为，维护社会公共利益和进出口贸易有关各方的合法权益，促进对外经济贸易关系的顺利发展，制定《商检法》。

② 我国进出口商品检验工作管理体制。国务院设立进出口商品检验部门，主管全国进出口商品检验工作。国家商检部门设在各地的进出口商品检验机构管理所辖地区的进出口商品检验工作；商检机构和经国家商检部门许可的检验机构，依法对进出口商品实施检验；列入目录的进出口商品，由商检机构实施检验。

《商检法》明确了进出口商品检验工作应当根据保护人类健康和安全、保护动物或者植物的生命和健康、保护环境、防止欺诈行为、维护国家安全的原则进行，规定了进出口商品检验和监督管理。

参 考 文 献

[1] 陈志成.食品法规与管理［M］.北京：化学工业出版社，2005.

[2] 付文丽，陶婉亭，李宁.借鉴国际经验完善我国食品安全风险监测制度的探讨［J］.中国食品卫生杂志，2015，27（3）：271-276.

[3] 刘少伟，鲁茂林.食品标准与法律法规［M］.北京：中国纺织出版社，2013.

[4] 钱建亚，熊强.食品安全概论［M］.南京：东南大学出版社，2006.

[5]　钱和，林琳，于瑞莲．食品安全法律法规与标准 [M]．北京：化学工业出版社，2015.

[6]　曲径．食品安全控制学 [M]．北京：化学工业出版社，2011.

[7]　王晓英，邵威平．食品法律法规与标准 [M]．郑州：郑州大学出版社，2012.

[8]　吴晓彤，王尔茂．食品法律法规与标准 [M]．北京：科学出版社，2013.

[9]　吴澎，赵丽芹．食品法律法规与标准 [M]．北京：化学工业出版社，2010.

[10]　张建新．食品标准与法规 [M]．北京：中国工业出版社，2006.

第十二章　标准体系

　　标准是以提供需求、规范、指南和特征为目的，确保材料、产品、生产流程和服务的技术规范和质量要求。标准体系是以科学、技术和实践经验的综合成果为基础，经有关方面协商一致，由主管机构批准，以特定形式发布，作为共同遵守的准则和依据。食品安全标准体系建立是推进社会、经济和科技发展的食品产业结构调整和推动科技进步的需要，是促进食品贸易发展的需要，是食品产业实现增本节效和增加收入的需要，是依法行政和规范市场经济秩序的需要，是保障食品消费安全和提高食品市场竞争的需要。

第一节　国外食品安全标准体系

　　国际、欧盟、美国和日本等注重食品安全标准体系构建，以科学、合理和有效性的制度和法规为基础，通过规范化的程序，制定了科学、合理和安全的食品安全标准，进而形成较为完善的食品安全标准体系。

一、国际食品安全标准体系

　　食品国际标准主要有国际组织及各个国家的国家标准化组织发布的食品标准、指南等。食品领域的国际标准组织主要有国际标准化组织（International Standardization Organization，ISO）、联合国粮农组织/世界卫生组织（Food and Agriculture Organization of the United Nation/World Health Organization，FAO/WHO）、食品法典委员会（Codex Alimentarius Commission，CAC）、国际乳品联合会（International Dairy Federation，IDF）、国际葡萄与葡萄酒局（InternatIona-Vine and Wine Office，IWO）、国际动物卫生组织（Office International des Epizooties-OIE，OIE）、国际植物保护公约（International Plant Protection Convention，IPPC）等。其中，最重要的两大国际食品标准分别为食品法典委员会（CAC）系统和国际标准化组织（ISO）系统的食品标准。国际食品法典的食品标准一般包含标准适用范围，产品的描述，食品添加剂的使用，污染物限量，食品的卫生、重量和规格，标签，取样和分析方法。

二、欧盟食品安全标准体系

　　欧盟是国际上食品安全标准体系最为全面的地区之一，虽然各成员国都已存在适应本国食品安全法律，但欧盟对食品安全控制制定了一系列较为有效、严密的标准体系，涵盖了食品安全的方方面面。同时，欧盟在适应市场经济发展和改进技术标准体系下，食品安全标准已深入社会各个层面，为法律法规提供技术支撑，也为市场准入、契约合同维护、贸易仲裁、合格评定、产品检验、质量体系认证等提供基本的法律依据，全面的食品安全技术法规在规范和促进欧盟食品安全体系有效运作方面发挥了重要作用。

欧盟负责食品安全的主要机构包括：欧盟健康和消费者保护总司（The Health and Consumer Protection Directorate General）、欧盟食品安全局（European Food Safety Authority，EFSA）和欧盟食品链及动物健康常设委员会（Standing Committee on the Food Chain and Animal Health，SCFCAH），其中 EFSA 是欧盟管理食品安全的最高行政机构，为欧盟委员会和成员国提供最好的风险评估科学建对第三国的官方监管体系进行实地评估和出口企业的统一登记，负责进行科学技术的探索、收集、整理、分析和总结，促进和协调统一的风险评估方法的发展，收集和分析数据，对直接或间接影响食品和饲料安全的风险进行特征描述，建立有利于实施风险评估的组织网络系统，负责该系统的运行并对风险评估意见进行解释和评价，向欧盟成员国提供技术和信息支持，包括危机管理，收集并发布科技数据等。欧盟食品安全标准的制定机构包括欧洲标准化委员会（European Committee for Standardization，CEN）和欧盟各成员国家标准，为防止各成员国在具体技术标准差异过大，CEN 制定和采用的食品安全标准指令是通用的，包括认为安全的或必须限制使用的物质，可在市场中自由流通。现阶段，欧盟食品安全标准已日趋成熟和完善，并在整个欧盟食品安全体系中发挥了巨大作用。欧盟食品安全立法与监管机构针对食品生产加工等各个环节的存在的问题，欧盟以《食品安全白皮书》和（EC/178/2002）为指导建立和完善食品安全技术法规和标准体系，为解决完整食物链中各环节出现的各种因素和危害提供了明确的法律依据和解决方法。到 2007 年，欧盟涉及食品和农产品的技术法规共有 50 余个，其中欧盟理事会和欧盟委员会（European Economic Community/ European Commission，EEC/EC）发布的指令性法规 330 多个，欧洲标准（European Standards，ENs）220 多个。

三、美国食品安全标准体系

美国国家标准的制定与监控主要由总统食品安全工作小组负责，其中包括：隶属美国卫生及公共服务部（United States Department of Health and Human Services，DHHS）的食品和药物管理局（Food and Drug Administration，FDA）负责对国内生产及进口的食品、药品、疫苗、生物医药制剂、医学设备、兽药和化妆品等进行监督管理；疾病控制与预防中心（Center for Disease Control and Prevention，CDCP）负责对食源性食品安全事故进行应急处置，对食源性疾病暴发趋势和规律进行监测；隶属美国农业部（United States Department of Agriculture，USDA）的食品安全检验局（Food Safety and Inspection Service，FSIS）负责国内生产和进口的肉类、禽类产品安全，发放使用转基因杀虫剂许可证和监测动植物疫病等；动植物检验局（Animal and Plant Health Inspection Service，APHIS）负责规范基因工程生物、监督和处理外来物种入侵、外来动植物疫病传入、野生动物及家畜疾病监控等；环境保护署（Environmental Protection Agency，EPA）负责农药审批工作并制定食物中残留农药的限量标准、饮用水标准，管理有毒物质和废物等。

行业标准主要包括：美国官方分析化学师协会（Association of Official Analytical Chemists，AOAC）负责检验与各种标准分析方法的制定工作，标准内容包括肥料、食品、饲料、农药、药材、化妆品、危险物质和其他与农业及公共卫生有关的材料等；美国谷物化学师协会（American Association of Cereal Chemicals，AACCH）负责促进谷物科学的研究，保持科学工作者之间的合作，协调各技术委员会的标准化工作，推动谷物化学分析方法和谷物加工工艺的标准化；美国饲料官方管理协会（Association of American Feed Control Officials，AAFCO）负责制定各种动物饲料术语、官方管理及饲料生产的法规及标准；美国奶制品学会（American Dairy Products Institute，ADPI）负责进行奶制品的研究和标准化工作，制定产品定义、产品规格、产品分类等标准；美国饲料工业协会（American Feed Industry Association，AFIA）负责制定联邦与州的有关动物饲料的法规和标准；美国油料化学师协会（American Oil Chemists' Society，AOCS）负责油脂的提取、精炼和在消费与工业产品中使用规范以及有关安全包装、质量控制等方面的研究；美国公共卫生协会（American Public Health Association，APHA）。标准包括食物微生物检验方法、大气检定推荐方法、水与废水检验方法、住宅卫生标准及乳制品检验方法等。

企业制定的标准主要包括：美国 3-A 卫生标准是由美国奶制品生产协会（American Dairy Production Industry，ADPI）、国际食品工业供应商联合会（International Association of Food Industry Suppliers，IAFIS）、国际食品卫生保护联合会（International Association for Food Protection，IAFP）、国际乳制品联合会（International Dairy Federation，IDF）和 3-A 卫生标准理事会组成，制定食品生产设备、饮料生产设备、乳制品设备及医药工业设备的卫生标准，促进食品安全和公共安全；美国烘烤协会（American Institute of Baking，AIB）为食品供应商专门制定了一套《AIB 食品安全统一标准》，包含对设备的认证、卫生设施的设计与建筑、食品加工设备的安装等食品品质与安全卫生保证能力的考核要求；国家猪肉制品生产商理事会（National Pork Producers Council，NPPC）主要负责动物健康和食品安全，提供指导各种猪肉行业问题，接收来自肉类包装建议。

四、日本食品安全标准体系

日本食品安全标准体系具有以下特点：制定标准的目的明确，种类齐全；标准科学、先进，具有较强的操作性和检验性；执行力强，标准与法律法规结合紧密；标准的制定注重与国际标准接轨。日本食品安全标准根据制定主体不同，可分为国家标准、行业标准和企业标准三个层次。日本食品安全标准立法或文件中的"规格"即规格成分，是指食品、添加剂、器具和容器包装的纯度、成分在公共卫生上必要的最低限度的标准。成分规格根据使用对象的不同，又可以划分为一般规格和个别规格两种；"标准"又可作资格要求、技术标准、设施标准、标识标准、管理标准等不同类型的细分。其中，资格要求指从事某项特定食品行业的特点人员的所需具备的条件要求；技术标准指制造加工食品、添加剂、器皿和容器包装的方法、技术的基本要求；设施标准指营业设施所应达到的最低卫生标准；标识标准指食品标识必须包含的内容、标识的方法等所应遵循的标准；管理标准指食品关联企业采取卫生措施进行日常管理的基本要求。目前，日本根据食品安全实际需要已经在生鲜食品、加工食品、有机食品、转基因食品等方面制定了详细的标准和标识制度，而且在标准制定、修订、废除、产品认证、监督管理等方面也建立了完善的组织体系和制度体系，并以法律形式固定下来。

日本负责食品安全的监管机构主要有日本食品安全委员会、厚生劳动省、农林水产省。日本食品安全委员会主要负责食品安全风险评估和协调相关职能的直属机构，其职能包括实施食品安全风险评估、对管理机构进行政策指导与监督，以及风险信息沟通与公开。该委员会的最高决策机构由 7 名委员组成，都是由首相任命并批准的民间专家。委员会下属分三个评估专家组：化学物质评估组负责对食品添加剂、农药、动物用医药品、器具及容器包装、化学物质、污染物质等的风险评估；生物评估组负责对微生物、病毒、霉菌及自然毒素等的风险评估；新食品评估组负责对转基因食品、新开发食品等的风险评估。

日本法律明确规定食品安全的管理机构是农林水产省和厚生劳动省。农林水产省设立消费安全局，下设消费安全政策、农产安全管理、卫生管理、植物防疫、标识规格、总务等 6 个课以及 1 名消费者信息官。消费安全局负责国内生鲜农产品及其粗加工产品在生产环节的质量安全管理；农药、兽药、化肥、饲料等农业投入品在生产、销售与使用环节的监管；进口动植物检疫；国产和进口粮食的质量安全性检查；国内农产品品质、认证和标识的监管；推广危害分析与关键控制点方法；流通环节中批发市场、屠宰场的设施建设；农产品质量安全信息的搜集、沟通等。厚生劳动省将原医药局改组为医药食品局，下属的食品保健部改组为食品安全部。厚生劳动省除设食品药品健康影响对策官、食品风险信息官等职位外，还增设进口食品安全对策室。食品安全部的主要负责食品在加工和流通环节的质量安全监管；制定食品中农药、兽药最高残留限量标准和加工食品卫生安全标准；对进口农产品和食品的安全检查；核准食品加工企业的经营许可；食物中毒事件的调查处理以及发布食品安全信息等。农林水产省主要负责生鲜农产品及其粗加工产品的安全性，侧重在农产品生产和加工阶段；厚生劳动省负责其他食品及进口食品的安全性，侧重在食品进口和流通阶段；农药、兽药残留限量标准由两个机构共同制定。

第二节 我国食品安全标准体系

近年来，我国食品安全标准工作取得明显成效，基本建立了以食品安全国家标准为核心，行业标准、地方标准和企业标准为补充的食品安全标准体系，现有食品、食品添加剂、食品相关产品国家标准近 1900 项，地方标准 1200 余项，行业标准 3100 余项，涵盖了食品加工品及农副产品标准、食品工业基础相关标准（包括食品标签通用标准、各种食品工业技术用语、果蔬储藏技术等）、食品检验方法标准、食品加工产品卫生标准（包括各类食品卫生标准、农兽药残留量标准等）、食品包装材料及容器标准、食品添加剂标准等六大类，初步形成了门类齐全、结构相对合理、具有一定配套性和完整性的食品质量安全标准体系。

一、我国现有的食品安全管理体系

我国食品安全标准属于强制性技术法规，是维护公众身体健康、保障食品安全的重要措施，是实现食品安全科学管理、强化各环节监管的重要基础，也是规范食品生产经营、促进食品行业健康发展的技术保障。各部门、各地高度重视食品安全标准制定、修订工作。根据各种食品对其原料、生产过程和贮运、销售等环节可能存在和发生的污染因素，做出标准或限量规定。

（一）食品中化学因素限量标准

1. 农药残留限量标准

农药是指用于预防、消灭或者控制危害农业、林业的病、虫、草和其他有害生物，以及有目的地调节植物、昆虫生长的化学合成物或者来源于生物、其他天然物质的一种物质或者几种物质的混合物及其制剂，指用来防治危害农作物的病菌、害虫和杂草的药剂。广义地说，除化肥以外，凡是可以用来提高农业、林业、畜牧业、渔业生产及环境卫生的化学药品，都被称为农药。按照用途的不同，可以把农药分为杀虫剂、杀菌剂、除草剂和植物生长调节剂等。

农药残留物是指任何由于使用农药而在农产品及食品中出现的特定物质，包括被认为具有毒理学意义的农药衍生物，如农药转化物、代谢物、反应产物以及杂质等。农药残留物浓度超过了一定量就会对人、畜、环境产生不良影响或通过食物链对生态系统造成危害。为了保证合理使用农药，控制污染，保障公众身体健康，需制定允许农药残留于作物及食品上的最大限量，即最大残留限量（maximum residue limits，MRLs）。最大残留限量是指在生产或保护商品过程中，按照农药使用的良好农业规范使用农药后，允许农药在各种农产品及食品中或其表面残留的最大浓度，单位为 mg/kg，即每千克食品中含有农药残留的量（mg）。

我国现行的国家标准 GB 2763—2014《食品安全国家标准　食品中农药最大残留限量》由卫生部和农业部发布，该标准规定了食品中 387 种农药 3650 项最大残留限量，主要技术包括：农药的主要用途、每日允许摄入量（acceptable daily intake，ADI）、残留物、在食品中的最大残留限量，对那些有规定检验方法标准的农药，还列出了检验方法。此外，该标准涉及谷物、油料、蔬菜、水果、哺乳动物肉类（海洋哺乳动物除外）、禽肉类、蛋类、生乳、水产品、饮料类等食品。本标准代替 GB 2763—2012，主要体现在对原标准中苯菌灵、氟虫腈和烯啶虫胺三种农药残留物定义，二甲四氯（钠）等九种农药每日允许摄入量等信息进行了核实修订；增加了胺鲜酯等 65 种农药名称；增加了 1357 项农药最大残留限量标准；增加 15 项检测方法标准，删除 1 项检测方法标准；细化了食品类别及测定部位，增加了小黑麦等 66 种食品名称。但是，我国食品中农药残留限量标准与食品法典委员会、美国、欧盟、日本等这些国际权威组织和发达国家和地区相比存在非常大的差距，突出反映在农药污染物覆盖范围小、残留限量指标值低、标准过分笼统等方面。

2. 兽药残留限量标准

兽药是指用于预防、治疗、诊断动物疾病或者有目的地调节动物生理机能的物质（含动物保健品和动物饲料添加剂），包括血清制品、疫苗、诊断制品、微生态制品、中药材、中成药、化学药品、抗生素、生化药品、放射性药品及外用杀虫剂、消毒剂等。兽药的主要用途是防病治病、促进生长、提高生产性能、改善动物性食品的品质等。

兽药残留是指在动物产的任何食用部分中的原型化合物及其代谢产物，并包括与兽药有关杂质的残留。残留总量是指对食用动物用药以后，在动物性食品中某些药物残留的总和，是由残存在食品中的药物母体和全部代谢产物以及来源于药物的产物组成的。总残留量一般用放射性标记药物试验来测定，以相当于药物母体在食品中的含量。兽药最大残留限量（maximum residue limit for veterinary drug，MRLVD）是指由于使用一种兽药而产生的此兽药残留的最高浓度，单位为 mg/kg，即每千克食品中含有兽药残留的量（mg）。

兽药残留是影响动物源食品安全的主要因素之一。随着人们对食品安全的重视，动物源食品中的兽药残留也越来越被关注，在国际贸易中的技术壁垒也有越来越严重的趋势。根据WTO 关于货物贸易多边协议的技术性贸易壁垒协议（World Trade Organization/Technical Barriers to Trade，WTO/TBT）和实施动物性卫生检疫协议（World Trade Organization/Sanitary and PhytoSanitary，WTO/SPS），进口国为保障本国人民的健康和安全，有权制定比国际标准更加严厉的标准。

我国现行的国家标准《动物性食品中兽药最高残留限量》（农业部 235 号）规定了动物性食品中允许使用，但不需要制定残留限量的药物 88 种；已批准的动物食品中最高残留限量的药物 94 种；允许作治疗用，但不得在动物性食品中检出的药物 9 种；禁止使用的，在动物性食品中不得检验出的药物 31 种，且原发布的《动物性食品中兽药最高残留限量》（农牧发 17 号）同时废止。农业部在修订整合标准的过程中，参考和借鉴了国际食品法典委员会、欧盟等国际组织和地区标准，这是我国兽药残留最新最权威的标准。

3. 污染物限量标准

食品污染物是指食品在生产（包括农作物种植、动物饲养和兽医用药）、加工、包装、贮存、运输、销售、食用过程或由环境污染物所导致的、非有意加入食品中的物质。这些物质包括除农药、兽药和真菌毒素以外的污染物。它包括除农药残留、兽药残留、生物毒素和放射性物质以外的污染物。

我国根据《中华人民共和国食品安全法》和《食品安全国家标准管理办法》规定，经食品安全国家标准审评委员会审查通过，发布了食品安全国家标准 GB 2762—2012《食品中污染物限量》，该标准修改了标准名称，增加了可食用部分的定义，增加了应用原则；取消了硒、铝、氟的限量规定；增加了锡、镍、3-氯-1,2-丙二醇及硝酸盐的限量规定，将 N-亚硝胺限量指标由 N-二甲基亚硝胺和 N-二甲基乙硝胺调整为 N-二甲基亚硝胺，并将 N-亚硝胺限量指标名称修改为 N-二甲基亚硝胺。同时，规定了食品中铅、镉、汞、砷、锡、镍、铬、亚硝酸盐、硝酸盐、苯并 [a] 芘、N-二甲基亚硝胺、多氯联苯、3-氯-1,2-丙二醇在谷物、蔬菜、水果、肉类、水产品、调味品、饮料、酒类等 20 余大类食品中的限量指标，确定了污染物在食品原料和（或）食品成品可食用部分中允许的最大含量水平。该标准指出无论是否制定污染物限量，食品生产和加工者均应采取控制措施，使食品中污染物的含量达到最低水平；本标准列出了可能对公众健康构成较大风险的污染物，制定限量值的食品是对消费者膳食暴露量产生较大影响的食品；食品类别（名称）说明用于界定污染物限量的适用范围，仅适用于本标准；当某种污染物限量应用于某一食品类别（名称）时，则该食品类别（名称）内的所有类别食品均适用，有特别规定的除外；食品中污染物限量以食品通常的可食用部分计算，有特别规定的除外；干制食品中污染物限量以相应食品原料脱水率或浓缩率折算。食品安全国家标准《食品中污染物限量》充分梳理分析我国现行有效的食用农产品质量安全标准、食品卫生标准、食品质量标准以及有关食品的行业标准中强制执行的标准中污染物的限量指标，找出标准中交叉、重复、矛盾或缺失等问题，提出详细的比较结果，并分析参考食品法典委员会、欧盟、澳大利亚、日本、美国等食品中的污染物限量标准及其规定，提出我国需要制定限量指标的污染物项目和食品类别，适合我国国情的食品污染物国家安全标准建议值。

（二）食品中微生物限量标准

1. 致病菌限量标准

致病菌是常见的致病性微生物，能够引起人或动物疾病。致病菌主要包括：沙门氏菌、单核细胞增生李斯特氏菌、大肠埃希氏菌 O_{157}：H_7、金黄色葡萄球菌、副溶血性弧菌。目前，由食源性致病菌导致的食源性疾病仍是我国乃至全球最突出的食品安全问题。要想有效控制微生物性食源性疾病，就必须采取有效措施来预防病原菌对食品的污染和减少人群的暴露概率，其中制定科学合理的食品中致病菌限量标准是一个重要方面。

为了降低食源性疾病的死亡率，预防微生物性食源性疾病发生，保护公众的身体健康，减少食源性致病菌造成的经济损失和严重的社会影响，同时整合分散在不同食品标准中的致病菌限量规定，经食品安全国家标准审评委员会审查通过了 GB 29921—2013《食品中致病菌限量》。该标准规定了食品中致病菌指标、限量要求和检验方法。其中，涉及的食品种类有肉及肉制品、水产品、蛋制品、粮食制品、豆类制品、焙烤及油炸类食品、糖果、巧克力类及可可制品、蜂蜜及其制品、加工水果、藻类制品、饮料类、冷冻饮品、发酵酒、调味品、脂肪、油和乳化脂肪制品、果冻以及即食食品。该标准指出无论是否规定致病菌限量，食品生产、加工、经营者均应采取控制措施，尽可能降低食品中的致病菌含量水平及导致风险的可能性。标准的制定原则是以健康保护为目的，以科学为依据，参考国外评估结果和标准，完善标准规定，广泛听取意见，做到公开透明。食品安全国家标准《食品中致病菌限量》以现行食品卫生标准中致病性微生物限量规定为基础，参考国际组织对各种致病菌的生物学特征描述，分析致病菌对各类食品可能产生的风险，确定重点致病菌种类和重点"病原—食品"组合。同时，结合我国食物中毒的高危食品和致病菌的风险分析，对致病菌指标进行限定。

2. 真菌毒素限量标准

真菌毒素是指真菌在生长繁殖过程中产生的次生有毒代谢产物，主要是对谷物及其制品和部分加工水果造成污染。人和动物食用后引起的致死性的疾病，并且与癌症风险增高有关，且一般加工方式难以去除，所以要对食品中真菌毒素制定严格的限量标准。真菌毒素限量是指真菌毒素在食品原料和（或）食品成品可食用部分中允许的最大含量水平。

食品安全国家标准 GB 2761—2011《食品中真菌毒素限量》，该标准修改了标准名称；增加了可食用部分的定义；增加了应用原则；增加了赭曲霉毒素 A、玉米赤霉烯酮指标；修改了黄曲霉毒素 B_1、黄曲霉毒素 M_1、脱氧雪腐镰刀菌烯醇及展青霉素限量指标；修改了黄曲霉毒素 B_1、黄曲霉毒素 M_1 及脱氧雪腐镰刀菌烯醇的检测方法。《食品中真菌毒素限量》列出了可能对公众健康构成较大风险的真菌毒素，制定限量值的食品是对消费者膳食暴露量产生较大影响的食品，指出无论是否制定真菌毒素限量，食品生产和加工者均应采取控制措施，使食品中真菌毒素的含量达到最低水平。

（三）食品卫生标准

1. 食品产品卫生标准

食品产品标准是对产品结构、规格、质量、检验方法等所做的技术规范。食品产品卫生标准是由卫生部制定，主要包括感官分析标准、理化检验标准和微生物检验标准等。感官分析标准是利用人的感觉器官如眼、耳、口、鼻等对食品的感官特性进行分析判断，涉及食品的外观、色泽、香气、滋味、风味、形态和颜色等；理化检验标准是利用物理、化学以及仪器等分析方法对各类食品中的营养成分、特征性理化指标、添加剂以及重金属、真菌毒素、农药残留、兽药残留等有毒有害化学成分进行检验；微生物检验标准是对食品中的菌落总数、大肠菌群、特征微生物、致病菌等进行检验。

目前，我国已经对包括粮食、油料、水果、蔬菜、畜禽、水产品等 18 大类食用农产品，罐头食品、食糖、焙烤食品、糖果、调味品、乳及乳制品、食品添加剂等 19 类加工产品制定了卫生标准。食品产品卫生标准均为强制性标准，如《肉类罐头卫生标准》（GB 13100—2005）、《食糖卫生标准》（GB 13104—2005）、《植物油料卫生标准》（GB 19641—2005）等。随着我国食品工业的快速发展，食品安全问题也不断涌现，我国食品产品的卫生标准也由原来重视感官和理化指标转向重视安全性指标，卫生部加强了食品安全标准体系建设，并对现有食品产品卫生标准的清理修订工作，以进一步完善食品安全标准体系。

2. 食品生产卫生标准

《食品生产通用卫生规范》（GB 14881—2013）是规范食品生产行为，防止食品生产过程的各种污染，生产安全且适宜食用的食品的基础性食品安全国家标准。该标准既是规范企业食品生产过程管理的技术措施和要求，又是监管部门开展生产过程监管与执法的重要依据，也是鼓励社会监督食品安全的重要手段。经国内外食品安全管理的科学研究和实践经验证明，严格执行食品生产过程卫生要求标准，把监督管理的重点由检验最终产品转为控制生产环节中的潜在危害，做到关口前移，可以节约大量的监督检测成本和提高监管效率，更全面地保障食品安全。同时，建立与我国食品生产状况相适应、与国际先进食品安全管理方式相一致的过程规范类食品安全国家标准体系，对于促进我国食品行业管理方式的进步，保障消费者健康具有至关重要的意义。

食品安全国家标准《食品生产通用卫生规范》主要分为 14 章，包括：范围，术语和定义，选址及厂区环境，厂房和车间，设施与设备，卫生管理，食品原料、食品添加剂和食品相关产品，生产过程的食品安全控制，检验，食品的贮存和运输，产品召回管理，培训，管理制度和人员，记录和文件管理。附录"食品加工过程的微生物监控程序指南"针对食品生产过程中较难控制的微生物污染因素，向食品生产企业提供了指导性较强的监控程序建立指南。与之前发布的标准相比，新标准强化了源头控制，对原料采购、验收、运输和贮存等环节食品安全控制措施做了详细规定；加强了过程控制，对加工、产品贮存和运输等食品生产过程的食品安全控制提出了明确要求，并制定了控制生物、化学、物理等主要污染的控制措施；加强生物、化学、物理污染的防控，对设计布局、设施设备、材质和卫生管理提出了要求；增加了产品追溯与召回的具体要求；增加了记录和文件的管理要求；增加了食品加工环境微生物监控程序指南。本标准是食品生产必须遵守的基础性标准。企业在生产食品时所使用的食品原料、食品添加剂和食品相关产品以及最终产品均应符合相关食品安全法规标准的要求，如《食品中污染物限量》（GB 2762—2012）、《食品中致病菌限量》（GB 29921—2013）、《食品添加剂使用标准》（GB 2760—2011）、《预包装食品标签通则》（GB 7718—2011）、《预包装食品营养标签通则》（GB 28050—2011）等。此外，本标准还制定了不同食品类别的生产经营过程卫生要求标准，进一步指导企业根据产品生产工艺特点，严格控制污染风险，确保食品安全。

（四）食品添加剂标准

食品添加剂是为改善食品品质以及为防腐和加工工艺的需要而加入食品中的化学合成或者天然物质，包括食品用香料香精、食品工业用加工助剂、胶基糖果中基础剂物质和食品添加剂营养强化剂。食品添加剂本身不是以食用为目的，也不是作为食品的原料物质，其自身并不一定含有营养物质，但是它在增强食品营养功能、改善食品感官风味、延长食品保质期、改善食品加工工艺以及新产品开发等诸多方面具有重要作用。由于食品工业的快速发展，食品添加剂已经成为现代食品工业的重要组成部分，并且已经成为食品工业技术进步和科技创新的重要推动力。

目前，国内外均允许使用食品添加剂，建立了食品添加剂监督管理和安全性评价法规制度，规范食品添加剂的生产经营和使用管理。我国与国际食品法典委员会和其他发达国家的管理措施基本一致，有一套完善的食品添加剂监督管理和安全性评价制度。列入我国国家标准的食品添加剂，均进行了安全性评价，并经过食品安全国家标准审评委员会食品添加剂分委会严格审查，公开向社会及各有关部门征求意见，确保其技术必要性和安全性。根据《食品安全法》及其实施条例的规定和部门职责分工，卫生部负责食品添加剂的安全性评价和制定食品安全国家标准；质检总局负责食品添加剂生产和食品生产企业使用食品添加剂监管；工商部门负责依法加强流通环节食品添加剂质量监管；食品药品监管局负责餐饮服务环节使用食品添加剂监管；农业部门负责农产品生产环节监管工作；商务部门负责生猪屠宰监管工作；工信部门负责食品添加剂行业管理、制定产业政策和指导生产企业诚信体系建设。各部门监管职责明确。为贯彻落实《食品安全法》及其实施条例，加强食品添加剂的监管，按照《关于加强食品添加剂监督管理工作的通知》（卫监督发 89 号）和《关于切实加强食品调味料和食品添加剂监督管理的紧急通知》（卫监督发 5 号）的要求，各部门积极完善食品添加剂相关监管制度。在安全性评价和标准方面，制定了《食品添加剂新品种管理办法》、《食品添加剂新品种申报与受理规定》、《食品添加剂使用卫生标准》。在生产环节，制定了《食品添加剂生产监督管理规定》、《食品添加剂生产许可审查通则》。在流通环节，制定了《关于进一步加强整顿流通环节违法添加非食用物质和滥用食品添加剂工作的通知》和《关于对流通环节食品用香精经营者进行市场检查的紧急通知》。在餐饮服务环节，出台了《餐饮服务食品安全监督管理办法》、《餐饮服务食品安全监督抽检规范》和《餐饮服务食品安全责任人约谈制度》，严格规范餐饮服务环节食品添加剂使用行为。

食品添加剂的主要标准包括使用标准和产品标准。

1. 食品添加剂使用标准

我国 GB 2760—2011《食品添加剂使用卫生标准》规定了食品添加剂的使用原则：使用食品添加剂不应对人体产生任何健康危害；不应掩盖食品腐败变质；不应掩盖食品本身或加工过程中的质量缺陷或以掺杂、掺假、伪造为目的而使用食品添加剂；不应降低食品本身的营养价值，在达到预期目的前提下尽可能降低在食品中的使用量。同时，规定了食品添加剂的几种使用情况：保持或提高食品本身的营养价值；作为某些特殊膳食用食品的必要配料或成分；提高食品的质量和稳定性，改进其感官特性；便于食品的生产、加工、包装、运输或者贮藏。食品添加剂的生产、经营和使用者所使用的食品添加剂应当符合相应的质量规格要求。使用食品添加剂的带入原则，即食品添加剂可以在下列情况下通过食品配料（含食品添加剂）带入食品中：食品配料中允许使用该食品添加剂；食品配料中该添加剂的用量不应超过允许的最大使用量；应在正常生产工艺条件下使用这些配料，并且食品中该添加剂的含量不应超过由配料带人的水平；由配料带入食品中的该添加剂的含量应明显低于直接将其添加到该食品中通常所需要的水平。

《食品添加剂使用卫生标准》包括了食品用香料、香精 1853 种，食品工业用加工助剂 158 种，胶基糖果中基础剂物质 55 种，其他类别的食品添加剂 334 种，涉及 16 大类食品、23 个功能类别。其中，食品添加剂功能类别主要包括：酸度调节剂、抗结剂、抗氧化剂、漂白剂、膨松剂、胶基糖果中基础剂物质、着色剂、护色剂、乳化剂、酶制剂、增味剂、面粉处理剂、被膜剂、水分保持剂、营养强化剂、防腐剂、稳定剂和凝固剂、甜味剂、增稠剂、食品用香料、食品工业用加工助剂、其他。我国制定了食品安全国家标准 GB 26687—2011《复配食品添加剂通则》，所谓复配食品添加剂，是指为了改善食品品质、便于食品加工，将两种或两种以上单一品种的食品添加剂，添加或不添加辅料，经物理方法混匀而成的食品添加剂。该标准适用于除食品用香精和胶基糖果基础剂以外的所有复配食品添加剂。此外，我国还制定了 GB 14880—2012《食品营养强化剂使用卫生标准》，所谓营养强化剂是指为了增加食品中的营养成分而加入到食品中的天然或人工合成的营养素和其他营养物质。营养素指食物中具有特定生理作用，能维持机体生长、发育、活动、繁殖以及正常代谢所需的物质，包括蛋白质和氨基酸、脂肪和脂肪酸、碳水化合物、矿物质、维生素等。其他营养物质是指除营养素以外的具有营养或生理功能的其他食物成分。该标准规定了食品营养强化剂在食品中的强化原则、食品营养强化剂的使用原则、强化载体的选择原则，并规定了允许使用的食品营养强化剂品种、使用范围及使用量，适用于所有食品中营养强化剂的使用。

2. 食品添加剂产品标准

食品添加剂产品标准规定了食品添加剂的鉴别试验、纯度、杂质限量以及相应的检验方法。2010 年卫生部制定发布了 95 项食品添加剂产品标准。对于尚无产品标准的食品添加剂，根据卫生部、质检总局等部门《关于加强食品添加剂监督管理工作的通知》（卫监督发 89 号）规定，其产品质量要求、检验方法可以参照国际组织或相关国家的标准，由卫生部会同有关部门指定。除国家标准，还有行业标准，如《食品添加剂　天然薄荷脑》（GB 3862—2006）、《食品添加剂　L-苹果酸》（GB 13737—2008）、《食品添加剂　甲基环戊烯醇酮》（GB/T 2641—2004）、《食品添加剂　β-苯乙醇》（GB/T 2644—2004）等。食品添加剂产品标准中主要技术包括：化学名称、分子式、结构式、相对分子质量、性状、技术要求指标、试验方法、检验规则、标志、包装、运输和贮存要求等。

根据我国现行食品添加剂产品标准情况，卫生部 2011 年第 11 公告规定，生产企业建议指定产品标准的食品添加剂，应当属于已经列入《食品添加剂使用标准》或卫生部公告的单一品种食品添加剂（包括食品添加剂、加工助剂、食品用香料，不包括复配食品添加剂）。对于没有国际标准或国外标准可参考的，拟提出指定标准建议的生产企业应当向中国疾病预防控制中心营养与食品安全所提交书面及电子版材料，包括指定标准文本、编制说明及参考的国际组织或相关国家标准。指定标准文本应当包含质量要求、检验方法，其格式应当符合食品安全国家标准的要求；生产企业应当于 2011 年 7 月 1 日前提交相关材料。对于没有国际标准或国外标准可参考的，或虽然有参考标准但未在 2011 年 7 月 1 日前提交材料的，应当按照《食品安全国家标准管理办法》和《食品安全国家标准制（修）定项目管理规定》的程序制定产品标准。

（五）食品包装容器标准

食品包装容器是指包装、盛放食品或食品添加剂的制品。食品包装材料是指直接用于食品包装或制造食品包装的制品，如塑料、纸、玻璃、陶瓷、金属等。食品包装的作用是保护食品，使食品免受外界物理、化学和微生物的影响，保持食品质量，延长食品的贮藏期。食品包装容器的采用，使得食品的加工、贮运、销售能够按工业化方式进行，使零散的食品加工业和工艺发展成为食品工程和工业。

目前，我国食品包装的食品安全国家标准有《食品包装容器及材料术语》（GB/T 23508—2009）、《食品包装容器及材料分类》（GB/T 23509—2009）、《食品包装容器及材料生产企业通用良好操作规范》（GB/T 23887—2009）以及其他技术标准。

（六）食品标签标准

食品标签是指食品包装上的文字、图形、符号及一切说明物。它们提供着食品的内在质量信息、营养信息、时效消息和食用指导信息，是进行食品贸易及消费者选择食品的重要依据。通过实施食品标签标准，既是保护消费者的利益和健康，维护消费者权益，保障行业健康发展的有效手段，也是实现食品安全科学管理，保证公平的市场竞争，防止利用标签进行欺诈。

目前，我国食品标签的食品安全国家标准有《预包装食品标签通则》（GB 7718—2011）、《预包装食品营养标签通则》（GB 28050—2011）和《预包装特殊膳食用食品标签》

（GB 13432—2013）。其中，预包装食品是指预先定量包装或者制作在包装材料和容器中的食品，包括预先定量包装以及预先定量制作在包装材料和容器中并且在一定量限范围内具有统一的质量或体积标识的食品。《预包装食品标签通则》适用于直接提供给消费者的预包装食品标签和非直接提供给消费者的预包装食品标签，不适用于为预包装食品在贮藏运输过程中提供保护的食品贮运包装标签、散装食品和现制现售食品的标识。《预包装食品营养标签通则》适用于预包装食品营养标签上营养信息的描述和说明，不适用于保健食品及预包装特殊膳食用食品的营养标签标示。《预包装特殊膳食用食品标签》适用于预包装特殊膳食用食品的标签，包括营养标签。标准涵盖了对预包装特殊膳食用食品标签的一般要求，如食品名称、配料表、生产日期、保质期等，以及营养标签要求，包括营养成分表、营养成分含量声称和功能声称。标准明确了特殊膳食用食品的定义和分类，符合定义和分类的产品其标签标示应符合本标准的规定。其中，特殊膳食用食品是指为满足特殊的身体或生理状况和（或）满足疾病、紊乱等状态下的特殊膳食需求，专门加工或配方的食品，主要包括婴幼儿配方食品、婴幼儿辅助食品、特殊医学用途配方食品以及其他特殊膳食用食品。这类食品的适宜人群、营养素和（或）其他营养成分的含量要求等有一定特殊性，对其标签内容如能量和营养成分、食用方法、适宜人群的标示等有特殊要求。

二、我国现有食品标准体系存在的问题

我国食品标准是食品行业及其相关产业必须遵循的准则。通过长期的实践与总结，我国食品安全标准虽然逐步走向科学化、合理化、严格化和实用化，基本上能满足目前食品行业的需求。但是，食品标准和食品安全仍存在着一些问题，主要表现在以下几个方面。

（一）标准体系不完善

《食品安全法》公布前，我国各部门依职责分别制定农产品质量安全、食品卫生、食品质量等国家标准、行业标准，标准总体数量多，加之审查把关不严，致使标准之间不够协调统一。行业标准与国家标准之间层次不清，标准间既有交叉重复、又有脱节，标准间的衔接协调程度不高。同一产品有几个标准，并且检验方法不同、含量限度不同，不仅给实际操作带来困难，而且不利于食品的生产及市场监管。

（二）标准的技术指标与国家标准存在一定差距，缺乏深入研究

我国农业部发布了 140 多种兽药的最高残留限量规定，但仅公布了其中 50 多种兽药残留的检测方法，并且绝大多数尚未进行全面的危险性评估。对国际上关注的新污染物限量指标缺乏深入研究，如二噁英、多氯联苯、腹泻性贝类毒素、麻痹性贝类毒素、展青霉素、棕曲霉毒素的限量指标等。

（三）个别重要标准或者重要指标缺失，尚不能满足食品安全监管需求

我国食品生产、加工和流通环节所涉及的品种标准、产地环境标准、生产过程控制标准、产品标准、加工过程控制标准以及物流标准的配套性虽已有改善，但整体而言还没有成型，使得食品生产全过程安全监控缺乏有效的技术指导和技术依据。标准中某些技术要求特别是与食品安全有关的如农兽药残留、抗生素限量等指标设置不完整甚至完全未作规定。如产量居世界首位的猪肉，我国虽已有从品种选育、饲养管理、疾病防治到生产加工、分等分级等 20 余项标准来规范猪肉的生产管理，但在产地环境、兽药使用等关键环节上却很薄弱，

使得我国的猪肉产量虽高但国际市场份额却相对很小。对已广泛使用的酶制剂、氨基酸或蛋白金属螯合物、各种抗生素、促生长剂和转基因产品等高新技术产品，目前的技术标准基本还属空白。例如部分配套检测方法、食品包装材料等标准缺失，生产者无标准可依，消费者更觉无法判断，同时也使政府部门难以有效监管企业的生产行为。

（四）食品标准的编制仍有许多不规范

食品标准编制中不规范主要表现在：标准编写的格式不规范，技术要求的制定不科学，技术要求中项目单位不符合要求，标准未能按要求定期修订或确认，企业标准的管理措施不完善等方面。

（五）标准科学性和合理性有待提高

目前标准总体上标龄较长，《中华人民共和国标准化法实施条例》第二十条规定，标准复审周期一般不超过 5 年。但由于我国食品产品的行业标准一直延续计划经济时期的各部委制定，无法发挥统一规划、制定、审查、发布的作用，致使管理上缺位、错位、混乱现象时有发生，标准更新周期很长，制定修订不及时、耗费时间长的现象极为普遍。现行国家标准标龄普遍偏长，平均标龄已超过 10 年，有的甚至 20 年。一般来说，国家标准修订周期不超过 3 年，但是已完成修订的国家标准中，按规定时间修订的不到 1/10，有的标准制定、修订周期长达 10 年。如现在还在使用的国家食品标准中有的还是 20 世纪 80 年代制定的，距今已近 30 年，这与我国的经济和社会的发展是极不协调的，食品产品安全标准通用性不强，部分标准指标欠缺风险评估依据，不能适应食品安全监管和行业发展需要，影响了相关标准的科学性和合理性。

（六）标准宣传培训和贯彻执行有待加强

食品安全标准指标多、技术性强、强制执行要求高，由于历史原因，我国食品行业规模化和组织化程度不高，造成从业人员文化程度较低、思想意识相对落后，标准信息的发布渠道不畅通，标准的宣传、培训、推广措施不到位，部分标准的可操作性不强，需要进一步完善标准管理制度和工作程序，改进征求意见的方式方法，做好标准的宣传解读、解疑和释疑等工作。种子、农药、兽药、化肥、饲料及饲料添加剂等农业投入品类标准以及安全卫生标准虽经发布，但产业界不按标准执行的现象仍很严重。这些问题都极大地影响了我国食品标准的实施和食品安全水平的提高。

（七）标准意识淡薄

《中华人民共和国标准化法》虽已发布 20 年，但并未能被大多数公民了解和接受，甚至少数从事质量监督和产品生产者对该法也知之甚少。普通消费者对标准了解甚少而无法辨别真伪。在食品的产销环节中，为了地区、局部或少数人的利益，不执行相关标准、随意更改标准要求的现象时有发生，致使伪劣产品进入市场危及人们的身体健康。例如，有些企业明知其生产的食品已有国家或行业标准，但由于原辅材料或自身的生产水平等原因，产品质量达不到标准的要求，因而采取降低要求或取消不合格项目的办法，重新制定企业标准登记备案，这显然不符合《中华人民共和国标准化法》中关于企业标准制定的有关条款规定。标准化意识淡薄，还表现为政府的政策支持力度不够，标准化工作缺乏权威性且执行能力不足。相当多的企业缺乏标准化意识，没有认识到标准是经验、科技成果和专家智慧的集合，没有认识到标准化对提高企业竞争力的作用，而将标准视为束缚企业的紧箍咒。

（八）食品安全国家标准工作受到制约

食品安全国家标准的基础研究滞后，风险评估工作尚处于起步阶段，食品安全暴露评估等数据储备不足，监测评估技术水平有待提高。保障机制有待建立完善，目前专门的食品安全国家标准技术管理机构缺乏，人员力量严重不足且较分散，标准工作经费严重不足，研制标准的能力和水平不能适应当前的工作需要，与当前标准制定、修订工作不相适应，在一定程度上影响了标准工作的质量。

第三节　食品安全标准

食品安全标准是指为了对食品生产、加工、流通和消费等食品链全过程，影响食品安全和质量的各种要素以及各关键环节进行控制和管理，经协商一致制定并由公认机构批准发布，共同使用和重复使用的一种规范性文件。按照级别划分，食品安全标准分为食品安全国家标准、食品安全地方标准、食品安全行业标准和食品安全企业标准。三者都是强制执行的标准，且下级标准不得与上级标准相抵触。

一、食品安全国家标准

目前我国已制定 492 项食品安全国家标准（表 12-1）。这对提高我国食品安全标准化总体水平，满足目前食品行业的需要起到了很大的促进作用。

表 12-1　我国主要食品安全国家标准

序　号	标　准　代　号	标　准　名　称	
1	GB 2760—2014	食品安全国家标准	食品添加剂使用标准
2	GB 16740—2014	食品安全国家标准	保健食品
3	GB 13432—2013	食品安全国家标准	预包装特殊膳食用食品标签
4	GB 28050—2011	食品安全国家标准	预包装食品营养标签通则
5	GB 19298—2014	食品安全国家标准	包装饮用水
6	GB 2763—2014	食品安全国家标准	食品中农药最大残留限量
7	GB 29922—2013	食品安全国家标准	特殊医学用途配方食品通则
8	GB 14881—2013	食品安全国家标准	食品生产通用卫生规范
9	GB 29921—2013	食品安全国家标准	食品中致病菌限量
10	GB 31621—2014	食品安全国家标准	食品经营过程卫生规范
11	GB 19300—2014	食品安全国家标准	坚果与籽类食品
12	GB 17401—2014	食品安全国家标准	膨化食品
13	GB 13104—2014	食品安全国家标准	食糖
14	GB 10133—2014	食品安全国家标准	水产品调料
15	GB 7096—2014	食品安全国家标准	食用菌及其制品
16	GB 2718—2014	食品安全国家标准	酿造酱
17	GB 2712—2014	食品安全国家标准	豆制品
18	GB 2711—2014	食品安全国家标准	面筋制品
19	GB 7718—2014	食品安全国家标准	预包装食品标签通则
20	GB 29923—2013	食品安全国家标准	特殊医学用途配方食品良好生产规范

序号	标准代号	标准名称
21	GB 14963—2011	食品安全国家标准 蜂蜜
22	GB 19644—2010	食品安全国家标准 乳粉
23	GB 30616—2014	食品安全国家标准 食品用香精
24	GB 29924—2013	食品安全国家标准 食品添加剂标识通则
25	GB 29938—2013	食品安全国家标准 食品用香料通则
26	GB 22570—2014	食品安全国家标准 辅食营养补充品
27	GB 14880—2012	食品安全国家标准 食品营养强化剂使用标准
28	GB 19645—2010	食品安全国家标准 巴氏杀菌乳
29	GB 2762—2012	食品安全国家标准 食品中污染物限量
30	GB 26687—2011	食品安全国家标准 复配食品添加剂通则
31	GB 2761—2011	食品安全国家标准 食品中真菌毒素限量
32	GB 19295—2011	食品安全国家标准 速冻面米制品
33	GB 2757—2012	食品安全国家标准 蒸馏酒及其配制酒
34	GB 2758—2012	食品安全国家标准 发酵酒及其配制酒
35	GB 5420—2010	食品安全国家标准 干酪
36	GB 19301—2010	食品安全国家标准 生乳
37	GB 19302—2010	食品安全国家标准 发酵乳
38	GB 19646—2010	食品安全国家标准 稀奶油、奶油和无水奶油
39	GB 25190—2010	食品安全国家标准 灭菌乳
40	GB 25191—2010	食品安全国家标准 调制乳
41	GB 25191—2010	食品安全国家标准 调制乳
42	GB 25192—2010	食品安全国家标准 再制干酪
43	GB 13102—2010	食品安全国家标准 炼乳
44	GB 10765—2010	食品安全国家标准 婴儿配方食品
45	GB 11674—2010	食品安全国家标准 乳清粉和乳清蛋白粉
46	GB 23790—2010	食品安全国家标准 粉状婴幼儿配方食品良好生产规范
47	GB 12693—2010	食品安全国家标准 乳制品良好生产规范
48	GB 10770—2010	食品安全国家标准 婴幼儿罐装辅助食品
49	GB 10769—2010	食品安全国家标准 婴幼儿谷类辅助食品
50	GB 10767—2010	食品安全国家标准 较大婴儿和幼儿配方食品
51	GB 25596—2010	食品安全国家标准 特殊医学用途婴儿配方食品通则
52	GB 28307—2012	食品安全国家标准 乳制品良好生产规范
53	GB 25595—2010	食品安全国家标准 乳糖
54	GB 25594—2010	食品安全国家标准 食品工业用酶制剂

二、食品安全地方标准

食品行业标准是指没有国家标准而又需要在全国某个行业范围内统一的技术要求。制定行业标准（表12-2），要坚持新型工业化道路原则和科学发展观的要求，以市场需求为导向，重点突出、科学合理；制定行业标准要有效采用国际标准和国外先进标准，有利于参与国际竞争，有利于合理利用和节约资源、发展循环经济，有利于保护人体健康和人身安全、保护环境，与产业政策、行业规划相互协调，有利于科学技术成果的推广应用，促进产业升级、结构优化。

表 12-2　我国主要食品安全地方标准

序号	标　准　代　号	标　准　名　称	
1	DBS 45/010—2014	食品安全地方标准	火麻油
2	DBS 42/007—2015	食品安全地方标准	魔芋膳食纤维
3	DBS 42/008—2015	食品安全地方标准	熟卤制品气调包装要求
4	DBS 42/006—2015	食品安全地方标准	葛粉
5	DBS 42/005—2015	食品安全地方标准	武汉热干面(方便型)
6	DBS 52/005—2014	食品安全地方标准	小曲清香型白酒
7	DBS 52/004—2014	食品安全地方标准	水果味月饼
8	DBS 52/003—2014	食品安全地方标准	贵州腊肉
9	DBS 52/002—2014	食品安全地方标准	代用茶
10	DBS 52/001—2014	食品安全地方标准	贵州辣子鸡
11	DBS 61/0006—2014	食品安全地方标准	泾阳茯砖茶
12	DBS 61/0002—2011	食品安全地方标准	秦岭绿茶
13	DBS 61/0001—2011	食品安全地方标准	秦岭泉茗
14	DBS 45/022—2015	食品安全地方标准	罗汉果饮料
15	DBS 45/021—2015	食品安全地方标准	干米粉
16	DBS 45/020—2015	食品安全地方标准	鲜湿米粉
17	DBS 45/019—2015	食品安全地方标准	干制动物性海产品
18	DBS 45/018—2015	食品安全地方标准	龟苓膏
19	DBS 45/017—2015	食品安全地方标准	糙米鲜湿米粉
20	DBS 45/015—2015	食品安全地方标准	火麻仁
21	DBS 41/004—2015	食品安全地方标准	花生糕制品
22	DBS 41/007—2015	食品安全地方标准	水磨白糯米粉
23	DBS 41/006—2015	食品安全地方标准	方便胡辣汤
24	DBS 41/005—2015	食品安全地方标准	油茶
25	DBS 41/003—2015	食品安全地方标准	油豆皮
26	DBS 41/002—2015	食品安全地方标准	发酵型蒸制面制品
27	DBS 41/001—2015	食品安全地方标准	复合调味料
28	DBS 23/001—2014	食品安全地方标准	蓝莓果酒
29	DBS 53/021—2014	食品安全地方标准	速溶咖啡
30	DBS 53/020—2014	食品安全地方标准	泡小米辣
31	DBS 53/019—2014	食品安全地方标准	鲜花饼
32	DBS 53/018—2014	食品安全地方标准	牛干巴
33	DBS 53/017—2014	食品安全地方标准	鲜米线
34	DBS 45/016—2014	食品安全地方标准	柿饼
35	DBS 45/014—2014	食品安全地方标准	腌制山黄皮
36	DBS 45/013—2014	食品安全地方标准	黑凉粉(干粉)
37	DBS 45/012—2014	食品安全地方标准	巴氏杀菌水牛乳
38	DBS 45/011—2014	食品安全地方标准	生水牛乳
39	DBS 44/002—2013	食品安全地方标准	广东黄酒
40	DBS 44/003—2013	食品安全地方标准	西樵大饼
41	DBS 43/002—2012	食品安全地方标准	湘式挤压糕点
42	DBS 32/006—2014	食品安全地方标准	即食生食动物性水产品
43	DBS 32/005—2014	食品安全地方标准	方便菜肴

序 号	标 准 代 号	标 准 名 称
44	DBS 50/005—2014	食品安全地方标准 风味蔬菜
45	DBS 50/004—2014	食品安全地方标准 泡椒肉制品
46	DBS 50/003—2014	食品安全地方标准 保鲜花椒
47	DBS 22/031—2014	食品安全地方标准 植物饮料
48	DBS 22/030—2014	食品安全地方标准 植物饮料
49	DBS 22/029—2014	食品安全地方标准 非发酵型半固体调味料
50	DBS 22/028—2014	食品安全地方标准 饮用山泉水

三、 食品安全行业标准

我国食品产品标准中一大部分是行业标准（表 12-3）。行业标准由行业标准归口部门统一管理，根据我国的国情，由食品和食品相关产品的行业部门制定，涉及轻工、商业、粮油、农业、林业、渔业、化工等部门。

表 12-3 我国主要食品安全行业标准

序 号	标 准 代 号	标 准 名 称
1	SB/T 11030—2013	食品安全行业标准 瓜类贮运保鲜技术规范
2	SB/T 10948—2012	食品安全行业标准 熟制豆类
3	SB/T 10895—2012	食品安全行业标准 鲜蛋包装与标识
4	SB/T 10878—2012	食品安全行业标准 速冻龙虾
5	SB/T 10158—2012	食品安全行业标准 新鲜蔬菜包装与标识
6	SB/T 10823—2012	食品安全行业标准 畜禽肉制品加工中使用非肉类蛋白质制品导则
7	SB/T 10379—2012	食品安全行业标准 速冻调制食品
8	SB/T 10369—2012	食品安全行业标准 真空软包装卤蛋制品
9	SB/T 10673—2012	食品安全行业标准 熟制扁（巴旦木）桃核和仁
10	SB/T 10337—2012	食品安全行业标准 配制食醋
11	SB/T 10336—2012	食品安全行业标准 配制酱油
12	SB/T 10755—2012	食品安全行业标准 芥末酱
13	SB/T 10712—2012	食品安全行业标准 葡萄酒运输、贮存技术规范
14	SB/T 10752—2012	食品安全行业标准 马铃薯雪花全粉
15	SB/T 10294—2012	食品安全行业标准 腌猪肉
16	SB/T 10754—2012	食品安全行业标准 蛋黄酱
17	SB/T 10753—2012	食品安全行业标准 沙拉酱
18	SB/T 10651—2012	食品安全行业标准 咸鸭蛋黄
19	SB/T 10652—2012	食品安全行业标准 米饭、米粥、米粉制品
20	SB/T 10650—2012	食品安全行业标准 冰淇淋筒
21	SB/T 10649—2012	食品安全行业标准 大豆蛋白制品
22	SB/T 10672—2012	食品安全行业标准 熟制松籽和仁
23	SB/T 10635—2011	食品安全行业标准 速冻春卷
24	SB/T 10631—2011	食品安全行业标准 马铃薯冷冻薯条
25	SB/T 10633—2011	食品安全行业标准 豆浆类
26	SB/T 10632—2011	食品安全行业标准 卤制豆腐干
27	SB/T 10610—2011	食品安全行业标准 肉丸

序号	标 准 代 号	标 准 名 称	
28	SB/T 10611—2011	食品安全行业标准	扒鸡
29	SB/T 10564—2010	食品安全行业标准	果仁馅料
30	SB/T 10562—2010	食品安全行业标准	豆沙馅料
31	SB/T 10563—2010	食品安全行业标准	莲蓉馅料
32	SB/T 10557—2009	食品安全行业标准	熟制板栗和仁
33	SB/T 10556—2009	食品安全行业标准	熟制核桃和仁
34	SB/T 10555—2009	食品安全行业标准	熟制西瓜籽和仁
35	SB/T 10553—2009	食品安全行业标准	熟制葵花籽和仁
36	SB/T 10296—2009	食品安全行业标准	甜面酱
37	SB/T 10526—2009	食品安全行业标准	排骨粉调味料
38	SB/T 10528—2009	食品安全行业标准	纳豆
39	SB/T 10525—2009	食品安全行业标准	虾酱
40	SB/T 10513—2008	食品安全行业标准	牛肉粉调味料

四、食品安全企业标准

激烈的市场竞争，使很多食品生产企业意识到产品质量的重要性。为此，企业在制定产品标准时都考虑选取可以到达的、较高的技术指标。国家也鼓励企业制定严于上级标准的企业标准（表12-4）。

表12-4 我国主要食品安全企业标准

序号	标 准 代 号	标 准 名 称	
1	QB/T 4068—2010	食品安全企业标准	食品工业用茶浓缩液
2	QB/T 4067—2010	食品安全企业标准	食品工业用速溶茶
3	QB/T 1014—2010	食品安全企业标准	食品包装纸
4	QB/T 4575—2013	食品安全企业标准	食品加工用乳酸菌
5	QB/T 4631—2014	食品安全企业标准	罐头食品包装、标志、运输和贮存
6	QB/T 4819—2015	食品安全企业标准	食品包装用淋膜纸和纸板
7	QB/T 4260—2011	食品安全企业标准	水苏糖
8	QB/T 4087—2010	食品安全企业标准	食用明胶
9	QB/T 4095—2010	食品安全企业标准	黄砂糖
10	QB/T 4259—2011	食品安全企业标准	浓香大曲
11	QB/T 4262—2011	食品安全企业标准	荔枝酒
12	QB/T 4158—2010	食品安全企业标准	营养强化剂 5′-尿苷酸二钠
13	QB/T 4221—2011	食品安全企业标准	谷物类饮料
14	QB/T 4222—2011	食品安全企业标准	复合蛋白饮料

参 考 文 献

[1] 国家标准化管理委员会农轻和地方部. 食品标准化 [M]. 北京：中国标准出版社，2006.

[2] 胡秋辉. 食品标准与法规 [M]. 北京：中国标准出版社，2013.

[3] 刘少伟，鲁茂林. 食品标准与法律法规 [M]. 北京：中国纺织出版社，2013.

[4] 杨玉红. 食品标准与法规 [M]. 北京：中国轻工业出版社，2014.

第十三章 控制体系

面对食品安全事件带来的巨大社会影响，以及我国食品行业在质量管理、安全控制方面所承受的巨大压力，如何通过控制体系解决食品安全问题已成为我国食品工业发展的关键。在此环境背景下，在借鉴国外发达国家先进经验的基础上，GAP、GMP、SSOP、HACCP、ISO9000、ISO22000 等质量、安全控制体系在我国逐步发展和完善，它们对提高我国食品质量安全保证、提升食品在国际市场上的竞争力有着十分重要的意义。

第一节 重要操作规范

一、良好操作规范

GMP 是英文 Good Manufacturing Practice 的缩写，即良好操作规范（或称作"优良制造标准"），是一种特别注重在生产过程中实施对产品质量与卫生安全的自主性管理制度。它是一套适用于制药、食品等行业的强制性标准，要求企业从原料、人员、设施设备、生产过程、包装运输、质量控制等方面按国家有关法规达到卫生质量要求，形成一套可操作的作业规范帮助企业改善企业卫生环境，及时发现生产过程中存在的问题，加以改善。食品GMP 作为目前国际上获得一致认可的食品安全控制体系，已成为食品加工质量控制和安全保障最有效的体系之一。

（一）良好操作规范及其发展实施

早在第一次世界大战期间，美国食品工业的不良状况和药品生产的欺骗行径，促使美国诞生了食品、药品和化妆品法，开始以法律形式来保证食品、药品的质量，由此还建立了世界上第一个国家级的食品药品管理机构——美国食品和药物管理局（FDA）。1963 年美国食品和药物管理局（FDA）制定了药品 GMP，并于 1964 年开始实施。美国是最早将 GMP 用于食品工业生产的国家，美国在食品 GMP 的执行和实施方面做了大量的工作。

1969 年世界卫生组织（WHO）要求各会员国家政府制定实施药品 GMP 制度，以保证药品质量。同年，美国公布了《食品制造、加工、包装贮存的现行良好操作规范》，简称FGMP（GMP）基本法。FDA 于 1969 年制定的《食品良好生产工艺通则》（CGMP），为所有企业共同遵守的法规，1996 年版的美国 CGMP（近代食品制造、包装和贮存）第 110 节内容包括：定义、现行良好生产规范、人员、厂房及地面、卫生操作、卫生设施和设备维修、生产过程及控制、仓库与运销、食品中天然的或不可避免的危害控制等。自美国实施GMP 以来，世界上不少国家和地区采用了 GMP 质量管理体系，如日本、加拿大、新加坡、德国、澳大利亚、中国台湾等积极推行食品 GMP 质量管理体系，并建立了有关法律法规。日本受美国药品和食品 GMP 实施的影响，厚生省、农林水产省、日本食品卫生协会等先后分别制定了食品产品的《食品制造流通基准》、《卫生规范》、《卫生管理要领》等。

　　加拿大实施 GMP 有三种情况：GMP 作为食品企业必须遵守的基本要求被政府机构写进了法律条文，如加拿大农业部制定的《肉类食品监督条例》中的有关厂房建筑的规定属于强制性 GMP。政府部门出版发行 GMP 准则，鼓励食品生产企业自愿遵守。政府部门可以采用一些国际组织制定的 GMP 准则，食品生产企业也可以独立采用。其他一些国家采取指导的方式推动 GMP 在本国的实施。如英国推广 GFMP（Good Food Manufacturing Practice），新加坡由民间组织——新加坡标准协会（SISIR）推广 GMP 制度。法国、德国、瑞士、澳大利亚、韩国、新西兰、马来西亚等国家和中国台湾，也都积极推行了食品的 GMP。

　　我国食品企业质量管理规范的制定工作起步于 20 世纪 80 年代中期，我国从 1988 年开始颁布食品 GMP 国家标准和行业标准。2009 年《食品安全法》颁布前，原卫生部以食品卫生国家标准的形式发布了近 20 项"卫生规范"和"良好生产规范"。有关行业主管部门制定和发布了各类"良好生产规范"、"技术操作规范"等 400 余项生产经营过程标准。其中包括国家标准包括 1 个食品 GMP 通用标准（GB 14881—1994《食品企业通用卫生规范》）和 22 个食品 GMP 专用标准；2 个食品 GMP 行业标准为 SC/T 3009—1999《水产品加工质量管理规范》和 MH 7004.2—1995《航空食品卫生规范》。2010 年以来，又先后颁布了 GB 12693—2010《乳制品良好生产规范》、GB 23790—2010《粉状婴幼儿配方食品良好生产规范》、GB 29923—2013《特殊医学用途食品良好生产规范》，作为各类食品生产过程管理和监督执法的依据。2013 年，我国卫计委发布全新的食品安全国家标准 GB 14881—2013《食品生产通用卫生规范》，全面替代原有的 GB 14881—1994，逐步形成了以《食品生产通用卫生规范》为基础、40 余项涵盖主要食品类别的生产经营规范类食品安全标准体系。2015 年 4 月 24 日，第十二届人大是四次会议修订通过《中华人民共和国食品安全法》，自 2015 年 10 月 1 日起施行。

（二）良好操作规范的主要内容

　　GMP 根据 FDA 的法规，分为 4 个部分：总则、建筑物与设施、设备、生产和加工控制。GMP 是适用于所有食品企业的，是常识性的生产卫生要求，基本上涉及的是与食品卫生质量有关的硬件设施的维护和人员卫生管理。符合 GMP 的要求是控制食品安全的第一步，其强调食品的生产和贮运过程应避免微生物、化学性和物理性污染。我国食品卫生生产规范是在 GMP 的基础上建立起来的，并以强制性国家标准规定来实行，该规范适用于食品生产、加工的企业或工厂，并作为制定种类食品厂的专业卫生依据。

　　GMP 实际上是一种包括 4M 管理要素的质量保证制度，即选用规定要求的原料（material），以合乎标准的厂房设备（machines），由胜任的人员（man），按照既定的方法（methods），制造出品质既稳定又安全卫生的产品的一种质量保证制度。

　　GMP 是对食品生产过程中的各个环节、各个方面实行全面质量控制的具体技术要求和为保证产品质量必须采取的监控措施，在具体实施过程中，GMP 重点规定了确认食品生产过程的安全性、双重检验制度、防止出现人为的过失、标签管理制度、建立完善的生产记录、报告存档的管理制度及防止异物、毒物、有害微生物污染食品等七个方面的具体要求。

（三）良好操作规范的原则

　　GMP 将保证食品质量的重点放在成品出厂前的整个生产过程的各个环节上，而不仅仅是着眼于最终产品上，其目的是从全过程入手，根本上保证食品质量。GMP 制度体现如下基本原则。

① 食品生产企业必须有足够的资历，合格的生产食品相适应的技术人员承担食品生产和质量管理，并清楚地了解自己的职责。

② 操作者应进行培训，以便正确地按照规程操作。

③ 按照规范化工艺规程进行生产。

④ 确保生产厂房、环境、生产设备符合卫生要求，并保持良好的生产状态。

⑤ 符合规定的物料、包装容器和标签。

⑥ 具备合适的储存、运输等设备条件。

⑦ 全生产过程严密而并有有效的质检和管理。

⑧ 合格的质量检验人员、设备和实验室。

⑨ 应对生产加工的关键步骤和加工发生的重要变化进行验证。

⑩ 生产中使用手工或记录仪进行生产记录，以证明所有生产步骤是按确定的规程和指令要求进行的，产品达到预期的数量和质量要求，出现的任何偏差都应记录并做好检查。

⑪ 保存生产记录及销售记录，以便根据这些记录追溯各批产品的全部历史。

⑫ 将产品储存和销售中影响质量的危险性降至最低限度。

⑬ 建立由销售和供应渠道收回任何一批产品的有效系统。

⑭ 了解市售产品的用户意见，调查出现质量问题的原因，提出处理意见。

（四）推行食品良好操作规范的目的和意义

推行食品 GMP 的目的和意义如下。

① 提高食品质量与卫生安全，保障消费者的健康。

② 为食品生产提供一套可遵循的规范，促使食品生产企业采用新技术、新设备，严格要求食品生产中的原料、辅料和包装材料。

③ 促使食品生产和经营人员形成积极的工作态度，激发对食品质量高度负责的精神，消除生产上的不良习惯。

④ 为食品生产及卫生监督提供有效的监督检查手段。

⑤ 为建立实施 HACCP 体系或 ISO22000 国际食品安全管理体系奠定基础。

⑥ 利于食品的国际贸易。

二、良好农业规范

GAP 是 Good Agriculture Practice 的缩写，即"良好农业规范"。GAP 主要针对未加工或简单加工（整理、分级、清洗、包装、贮藏等）的食用农产品，包括种植的作物和养殖的动物，关注种植或养殖、采收、清洗、包装、贮藏和运输过程中的有害物质和有害微生物危害控制，保障农产品质量安全。

（一）GAP 的八个基本原理

① 对新鲜农产品的微生物污染，其预防措施优于污染发生后采取的纠偏措施（即防范优于纠偏）。

② 为降低新鲜农产品的微生物危害，种植者、包装者或运输者应在他们各自控制范围内采用良好农业操作规范。

③ 新鲜农产品在沿着农场到餐桌食品链中的任何一点，都有可能受到生物污染，主要的生物污染源是人类活动或动物粪便。

④ 无论任何时候与农产品接触的水，其来源和质量规定了潜在的污染，应减少来自水的微生物污染。

⑤ 生产中使用的农家肥应认真处理以降低对新鲜农产品的潜在污染。

⑥ 在生产、采收、包装和运输中，工人的个人卫生和操作卫生在降低微生物潜在污染方面起着极为重要的作用。

⑦ 良好农业操作规范的建立应遵守所有法律法规，或相应的操作标准。

⑧ 应明确各层农业（农场、包装设备、配送中心和运输操作）的责任，并配备有资格的人员，实施有效的监控，以确保食品安全计划所有要素的正常运转，并有助于通过销售渠道溯源到前面的生产者。

（二）GAP 的基本原则

GAP 试图通过全程质量控制体系的建立，打破农产品生产、加工、销售（贸易）脱节的传统格局，从根本上解决质量与安全问题。其基本原则包括以下 6 个方面。

① 坚持把人（包括农业生产者与农产品消费者）、动植物与环境作为一个有机整体，体现了完整的可持续发展观。

② 坚持在农产品的外观、内质和安全性有机统一的前提下，重点解决农产品的安全问题，因为只有三者有机统一，农产品才有市场价值。

③ 认为可以适度使用农药、化肥等化学投入品，认为农产品质量与安全问题的根源不在于化学投入品本身，而在于其科学合理使用。

④ 符合质量安全要求的农产品是生产出来的，必须建立健全从田间到餐桌的、以农产品生产过程质量控制体系为核心的质量保证体系，从源头上保障农产品的基本质量安全。

⑤ 必须坚持科学性与可行性的统一。

⑥ 坚持建立农产品质量的可追溯制度。

（三）GAP 的实施要点

实施良好农业规范的要点主要包括生产用水与农业用水的良好规范、肥料使用的良好规范、农药使用的良好操作规范、作物和饲料生产的良好规范、畜禽生产良好规范、加工及贮存良好规范、工人健康和卫生良好规范、卫生设施的操作规范、田地卫生良好规范、包装设备卫生良好规范、运输良好规范、溯源良好规范等十二方面内容。

（四）GAP 的实施注意事项

① GAP 主要关注新鲜果蔬的微生物危害，没有解决与食品生产和环境相关的其他问题（比如，杀虫剂残留、化学污染物）。在评估 GAP 中最能促成操作过程微生物危害减少的相关建议时，种植者、包装者和运输者应努力确立实施方案以避免因疏忽而造成食品供应活环境中可能增加的风险。

② GAP 焦点在于降低风险而不是消除风险。当前的技术无法彻底去除与新鲜果蔬相关的所有潜在危害。

③ GAP 仅提供广泛的、一般的科学原理，操作者应使用指南以帮助评估特定生产条件下（气候上的、地理上的、文化和经济上的）的微生物危害，适当实施经济有效的风险降低

策略。

④ 随着信息和技术的深入发展，人们将不断扩大识别和降低食品微生物危害的理解，政府机构也将不断采取措施（如适当修订 GAP 或提供附录或增加指南文件）更新 GAP 的建议和信息。美国 FDA 和 USDA 鼓励操作者从州或地方的公共卫生、环境、农业、服务机构、联邦机构和服务延伸部门去寻求更多的帮助。

第二节　卫生标准操作程序

一、SSOP 概述

SSOP 是卫生标准操作程序（Sanitation Standard Operation Procedure）的简称。它是食品加工企业为了保证达到 GMP 所规定的要求，确保加工过程中消除不良的人为因素，使其加工的食品符合卫生要求而制定的指导食品生产加工过程中如何实施清洗、消毒和卫生保持的作业指导文件。

卫生标准操作程序描述了控制工厂各项卫生要求所使用的程序，提供一个日常卫生监测的基础，对可能出现的不合格状况提前做出计划，以保证必要时采取纠正措施。

二、SSOP 的基本内容

SSOP 计划的主要内容如下。

① 用于接触食品或食品接触面的水，或用于制冰的水的安全。

② 与食品接触表面的卫生状况和清洁程度，包括工器具、设备、手套和工作服。

③ 防止发生食品与不洁物、食品与包装材料、人流和物流、高清洁区的食品与低清洁区的食品、生食与熟食之间的交叉污染。

④ 手的清洗消毒设施及卫生间设施的维护。

⑤ 保护食品、食品包装材料和食品接触面免受润滑剂、燃油、杀虫剂、清洗剂、冷凝水、涂料、铁锈和其他化学、物理和生物性外来杂质的污染。

⑥ 有毒化学物质的正确标志、贮存和使用。

⑦ 直接或间接接触食品的职工健康状况的控制。

⑧ 害虫的控制及去除（防虫、灭虫、防鼠、灭鼠）。

第三节　危害分析与关键控制点体系

一、HACCP 概述

HACCP（Hazard Analysis Critical Control Point，危害分析和关键控制点）是一种建立在良好操作规范（GMP）和卫生标准操作规程（SSOP）基础之上，全面分析食品状况、预防食品安全问题的控制体系，涉及从水、农田、养殖场到餐桌全过程食品安全的一个预防体系。其中，危害分析是指分析食物制造过程中各个步骤之危害因素及危害程度；关键控制点是指那些在食品的生产和处理过程中必须实施控制的任何环节、步骤或工艺过程，并且这种控制能使其中可能发生的危害得到预防、减少或消除，以确保食品安全。HACCP 具有科学性、高效性、可操作性、易验证性，但不是零风险，有效的 HACCP 体系可以最大限度地减少食品安全危害降至可接受水平并可持续改进。

HACCP 体系是一个识别和监测及其预防可能导致食品危害的体系，这些危害可能是影响食品安全的生物的、化学的、物理的因素，这种危害分析是建立关键控制点（CCPs）的基础。HACCP 的主要控制目标是确保食品的安全性，因此它与其他的质量管理体系相比，将主要精力放在影响产品安全的关键点上，而不是在每一个步骤都放上同等的精力，这样在预防方面显得更为有效。

HACCP 可应用于由食品原料至最后消费的食品这一食物链的整个过程中，成功的 HACCP 系统需要有完整的推行小组与生产者和经理者参与。HACCP 推行小组必须包括有各方面的专家（如：食品技术专家，生产管理者，微生物专家或是机械工程专家等）参与方能顺利执行。HACCP 系统在应用上与 ISO9000 系统是兼容的，都是确保食品安全的良好管理系统。

HACCP 相关名词概念如下。

控制（control，动词）：采取一切必要措施，确保与保持 HACCP 计划所制定的安全指标一致；

控制（control，名词）：遵循正确的方法和达到安全指标的状态；

控制措施（control measure）：用以防止或消除食品安全危害或将其降低到可接受的水平所采取的任何措施和活动；

纠正措施（corrective action）：在关键控制点（CCP）上，监测结果表明失控时所采取的任何措施；

关键控制点（critical control point，CCP）：可运用控制，并有效防止或消除食品安全危害，或降低到可接受水平的步骤；

临界限值（critical limit）：将可接受水平与不可接受水平区分开的判定标准；

偏差（deviation）：不符合关键限值标准；

流程图（flow diagram）：生产或制作特定食品所用操作顺序的系统表达；

危害分析和关键控制点（HACCP）：对食品安全有显著意义的危害加以识别、评估及控制食品危害的安全体系；

危害分析和关键控制点计划（HACCP plan）：根据 HACCP 原理所制定的、用以确保食品链各考虑环节中对食品有显著意义的危害予以控制的文件；

危害（hazard）：会对食品产生潜在健康危害的生物、化学或物理因素或状态；

危害分析（hazard analysis）：收集和评估导致危害和危害条件的过程，以便决定那些对食品安全有显著意义，从而应被列入 HACCP 计划中；

监测（monitor）：为了确定 CCP 是否处于控制之中，对所实施的一系列对预定控制参数所作的观察或测量进行评估；

步骤（step）：食品链中某个点、程序、操作或阶段，包括原材料从初级生产到最终消费；

有效性（validation）：获得证据，证明 HACCP 各要素是有效的过程；

验证（verification）：除监控外，用以确定是否符合 HACCP 计划所采用的方法、程序、测试和其他评估方法。

二、HACCP 原理

HACCP 体系的七个基本原理如下。

① 进行危害分析　拟定整个生产工艺各步骤的流程图，列出所有可能发生危害的地方，以便制定控制措施。危害分析与预防控制措施是 HACCP 原理的基础，也是建立 HACCP 计划的第一步。企业应根据所掌握的食品中存在的危害以及控制方法，结合工艺特点，进行详细的分析。

② 确定关键控制点（CCPs）　关键控制点是那些在食品的生产和处理过程中必须实施控制的任何环节、步骤或工艺过程，并且这种控制能使其中可能发生的危害得到预防、减少或消除，以确保食品安全。生产工序中的加热、冷冻、原料配方等环节和在防止交叉污染及雇员、环境卫生方面所采取的措施，都可能是关键控制点。危害控制措施的效果是在关键控制点上实现的，关键控制点是保证产品安全性的基础，但它本身不能执行控制的功能。

③ 建立关键控制点的临界范围（critical limits）　临界限值是指一个与关键控制点相对应所必须遵循的尺度，诸如温度、时间、物理尺寸、水分活度、pH 值、黏度、有效氯及感官评估等的安全范围。临界范围的类型有化学、物理、微生物等三种临界范围。

④ 建立监控关键控制点的控制体系（monitoring）　对已确定的关键控制点要有计划地观察和监测，评估其是否处在可控制的范围内，同时做出准确的记录用于以后的核实和鉴定。当无法连续对一关键控制点进行监控时，间隔进行的监控必须频繁，从而使生产商能了解用以防止危害的步骤是否在控制之中。应特别注意的是监控方法必须高效、快捷，否则检验的滞后性同样会导致关键控制点的控制失败。在每个关键控制点上建立的特定监测程序依赖于临界范围和监测设备或方法的能力，监测程序一般有联机（线）系统、脱机系统两大类型。其中联机监测是连续的；脱机监测通常是不连续的，缺点是所取的样品不能完全代表整批产品。

⑤ 建立校正措施　尽管 HACCP 系统在理想状态下运作可以防止工序中发生的偏差，然而实际运作情况并不可能永远在理想状态下进行，因此，当偏差出现时就必须以适当的校正措施来纠正或消除，以确保 HACCP 系统再次处于控制之中，并保留校正行为的记录。

⑥ 建立有效的档案体系　将所有有关 HACCP 系统的计划、记录和变动情况进行归档。一般用于 HACCP 系统中的档案体系包括原料、产品安全、加工、包装、贮藏销售等方面的记录。

⑦ 建立验证体系　该体系主要用于经常核查以上各项功能是否正常运作，包括随机验证、重新评定 HACCP 系统计划和检查各种记录。

在以上七个原理中，分析潜在的危害、识别加工中的关键控制点和建立关键控制点的临界限值构成了食品污染风险评估体系（risk assessment），它属于技术范围，由技术专家来操作，其他的步骤属于质量和安全管理的范畴。

三、HACCP 在食品企业的建立和执行

（一）HACCP 计划的制订

HACCP 计划的制订包括以下 12 个方面：组建 HACCP 小组；产品描述；食品用途预测；绘制流程表；确证生产流程图；列出每个潜在危害，并进行分析，以及对已确定的危害应考虑所有能用的控制方法；确定关键控制点；确立每个关键控制点的临界限值；对每个关键控制点建立一个监控系统；确立纠偏措施；确立验证程序；确立有效的记录档案系统。

(1) 组建 HACCP 小组　一个特定产品的 HACCP 系统设计要求一个多学科专家组成的小组。根据研究结果，小组应至少包括一个对产品研究开发直接负责的生产专家；一个工程

师（了解所有加工设备的性能和可能影响产品卫生的设计问题）；一个质量保证或质量控制专家；其他相关的专家（如食品微生物学专家）。小组的领导者应当带领讨论，并由秘书对讨论的结果做记录。

（2）产品描述　这种描述应该包括各种原材料和终产品。对每种使用的原材料都应收集它的类型、来源、购买说明书，以及在终产品中所占的比例等资料。在原材料进入车间之前的所有处理、贮藏条件，及附加条件都应该记录下来。终产品或必要的中间产品，都应该进行详细说明，如成分、结构、加工条件（如热处理条件）、影响稳定的内部因素（pH 值、防腐剂）、包装、贮存和销售条件（特别是温度）、保存日期、包装标签、使用说明书等。

（3）确认用途　主要指预期用途，应该以使用者或消费者的正常需求为基础。同时有必要考虑到购买者在不适宜温度下任意拆开的可能性，或被一些脆弱群体（如婴儿、小孩、孕妇、老人，以及体质弱者）使用的可能性。

（4）绘制流程图　对生产过程的描述要求一个生产过程的流程图。流程图应该包括从原料选择，到加工、包装、最终贮存和销售的整个过程，以及每一步中的故障等。流程图应该伴有具体的相关技术信息，包括工厂、生产线和设备；产品的流动条件，如两个步骤间的停留、再循环路线及步骤间传递；材料、设备、工具的移动路线；空气流通和水的流向；人员的路线；以及对低风险和高风险区域的隔离。

另外，对于每一个加工操作的资料也应该收集记录，如操作类型以及它在技术上的功能（如对微生物菌群和数量的影响）、设备的特性（如尺寸、动力、能力、空间）操作参数、清洁和消毒程以及环境和人员卫生。

（5）确证生产流程图　生产流程图应精确地反映实际加工操作过程。对于一个已存在的产品/过程，信息的收集要在生产运行之中进行，同时要密切注视所有的环节，包括晚上交接班或周末运作。

当评估一个新产品开发时，相关开发部门应提供能反映产品各种属性，以及最有可能的加工工艺参数等资料。当产品最终投入生产的时候，要求对这些资料进行确认，并且可能还要作一些修改。在产品开发的初步阶段可以确定主要的关键控制点以及所需要的重要控制措施。

（6）施行危害分析　危害分析是收集和估计与食品相关危害的信息。这种危害是指有潜在健康问题的物质、环节或程序。通过分析决定哪一个是与食品安全有重大关系的，并且在HACCP 计划中对其作详细说明，这种评估的预期结果是：将重大危害排一个等级次序，将引起危害出现的条件列表说明，预测这种条件出现的频率和严重性等。危害分析一般包括危害确定和危害评估两个环节，在进行危害分析时，只要可能应包括下列几个方面。

① 有可能产生的危害并影响危害的严重性。

② 定性和/或定量评价出现的危害。

③ 相关微生物生存或增殖。

④ 食品中毒素、化学或物理因素的存在和持久性。

⑤ 导致上述原因的条件。

（7）确定关键控制点　关键控制点（CCP）是一个可以用控制手段防止、消除或降低食品安全危害，或将其减低到可接受程度的环节、阶段或过程。关键控制点在实际生产中可分为两类。

一类关键控制点（CCP1）：可以消除和预防危害。

二类关键控制点（CCP2）：能够最大限度地减少、降低或延迟危害，但不能保证对危害能全部控制。

对于每一个关键控制点，都可以拟定对各种危害的控制方法，它们都应该被确认和记录下来。确定关键控制点的目的是使一个潜在的食品危害被预防、消除或减少到可以接受的水平。

(8) 确定每个关键控制点的临界限值　临界限值被认为是区分可接受与不可接受的标准。临界限值的确定为关键控制点的控制提供了一个评价控制手段有效性和控制效果可接受性标准。其具体要求如下。

① 临界限值标明了应用于关键控制点的控制方法的绝对忍受程度，并且绝对不能超过这个限度。当一个临界限值被突破以后，关键控制点就会失去控制，并且产品有可能成为不合格产品。

② 临界限值应该能快速容易的观察和测量，并提供是或否的回答。

③ 一个临界限值必须与终产品要求的标准相一致。

(9) 确定关键控制点的监测系统　监测是对一个关键控制点及其临界限值进行有计划的测量和观察。合理的监测能为判断关键控制点是否处控制之下提供证据，同时，如果出现失控状况，能很快被发现，并快速采取纠正行为。在理想情况下，监测系统应处于良好运转状况并对关键制点持续监测，这样就能迅速和自动的提供信息，以便作适当的调整。所有的监控资料都应该记录下来，并且具体指明其负责人。

(10) 确立纠正措施　纠正措施是当监测结果表明关键控制点中的操作不符合临界限制时所采取的措施，这样的纠正措施应该事先确认并且制定一个纠正计划。如果关键控制点脱离了它的临界限值，产品就不会或可能不符合在安全上的要求，应记录纠正行为计划对可疑产品的处理（包括确认、隔离、检查、适当处理）。

在 HACCP 系统的操作过程中，纠偏措施取得了满意效果后，有时还要预防偏离的再出现，而导致超出临界限值。这意味着要紧急的行动来调整加工或其他条件将关键控制点控制在临界限值范围内。在高风险（对食品有很大影响）状况中，有必要在偏离被纠正之前停止加工过程。否则，在对过程调整以后，还需要具体的附加监测或日常检查用来确定调整是否有效。如果偏离是以高频率出现并且对其持续控制有困难，这就需要除采用紧急行为之外，还要对 HACCP 计划进行重审核和认定。

(11) 确定验证程序　HACCP 计划一旦执行，就应当对 HACCP 计划以及 HACCP 系统是否正常运转进行评价。验证程序可以采用包括随机抽样和分析在内的验证和评审方法、程序和检验。验证的频率应足以证实 HACCP 体系运行的有效，验证活动例子应包括以下内容。

① HACCP 体系和记录的审核。

② 偏差和产品处置的审核。

③ 确定 CCPs 处于控制状态。

④ 如可能，有效性活动应包括对 HACCP 计划所有要素功效的证实。

当存在以下问题时则需要重新审查 HACCP 计划：①偏离的频繁出现；②由市场返回信息表明产品存在着健康问题；③商业上的信息表明运输系统或消费者使用方法发生了变化；④流行病学和科学信息确认了新的危害；⑤生产加工条件发生改变（如使用新原料、转变产品形式、使用新的加工技术设备）。

(12) 记录保存和建立文档　足够的文档在提供证据方面是必要的，文件系统包括三个方面。

① HACCP 计划的文档。包括计划的范围；HACCP 小组的组成及其责任；对原材料、中间产品及终产品的描述；设备布局和过程的流程图；认定的危害；认定的关键控制点；对每个关键控制点的控制方案，如控制方法、临界限值、监测过程和纠正措施；证明程度。

② 执行 HACCP 计划必要的文档。包括操作过程的各种程序和工作指导、监测过程，关键控制点的纠偏措施和证明程序。

③ 在 HACCP 系统操作中获得的记录。HACCP 实际操作、监测、纠偏措施、证明过程等方面的文档系统。

（二）HACCP 应用中的常见问题

目前对食品安全性的保证和对质量的控制仍然存在某些缺陷，HACCP 原理推广应用是一个长期而艰巨的任务。HACCP 的应用当前还存在一些问题，尤其是利用 HACCP 自动控制软件进行管理，起步晚、应用少，但这是今后发展和研究的方向，在实际工作中应引起注意。

① 对 HACCP 体系的研究起步晚，具体操作经验少，存在问题多，应加强基础研究工作和应用指导工作。

② 管理不全面，只重视 HACCP 系统在生产过程中的应用，对原料的生产和产品的分配流通应用得少，应进行食物链的全程控制，保证消费者食用安全。

③ 工厂化生产对产品安全和质量管理严格，个体食品、街头食品管理松散，不注意食品卫生，这方面的管理有待加强。

针对工业上应用 HACCP 管理系统存在的问题，在实际应用中，要周全考虑各方面的因素确保发挥该系统发挥作用。

（三）食品企业采用 HACCP 系统的益处和必要性

高效性：HACCP 系统是保证食品安全和防止食品传播疾病的一种高效率、低成本的体系，它为生产商和政府监督机构提供了一种最理想的食品安全监测和控制手段，能使有限的人力和物力发挥最大的作用，体现了以最少资源配置达到最佳效果的原则。

通用性：HACCP 已逐渐成为一个全球性的食品安全管理体系，一些国家已经以法律的形式将它固定下来。因此，它有助于在全球范围内来控制食品的安全性，同时，也有助于已实施了 HACCP 系统的企业到全球大市场中去竞争。

科学性：HACCP 是由一些相关学科结合而建立的系统化程序。它能有效识别出各种可能发生的危害，包括来自生物、物理和化学方面的危害，并在有科学依据的基础上采取预防性措施。

预防性：实践证明，对最终产品进行抽样检测以确定产品是否合格的方法往往只能做一些事后补救工作，而 HACCP 系统却能通过对食品链中关键控制点的监控和采取相应的纠正措施，做到防患于未然。

可操作性：HACCP 系统具备一整套详细的操作程序，可操作性强。

可树立消费者的信心：由于 HACCP 系统得到了国际学术界的认定，同时它的有效性在生产实践中得到了验证，因此利用 HACCP 系统来管理食品链的各个环节，不仅可以增加人们对产品的信心，而且还可提高产品在消费者心目中的可信度，保证产品的市场占有率。

全面性：HACCP 系统是一种全面、系统化的控制方法，它以科学为基础，对食品生产中的每个环节、每项措施、每个组分的危害风险（危害发生的可能性和严重性）进行鉴定、评估，找出关键点加以控制，做到既全面又有重点。因此，从食品原料生产基地到消费场所，食品的安全性得到了全面和有效的保障。

协调性：HACCP 对食品链的全过程（包括食品原料的种植、收获和购买到终产品的使用消费，即 from farm to home）都制定可操作的规范，使食品原料的供应，食品的加工生产、包装贮藏、销售消费都在统一的规范制约下运转，为各个环节安全性的有效控制提供了可操作的程序和标准。同时，也为食品生产商、销售商、消费者和政府监督管理部门制定了衡量食品安全性的统一尺度，便于协调合作来保证食品的安全性，减少食品安全控制的总花费，提高经济效益。

第四节　ISO 22000：2005

一、ISO22000 概述

如前所述，各国食品安全的法规标准繁多，使食品生产企业难以应付，不仅妨碍了食品国际贸易的顺利进行，这种各自为政的标准也是潜在的贸易壁垒。在丹麦标准协会（DS）的倡导下，2001 年，国际标准化组织（ISO）计划开发一适合审核的食品安全管理体系标准，即《ISO22000——食品安全管理体系要求》，简称 ISO22000。ISO22000 的开发目标为：符合 CAC 的 HACCP 原理；协调自愿性的国际标准；提供一个用于审核（内审、第二方审核、第三方审核）的标准；构架与 ISO9001：2000 和 ISO14001：1996 相一致；提供一个关于 HACCP 概念的国际交流平台。

ISO22000 是按照 ISO9001：2000 的框架构筑的，同时覆盖了 CAC 关于 HACCP 指南的全部要求，并为 HACCP 提出了"先决条件"概念，制定了"支持性安全措施"（SSM）的定义。它在标准中更关注对产品生产全过程的食品安全风险分析、识别、控制和措施，具有很强的专业技术要求。ISO22000：2005《食品安全管理体系——对食品链中各类组织的要求》是 ISO22000 族标准中的第一个，于 2005 年 9 月 1 日发布实施。我国等同采用的GB/T 22000：2006 也于 2006 年 3 月 1 日发布，并于同年 7 月 1 日实施。

二、ISO22000 与 HACCP 的关系

1. 标准适用范围更广

ISO22000 标准突出了体系管理概念，将组织、资源、过程和程序融合到体系之中，使体系结构与 ISO9001 标准结构完全一致，强调标准既可单独使用，也可以和 ISO9001 质量管理体系标准整合使用，充分考虑了两者兼容性。ISO22000 标准适用范围为食品链中所有类型的组织，比原有的 HACCP 体系范围要广。

2. 强调了沟通的作用

顾客要求、食品监督管理机构要求、法律法规要求以及一些新的危害产生的信息，须通过外部沟通获得，以获得充分的食品安全相关信息。通过内部沟通可以获得体系是否需要更新和改进的信息。

3. 体现了尊重食品法律法规的要求

ISO22000 标准不仅在引言中指出"本标准要求组织通过食品安全管理体系以满足与食品安全相关的法律法规要求"，而且标准的多个条款都要求与食品法律法规相结合，充分体

现了遵守法律法规是建立食品安全管理体系的前提之一。

4. 提出了前提方案、操作性前提方案和 HACCP 计划的重要性

"前提方案"是整个食品供应链中为保持卫生环境所必需的基本条件和活动，它等同于食品企业良好操作规范。操作性前提方案是为减少食品安全危害在产品或产品加工环境中引入、污染或扩散的可能性，通过危害分析确定的基本前提方案。HACCP 也是通过危害分析确定的，只不过它是运用关键控制点通过关键限值来控制危害的控制措施。两者区别在于控制方式、方法或控制的侧重点不同，但目的都是为了防止、消除食品安全危害或将食品安全危害降低到可接受水平的行为或活动。

5. 强调了"确认"和"验证"的重要性

"确认"是获取证据以证实由 HACCP 计划和操作性前提方案安排的控制措施有效。ISO22000 标准在多处明示和隐含了"确认"要求和理念。"验证"是通过提供客观证据对规定要求已得到满足的认定。目的是证实体系和控制措施的有效性。ISO22000 标准要求对前提方案、HACCP 计划及控制措施组合、潜在不安全产品处置、应急准备和响应、撤回等都要进行验证。

6. 增加了"应急准备和响应"规定

ISO22000 标准要求最高管理者应关注有关影响食品安全的潜在紧急情况和事故，要求组织应识别潜在事故和紧急情况，组织应策划应急准备和相应措施，并保证实施这些措施所需要的资源和程序。

7. 建立可追溯性系统和对不安全产品实施撤回机制

ISO22000 标准提出了对不安全产品采取撤回要求，充分体现了现代食品安全的管理理念。要求组织建立从原料供方到直接分销商的可追溯系统，确保交付后的不安全终产品，利用可追溯系统，能够及时、完全地撤回，尽可能降低和消除不安全产品对消费者的伤害。

第五节　食品安全追溯系统

一、食品安全追溯制度

食品的可追溯性定义为"能够追踪食品由生产、处理、加工、流通及销售的整个过程的相关信息"。与此相等的其他定义为 ISO 9000"跟踪特定对象的所有生产过程履历，同时能加以追踪了解其适用性及所在位置"。欧盟食品法定义为"食品、饲料、畜产加工品、加工食品及饲料原料，或是可能成为这些产品的材料，其在生产、加工、流通的所有阶段均有追踪掌控能力"。

经过几次大规模食品安全的事件后，消费者已经逐渐意识到，他们希望能了解食品之生产与流通过程。在此情况下，引入"食品追溯制度"是解决这些问题的唯一途径，消费者借此能了解到由生产到零售、消费为止的整个过程。从 20 世纪 90 年代开始，许多国家和地区通过建立追溯制度来推进食品质量安全管理，欧盟、美国和日本是较早开展食品追溯标准化工作的地区和国家。

欧盟是最早开展食品安全追溯的欧盟。1997 年为应对疯牛病事件，欧盟开始建立食品安全追溯体系，尤其是牛肉制品的追溯体系。2000 年 1 月 12 日欧盟发表了《食品安全白皮

书》，将食品安全作为欧盟食品法的主要目标，形成一个新的食品安全体系框架。其中提出的一项根本性改革就是首次把"从田间到餐桌"的全过程管理原则纳入卫生政策，强调食品生产者对食品安全所负的责任。并引进 HACCP 体系，要求所有的食品和食品成分具有可追溯性。2000 年 1 月欧盟颁布了 178/2002 号法令，要求从 2004 年起，在欧盟范围内销售的所有食品都能够进行跟踪与追溯，否则就不允许上市销售。按照欧盟的规定，食品、饲料及供食品制造用的家畜以及与食品、饲料制造相关的物品，其在生产、加工及销售的各个阶段必须确立食品安全可追溯制度。

欧盟的农产品追溯系统主要应用于畜产品的生产和流通领域，从产品的生产、运输、加工、包装到销售的生产链中，坚持生产和监管的透明度，并保持产品完整详尽的个体信息，防止与其他来源的产品混合，并保留相关的数据资料和检测报告及相关证书，供下游生产者及消费者查询和检查，即下游生产商及消费者，可根据该系统所提供的条形码，进行农产品相关信息的检查和考证，确保该农产品的安全和优质，确保产品在意外情况下能立即回收。欧盟的可追溯系统是通过一个法律框架向消费者提供足够清晰的产品标识信息，同时在生产环节对农产品建立有效的验证和注册体系，并采用统一的中央数据库对信息进行管理。这一体系包括标识单个物流单元、数据库的处理、单个物流单元的证照、农场保留物流单元的信息，系统完整记录了供应链中产品的轨迹，实现追溯功能。

9·11 事件后，美国颁布了《公共健康安全与生物恐怖主义应对法案》，将食品安全提高到国家安全战略高度，提出"实行从农场到餐桌的风险管理"。根据该法案，美国食品和药物管理局（FDA）于 2003 年 10 月公布了《食品企业注册法规》和《进口食品提前通报法规》，并于当年 12 月 12 日开始生效。该法规规定，美国本土和对美国出口的外国食品及饲料的企业和组织必须提供包括生产、加工、包装、仓储和运输的相关数据，并在 FDA 进行登记注册，未登记的不得在美国销售。2004 年 FDA 又公布了《食品安全跟踪条例》，要求所有涉及食品加工、运输、配送和进口的企业建立并保全相关食品流通全过程记录，并要求所有与食品生产有关的企业到 2006 年年底都必须建立食品质量可追溯制度。此外，FDA 和 USDA-FSIS 制定了食品召回规定和规范市场的《联邦安全和农业投资法案》。美国农业部从 2003 年开始，在畜产品方面计划建立家畜追溯体系，要求生产者、零售商和加工厂商认真做好家畜跟踪记录，以便建立家畜标识，帮助消费者了解家畜的出生、养殖、屠宰和加工过程。据报道，此后美国对所有牛、羊和其他家畜都要求从出生之日起就戴上耳标，它将伴随动物终生。并计划最终由电子微芯片取代耳标。

在农产品可追溯系统应用方面，日本走在前列，不仅制定了相应的法规，而且在零售阶段，大部分超市已经安装了产品可追溯终端，供消费者查询信息使用。在政府的推动下，日本从 2001 年起在肉牛生产供应体系中全面引入信息可追踪系统，要求肉牛业实施强制性的零售点到农场的可追溯系统，系统允许消费者通过互联网输入包装盒上的牛肉身份号码，获取他们所购买牛肉的原始生产信息。

我国加入 WTO 后，为了符合欧盟食品安全跟踪与追溯的要求，促进我国食品质量的提高，生产企业需要建立食品厂商管理维护记录档案，以便追溯食品及原料来源。

目前，被国际上最多国家所接受和采纳的追溯技术是由国际编码协会（GS1）提出，基于商品条码的追溯技术，已形成成熟的全球追溯标准和应用支持，它为供应链各参与方提供了一套标准的追溯流程，帮助企业强化商业流程，以应对当前的挑战。

通该项技术基于商品条码技术而建立，是将食品的生产、加工、储藏、运输及零售等供应链各环节进行标识，并相互链接，可随时获取各个环节的数据信息，这些信息包括产品标识代码、批号、有效期、保质期等。一旦食品出现安全问题，可通过这些标识代码进行追溯，能够快速缩小发生安全问题的食品范围，准确查出食品问题出现的环节所在，直至追溯到食品生产的源头，从而确保产品撤回和召回的高效性、准确性。为政府产品质量监管提供有效手段、保护消费者利益、最大限度的减低企业的损失，提升企业产品竞争力。

二、全球统一标识系统

条码起源于美国，最早是在 20 世纪 50 年代美国铁路部门用条码标识车辆。全球统一标识系统 GS1（Global Standard 1）源于美国，由美国统一代码委员会（UCC，于 2005 年更名为 GS1 US）于 1973 年创建。UCC 创造性地采用 12 位的数字标识代码（UPC），标识代码和条码于 1974 年首次在开放的贸易中得以应用。在 UCC 的影响下，1974 年欧洲 12 国的制造商和销售商自愿组成了一个非盈利的机构，在 UPC 条码的基础上开发出了与 UPC 兼容的 EAN 条码。1977 年，欧洲物品编码协会，即早期的国际物品编码协会（EAN International，2005 年更名为 GS1）成立，并开发了与之兼容的系统并在北美以外的地区使用。EAN 系统设计意在兼容 UCC 系统，主要用 13 位数字编码。EAN International 已经不仅限于欧洲，而是逐步发展成为一个拥有 90 多个成员国家或地区的国际物品编码协会。从 1998 年开始，EAN 国际物品编码协会和美国统一代码委员会 UCC 这两大组织联手，成为推行全球化标识和数据通信系统的唯一的国际组织，推行全球统一标识系统 EAN·UCC 系统。2005 年 2 月，EAN 和 UCC 正式合并更名为 GS1。

GS1（EAN·UCC）系统，是由 GS1 开发、管理和维护的全球统一和通用的商业语言，为在全球范围内标识货物、服务、资产和位置提供了准确的编码。这些编码能够以条码符号来表示，以便进行商务流程所需的电子识读。该系统克服了厂商、组织使用自身的编码系统或部分特殊编码系统的局限性，提高了贸易的效率和对客户的反应能力。GS1 系统是目前世界上应用最广的供应链管理标准系统，它是在商品条码的基础上发展而来，以公开、公认、简单为原则。

GS1 系统适用于任何行业和贸易部门。目前，全球共有 100 多个国家（地区）采用这一标识系统，广泛应用于工业、商业、出版业、医疗卫生、物流、金融保险和服务业，大大提高了供应链的效率。GS1 系统用于电子数据交换（EDI），极大地推动了电子商务的发展。它由编码体系（EAN/UCC、EPC）、可自动识别的数据载体（条码、RFID）和电子数据交换标准协议（EDI、XML）组成。这三部分之间相辅相成，紧密联系。编码体系是核心部分，实现了对不同物品的唯一编码；数据载体是将供肉眼识读的编码转化为可供机器识读的载体；然后通过自动数据采集技术及电子数据交换，以最少的人工介入，实现自动化操作。

GS1 系统通过具有一定编码结构的代码实现对相关产品及其数据的标识，该结构保证了在相关应用领域中代码在世界范围内的唯一性。在提供唯一的标识代码的同时，GS1 系统也提供附加信息的标识，例如有效期、系列号和批号，这些都可以用条码或 RFID 标签（射频识别标签）来表示。系统具有良好的兼容性和扩展性。

GS1 的编码系统包括六个部分（图 13-1）：全球贸易项目代码（Global Trade Item Number，GTIN）、系列货运包装箱代码（Serial Shipping Container Code，SSCC）、全球参与方及位置代码（Global Location Number，GLN）、全球可回收资产标识代码（Global Returnable Asset Identifier，GRAI）、全球单个资产标识代码（Global Individual Asset Identifier，GIAI）和全球服务关系代码（Global Service Relation Number，GSRN）。主要包括三种条码符号：EAN/UPC 条码符号、ITF-14 条码符号、UCC/EAN-128 条码符号。

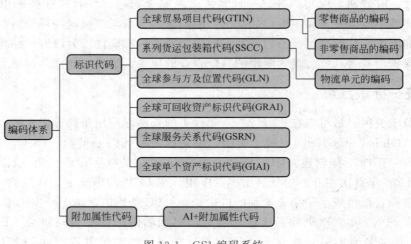

图 13-1　GS1 编码系统

GS1 系统是一个完整的系统,其技术内容包括系统的基本知识、应用领域(贸易单元的编码和符号表示、物流单元的编码和符号表示、资产的编码和符号表示、非常小的医疗保健品项目编码与符号表示)、单元数据串的定义、组成有效信息的单元数据串的联系、数据载体、EAN/UPC 符号规范、ITF-14 符号规范、UCC/EAN-128 符号规范、缩减空间码RSS 和 EAN·UCC 复合码符号规范、条码制作与符号评价、条码符号放置指南、系统在电子数据处理(EDP)中的应用、术语等内容,可以满足社会各行各业的商业需求。

在我国,中国物品编码中心(Article Numbering Center of China,ANCC)经国务院同意,负责研究、推广和发展 EAN·UCC 系统(GS1 系统)。中国物品编码中心自 2000 年起,在果蔬、肉类、水产品、加工食品等领域开展了大量追溯调研,并建立了 100 多个产品质量安全追溯应用示范,涵盖肉禽、蔬菜水果、加工食品、水产品、医疗产品及地方特色食品等。目前,已经有近 12 万家企业成为中国商品条码系统成员,使用商品条码的商品超过100 万种,其中食品企业占到了 32.5%。

三、GS1 系统实施方案

GS1 追溯标准提供了食品供应链中用于标识物品或服务的一套完整的编码体系,使用自动数据采集技术,对食品原料的生长、加工、贮藏、运输及零售等供应链环节的管理对象进行标识,并相互链接。采用 GS1 追溯标准对食品供应链的每一个节点进行有效标识,通过扫描食品标签上的条码,可以获取各个节点的数据编码信息,包括分配给每个产品的全球唯一的 GS1 标识代码,即全球贸易项目代码(GTIN)、全球参与方位置代码(GLN)、物流单元标识代码(SSCC)和批次号、有效期、保质期等属性代码。一旦食品出现安全问题,可以通过这些标识进行追溯,快速缩小食品安全问题的范围,准确查出问题出现的环节所在,直至追溯到食品生产的源头并全部召回。

国际物品编码协会(GS1)制定了追溯的指导原则和实施框架,将食品安全追溯、实现技术与相关 GS1 系统工具紧密结合。所有可追溯的产品必须进行唯一性标识,而 GS1 全球统一标识系统是获取产品的历史、应用以及位置等数据的关键。

中国物品编码中心作为国务院授权加入 GS1 的会员组织,负责向全国的商品条码系统成员(用户)分配全球唯一的厂商识别代码。任何准备实施追溯的企业,首先应向中国物品编码中心（企业所在地物品编码分支机构）申请厂商识别代码，采用 GS1 全球统一标识系统进行编码，建立并使用自己的全球贸易项目代码（GTIN），最终实现食品的追溯。

采用 GS1 系统可以对食品供应链全过程中的产品及其属性信息、参与方信息等进行有效地标识。进行食品跟踪与追溯要求在食品供应链中的每一个加工点，不仅要对自己加工的产品进行标识，还要采集所加工的食品原料上已有的标识信息，并将其全部信息加在产品上，以备下一个加工者或消费者使用。这好比一个环环相扣的链条，任何一个环节断了，整个链条就脱节了，而供应链中跨环节之间的联系比较脆弱，这是实施跟踪与追溯的最大问题。

通过 GS1 系统可以对供应链全过程的每一个节点进行有效的标识。建立各个环节信息管理、传递和交换的方案，从而对供应链中食品原料、加工、包装、贮藏、运输、销售等环节进行跟踪与追溯，及时发现存在的问题，进行妥善处理。条码是相关信息的载体，通过扫描可以获取各个节点的有关数据编码信息，包括给每一个产品赋予的全球唯一的 GS1 代码，即全球贸易项目代码（GTIN）；通过应用标识符（AI）对产品属性进行标识的代码，如批次、有效期、保质期等；以及用于对食品供应链中各个环节及参与方进行标识的代码，即全球位置码（GLN）。供应链中各个环节的有关信息，采用 UCC/EAN—128 条码符号来表示（在终端销售环节，贸易项目采用 EAN/UPC 条码符号进行表示）。

标签的形式、尺寸和人工可识读内容可随国家（地区）的不同而不同。每个国家（地区）可以自由的依照规则，选择推荐的应用标识符对附加信息进行编码，见图 13-2。

标签1 胴体标签

标签2 第一次加工标签

标签3 第二次加工标签

标签4 零售标签

图 13-2 标签示例

具体实施过程中，利用条码可以有两种方法来进行追踪：一种是从上往下进行跟踪，即从农场、食品原材料供应商—加工商—运输商—销售商—零售（POS）销售点，这种方法主要用于查找造成质量问题的原因，确定产品的原产地和特征的能力；另一种是从下往上进行追溯，也就是消费者在零售（POS）销售点购买的食品发现了安全问题，可以向上层层进行追溯，最终确定问题所在，这种方法主要用于产品回收或撤销中。

在 GS1 追溯系统实施中，建立有效的信息获取、交换及管理机制至关重要。一般来说，数据文件的期限应当比产品的生命周期要长，供应商、分销商、消费者如果发现有质量问题，可以对这些问题进行及时反馈。可按下面的主要步骤进行：发现质量问题；传递发现问题的有关信息；确定有关供应商的原因或信息；确定有关的批号，或者在库存中，或者在运输中，或者已经发出去了；确定其他有同样质量问题的批号，并进行纠正。

在食品供应链中，信息系统主要有三个显著的功能，即信息的获取、信息的传递、信息的管理。对于数据采集与记录，在食品跟踪与追溯中企业需要首先预定义数据，这些数据在整个供应链中可以被采集和记录。在食品跟踪与追溯系统中，数据记录及获取的精确性和速度，是衡量系统性能的主要指标之一。在使用技术方面，需要使用自动数据采集（扫描）技术，使用的 GS1 标准包括 EAN/UPC 条码、UCC/EAN—128 条码。

对于数据交换，跟踪与追溯需要将产品的物流和信息交换联系起来，为了确保信息流的连续性，每一个供应链的参与方必须将预定义的可跟踪数据传递给下一个参与方，使后者能够应用可跟踪原则。

供应链各个节点之间信息交换根据实际情况可以有多种方式，包括：电子数据交换、电子表格交换、电子邮件、物理电子数据支持介质、确切信息输入方式等。每种方式都有各自的优缺点，企业可以根据自身情况选择一种具体的方式。对于管理环节，可跟踪性需要企业成功管理产品在接收、生产、包装、存贮和运送之间的各个环节。

在食品跟踪系统中，企业对产品及其属性以及参与方的信息进行有效标识是基础，对相关信息的获取、传输以及管理是成功开展食品跟踪的关键。实施产品跟踪与追溯，要求系统具有可靠、快速、精确、一致的特点，企业要建立起食品安全的预警机制。

参 考 文 献

[1] GS1 系统概述 ［OL］. 中国物品编码中心 . http：//www. ancc. org. cn/Knowledge/ GS1System. aspx? id＝189.

[2] 陈绍军，林昇清 . 食品进出口贸易与质量控制 ［M］. 北京：科学出版社，2002.

[3] 关于发布食品安全国家标准《食品生产通用卫生规范》（GB 14881—2013）的公告（2013 年第 4 号）［EB/OL］. 中国人民共和国国家卫生和计划生育委员会 .2013-6-26. http：//www. moh. gov. cn/sps/s7891/201306/56f30af754ef49448705806d35af06a1. shtml.

[4] 姜南，张欣，贺国铭，王冬冬 . 危害分析和关键控制点（HACCP）及在食品生产中的应用 ［M］. 北京：化学工业出版社，2003.

[5] 钱和 . HACCP 原理与实施 ［M］. 北京：中国轻工业出版社，2003.

[6] 钱建亚，熊强 . 食品安全概论 ［M］. 南京：东南大学出版社 .2006.

[7] 李正明，吕林，李秋 . 安全食品的开发与质量管理 ［M］. 北京：中国轻工业出版社，2004.

[8] 康俊生 . 我国与 CAC、美国、欧盟食品 GMP 标准法规对比分析研究 ［J］. 农业质量标准，2007，（3）：11-14.

[9] 谢明勇，陈绍军 . 食品安全导论 ［M］. 北京：中国农业出版社，2009.

[10] 杨映辉 . 良好农业操作规范及其在我国实施的可行性 ［J］. 农业质量标准，2005，（5）：29-31.